国家卫生和计划生育委员会“十三五”规划教材
全国高等中医药教育教材

供中药学、中药资源与开发、中药制药等专业用

物理化学

第2版

主　编　张小华　张师愚

副主编　邵江娟　张彩云　李晓飞　陈振江　李　森　周庆华

编　委（按姓氏笔画为序）

王华瑜（江西中医药大学）
冯　玉（山东中医药大学）
任　蕾（山西中医药大学）
邬瑞光（北京中医药大学）
李　森（哈尔滨医科大学）
李晓飞（河南中医药大学）
张小华（北京中医药大学）
张师愚（天津中医药大学）
张明波（辽宁中医药大学）
张彩云（安徽中医药大学）
陈振江（湖北中医药大学）
邵江娟（南京中医药大学）
周庆华（黑龙江中医药大学）
赵晓娟（甘肃中医药大学）
赵跃刚（长春中医药大学）
郭　慧（河北中医学院）
黄宏妙（广西中医药大学）
曹姣仙（上海中医药大学）
韩晓燕（天津中医药大学）

学术秘书　邬瑞光（兼）

人民卫生出版社

图书在版编目（CIP）数据

物理化学/张小华，张师愚主编.—2版.—北京：人民卫生出版社，2018

ISBN 978-7-117-26147-0

Ⅰ.①物… Ⅱ.①张… ②张… Ⅲ.①物理化学-医学院校-教材 Ⅳ.①O64

中国版本图书馆CIP数据核字（2018）第073134号

人卫智网 www.ipmph.com 医学教育、学术、考试、健康，购书智慧智能综合服务平台

人卫官网 www.pmph.com 人卫官方资讯发布平台

版权所有，侵权必究！

物理化学

第2版

主　　编：张小华　张师愚

出版发行：人民卫生出版社（中继线 010-59780011）

地　　址：北京市朝阳区潘家园南里19号

邮　　编：100021

E - mail：pmph @ pmph.com

购书热线：010-59787592　010-59787584　010-65264830

印　　刷：人卫印务（北京）有限公司

经　　销：新华书店

开　　本：787×1092　1/16　　印张：20

字　　数：461千字

版　　次：2012年6月第1版　2018年3月第2版

2022年11月第2版第4次印刷（总第6次印刷）

标准书号：ISBN 978-7-117-26147-0/R·26148

定　　价：58.00元

打击盗版举报电话：010-59787491　E-mail：WQ @ pmph.com

（凡属印装质量问题请与本社市场营销中心联系退换）

《物理化学》网络增值服务编委会

主　编　张师愚　张小华

副主编　张明波　赵跃刚　邬瑞光　韩晓燕　王华瑜

编　委　（按姓氏笔画为序）

王华瑜（江西中医药大学）
冯　玉（山东中医药大学）
任　蕾（山西中医药大学）
邬瑞光（北京中医药大学）
李　森（哈尔滨医科大学）
李晓飞（河南中医药大学）
张小华（北京中医药大学）
张师愚（天津中医药大学）
张明波（辽宁中医药大学）
张彩云（安徽中医药大学）
陈振江（湖北中医药大学）
邵江娟（南京中医药大学）
周庆华（黑龙江中医药大学）
赵晓娟（甘肃中医药大学）
赵跃刚（长春中医药大学）
郭　慧（河北中医学院）
黄宏妙（广西中医药大学）
曹姣仙（上海中医药大学）
韩晓燕（天津中医药大学）

修订说明

为了更好地贯彻落实《国家中长期教育改革和发展规划纲要(2010-2020)》《医药卫生中长期人才发展规划(2011-2020)》《中医药发展战略规划纲要(2016-2030年)》和《国务院办公厅关于深化高等学校创新创业教育改革的实施意见》精神,做好新一轮全国高等中医药教育教材建设工作,人民卫生出版社在教育部、国家卫生和计划生育委员会、国家中医药管理局的领导下,在上一轮教材建设的基础上,组织和规划了全国高等中医药教育本科国家卫生和计划生育委员会"十三五"规划教材的编写和修订工作。

为做好新一轮教材的出版工作,人民卫生出版社在教育部高等中医学本科教学指导委员会和第二届全国高等中医药教育教材建设指导委员会的大力支持下,先后成立了第三届全国高等中医药教育教材建设指导委员会、首届全国高等中医药教育数字教材建设指导委员会和相应的教材评审委员会,以指导和组织教材的遴选、评审和修订工作,确保教材编写质量。

根据"十三五"期间高等中医药教育教学改革和高等中医药人才培养目标,在上述工作的基础上,人民卫生出版社规划、确定了中医学、针灸推拿学、中药学、中西医临床医学、护理学、康复治疗学6个专业139种国家卫生和计划生育委员会"十三五"规划教材。教材主编、副主编和编委的遴选按照公开、公平、公正的原则,在全国近50所高等院校4000余位专家和学者申报的基础上,近3000位申报者经教材建设指导委员会、教材评审委员会审定批准,聘任为主审、主编、副主编、编委。

本套教材的主要特色如下:

1. 定位准确,面向实际 教材的深度和广度符合各专业教学大纲的要求和特定学制、特定对象、特定层次的培养目标,紧扣教学活动和知识结构,以解决目前各院校教材使用中的突出问题为出发点和落脚点,对人才培养体系、课程体系、教材体系进行充分调研和论证,使之更加符合教改实际、适应中医药人才培养要求和市场需求。

2. 夯实基础,整体优化 以培养高素质、复合型、创新型中医药人才为宗旨,以体现中医药基本理论、基本知识、基本思维、基本技能为指导,对课程体系进行充分调研和认真分析,以科学严谨的治学态度,对教材体系进行科学设计、整体优化,教材编写综合考虑学科的分化、交叉,既要充分体现不同学科自身特点,又注意各学科之间有机衔接;确保理论体系完善,知识点结合完备,内容精练、完整,概念准确,切合教学实际。

3. 注重衔接,详略得当 严格界定本科教材与职业教育教材、研究生教材、毕业后教育教材的知识范畴,认真总结、详细讨论现阶段中医药本科各课程的知识和理论框架,使其在教材中得以凸显,既要相互联系,又要在编写思路、框架设计、内容取舍等方面有一定的区分度。

4. 注重传承,突出特色 本套教材是培养复合型、创新型中医药人才的重要工具,是中医药文明传承的重要载体，传统的中医药文化是国家软实力的重要体现。因此，教材既要反映原汁原味的中医药知识，培养学生的中医思维，又要使学生中西医学融会贯通，既要传承经典，又要创新发挥，体现本版教材“重传承、厚基础、强人文、宽应用”的特点。

5. 纸质数字，融合发展 教材编写充分体现与时代融合、与现代科技融合、与现代医学融合的特色和理念，适度增加新进展、新技术、新方法，充分培养学生的探索精神、创新精神；同时，将移动互联、网络增值、慕课、翻转课堂等新的教学理念和教学技术、学习方式融入教材建设之中，开发多媒体教材、数字教材等新媒体形式教材。

6. 创新形式，提高效用 教材仍将传承上版模块化编写的设计思路，同时图文并茂、版式精美；内容方面注重提高效用，将大量应用问题导入、案例教学、探究教学等教材编写理念，以提高学生的学习兴趣和学习效果。

7. 突出实用，注重技能 增设技能教材、实验实训内容及相关栏目，适当增加实践教学学时数，增强学生综合运用所学知识的能力和动手能力，体现医学生早临床、多临床、反复临床的特点，使教师好教、学生好学、临床好用。

8. 立足精品，树立标准 始终坚持中国特色的教材建设的机制和模式；编委会精心编写，出版社精心审校，全程全员坚持质量控制体系，把打造精品教材作为崇高的历史使命，严把各个环节质量关，力保教材的精品属性，通过教材建设推动和深化高等中医药教育教学改革，力争打造国内外高等中医药教育标准化教材。

9. 三点兼顾，有机结合 以基本知识点作为主体内容，适度增加新进展、新技术、新方法，并与劳动部门颁发的职业资格证书或技能鉴定标准和国家医师资格考试有效衔接，使知识点、创新点、执业点三点结合；紧密联系临床和科研实际情况，避免理论与实践脱节、教学与临床脱节。

本轮教材的修订编写，教育部、国家卫生和计划生育委员会、国家中医药管理局有关领导和教育部全国高等学校本科中医学教学指导委员会、中药学教学指导委员会等相关专家给予了大力支持和指导，得到了全国各医药卫生院校和部分医院、科研机构领导、专家和教师的积极支持和参与，在此，对有关单位和个人表示衷心的感谢！希望各院校在教学使用中以及在探索课程体系、课程标准和教材建设与改革的进程中，及时提出宝贵意见或建议，以便不断修订和完善，为下一轮教材的修订工作奠定坚实的基础。

人民卫生出版社有限公司

2017年3月

全国高等中医药教育本科
国家卫生和计划生育委员会“十三五”规划教材
教材目录

中医学等专业

序号	教材名称	主编
1	中国传统文化(第2版)	臧守虎
2	大学语文(第3版)	李亚军　赵鸿君
3	中国医学史(第2版)	梁永宣
4	中国古代哲学(第2版)	崔瑞兰
5	中医文化学	张其成
6	医古文(第3版)	王兴伊　傅海燕
7	中医学导论(第2版)	石作荣
8	中医各家学说(第2版)	刘桂荣
9	*中医基础理论(第3版)	高思华　王　键
10	中医诊断学(第3版)	陈家旭　邹小娟
11	中药学(第3版)	唐德才　吴庆光
12	方剂学(第3版)	谢　鸣
13	*内经讲义(第3版)	贺　娟　苏　颖
14	*伤寒论讲义(第3版)	李赛美　李宇航
15	金匮要略讲义(第3版)	张　琦　林昌松
16	温病学(第3版)	谷晓红　冯全生
17	*针灸学(第3版)	赵吉平　李　瑛
18	*推拿学(第3版)	刘明军　孙武权
19	中医临床经典概要(第2版)	周春祥　蒋　健
20	*中医内科学(第3版)	薛博瑜　吴　伟
21	*中医外科学(第3版)	何清湖　秦国政
22	*中医妇科学(第3版)	罗颂平　刘燕峰
23	*中医儿科学(第3版)	韩新民　熊　磊
24	*中医眼科学(第2版)	段俊国
25	中医骨伤科学(第2版)	詹红生　何　伟
26	中医耳鼻咽喉科学(第2版)	阮　岩
27	中医急重症学(第2版)	刘清泉
28	中医养生康复学(第2版)	章文春　郭海英
29	中医英语	吴　青
30	医学统计学(第2版)	史周华
31	医学生物学(第2版)	高碧珍
32	生物化学(第3版)	郑晓珂
33	医用化学(第2版)	杨怀霞

34	正常人体解剖学(第2版)	申国明
35	生理学(第3版)	郭　健　杜　联
36	神经生理学(第2版)	赵铁建　郭　健
37	病理学(第2版)	马跃荣　苏　宁
38	组织学与胚胎学(第3版)	刘黎青
39	免疫学基础与病原生物学(第2版)	罗　晶　郝　钰
40	药理学(第3版)	廖端芳　周玖瑶
41	医学伦理学(第2版)	刘东梅
42	医学心理学(第2版)	孔军辉
43	诊断学基础(第2版)	成战鹰　王肖龙
44	影像学(第2版)	王芳军
45	循证医学(第2版)	刘建平
46	西医内科学(第2版)	钟　森　倪　伟
47	西医外科学(第2版)	王　广
48	医患沟通学(第2版)	余小萍
49	历代名医医案选读	胡方林　李成文
50	医学文献检索(第2版)	高巧林　章新友
51	科技论文写作(第2版)	李成文
52	中医药科研思路与方法(第2版)	胡鸿毅

中药学、中药资源与开发、中药制药等专业

序号	教材名称	主编姓名
53	高等数学(第2版)	杨　洁
54	解剖生理学(第2版)	邵水金　朱大诚
55	中医学基础(第2版)	何建成
56	无机化学(第2版)	刘幸平　吴巧凤
57	分析化学(第2版)	张　梅
58	仪器分析(第2版)	尹　华　王新宏
59	物理化学(第2版)	张小华　张师愚
60	有机化学(第2版)	赵　骏　康　威
61	医药数理统计(第2版)	李秀昌
62	中药文献检索(第2版)	章新友
63	医药拉丁语(第2版)	李　峰　巢建国
64	*药用植物学(第2版)	熊耀康　严铸云
65	中药药理学(第2版)	陆　茵　马越鸣
66	中药化学(第2版)	石任兵　邱　峰
67	中药药剂学(第2版)	李范珠　李永吉
68	中药炮制学(第2版)	吴　皓　李　飞
69	中药鉴定学(第2版)	王喜军
70	中药分析学(第2版)	贡济宇　张丽
71	制药工程(第2版)	王　沛
72	医药国际贸易实务	徐爱军
73	药事管理与法规(第2版)	谢　明　田　侃
74	中成药学(第2版)	杜守颖　崔　瑛
75	中药商品学(第3版)	张贵君
76	临床中药学(第2版)	王　建　张　冰
77	临床中药学理论与实践	张　冰

序号	教材名称	主编姓名
78	药品市场营销学(第2版)	汤少梁
79	中西药物配伍与合理应用	王 伟 朱全刚
80	中药资源学	裴 瑾
81	保健食品研究与开发	张 艺 贡济宇
82	波谱解析(第2版)	冯卫生

针灸推拿学等专业

序号	教材名称	主编姓名
83	*针灸医籍选读(第2版)	高希言
84	经络腧穴学(第2版)	许能贵 胡 玲
85	神经病学(第2版)	孙忠人 杨文明
86	实验针灸学(第2版)	余曙光 徐 斌
87	推拿手法学(第3版)	王之虹
88	*刺法灸法学(第2版)	方剑乔 吴焕淦
89	推拿功法学(第2版)	吕 明 顾一煌
90	针灸治疗学(第2版)	杜元灏 董勤
91	*推拿治疗学(第3版)	宋柏林 于天源
92	小儿推拿学(第2版)	廖品东
93	针刀刀法手法学	郭长青
94	针刀医学	张天民

中西医临床医学等专业

序号	教材名称	主编姓名
95	预防医学(第2版)	王泓午 魏高文
96	急救医学(第2版)	方邦江
97	中西医结合临床医学导论(第2版)	战丽彬 洪铭范
98	中西医全科医学导论(第2版)	郝微微 郭 栋
99	中西医结合内科学(第2版)	郭 姣
100	中西医结合外科学(第2版)	谭志健
101	中西医结合妇产科学(第2版)	连 方 吴效科
102	中西医结合儿科学(第2版)	肖 臻 常 克
103	中西医结合传染病学(第2版)	黄象安 高月求
104	健康管理(第2版)	张晓天
105	社区康复(第2版)	朱天民

护理学等专业

序号	教材名称	主编姓名
106	正常人体学(第2版)	孙红梅 包怡敏
107	医用化学与生物化学(第2版)	柯尊记
108	疾病学基础(第2版)	王 易
109	护理学导论(第2版)	杨巧菊
110	护理学基础(第2版)	马小琴
111	健康评估(第2版)	张雅丽
112	护理人文修养与沟通技术(第2版)	张翠娣
113	护理心理学(第2版)	李丽萍
114	中医护理学基础	孙秋华 陈莉军

115	中医临床护理学	胡　慧
116	内科护理学(第2版)	沈翠珍　高　静
117	外科护理学(第2版)	彭晓玲
118	妇产科护理学(第2版)	单伟颖
119	儿科护理学(第2版)	段红梅
120	*急救护理学(第2版)	许　虹
121	传染病护理学(第2版)	陈　璇
122	精神科护理学(第2版)	余雨枫
123	护理管理学(第2版)	胡艳宁
124	社区护理学(第2版)	张先庚
125	康复护理学(第2版)	陈锦秀
126	老年护理学	徐桂华
127	护理综合技能	陈　燕

康复治疗学等专业

序号	教材名称	主编姓名
128	局部解剖学(第2版)	张跃明　武煜明
129	运动医学(第2版)	王拥军　潘华山
130	神经定位诊断学(第2版)	张云云
131	中国传统康复技能(第2版)	李　丽　章文春
132	康复医学概论(第2版)	陈立典
133	康复评定学(第2版)	王　艳
134	物理治疗学(第2版)	张　宏　姜贵云
135	作业治疗学(第2版)	胡　军
136	言语治疗学(第2版)	万　萍
137	临床康复学(第2版)	张安仁　冯晓东
138	康复疗法学(第2版)	陈红霞
139	康复工程学(第2版)	刘夕东

注:①本套教材均配网络增值服务;②教材名称左上角标有*号者为“十二五”普通高等教育本科国家级规划教材。

第三届全国高等中医药教育教材建设指导委员会名单

顾　　问　王永炎　陈可冀　石学敏　沈自尹　陈凯先　石鹏建　王启明
秦怀金　王志勇　卢国慧　邓铁涛　张灿玾　张学文　张　琪
周仲瑛　路志正　颜德馨　颜正华　严世芸　李今庸　施　杞
晁恩祥　张炳厚　栗德林　高学敏　鲁兆麟　王　琦　孙树椿
王和鸣　韩丽沙

主任委员　张伯礼

副主任委员　徐安龙　徐建光　胡　刚　王省良　梁繁荣　匡海学　武继彪
王　键

常务委员（按姓氏笔画为序）
马存根　方剑乔　孔祥骊　吕文亮　刘旭光　许能贵　孙秋华
李金田　杨　柱　杨关林　谷晓红　宋柏林　陈立典　陈明人
周永学　周桂桐　郑玉玲　胡鸿毅　高树中　郭　姣　唐　农
黄桂成　廖端芳　熊　磊

委　　员（按姓氏笔画为序）
王彦晖　车念聪　牛　阳　文绍敦　孔令义　田宜春　吕志平
安冬青　李永民　杨世忠　杨光华　杨思进　吴范武　陈利国
陈锦秀　徐桂华　殷　军　曹文富　董秋红

秘 书 长　周桂桐（兼）　王　飞

秘　　书　唐德才　梁沛华　闫永红　何文忠　储全根

全国高等中医药教育本科
中药学专业教材评审委员会名单

顾　　问　陈凯先　颜正华　高学敏

主任委员　匡海学　廖端芳

副主任委员　彭　成　段金廒　武继彪

委　　员（按姓氏笔画为序）

孔令义　石任兵　刘　文　刘红宁　李玛琳　吴　皓　张荣华
张艳军　殷　军　陶建生　康廷国　赖小平　熊耀康　滕佳林

秘　　书　蒋希成

前　言

物理化学是化学学科的一个重要分支，是中药学、药学各专业的重要专业基础课之一；是继无机化学、有机化学和分析化学之后学习的一门课程。能为以后学习中药（药物）化学、药剂学、炮制学和中药鉴定等专业课程以及将来从事药物研究工作奠定良好的化学理论基础。

本教材自2012年出版以来，在全国高等中医药院校中得到了广泛的使用。现根据全国高等中医药教育（本科）国家卫生和计划生育委员会“十三五”教材编写会议精神在《物理化学》第1版的基础上进行修订，使教材更具有适用性和先进性。与第1版相比，本版教材进一步增强了与专业课的联系，补充了与医药相关的内容，以利于学生深刻体会物理化学在专业学习中的重要性。第1版中热力学第二定律将单组分系统与多组分系统放在同一章中讨论，易误导学生对相关公式的把握，为此将多组分系统独立成章为多组分系统热力学。本教材共分10章，内容包括热力学第一定律和热化学、热力学第二定律、多组分系统热力学、化学平衡、相平衡、电化学基础、化学动力学、表面现象、溶胶、大分子溶液。

本教材在保持第1版特色的基础上增加了网络增值服务，以书后二维码的形式提供了各章的PPT、习题详解以及拓展阅读内容（见★处），帮助学生掌握各章重点、难点，分析解题思路和技巧，从而提高学生理论联系实际的能力。

本教材的编写修订工作主要承担者有：张小华、邬瑞光（绪论）；邵江娟、邬瑞光（第一章）；邬瑞光、邵江娟（第二章）；张师愚、赵跃刚（第三章）；任蕾、郭慧（第四章）；李森、周庆华、张明波（第五章）；张明波、黄宏妙（第六章）；李晓飞、赵晓娟（第七章）：张彩云、冯玉（第八章）；王华瑜、曹姣仙（第九章）；陈振江、韩晓燕（第十章）。

本教材按72学时编写，可供高等院校中药学类及药学类各专业学生使用，也可作为药学工作者自学的参考书。

本教材在编写过程中得到了参编院校的领导和老师的大力支持，在此表示感谢。

限于编者水平，本教材可能存在不足之处，敬请读者与广大同行的批评指正，以便修订完善。

编者

2018年3月

目 录

绪　论

第一节　物理化学的研究对象和方法

一、物理化学的研究对象及其内容

化学变化从表面上看千变万化,但本质上都是原子、分子或原子团之间的相互结合或分离。这些微观粒子在发生变化时,宏观上则伴有热、电和光等物理现象的发生,引起温度、压力和体积等的变化。例如:汽油燃烧时,伴随着大量的热产生;而原电池中电流产生的原因是发生了氧化还原反应。反之,某些在常温常压下不能发生的化学反应,只要适当改变外界物理条件也能发生。如,溴化银在光照下的分解反应。由此可见化学变化与物理现象之间有着不可分割的联系。人们在长期的实践中注意到这种相互联系,并加以总结,逐步形成了化学的一个分支——物理化学(physical chemistry)。物理化学是从物质的化学变化与物理现象之间的联系入手,应用物理学理论和实验方法探求化学变化基本规律的一门科学。属于理论化学的范畴。物理化学是物理与化学交叉融合的产物,是联系物理与化学的纽带。

物理化学的研究内容大致可以概括如下:

1. 化学变化的方向和限度　一个化学反应在指定条件下能否按预定的方向进行?进行到何种程度?外界条件(如温度、压力、浓度等)对化学反应的方向和程度有何影响?对指定的反应,能量是如何变化的?这些问题属于化学热力学的研究范畴,它主要解决与化学变化的方向及程度相关的问题。

2. 化学变化的速率及机制　一个化学反应的速率是快还是慢?它是如何进行的?外界条件(如温度、浓度、催化剂)对反应速率和反应机制有何影响?如何有效地控制化学反应?这些问题属于化学动力学的研究范畴,它主要研究化学反应的速率和机制。

3. 物质结构与性能之间的关系　物质的内部结构决定了物质的性能,深入了解物质内部的结构,不仅可以加深对化学变化本质的理解,而且可以通过改变外界条件,使其结构朝着人们需要的方向变化,为人类服务。这部分内容属于物质结构的研究范畴,它从微观角度研究化学反应的本质。

以上三方面内容不是孤立无关的,而是相互联系、相互制约的。

笔记

二、物理化学的研究方法

物理化学是自然科学的一个分支,这决定了它的研究方法和一般的自然科学研究方法有着共同之处,必然遵从一般的自然科学研究方法。此外,针对物理化学研究对象的特殊性,还有其特殊的研究方法,即:热力学方法、统计力学方法和量子力学方法。

热力学方法——宏观方法:以大量质点的集合体作为研究对象,并以热力学第一和第二定律为基础,讨论系统的各种热力学性质与能量转化之间的关系。在一定条件下利用熵、吉布斯自由能等状态函数判断变化的方向和限度,并导出相平衡和化学平衡的条件。热力学方法在处理问题时,不必知道研究对象的内部结构及过程的细节,只需知道其变化的始态和终态,通过宏观性质的变化即可预测变化进行的可能性及方向性。但这种方法不能揭露事物的本质,以及变化的速率及机制。

统计力学方法——微观方法:此方法也是以大量质点的集合体作为研究对象,用统计学的原理和方法,从微观质点的运动规律推导出系统的宏观性质。在物理化学中,它沟通了宏观和微观领域,对物质的宏观性质给予更深刻的说明。

量子力学方法——微观方法:以物质的微粒和波动的二重性及能量转换的量子性为基础,研究原子、分子内的电子运动规律及化学键、分子结构,揭示物质的性能与其结构之间的内在关系,是化学研究的理论基础。

上述三种方法各有千秋,适用范围也不尽相同,但在解决问题时是相互补充的。本书的研究内容,以热力学方法为主。

实验方面,物理化学主要运用物理学的实验方法,如测定反应的热效应、测定系统的表面张力、折射率、黏度等,探究化学变化的基本规律。

第二节　物理化学的发展趋势

物理化学经历了漫长的发展时期,早在18世纪中叶俄国科学家罗蒙诺索夫(M. B. Ломоносов,1711—1765)就提出了"物理化学"这一术语。物理化学作为一门学科的正式形成是从1887年德国科学家奥斯特瓦尔德(W. Ostwald,1853—1932)和荷兰科学家范托夫(J. H. van't Hoff,1852—1911)创刊的《物理化学杂志》开始的。从这一时期到20世纪初,物理化学以化学热力学的蓬勃发展为特征。而20世纪的物理化学随着物理学发展的总趋势偏重于微观的和理论的研究,取得不少里程碑式的成就,如化学键本质、分子间相互作用、分子结构的测定、表面形态与结构的精细观察等等。21世纪,随着各种实验和理论研究手段及方法的进步,化学的研究内容将更加丰富多彩,化学的研究层次将进一步拓宽,几乎渗透到物质科学、生命科学、工业和国防技术、健康和环境等各个方面。作为化学的理论基础,物理化学对化学的发展起着核心推动的作用,并成为许多学科攻克科学难关的武器库。

学科交叉中的物理化学:21世纪,学科交叉、渗透与融合不断深入,物理化学也不例外。早在上世纪初,英国科学家希尔(A. V. Hill,1886—1977)将物理化学中表面吸附的Langmuir方程引入到药理学,推导出药物-受体相互作用的定量方程,即Hill-Langmuir方程。该方程是现代药理学的基础。之后,物理化学的基本原理逐步应

笔记

用于生物科学的各个领域，特别是热力学和动力学原理在酶反应动力学中的应用，促进了酶学学科的发展。随着学科间的交流日益密切，其他学科应用物理化学方法日益普遍，而物理化学也已深入到其他学科，以其他学科的重大问题为自己的研究对象，由此必将出现许多新的学科增长点。

介观领域中的物理化学：人们对客观世界的认识不断朝着宏观和微观两个层次深入发展，所谓宏观是指研究对象的尺寸很大，其大无外，下限是人的肉眼可见的最小物体。微观是指上限为分子、原子，其小无内。20 世纪 80 年代人们发现了介于宏观与微观之间的领域——介观领域。在这个领域中，介观材料的尺寸介于宏观与微观之间，它既保留了一些宏观材料的性质，又因粒径处于纳米级，具有巨大的表面积，显示出一些独特的表面效应和小尺寸效应等特殊性质。人们希望能研究出一系列制备小尺寸结构单元的方法，并根据物理化学原理将结构单元组装成各种介观材料，测试它们的性能；研究它们的形成机制；开发它们在新材料、医药和生命科学中的各种用途。

物理化学中的催化化学：作为物理化学的分支学科之一，催化是一门面向能源、资源和环境问题，有极其重要应用背景和前景的学科，是化学研究中的永久主题。催化是合成新物质、新材料和实现新反应的有效途径。催化作用几乎遍及化学反应的整个领域。在世界范围内，催化被认为是化学工业的基石，是制造燃料、纺织品、食品、药物等的关键科学技术。据统计，当今化学品生产的 60% 和化工过程的 90% 是基于催化作用的化学合成过程。催化被认为是解决人类所面临的能源问题和环境问题的关键科学技术。在如今倡导绿色环保、可持续发展的时代背景下，必然为催化化学发展带来新的驱动力和新的机遇。

总之，近几十年来，物理化学的发展逐渐由宏观深入到了分子、原子以及量子状态的层次。另一方面，对反应的研究也从基元反应扩展到了大分子系统、复杂系统以及界面和凝聚相。而反应过程在时间尺度上的研究也从微秒、纳秒走向飞秒、阿秒。近 20 年来，有 7 项诺贝尔化学奖的获奖研究是与物理化学研究密切相关的。纵观诺贝尔奖颁发的百余年历史，获诺贝尔奖的 100 多位化学家中，60% 以上是物理化学家或从事的是物理化学领域的研究工作。近百年来化学科学中最热门的课题及最引人注目的成就，60% 以上集中在物理化学领域。这充分体现了物理化学的科学前沿特性。今天，物理化学秉承不断发展的宗旨，致力于发展新的方法，理解最基本的原理，并且以深刻的洞察力来解决复杂的重大问题。物理化学不仅在化学，而且在材料、能源、环境和医药等重大科学领域中将发挥着越来越不可替代的作用。

知识链接

诺贝尔奖获得者——奥斯特瓦尔德、范托夫

W. 奥斯特瓦尔德（W. Ostwald，1853—1932）　德国物理化学家、化学家。1853 年 9 月 2 日生于俄国拉脱维亚里加，1872 年入爱沙尼亚多尔帕特大学学习，1878 年获化学博士学位。1932 年 4 月 4 日卒于莱比锡。

笔记

奥斯特瓦尔德因研究催化作用、化学平衡条件和反应速率等方面的贡献而获1909年诺贝尔化学奖。他1887年和J. 范托夫共同创办《物理化学杂志》。从此以后,物理化学这一分支学科开始形成和发展,因此后人常称奥斯特瓦尔德是"物理化学之父"。

奥斯特瓦尔德著有《普通化学教程》(1910—1911)、《电化学》(1896)、《分析化学的基础》(1895)等书。奥斯特瓦尔德在化学研究方面的成果是多方面的:他指出了化学反应的物理-化学本性,认为每一种化学现象都可以用热力学来解释;他将质量作用定律应用于电解质的电离,并引入了离解常数概念;由于对催化作用的深入研究,他成功地使氨在铂上氧化转变成一氧化氮,为现代硝酸工业发展奠定了基础;他还提出了溶度积概念,指出在电解质的饱和水溶液中存在着一种平衡,固体物质与溶液中未离解的物质达到平衡,然后再与离解的部分达成平衡;他认为指示剂是一种弱酸,其他弱酸给出它们的氢离子,使指示剂改变颜色。他的观点可以说是对指示剂变色作用的最早解释。

J. 范托夫(J. H. van't Hoff,1852—1911)　1852年生于荷兰鹿特丹一个医生家庭。上中学时就迷上了化学,经常从事小实验,22岁获博士学位。1877年起在阿姆斯特丹大学任教,先后任化学、矿物学和地质学教授,1896年迁居柏林。1885年被选为荷兰皇家学会会员、是柏林科学院院士及许多国家的化学学会会员,1911年在柏林逝世。

J. 范托夫首次提出碳原子具有正四面体构型的立体思想,弄清了有机化合物旋光异构的原因,开创立体化学的新领域。在物理化学方面,他研究过质量作用定律,发展了近代溶液理论,包括渗透压、凝固点、沸点及蒸气压理论,并用相律研究盐的结晶过程。他将热力学应用于化学平衡,提出了近代化学中亲合力的概念。J. 范托夫主要著作有《空间化学引论》《数量、质量和时间方面的化学原理》《化学动力学研究》等。与W. 奥斯特瓦尔德一起创办了第一本《物理化学杂志》。

1901年,J. 范托夫因溶液渗透压和化学动力学的研究成果荣获首届诺贝尔化学奖。

第三节　物理化学课程的内容和学习方法

一、物理化学课程的主要内容

第一节介绍物理化学的研究内容,此处专门介绍物理化学课程的主要内容,它包括以下几方面:

1. 化学热力学　应用热力学基本原理和方法来研究化学变化及相关物理变化,解决系统各平衡性质之间的关系,判断过程的方向、限度和能量效应。解决化学反应的可能性问题。

2. 相平衡　应用热力学原理,通过相图这一直观形式来研究多相平衡系统的变

笔记

化规律,找到系统状态与温度、压力及组成的关系,指导生产实践。

3. 电化学　研究化学能与电能之间相互转化及转化过程所遵循的规律。

4. 化学动力学　研究化学反应条件、机制、速率及相关产物情况的科学,解决化学反应的现实性问题。

5. 表面现象　应用热力学原理,研究多相系统中各相界面间物质的特性,讨论表面现象的本质、规律及应用。

6. 胶体化学　研究胶体分散系统(包括溶胶与大分子溶液)的物理化学性质,以解决生产、生活中的实际问题。

二、物理化学的学习方法

物理化学是重要的化学基础课,学习的主要目的是:打下坚实的化学基础,为后续专业课程的学习铺路;培养逻辑思维能力、分析及解决问题的能力。

物理化学往往被认为是一门较难理解和掌握的学科,但只要方法得当、抓住要领还是能够学好的。下面介绍一些针对这门课程比较实用的方法,供学习时参考。

1. 做好预习,提高自学能力　预习有助于在课前了解课程内容及重点、难点,以便在课堂上更加集中精力听课,思考更多的问题,有利于提高学习效率。而且预习能培养良好的自学习惯,培养独立思考、解决问题的能力。

2. 抓住每个章节的重点和关键点　只要将重点和关键点弄懂,其余的问题自然容易解决。如在相平衡这章中,对各种相图的理解都离不开相律这一基本概念,这就是这一章的重点,以它作为主线很容易对相图进行分析并掌握其应用。

3. 针对每章内容,及时进行有效的总结　物理化学的学习具有非常强的系统性,但由于公式、概念的庞杂,如不及时总结梳理,初学者是无法从中理清头绪、归纳分析,因此进行阶段性的总结是必须认真去做的一个功课。多年的经验告诉我们,善于总结的学生,才是真正能学明白的学生。

4. 掌握公式,重在理解,并重视其使用条件　公式多是物理化学课程的一个主要特点。实践证明,靠死记硬背记忆公式,效果并不理想,而且不能维持长久。只有理解了,才能记得牢,并有助于掌握其使用条件。熟悉公式的假设和使用条件是非常重要的,否则记忆公式就失去了意义。如,求熵变计算公式中的热量,必须是可逆过程中交换的热量,如果不满足可逆过程这一条件,则会得出错误的结果。另外,在推导公式时主要记住公式的物理意义和适用条件,并不一定要记住每一个推导过程。

5. 深入思考,联系实际　物理化学是理论性非常强的学科,没有深入的思考,就无法圆满完成物理化学课程的学习。这里所说的思考不只是针对理论的提出、公式的推导等,还包括对理想状态、大量生活中的实例及与其他课程的联系等。例如,运用克拉珀龙方程解释为何用湿热灭菌方法消毒时不同的温度要对应不同的压力,可加深对克拉珀龙方程的理解。热力学与中医药学理论有很多共同之处,如:两者都工于宏观描述而疏于微观分析,在研究思路上是一致的,如能将两者有机结合起来,也是很好的中医药研究课题。

6. 注重各章节之间的联系,反复复习　各章节内容都有其内在联系,包括概念、公式等,经常复习,可以前后贯通,举一反三。比如化学反应等压方程、克拉珀龙-克劳修斯方程、阿仑尼乌斯经验公式,它们不仅从形式上一致,而且有相似的内涵,学习的

时候可采用比较记忆法。物理化学中有很多重要公式，都是利用化学势在多相多组分平衡系统中的应用推导出来的，如稀溶液的依数性、化学反应等温方程、克拉珀龙方程、分配定律、能斯特方程、开尔文公式、渗透压公式、唐南平衡等，化学势如同一个纽带，将它们联系起来。在学习时可以通过复习化学势，深入理解它们之间的内在联系。

7. 重视习题与实验　物理化学是理论与实验并重的学科，理论与实验共同促进，缺一不可。课程中的习题与实验是引导学生理解理论并运用所学理论解决实际问题的手段。理论是抽象的，必须与生产及生活实践相结合，还须有一定量的习题跟进，否则理解就是句空话。但做习题不只是"量"的积累，更应该重视"质"的提高，实验也要避免只动手、不动脑的"照方抓药"现象，应注重对实验原理的思考，最好能独立设计实验，努力发现其中的新现象及新问题，提出解决问题的新思路。如"蔗糖水解转化速率的研究"中，可以采用不同浓度的盐酸分别试验，从实验结果中就会发现盐酸浓度对反应速率的影响。

第四节　物理化学在医药领域中的应用

作为中医药学专业的重要基础课程，物理化学具有不可替代的作用。虽然这门学科不算年轻，但由于它在各个领域中的广泛应用，使其焕发出新的活力。下面简述它在医药领域中的一些应用。

中药是祖国医学的重要组成部分，是新药发掘的宝库。从中药中高效提取、分离有效成分，经常用到蒸馏、萃取、吸附（解吸）、乳化等操作，这些需要熟练掌握热力学、相平衡、表面现象、胶体化学等方面的知识，它们能为有效成分的提取、分离的可行性提供理论依据。

药物体内过程的研究，如吸收、分布、代谢、排泄等，需要化学动力学的理论及方法。同时，研究药物的稳定性、保存期等也需要这方面的知识，它们为确定药动学参数提供理论指导。

药物的处方前研究，如药物的溶解度、分配系数、溶解速率、物理形态等，需要热力学、相平衡、表面现象等方面的知识，它们可为药物的理化性质检测、质量控制提供方法。

对于制剂工艺及剂型的探讨，更需要热力学、相平衡、动力学、表面现象、胶体化学方面的知识。新药设计及合成过程中路线选择、工艺确定，也离不开这些知识。它们为剂型改进提供理论基础，为药用新材料的研究开拓思路。

可以看出，物理化学已经渗透到医药学的各个领域中，其理论和方法已经是现代医药研究领域的必要手段。掌握好物理化学的理论和方法，对药学工作者来说是非常必要的。

（张小华　郧瑞光）

第一章

热力学第一定律和热化学

学习目的

将热力学的基本定律用于化学过程或与化学有关的物理过程，形成了化学热力学。化学热力学在药物生产、剂型配制及中药成分的分离提取等方面都具有重要的指导作用。通过学习热力学第一定律及热化学的知识，能够运用热力学第一定律解决化学过程及与化学密切相关的物理过程中能量的衡算问题。

学习要点

热力学第一定律，状态函数 U、H，生成热、燃烧热的概念及应用。

热力学是自然科学中建立最早的学科。热力学的理论基础之一——热力学第一定律(first law of thermodynamics)就是不同形式的能量在传递与转换过程中守恒的定律。自然界的一切物质都具有能量，能量有多种不同形式，能量可以从一种形式转化为另一种形式，在转化中能量的总值保持不变。该定律经过迈耶(J. R. Mayer)、焦耳(T. P. Joule)等多位物理学家验证，十九世纪中期，在长期生产实践和大量科学实验的基础上，它才以科学定律的形式被确立起来。将热力学第一定律应用于化学反应，可以计算化学反应的热效应，解决化工生产中的能量衡算，指导能量的合理利用。

第一节　热力学概论

一、热力学研究的基本内容

化学及药学工作者常常会遇到并需要解决一些问题。其中有一类问题是：某个指定的化学反应是放热的还是吸热的？消耗一定量反应物的同时，要放出或吸入多少热？要使反应顺利进行，需要用冷却剂移走多少热或用加热的方法补给多少热？另一类问题是：在采用易得原料制备人类需要的化学产品时，所设计出来的某合成方法、路线是否合理？有无实现的可能性？如果可能实现，原料的转化率最高能达到多少？怎样选择最合适的温度、压力、浓度等反应条件，得到更多的所需产品？

以上这两类问题，前者可以归纳为化学及物理变化中的能量转换或传递问题；后者可归纳为变化的可能性、方向性及进行限度问题。解决这两类问题的重要理论工具

笔记

之一是热力学。热力学的基础是热力学第一及第二定律。这两个定律都是人类在总结大量经验的基础上建立起来的，它们有广泛的、牢靠的实验基础，其结果是绝对可以信任的。应用热力学的定律、原理及方法研究化学过程及伴随这些过程而发生的物理变化，就形成了化学热力学。它的主要内容是利用热力学第一定律来解决化学变化中的热效应问题；利用热力学第二定律来解决指定的化学及物理变化实现的可能性和限度问题。

二、热力学的研究方法和局限性

热力学的研究采用演绎的方法，即采用严格的数理逻辑的推理方法。热力学研究大量微观粒子所组成的系统的宏观性质，所得结论反映大量微观粒子的平均行为，具有统计意义。而对物质的微观性质即个别或少数微观粒子的行为，无法做出解答。热力学无需知道微观粒子的结构和反应进行的机制，只要知道系统的始态和终态及过程进行的外界条件，就可以进行相应的计算和判断。虽然只知道其宏观结果而不知其微观结构，但是非常可靠且简单易行，这正是热力学能得到广泛应用的重要原因。此外，热力学只研究系统变化的可能性及限度问题，不研究变化的现实性问题，也不涉及时间的概念，因此无法预测变化的速率和过程进行的机制。以上既是热力学方法的优点也是它的局限性。

热力学发展至今已有一百多年的历史，在研究平衡态热力学方面已形成一套完整的理论和方法。热力学也是一门不断发展中的科学，它已经从平衡态热力学发展到非平衡态热力学，特别是近几十年来，在远离平衡态的不可逆过程热力学的研究方面已取得了一些可喜的成果。如 1969 年比利时著名科学家普里高津（I.Prigogine）等人经过几十年的研究创立了耗散结构理论，为热力学的发展作出了突出的贡献。近些年来，人们用精密微量量热计可测量细菌生长、种子发芽等缓慢过程的微量热效应，从而绘制其代谢过程的热谱图。热谱图能提供动植物生长发育和新陈代谢等过程中有关生命现象的重要信息。

知识链接

诺贝尔奖获得者——普里高津

普里高津（Ilya Prigogine，1917—2003）　1917 年 1 月 25 日，普里高津生于俄罗斯莫斯科。1921 年随家旅居德国，1929 年定居比利时，1949 年加入比利时国籍。于 1934 年进入布鲁塞尔自由大学（Universite Libre de Bruxelles，ULB），攻读化学和物理，1939 年获理科硕士学位，1941 年获博士学位，1947 年任该校理学院教授。1959 年任索尔维国际理化研究所所长，1967 年兼任美国奥斯汀得克萨斯大学的统计力学和热力学研究中心主任，1953 年当选为比利时皇家科学院院士，1967 年当选为美国科学院院士。普里高津“由于他对非平衡热力学的贡献，特别是耗散结构理论（for his contributions to non-equilibrium thermodynamics，particularly the theory of dissipative structures）”，荣获 1977 年诺贝尔化学奖。2003 年 5 月 28 日，逝世于比利时布鲁塞尔，享年 86 岁。

笔记

第二节　热力学的一些基本概念

一、系统与环境

当用热力学方法研究问题时，首先要确定研究的具体对象。把着手研究的物质作为研究对象从其余的物质中划出来，这种划定的研究对象称为系统（system）。热力学的系统都是由大量的物质微粒所组成的、宏观的、有限的系统。在系统以外而与系统有密切关系的部分，称为环境（surroundings）。系统与环境之间可以通过真实的或虚拟的界面将其区分开。

根据系统与环境之间能量传递和物质交换的不同情况，系统可分为三类：

1. 孤立系统　与环境既没有能量传递也没有物质交换的系统，叫做孤立系统（isolated system）。

2. 封闭系统　与环境仅有能量传递但没有物质交换的系统，叫做封闭系统（closed system）。

3. 敞开系统　与环境既有能量传递又有物质交换的系统称为敞开系统（open system）。

举例来说，一个具有隔热盖子的保温瓶，内装有热水，现以瓶内的热水为系统。瓶加盖使水不能蒸发，保温性能良好使热不致散失，则形成孤立系统；瓶加盖使水不能蒸发，但保温性能不好，热可以传出而散失，是封闭系统；打开盖子瓶中热水蒸发掉一些，保温性能也不好，热可以传出散失，则是敞开系统。

究竟选择哪一部分物体作为系统，并无一定的规则，应具体问题具体分析，以处理问题简便为准则。

二、热力学平衡态

当系统的性质不随时间而变，则该系统就处于热力学平衡态（thermodynamic equilibrium state）。热力学平衡态同时满足下列平衡：

1. 热平衡　系统各部分的温度相等。

2. 力学平衡　系统各部分之间没有不平衡的力存在。

3. 相平衡　系统中各相的组成和数量不随时间而变化。

4. 化学平衡　系统中化学反应达到平衡时，系统的组成不随时间而变。

一般若不特别说明，系统的状态就是指系统处于这种热力学平衡态。一般将系统变化前的状态称为始态，变化后的状态称为终态。

非平衡态简介

当非孤立系统中各部分的所有宏观性质都不随时间而变，系统与环境完全隔离开后，系统中各部分的所有宏观性质也都不起变化时的状态，称为平衡状态。

笔记

当处于恒定的外部限制条件,如固定的边界条件或浓度限制条件等时,系统内部发生宏观变化,则系统处于非平衡态。经过一定时间系统达到一种在宏观上不随时间变化的恒稳状态,此状态称为非平衡稳态或简称为稳态(或称定态)。稳态系统的内部宏观过程仍然在进行着。

在处于远离平衡的敞开系统中,通过控制边界条件或其他参量,可使系统失稳并过渡到与原来定态结构上完全不同的新的稳定态。这种建立在不稳定之上的新的有序的稳定结构,是依靠与外界交换物质与能量来维持的。普里高津(I. Prigogine)的布鲁塞尔学派把它叫做耗散结构,耗散结构的存在表明了非平衡是有序之源。

三、状态函数与状态方程

热力学系统的状态是系统的物理性质与化学性质的综合表现。对于有确定的化学组成和聚集态的系统,状态通常采用易于直接测定的宏观物理量如温度、压力、体积、密度等来描写和规定,至于究竟需要确定几个物理量才能确定系统处于一定的状态,广泛的实验事实证明,对于没有化学变化、只含有一种物质的均相封闭系统,一般来说只要指定两个强度性质,其他强度性质也就随之而定了。如果系统的总量已知,则广度性质也就定了。

(一) 状态函数

用来描写和规定状态的各种物理量,称为状态性质,人们更常把它们称为状态函数(state function)。当系统的所有状态函数都不随时间变化,而处于定值时,就称系统处于一定的状态。

1. 状态函数的分类　根据状态函数与系统中物质数量的关系,可将状态函数分为两类。

(1) 广度性质(extensive properties):其数值大小与系统中所含物质的量成正比,此种性质具有加和性。例如,质量是广度性质,因为系统的质量与系统所含物质的量成正比,系统各部分的质量之和就是系统的总质量。又如,体积是广度性质,因为体积大小与所含物质的量成正比,系统各部分的体积之和就是系统的总体积。

(2) 强度性质(intensive properties):其数值大小与系统中所含物质的量无关、此种性质不具有加和性。例如,温度是强度性质,因为温度的高低与系统所含物质的量没有关系。一杯25℃的水倒掉半杯,还是25℃,而且不能说"系统各部分的温度之和就是系统的总温度"。同理,压力、密度、黏度等也是强度性质。

一般地,系统的广度性质与强度性质之间有如下关系:

$$\frac{\text{广度性质(体积 }V\text{)}}{\text{广度性质(物质的量 }n\text{)}}=\text{强度性质(摩尔体积 }V_{\mathrm{m}}\text{)}$$

$$\text{广度性质(体积 }V\text{)}\times\text{强度性质(密度 }d\text{)}=\text{广度性质(质量 }m\text{)}$$

如系统中的所含物质的量是单位量,例如,物质的量是1mol,则广度性质就成为强度性质,如体积是广度性质,而摩尔体积则为强度性质。

笔记

2. 状态函数的特征

(1) 状态函数是状态的单值函数。系统的状态确定之后,状态函数就具有单一的确定数值。例如温度是状态函数,系统的状态确定之后,温度一定具有单一的确定数值。

(2) 状态函数的改变量只与系统的始、终态有关,而与变化的途径无关。若系统变化经历一循环后又重新恢复到原态,则状态函数必定恢复原值,其变化值为零。

(3) 状态函数的微小变化在数学上是全微分。例如,一定量的理想气体的体积是温度 T 和压力 p 的函数

$$V=f(T,p)$$

则体积的微小变化 $\mathrm{d}V$ 是全微分,它是两项偏微分之和:

$$\mathrm{d}V=\left(\frac{\partial V}{\partial T}\right)_p\mathrm{d}T+\left(\frac{\partial V}{\partial p}\right)_T\mathrm{d}p$$

$\mathrm{d}V$ 的环路积分代表系统恢复原态体积的变化。显然

$$\oint \mathrm{d}V=0$$

由此可见,状态函数全微分的环路积分为零。

(4) 不同状态函数构成的初等函数(和、差、积、商)也是状态函数。

(二) 状态方程

系统状态函数之间的定量关系式称为状态方程。比如某理想气体处在封闭系统,其状态方程为:

$$pV=nRT$$

对于多组分均相系统的状态函数还与组成有关。即

$$V=f(T,p,n_1,n_2\cdots\cdots)$$

式中,$n_1,n_2,\cdots$是物质1,2,…的物质的量。

热力学定律并不能导出具体系统的状态方程,它必须由实验来确定。

四、过程及途径

系统状态所发生的一切变化称为过程(process)。过程通常可分为单纯状态变化过程(即 p、T、V 变化过程)、相变过程和化学变化过程。常见的过程有:

1. 等温过程(isothermal process) 在环境温度恒定下,系统始、终态温度相同且等于环境温度的过程。

2. 等压过程(isobaric process) 在环境压力恒定下,系统始、终态压力相同且等于环境压力的过程。

3. 等容过程(isochoric process) 系统的体积保持不变的过程。

4. 绝热过程(adiabatic process) 系统与环境之间没有热传递的过程。

5. 循环过程(cyclic process) 系统从某一状态出发,经一系列变化,又恢复到原来状态的过程。

完成某一状态变化所经历的具体步骤称为途径(path)。系统可以从同一始态出发,经不同的途径变化至同一终态。

笔记

五、热和功

系统发生状态变化时，在系统与环境之间会有能量的传递或交换。热和功是能量传递或交换的两种形式。

由于系统与环境之间的温度差而引起的能量传递称为热（heat），用符号 Q 表示。热力学规定：系统吸热为正，$Q>0$；系统放热为负，$Q<0$。热的单位为焦耳（J）。

在热力学中，除热以外，在系统与环境之间其他一切形式所传递或交换的能量称为功（work），用符号 W 表示。热力学同样规定：系统对环境做功为负，$W<0$；环境对系统做功为正，$W>0$。功的单位为焦耳（J）。

功有多种形式，广义地看，各种形式的功都可表示为强度性质与广度性质变化量的乘积。

$$\text{机械功} = F(\text{力}) \times dl(\text{位移})$$

$$\text{体积功} = -p_e(\text{外压}) \times dV(\text{体积的改变})$$

$$\text{电功} = E(\text{电动势}) \times dq(\text{电量的改变})$$

$$\text{表面功} = \sigma(\text{表面张力}) \times dA(\text{表面积的改变})$$

式中，p_e、E、σ 为广义力，dV、dq、dA 为广义位移。因此功即为广义力与广义位移的乘积。

在化学热力学中，通常将各种形式的功分为两类：由于系统体积变化而与环境交换的功称为体积功（volume work，W）；除体积功以外所有其他形式的功称为非体积功（work except volume work，W'）。

从微观角度看，热是大量质点以无序运动方式而传递的能量；而功则是大量质点以有序运动方式而传递的能量。

应当指出，热和功是能量传递或交换的两种形式，不是系统具有的性质。它们与系统发生变化的具体过程相联系，没有过程就没有热和功。热和功的大小与变化所采取的途径有关，它们都不是状态函数，不具有全微分性质，因而它们的微小变化通常分别采用 δQ 和 δW 来表示。

第三节　可逆过程与体积功

一、体积功

系统在发生化学变化或物理变化时，常常伴有体积的改变，因而体积功在化学热力学中有着重要的意义。

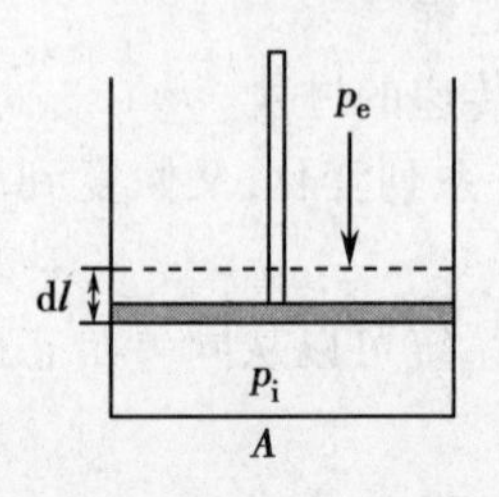

图 1-1　体积功示意图

将一定量的气体置于横截面积为 A 的气缸中（图 1-1），假设活塞的重量、活塞与缸壁之间的摩擦力均可忽略不计。缸内气体的压力为 p_i，施加于活塞上的外压为 p_e，若 $p_i>p_e$，气体膨胀。设活塞向上移动了 dl 的距离，则系统对环境所做的体积功为：

$$dW = -F_e dl = -\frac{F_e}{A} d(Al) = -p_e dV \qquad \text{式(1-1)}$$

笔记

式(1-1)中 $dV=d(Al)$ 是系统体积的变化。

注意，不论系统是膨胀还是被压缩，体积功均用 $-p_e dV$ 来计算，压力一定是外压。

例 1-1 等温条件下，1mol 理想气体，从始态 $p_1=100kPa$、$V_1=0.001m^3$ 经下列不同途径，膨胀到相同终态 $p_2=20kPa$、$V_2=0.005m^3$。求下列过程系统所做的功：

(1) 在外压为 20kPa 的条件下，一次膨胀至终态。

(2) 分两步膨胀，第一步在外压为 40kPa 时膨胀至 V'，然后在 20kPa 时膨胀至终态。

(3) 让外压始终比内压小一个无穷小量 dp，使系统在无限接近平衡的情况下膨胀至终态。

解：(1) 一次等外压膨胀，因为外压为定值，则

$$W_1=\int_{V_1}^{V_2}-p_e dV=-p_e\Delta V=-p_e(V_2-V_1)=-20\times10^3\times(0.005-0.001)=-80J$$

(2) 两次等外压膨胀，首先计算中间状态时的体积 V'。因为是等温过程，则有

$$V'=p_1V_1/p'=100\times0.001/40=0.0025m^3$$

$$\begin{aligned}W_2&=-p_e'(V'-V_1)-p_2(V_2-V')\\&=-40\times10^3\times(0.0025-0.001)-20\times10^3\times(0.005-0.0025)=-110J\end{aligned}$$

(3) 外压比内压小一个无穷小的压力 dp，变化过程几乎是连续的，即无穷多次膨胀，有

$$W_\infty=-\sum p_e dV=-\sum(p_i-dp)dV\approx-\sum p_i dV$$

略去二阶无限小量 $dpdV$，该变化过程几乎是连续的，故加和号可用积分号代替，再代入理想气体状态方程，得

$$W_\infty=-\int_{V_1}^{V_2}p_i dV=-nRT\ln\frac{V_2}{V_1}=-p_1V_1\ln\frac{p_1}{p_2}=-160.9J$$

二、功与过程

在始、终态一定的情况下，做功的大小与途径有关，如例 1-1 所示，用 $p-V$ 图表示，见图 1-2。

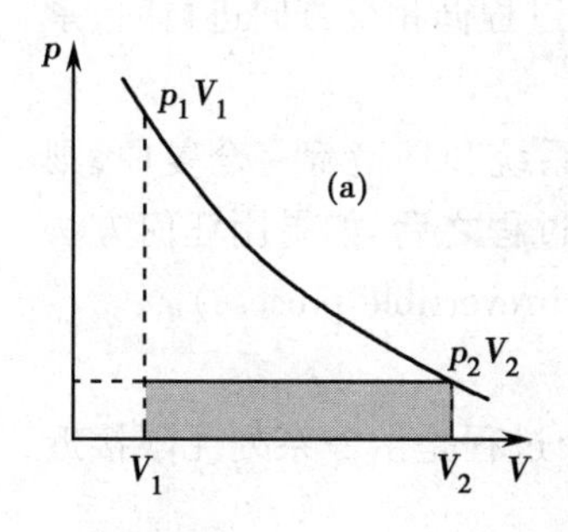

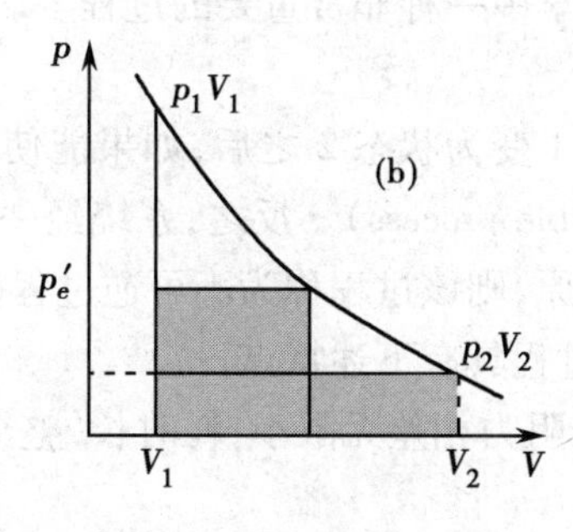

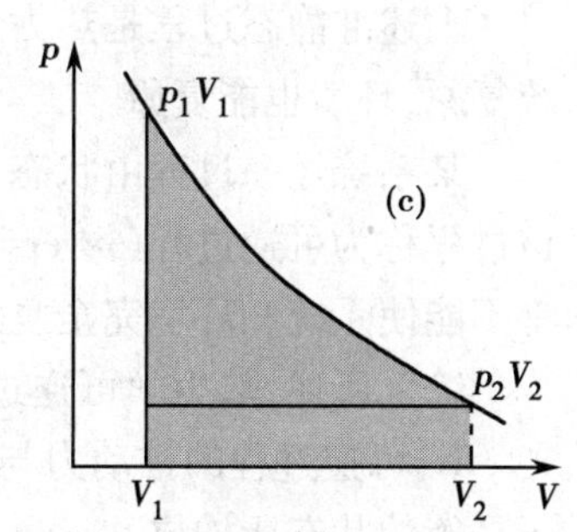

图 1-2 各种过程的体积功（膨胀）示意图

(a) 一次膨胀 (b) 二次膨胀 (c) 无穷多次膨胀

将例 1-1 始终态倒置，即进行压缩变化，所做功用 $p-V$ 图表示，见图 1-3。

显然，在膨胀过程中有 $|W_\infty|>\cdots>|W_2|>|W_1|$，膨胀次数越多，系统对环境所做的功就越多。在压缩过程中有 $W_1'>W_2'>\cdots>W_\infty'$，压缩次数越多，环境对系统所做的功就越少。

笔记

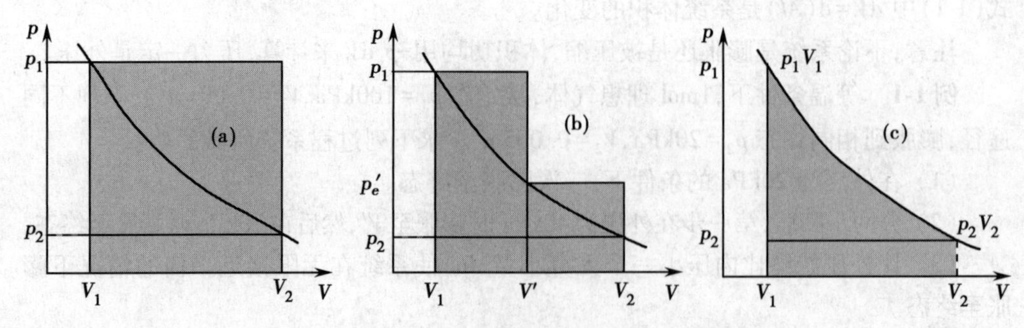

图 1-3 各种过程的体积功（压缩）示意图

(a) 一次压缩 (b) 二次压缩 (c) 无穷多次压缩

一次膨胀与压缩，有 $W'_1>|W_1|$，二次膨胀与压缩，有 $W'_2>|W_2|$，可见系统经有限次数的膨胀过程后，经与其相反的压缩过程回到始态，系统恢复了原来状态，环境却没有复原。

对于无穷多次的膨胀与压缩，有 $W'_\infty=|W_\infty|$，可见当系统恢复了原来状态时，环境也复原了。

无穷多次的无限接近平衡的膨胀过程中，始终使外压 p_e 比气缸内的压力 p_i 小一个无限小的差值 dp，即 $p_e=p_i-dp$。可以设想将活塞上面的砝码换成相同重量的细砂，若取下一粒细砂，外压就减少 dp，则系统的体积就膨胀了 dV，此时 p_i 降低到 p_e；同样又取下一粒细砂，又使系统的体积膨胀了 dV。如此重复，直至系统的体积膨胀到 V_2 为止。这是一个无限缓慢的膨胀过程，系统在任一瞬间的状态都是极接近于平衡态，整个过程可以看做是由一系列极接近于平衡的状态所构成的，因此这种过程称为准静态过程（quasistatic process）。

无穷多次的无限接近平衡的压缩过程亦是准静态过程。

三、可逆过程

上述准静态过程是热力学中一种非常重要的过程。该过程循相反方向进行时，系统复原，环境也能复原。

某系统经一过程由状态 1 变为状态 2 之后，如果能使系统和环境都完全复原，则该过程称为可逆过程（reversible process）。反之，系统经一过程之后，如果用任何方法都不能使系统和环境完全复原，则该过程称为不可逆过程（irreversible process）。

综上所述，热力学可逆过程具有下述特点：

1. 可逆过程的推动力与阻力相差无限小，耗时长，整个过程是由一系列无限接近于平衡的状态所构成。

2. 系统在可逆过程中对外做最大功（绝对值），环境对系统在可逆过程中做最小功，即可逆过程效率最高。

3. 循原过程相反方向进行时，系统和环境同时复原，而没有任何耗散效应。

可逆过程是经科学抽象的理想过程。自然界的一切宏观过程都是不可逆过程，实际过程只能无限地趋近于它。例如液体在其沸点时的蒸发、固体在其熔点时的熔化、可逆电池在电动势相差无限小时的充、放电等，都可近似地视为可逆过程。此外，有些

笔记

重要的热力学函数的改变量也只有通过可逆过程才能求算。因此,可逆过程的概念非常重要。

第四节 热力学第一定律

一、热力学第一定律的经验叙述

自然界的所有物质都具有能量,能量有多种形式,可以从一种形式转化为另一种形式,总能量保持不变,这就是能量守恒原理。它是人们经过无数次的实验和实践总结出来的。特别是在1840年左右,焦耳(Joule)做了大量的热功转换实验,建立了热功当量的转化关系,即1cal(卡)=4.184J(焦耳),1J=0.239cal,从而为能量守恒原理提供了科学依据。将能量守恒与转化定律应用于宏观的热力学系统即为热力学第一定律。

热力学第一定律(first law of thermodynamics)有多种表达式,常见表述有:

1. 不供给能量而可连续不断对外做功的第一类永动机(first kind of perpetual-motion machine)是不可能造成的。

2. 自然界的一切物质都具有能量,能量有多种不同形式,能量可以从一种形式转化为另一种形式,在转化中能量的总值保持不变。

热力学第一定律是人类经验的总结,无数事实都证明了热力学第一定律的正确性。它无须再用任何原理去证明,因为第一类永动机永远不能造成的事实就是最有力的证明。

二、热力学能

通常系统的总能量E由下述三部分组成:

1. 系统整体运动的动能E_T;

2. 系统在外力场中的势能E_V;

3. 热力学能(thermodynamic energy)U,也称为内能(internal energy)。

在化学热力学中,通常研究的是宏观的、相对静止的系统,无整体运动且无特殊的外力场存在(如离心力场、电磁场等),此时$E_T=E_V=0$,则$E=U$。所以可只考虑热力学能。

热力学能是系统中物质的所有能量的总和。它包括分子的平动能、转动能、振动能、分子间势能、电子运动能、化学键能、分子间作用能、原子核能等。随着人们对于物质结构层次认识的不断深入,还将包括其他形式的能量,因此系统热力学能的绝对值是无法确定的。但对热力学来说,重要的是热力学能的改变值可以由实验测定。

热力学能是系统的性质,当系统处于确定的状态,其热力学能即具有了确定的数值,它的数值改变只取决于系统的始、终态,而与变化的途径无关。若系统经一循环过程,则热力学能的变化值为零。所以,热力学能是系统的状态函数。显然,热力学能的大小与系统所含物质的量成正比,即热力学能是系统的广度性质。

对于组成一定的均相封闭系统,其热力学能可以表示为温度和体积的函数。即

笔记

$$U=f(T,V)$$

全微分为
$$dU=\left(\frac{\partial U}{\partial T}\right)_V dT+\left(\frac{\partial U}{\partial V}\right)_T dV$$

同理,若把 U 看做是温度和压力的函数,即 $U=f(T,p)$ 则:

$$dU=\left(\frac{\partial U}{\partial T}\right)_p dT+\left(\frac{\partial U}{\partial p}\right)_T dp$$

三、热力学第一定律的数学表达式

宏观上相对静止且无外力场存在的封闭系统,若经历某个过程从状态 1 变为状态 2 时,系统从环境吸收了 Q 的热,并对环境做了 W 的功,根据热力学第一定律,系统热力学能的改变为:

$$\Delta U=U_2-U_1=Q+W \qquad 式(1\text{-}2)$$

U_1、U_2分别为系统始态和终态的热力学能。若系统发生微小变化,则

$$dU=\delta Q+\delta W \qquad 式(1\text{-}3)$$

式(1-2)和式(1-3)是封闭系统的热力学第一定律的数学表达式。它表明了热力学能、热、功相互转化时的定量关系。

显然,对于封闭系统的循环过程,状态函数热力学能的改变值 $\Delta U=0$,则 $Q=-W$,即封闭系统循环过程中系统所吸收的热等于系统对环境所做的功。对于孤立系统,$Q=0$,$W=0$,则 $\Delta U=0$,即孤立系统的热力学能始终不变为定值。

第五节 焓

系统与环境之间传递的热不是状态函数,但在某些特定条件下,系统与环境交换的热仅取决于始、终态而成为一个定值。由于绝大多数的化学反应或物理变化是在非体积功 W' 为零且等压的条件下进行,因而引进状态函数焓将给热效应的求算带来极大方便。

对于某封闭系统,在非体积功为零的条件下,若系统的变化是等容过程,则 $\Delta V=0$,因此体积功为零,所以热力学第一定律式(1-2)可写成:

$$\Delta U=Q_V \qquad 式(1\text{-}4)$$

对于微小变化,则
$$dU=\delta Q_V \qquad 式(1\text{-}5)$$

式(1-4)中 Q_V为等容过程的热效应,因为 ΔU 只取决于系统的始、终态,所以 Q_V也只取决于系统的始、终态。式(1-4)表示在非体积功为零的条件下,封闭系统经一等容过程,所吸收的热全部用于增加系统的热力学能。

对于封闭系统,在非体积功为零且等压($p_1=p_2=p_e$)的条件下,热力学第一定律式(1-2)可写成:

$$\Delta U=U_2-U_1=Q_p-p_e(V_2-V_1)$$
$$U_2-U_1=Q_p-p_2V_2+p_1V_1$$
$$Q_p=(U_2+p_2V_2)-(U_1+p_1V_1)$$

由于 U、p、V 均是状态函数,因此($U+pV$)也是状态函数,在热力学上定义为焓

笔记

(enthalpy)，用 H 表示，即：

$$H=U+pV \qquad 式(1\text{-}6)$$

所以 $$Q_p=H_2-H_1$$

即 $$\Delta H=Q_p \qquad 式(1\text{-}7)$$

对于微小变化，则 $$\mathrm{d}H=\delta Q_p \qquad 式(1\text{-}8)$$

式(1-7)中 Q_p 为等压过程的热效应，因为焓是状态函数，ΔH 值取决于系统的始、终态，所以 Q_p 也只取决于系统的始、终态。式(1-7)表示，在非体积功为零的条件下，封闭系统经一等压过程，系统所吸收的热全部用于增加系统的焓。

由于系统热力学能的绝对值无法确定，因而也不能确定焓的绝对值。但在一定条件下，我们可以从系统和环境间热的传递来衡量系统热力学能和焓的变化值。因为 U 和 pV 都是广度性质，所以焓也是广度性质，并具有能量的量纲。

例 1-2　试求下列各过程的 Q、W、ΔU 和 ΔH。

(1) 将 1mol 水在 373K、$p=101.325\text{kPa}$ 下蒸发，吸热 2259J/g。设蒸气为理想气体。

(2) 始态与(1)相同，当外界压力恒定为 $p/2$ 时，将水蒸发；然后再将此水蒸气(373K、$p/2$)等温可逆压缩为 373K、p 的水蒸气。

(3) 将 1mol 水在 373K、p 下突然放在 373K 的真空箱中，水蒸气立即充满整个真空箱(设水全部气化)，测得其压力为 p。

解：(1) 因为在正常温度、压力下水的相变为可逆相变过程，且为等温等压过程，所以

$$\Delta H=Q_p=Q_1=1\times18.00\times2259=40.66\text{kJ}$$

$$W_1=-p_e(V_g-V_l)$$

$$\because \quad V_g \gg V_l$$

$$\therefore \quad W_1=-pV_g=-nRT=-1\times8.314\times373=-3.101\text{kJ}$$

$$\Delta U_1=Q_1+W_1=40.66-3.101=37.56\text{kJ}$$

(2) 根据题意，由始态(373K、p 的水)变为终态(373K、p 水蒸气)的功可分为两步计算：即先反抗等外压 $p/2$ 将水气化为 $p/2$、373K 的水蒸气；然后再等温可逆压缩至终态。则

$$W_2=-p_e(V_g-V_l)-\int_{V_1}^{V_2}p\mathrm{d}V=-\frac{p}{2}\left(\frac{nRT}{p/2}-V_l\right)-nRT\ln\frac{V_2}{V_1}$$

因为 $V_g \gg V_l$，所以 $W_2=-nRT-nRT\ln\left(\frac{p/2}{p}\right)=-0.952\text{kJ}$

由于始、终态与(1)相同，对于状态函数改变量，有：

$$\Delta U_2=\Delta U_1=37.56\text{kJ}$$

$$\Delta H_2=\Delta H_1=40.66\text{kJ}$$

$$Q_2=\Delta U_2-W_2=37.56+0.952=38.51\text{kJ}$$

(3) 向真空气化过程，$W_3=0$，始终态与(1)相同，因此

$$Q_3=\Delta U_3=\Delta U_1=37.56\text{kJ}$$

$$\Delta H_3=\Delta H_1=40.66\text{kJ}$$

笔记

由计算结果可知：①有气体生成的相变过程，体积功的计算公式为

$$W=-pV_g=-nRT$$

②始、终态相同，但 $Q_1>Q_2>Q_3$，$|W_1|>|W_2|>|W_3|$，说明热和功都与过程有关。在可逆相变过程中系统从环境吸收的热量最多，对环境做的功也最大。而偏离可逆过程越远，则热和功就越少；③ΔU 和 ΔH 是状态函数的改变量，当始、终态相同时，则其改变量与过程无关。

例 1-3 已知在 298K 和 100kPa 下，1mol $H_2(g)$ 和 $\frac{1}{2}$mol $O_2(g)$ 反应生成 1mol $H_2O(l)$，放热 285.83kJ。试计算此过程的 Q、W、ΔU 和 ΔH（气体视为理想气体，液体体积忽略不计）。

解：此过程为等温等压下的化学反应，且非体积功 $W'=0$，故

$$\Delta H=Q_p=-285.83\text{kJ}$$

$$W=-p(V_2-V_1)=-p(V_{产物}-V_{反应物})=-\Delta n_{(g)}RT=1.5\times 8.314\times 298=3.716\text{kJ}$$

$$\Delta U=Q+W=-285.83+3.716=-282.1\text{kJ}$$

第六节 热 容

无化学变化、无相变化且非体积功为零的条件下封闭系统吸收了 δQ 的热，使温度升高了 dT，则该系统的热容（heat capacity）定义式为：

$$C=\frac{\delta Q}{dT} \qquad 式(1\text{-}9)$$

即热容 C 表示系统升高单位热力学温度时所吸收的热。热容的数值与系统所含物质的量、进行的过程、温度及物质本性有关。

1mol 物质的热容称为摩尔热容，用 C_m 表示，则 n 摩尔物质的热容 $C=nC_m$。

封闭系统等容过程的热容称为等容热容，用 C_V 表示。若 $C_{V,m}$ 表示摩尔等容热容，则

$$nC_{V,m}=C_V=\frac{\delta Q_V}{dT} \qquad 式(1\text{-}10)$$

对于封闭系统非体积功为零的等容过程，因为 $dU=\delta Q$，代入式(1-10)得：

$$nC_{V,m}=C_V=\frac{\delta Q_V}{dT}=\left(\frac{\partial U}{\partial T}\right)_V$$

可见，在 $W'=0$ 的等容过程中，等容热容就是热力学能随温度的变化率。由上式可得：

$$dU=C_V dT$$

$$\Delta U=Q_V=\int_{T_1}^{T_2}C_V dT \qquad 式(1\text{-}11)$$

利用式(1-11)可以计算无化学变化、无相变化且非体积功为零的封闭系统的热力学能的变化值。

同理，对于无化学变化、无相变化的封闭系统，在非体积功为零的等压过程中，其等压热容 C_p、摩尔等压热容 $C_{p,m}$ 可表示为：

$$nC_{p,m}=C_p=\frac{\delta Q_p}{dT}=\left(\frac{\partial H}{\partial T}\right)_p$$

笔记

可见，在 $W'=0$ 的等压过程中，等压热容就是焓随温度的变化率。

$$dH=C_p dT$$

$$\Delta H=Q_p=\int_{T_1}^{T_2} C_p dT \qquad \text{式(1-12)}$$

利用上式可以计算无化学变化、无相变化且非体积功为零的封闭系统焓的变化值。

物质的摩尔等压热容 $C_{p,m}$ 与温度有关，通常用下述经验公式表示：

$$C_{p,m}=a+bT+cT^2 \qquad \text{式(1-13)}$$

$$C_{p,m}=a+bT+c'T^{-2} \qquad \text{式(1-14)}$$

式中，a、b、c、c'为随物质及温度范围而变的常数。一些物质的摩尔等压热容参见附录二。

例 1-4 在 101.325kPa 下，2mol 323K 的水变成 423K 的水蒸气，试计算此过程所吸收的热。已知水和水蒸气的平均摩尔等压热容分别为 75.31J/(K·mol)、33.47J/(K·mol)，水在 373K、101.325kPa 压力下，由液态水变成水蒸气的气化热为 40.67kJ/mol。

解：由 323K 的水变成 373K 的水，有

$$Q_{p,1}=nC_{p,m(l)}(T_2-T_1)=2\times75.31\times(373-323)=7.53\text{kJ}$$

由 373K 的水变成 373K 的水蒸气时的相变热为：

$$Q_{p,2}=n\Delta H_{气化}=2\times40.67=81.34\text{kJ}$$

由 373K 的水蒸气变成 423K 的水蒸气，有

$$Q_{p,3}=nC_{p,m(g)}(T_2-T_1)=2\times33.47\times(423-373)=3.35\text{kJ}$$

$$Q=Q_{p,1}+Q_{p,2}+Q_{p,3}=7.53+81.34+3.35=92.22\text{kJ}$$

可见，有相变或化学反应时的升温过程要分段积分，再加上相变热或反应热。

第七节 热力学第一定律对理想气体的应用

一、理想气体

（一）理想气体的概念

1660 年波义耳(R. Boyle)对气体研究证实，在恒定温度下，一定量气体的体积与其压力成反比，即

$$pV=常数 \quad (T\ 恒定)$$

1802—1808 年盖-吕萨克(J. Gay-Lussac)研究证实，在恒定压力下，一定量气体的体积与温度成正比，即

$$V/T=常数 \quad (p\ 恒定)$$

1811 年阿伏伽德罗(A. Avogadro)研究证实，同温同压下，相同体积的各种气体所含分子个数相同，即

$$V/n=常数 \quad (p、T\ 恒定)$$

上述三个经验规律都是在气体温度不太低、压力不太高的情况下总结得出的，受当时实验条件限制，虽然测量精度不高，但都客观反映了低压气体服从的 p、V、T 简单

笔记

关系。将三个规律合并，可整理得出理想气体状态方程：

$$pV=nRT$$

概括地说，我们把任何压力、任何温度下分子间无作用力、分子体积为零，且严格遵从 $pV=nRT$ 关系的气体称为理想气体（ideal gas）。理想气体是一个科学的抽象概念，客观上并不存在。由于真实气体通常情况下分子本身占有一定的体积，分子之间亦具有作用力，只有在温度不太低，压力趋近于零的极限情况下，才可把真实气体近似视为理想气体，并应用理想气体状态方程来描述它的行为。

（二）理想气体混合物

1. 道尔顿分压定律　1810 年左右，英国化学家道尔顿（Dalton）发现，在理想气体混合物中，某一组分 B 的分压 p_B 等于该组分在同温、同体积的条件下单独存在时所具有的压力，混合物的总压等于各组分在相同的温度和体积条件下所具有的分压之和，这就是道尔顿分压定律（Dalton's law of partial pressure）。用公式表示为

$$p=p_1+p_2+\cdots+p_k=\sum_B p_B$$

或

$$\frac{p_B}{p}=\frac{n_B}{n}=x_B$$

式中，p_B 是物质 B 的分压；p 是混合物的总压。

道尔顿分压定律是气体具有理想气体性质的必然结果。在上式中代入理想气体的状态方程，得

$$\frac{p_B}{p}=\frac{n_BRT/V}{\sum_B n_BRT/V}=\frac{n_B}{n}=x_B$$

道尔顿分压定律原则上只适用于理想气体的混合物，但对于非理想气体混合物，在压力不太高时也可用其做近似处理。

2. 阿马格分体积定律　在一定的温度和压力下，理想气体混合物的总体积 V 等于各纯组分 B 在相同温度和相同总压力 p 下所占有的分体积 $V^*(B)$ 之和，这就是阿马格分体积定律（Amagat's law of partial volume）。用公式表示为

$$V=\sum_B V^*(B)\quad 或\quad \frac{V^*(B)}{V}=\frac{n_B}{n}=x_B$$

式中，$V^*(B)$ 是纯组分 B 的体积；V 是理想气体混合物的总体积。

阿马格分体积定律是气体具有理想气体性质的必然结果。上式同样代入理想气体的状态方程，可得

$$\frac{V^*(B)}{V}=\frac{n_BRT/p}{\sum_B n_BRT/p}=\frac{n_B}{n}=x_B$$

原则上阿马格分体积定律只适用于理想气体的混合物，对非理想气体混合物在低压下可用其做近似处理。压力增大，混合前后气体的体积要发生变化，这时要使用偏摩尔体积的概念（见第二章），该定律不再适用。

笔记

知识拓展

实际气体的状态方程——范德瓦尔斯方程

实际气体的性质不同于理想气体，分子之间存在着偶极和诱导等相互吸引力，在温度足够低时有可能凝聚成液体或固体；同时分子之间也存在着相互排斥力，所以分子也不能被看做是不占体积的质点。

1873年，荷兰科学家范德瓦尔斯(Van der Waals)以硬球作为气体分子模型，对理想气体的状态方程做了两项修正：一是体积的修正，把气体分子自身占有的体积从气体的活动空间中消除；二是压力的修正，添加了由于分子自身之间的相互作用而产生的内压力项，所以范德瓦尔斯方程可以表示为：

$$\left(p+\frac{a}{V_{\mathrm{m}}^2}\right)(V_{\mathrm{m}}-b)=RT$$

如果气体的物质的量为 n，则可表示为

$$\left(p+a\left(\frac{n}{V}\right)^2\right)(V-nb)=nRT$$

式中，a 称作范德瓦尔斯常数，是与气体种类有关的一种特性常数，分子间引力越大，a 值也越大；b 也称作范德瓦尔斯常数，表示每摩尔实际气体因分子本身占有体积而使分子自由活动空间减小的数值，一般是分子真实体积的4倍。

用范德瓦尔斯方程可以计算 $p-V_{\mathrm{m}}$ 等温线。如果已知常数 a、b 的值，可以计算实际气体 p、V、T 之间的关系。在压力不太高的时候，计算的 p、V、T 之间的关系要比用理想气体方程计算精确一些；若压力太高，此方程亦未必合适。

描述实际气体的状态方程很多，范德瓦尔斯方程的成功之处不在于它的计算结果多么精确，而在于它在修正理想气体状态方程时，在体积和压力项上分别提出了两个具有物理意义的修正因子 a 和 b，这两个因子揭示了实际气体与理想气体有差别的原因。

二、理想气体的热力学能和焓

为了测量气体的 $\left(\frac{\partial U}{\partial V}\right)_T$，焦耳于1843年做了如下实验：将两个容量相等且中间以旋塞相连的容器，置于有绝热壁的水浴中。如图1-4所示，其中一个容器充有气体，另一个容器抽成真空。待达热平衡后，打开旋塞，气体向真空膨胀，最后达到平衡。

实验测得此过程水浴的温度没有变化，$\Delta T=0$。以气体为系统，水浴为环境，由于 $\Delta T=0$，说明在此过程中系统与环境之间无热交换，即 $Q=0$。又因为气体向真空膨胀，故 $W=0$。根据热力学第一定律 $\Delta U=Q+W=0$，可见气体向真空膨胀时，温度不变，热力学能保持不变，是一个恒热力学能的过程。

对于纯物质均相封闭系统，热力学能 $U=f(T、V)$，则：

$$\mathrm{d}U=\left(\frac{\partial U}{\partial T}\right)_V\mathrm{d}T+\left(\frac{\partial U}{\partial V}\right)_T\mathrm{d}V$$

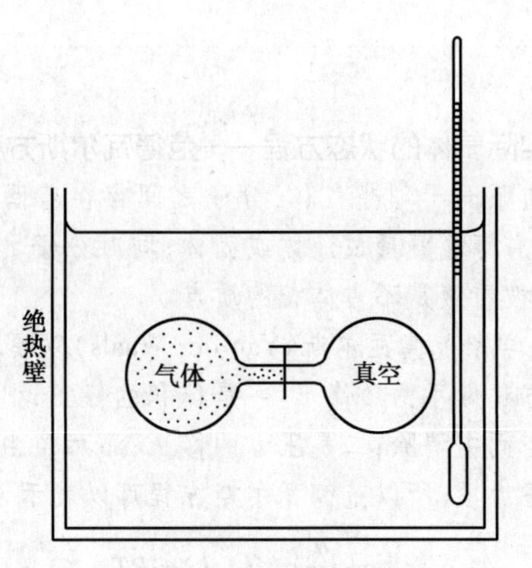

图 1-4　焦耳实验示意图

实验测得 $dT=0$,又因为 $dU=0$,所以:

$$\left(\frac{\partial U}{\partial V}\right)_T dV=0$$

而气体体积发生了变化,$dV\neq 0$,故

$$\left(\frac{\partial U}{\partial V}\right)_T=0 \qquad \text{式(1-15)}$$

式(1-15)表明,在等温情况下,上述实验气体的热力学能不随体积而变。

同理可证明

$$\left(\frac{\partial U}{\partial p}\right)_T=0 \qquad \text{式(1-16)}$$

在等温时,上述实验气体的热力学能不随压力而变。

由式(1-15)和式(1-16)可以说明,气体的热力学能仅是温度的函数,而与体积、压力无关,即:

$$U=f(T) \qquad \text{式(1-17)}$$

实际上,焦耳实验是不够精确的,因为水浴中水的热容量很大,因此没有测得水温的微小变化。进一步的实验表明,实际气体向真空膨胀时,温度会发生微小变化,而且这种温度的变化是随着气体起始压力的降低而变小。因此可以推论,只有当气体的起始压力趋近于零,即气体趋于理想气体时,上述实验才是完全正确的。所以,只有理想气体的热力学能仅是温度的函数,与体积或压力无关。

对理想气体的焓,因 $H=U+pV$,等温条件下对 V 求偏导,有

$$\left(\frac{\partial H}{\partial V}\right)_T=\left(\frac{\partial U}{\partial V}\right)_T+\frac{\partial(pV)}{\partial V}$$

因$\left(\frac{\partial U}{\partial V}\right)_T=0$,且理想气体在等温条件下,$pV=$常数,故$\left(\frac{\partial (pV)}{\partial V}\right)_T=0$,则有

$$\left(\frac{\partial H}{\partial V}\right)_T=0$$

笔记

同理可证：

$$\left(\frac{\partial H}{\partial p}\right)_T = 0 \qquad 式(1\text{-}18)$$

所以理想气体的焓也仅是温度的函数，与体积或压力无关。即

$$H = f(T) \qquad 式(1\text{-}19)$$

又因为

$$C_V = \left(\frac{\partial U}{\partial T}\right)_V, \quad C_p = \left(\frac{\partial H}{\partial T}\right)_p$$

所以理想气体的 C_p 与 C_V 也仅是温度的函数。

三、理想气体 C_p 与 C_V 间的关系

在等容过程中系统不做体积功，当等容加热时，系统从环境所吸收的热全部用于增加热力学能。而在等压加热时，系统除增加热力学能外，还要多吸收一部分热用来做体积功。所以，气体的 C_p 总是大于 C_V。

对焓的定义式 $H=U+pV$ 两边同时微分，有

$$dH = dU + d(pV)$$

由于理想气体的热力学能和焓仅仅是温度的函数，上式可写为：

$$nC_{p,m}dT = nC_{V,m}dT + nRdT$$

即

$$C_{p,m} = C_{V,m} + R \qquad 式(1\text{-}20)$$

用统计热力学的方法可以证明在常温下，对于理想气体，单原子分子的 $C_{V,m}=\frac{3}{2}R$，$C_{p,m}=\frac{5}{2}R$；双原子分子的 $C_{V,m}=\frac{5}{2}R$，$C_{p,m}=\frac{7}{2}R$；多原子分子（非线型）的 $C_{V,m}=3R$，$C_{p,m}=4R$。可见在常温下理想气体的 $C_{V,m}$ 和 $C_{p,m}$ 均为常数。

对于固体或液体系统，因为其体积随温度变化很小，$\left(\frac{\partial V}{\partial T}\right)_p$ 近似为零，故 $C_p \approx C_V$。

例 1-5 2mol 单原子理想气体在 298.2K 时，分别按下列三种方式从 0.015m³ 膨胀到 0.040m³：(1) 等温可逆膨胀；(2) 等温对抗 100kPa 外压膨胀；(3) 在气体压力与外压相等并保持恒定下加热。求三种过程的 Q、W、ΔU 和 ΔH。

解：(1) 因为理想气体的热力学能和焓都只是温度的函数，所以等温过程

$$\Delta U = \Delta H = 0$$

$$W = -nRT\ln\frac{V_2}{V_1} = -2\times 8.314\times 298.2\ln\frac{0.040}{0.015} = -4863\text{J}$$

$$Q = -W = 4863\text{J}$$

(2) 同理，$\Delta U = \Delta H = 0$

$$W = -p_e(V_2 - V_1) = -100\times(0.040-0.015) = -2.5\text{kJ}$$

$$Q = -W = 2.5\text{kJ}$$

(3) 气体压力为：

$$p = \frac{nRT}{V} = \frac{2\times 8.314\times 298.2}{15.00\times 10^{-3}} = 330.56\text{kPa}$$

$$W = -330.560\times(0.040-0.015) = -8.264\text{kJ}$$

笔记

$$T_2=\frac{p_2V_2}{nR}=\frac{330\ 560\times0.040}{2\times8.314}=795.2\text{K}$$

$$\Delta H=Q_p=nC_{p,\text{m}}(T_2-T_1)=2\times\frac{5}{2}R(T_2-T_1)$$

$$=2\times\frac{5}{2}\times8.314\times(795.2-298.2)=20.66\text{kJ}$$

$$\Delta U=nC_{V,\text{m}}(T_2-T_1)=2\times\frac{3}{2}\times8.314\times(795.2-298.2)=12.396\text{kJ}$$

或
$$\Delta U=Q+W=20\ 660-8264=12.396\text{kJ}$$

四、理想气体的绝热过程

绝热过程中,系统与环境间无热传递,即 $Q=0$,若 $W'=0$,根据热力学第一定律可得

$$\text{d}U=\delta W=-p_{\text{e}}\text{d}V \quad \text{式(1-21)}$$

此式表明,在绝热过程中,系统若对环境做功,其热力学能必然减少,而且系统对外所做的功,在数值上等于系统热力学能的减少值。

对于理想气体的绝热可逆过程,式(1-21)变形为

$$nC_{V,\text{m}}\text{d}T=-p\text{d}V=-\frac{nRT}{V}\text{d}V$$

或
$$C_{V,\text{m}}\frac{\text{d}T}{T}=-R\frac{\text{d}V}{V}$$

积分得
$$C_{V,\text{m}}\ln\frac{T_2}{T_1}=R\ln\frac{V_1}{V_2}$$

对理想气体 $R=C_{p,\text{m}}-C_{V,\text{m}}$,$\frac{T_2}{T_1}=\frac{p_2V_2}{p_1V_1}$,代入上式得

$$C_{V,\text{m}}\ln\frac{p_2}{p_1}=C_{p,\text{m}}\ln\frac{V_1}{V_2}$$

两边同除以 $C_{V,\text{m}}$,并令$\frac{C_{p,\text{m}}}{C_{V,\text{m}}}=\gamma$,$\gamma$ 称为绝热指数或热容商,则有

$$p_1V_1^{\gamma}=p_2V_2^{\gamma}$$

或
$$pV^{\gamma}=\text{常数} \quad \text{式(1-22)}$$

若以$\frac{nRT}{p}$代替上式中的 V,可得

$$p^{1-\gamma}T^{\gamma}=\text{常数} \quad \text{式(1-23)}$$

若以$\frac{nRT}{V}$代替上式中的 p,则得

$$TV^{\gamma-1}=\text{常数} \quad \text{式(1-24)}$$

式(1-22)、式(1-23)和式(1-24)均只适应于理想气体发生的绝热可逆过程,特称"过程方程(equation of the process)",借以区别 $pV=nRT$ 表示某状态时 p、V、T 关系的状态方程。

笔记

绝热过程所做的功由式(1-21)求得

$$W=\int_{T_1}^{T_2} C_V \mathrm{d}T$$

若温度范围不太大,C_V可视为常数,积分

$$W=C_V(T_2-T_1) \qquad 式(1\text{-}25)$$

对理想气体,$C_p-C_V=nR$,则:$\dfrac{nR}{C_V}=\dfrac{C_p-C_V}{C_V}=\gamma-1$

故式(1-25)又可写为:

$$W=\frac{nR(T_2-T_1)}{\gamma-1}=\frac{p_2V_2-p_1V_1}{\gamma-1} \qquad 式(1\text{-}26)$$

如图 1-5 所示,若理想气体从同一始态(A)经由等温可逆和绝热可逆两种不同的途径膨胀到终态体积均为 V_2,则绝热可逆终态的气体压力总是比等温可逆过程终态压力降低更显著,即图中表示绝热可逆过程的 AC 线斜率比表示等温可逆过程的 AB 线斜率的绝对值大。

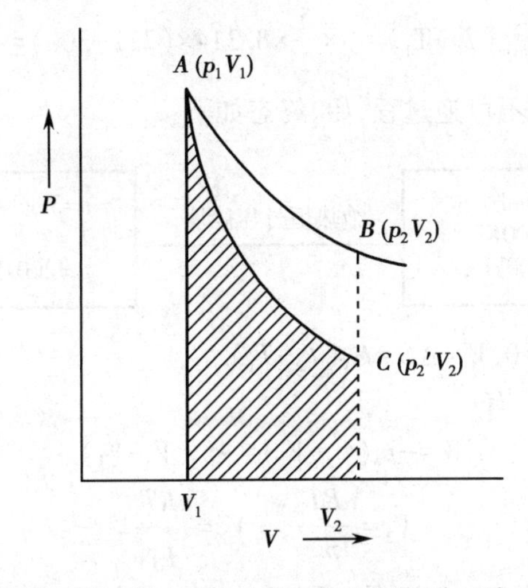

图 1-5 绝热可逆过程(AC)与等温可逆过程(AB)功的示意图

如果分别对表示两条曲线的过程方程求偏微分,则得其斜率分别为 $\left(\dfrac{\partial p}{\partial V}\right)_{绝热}=-\gamma\dfrac{p}{V}$ 及 $\left(\dfrac{\partial p}{\partial V}\right)_{恒温}=-\dfrac{p}{V}$,由于 $\gamma>1$,显然前者绝对值大于后者。因为绝热膨胀中,既有体积增大又有温度降低,两者都使气体压力降低,而等温过程却只有体积增大一个因素。图中 AC 线下阴影部分面积代表绝热可逆膨胀中的功。

现实中绝对的绝热可逆过程和等温过程很少,大多介于两者之间,为此人们使用所谓多方过程来表述,即 $pV^n=$常数,$1<n<\gamma$,当 $n\approx1$ 时,过程近于等温过程。当 $n\approx\gamma$ 时,则近于绝热过程。

例 1-6 3mol 单原子理想气体从 300K、400kPa 膨胀到最终压力为 200kPa。若分别经(1) 绝热可逆膨胀、(2) 绝热等外压膨胀至终态压力 200kPa。试计算两过程的 Q、W、ΔU 和 ΔH。

笔记

解：(1) 此过程的始、终态如下：

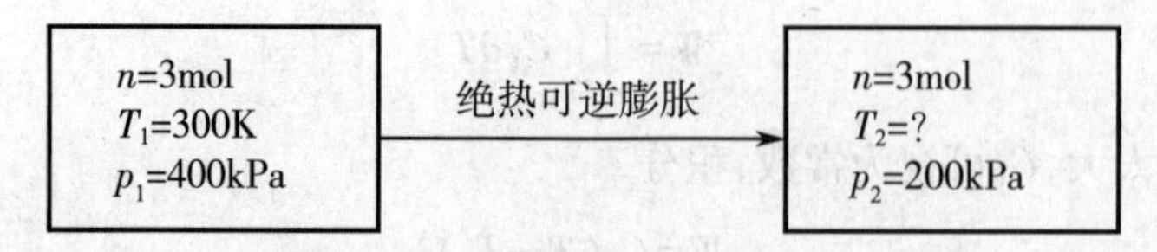

对于单原子理想气体，则

$$\gamma=\frac{C_{p,\mathrm{m}}}{C_{V,\mathrm{m}}}=\frac{5/2R}{3/2R}=\frac{5}{3}=1.67$$

据理想气体的绝热可逆过程方程求 T_2

$$T_1^{\gamma}p_1^{1-\gamma}=T_2^{\gamma}p_2^{1-\gamma}$$

已知：$T_1=300\mathrm{K}$、$p_1=400\mathrm{kPa}$、$p_2=200\mathrm{kPa}$、$\gamma=1.67$，代入解得

$$T_2=227\mathrm{K}$$

因为绝热过程，$Q=0$，则有：

$$W=\Delta U=nC_{V,\mathrm{m}}(T_2-T_1)=3\times\frac{3}{2}\times 8.314\times(227-300)=-2731\mathrm{J}$$

$$\Delta H=nC_{p,\mathrm{m}}(T_2-\mathrm{T}_1)=3\times\frac{5}{2}\times 8.314\times(227-300)=-4552\mathrm{J}$$

(2) 该过程为绝热不可逆过程，始、终态如下：

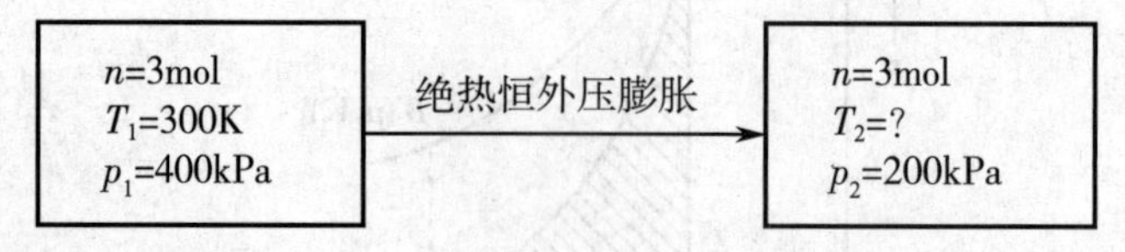

对绝热过程，有 $Q=0$，$W=\Delta U=C_V(T_2-T_1)$

对等外压膨胀过程，有

$$W=-p_{\mathrm{e}}(V_2-V_1)=-p_2(V_2-V_1)$$

$$V_2=\frac{nRT_2}{p_2},\quad V_1=\frac{nRT_1}{p_1}$$

$$C_V(T_2-T_1)=-p_{\mathrm{e}}(V_2-V_1)$$

所以 $$nC_{V,\mathrm{m}}(T_2-T_1)=-p_2\left(\frac{nRT_2}{p_2}-\frac{nRT_1}{p_1}\right)$$

已知：$n=3$、$C_{v,\mathrm{m}}=\frac{3}{2}R$、$T_1=300\mathrm{K}$、$p_1=400\mathrm{kPa}$、$p_2=200\mathrm{kPa}$，代入解得

$$T_2=240\mathrm{K}$$

$$W=\Delta U=nC_{V,\mathrm{m}}(T_2-T_1)=3\times\frac{3}{2}\times 8.314\times(240-300)=-2245\mathrm{J}$$

$$\Delta H=Q_p=nC_{p,\mathrm{m}}(T_2-T_1)=3\times\frac{5}{2}\times 8.314\times(240-300)=-3741\mathrm{J}$$

比较过程(1)与(2)的结果可知，系统从同一始态出发，分别经绝热可逆过程和绝热不可逆过程，不能到达相同的终态。

笔记

诺贝尔奖获得者——范德瓦尔斯

范德瓦尔斯(Johannes Diderik van der Waals,1837—1923)　荷兰物理学家,1837年11月23日出生于荷兰的莱顿,他在家乡结束了初等教育后,成为一名中学教员。虽然他因不懂古典语言而未能参加大学入学考试,但在1862—1865年期间,他利用业余时间在莱顿大学继续学习,并获得了数学和物理学的教师证书。

新的立法取消了理工科大学生入学前必须接受古典语言教育的规定,使范德瓦尔斯能够参加大学考试。1873年他以论文《论气态和液态的连续性》(*On the continuity of the gas and liquid state*)取得博士学位,并使他立刻进入了一流物理学家的行列。在这篇论文中,他提出了包括气态和液态的"物态方程",论证了气液态混合物不仅以连续的方式互相转化,而且事实上它们具有相同的本质。范德瓦尔斯对他论文的课题发生兴趣的直接原因,是克劳修斯的论文中将热看成是一种运动现象,使他想对安德鲁斯1869年证明气体存在临界温度时所做的实验寻找一种解释。范德瓦尔斯天才地发现,必须考虑分子的体积和分子间的作用力(即范德瓦尔斯力或范德华力),才能建立气体和液体的压强、体积、温度之间的关系。范德瓦尔斯一生的主要成就在于对气体和液体的状态方程所做的工作,为此他获得了1910年诺贝尔物理学奖。

第八节　热　化　学

研究化学反应热效应的科学称为热化学(thermochemistry)。它是热力学第一定律在化学过程中的具体应用。

若封闭系统中发生某化学反应,且非体积功为零,当产物的温度与反应物的温度相同时,系统所吸收或放出的热量称为该化学反应的热效应,简称反应热。在热化学中,吸热反应的热效应为正值,放热反应的热效应为负值。这与热力学第一定律的规定相同。

一、等容热效应与等压热效应

通常情况下化学反应的热效应分为等容热效应和等压热效应。在非体积功为零的条件下,若反应在等容条件下进行,其热效应称为等容热效应,用 Q_V 或 $\Delta_r U$ 表示;若反应在等压条件下进行,其热效应称为等压热效应,用 Q_p 或 $\Delta_r H$ 表示。

一般量热计测得的热效应是等容热效应,而化学反应大多是在等压下进行的,因此了解 Q_V 与 Q_p 之间的关系具有重要意义。

设某等温化学反应分别在等压和等容条件下进行,过程如下:

笔记

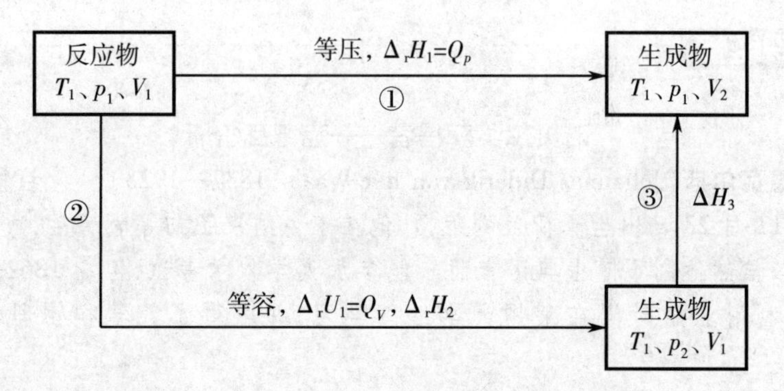

等容反应②与等压反应①的产物虽然相同，但产物的状态不同（即 p、V 不同）。等容反应②的产物的状态，再经途径③即可达到等压反应①的产物的状态。

因为焓是状态函数，所以：

$$\Delta_r H_1=\Delta_r H_2+\Delta H_3=\Delta_r U_2+\Delta(pV)_2+\Delta H_3$$

式中，$\Delta(pV)_2$表示反应过程②始、终态的(pV)之差，即：

$$\Delta(pV)_2=p_2V_1-p_1V_1=V_1(p_2-p_1)$$

对于反应系统中的固态与液态物质，由于其体积与气体组分相比要小得多且反应前后的体积变化很小，因此其 $\Delta(pV)$ 可忽略不计，仅需考虑气体组分的 pV 之差。若假设气体可视为理想气体，则：

$$\Delta(pV)_2=n_{2,g}RT_1-n_{1,g}RT_1=(\Delta n)RT_1$$

$n_{2,g}$、$n_{1,g}$分别为该反应中气体产物及气体反应物的物质的量，Δn 即为气体产物与气体反应物的物质的量之差值。

对于理想气体，焓仅是温度的函数，故等温过程③的 $\Delta H_3=0$。对于产物中的固态与液态物质，ΔH_3一般不为零，但其数值与化学反应的 $\Delta_r H_2$相比要小得多，一般可忽略不计，因此

$$\Delta_r H_1=\Delta_r U_2+(\Delta n)RT$$

即：

$$Q_p=Q_V+(\Delta n)RT \quad 或 \quad \Delta H=\Delta U+(\Delta n)RT \qquad 式(1\text{-}27)$$

反应热的实验测定大多是在绝热的量热计中进行的。其基本原理是先将装有反应物的反应器放入绝热的水浴中，反应发生后，精确测定出反应前后水温的变化，再根据水的量及其他有关容器的热容求得反应的热效应。如此一来便得到等容热效应 Q_V，再用 Q_V与 Q_p的关系即可求得该反应的等压热效应 Q_p。

例 1-7　在温度为 291K 下，将延胡索酸（$C_4H_4O_4$）固体置于量热计中燃烧，测得其反应热为-1330. 93kJ/mol。求常压下的反应热。

解：根据题意，延胡索酸燃烧反应的 $Q_V=-1330.93$kJ/mol，其反应式为：

$$C_4H_4O_4(s)+3O_2(g)=4CO_2(g)+2H_2O(l)$$

由反应式可知，反应前后气体物质的量变化为：$\Delta n=4-3=1$mol

利用式（1-27）有：

$$Q_p=Q_V+(\Delta n)RT=(-1330.93\times10^3)+1\times8.314\times291=-1328.5\times10^3\text{J/mol}$$

反应热的数据对实际工作和理论研究具有重要意义。例如：淀粉、糖和脂肪等的氧化反应热在营养学的研究中很重要，其反应热都可为生物体提供能源。此外，药物

笔记

生产和稳定性研究中也需用到反应热的数据★。

二、热化学方程式

标明热效应 $\Delta_r H_m$（或 $\Delta_r U_m$）的值及物质状态的化学反应方程式称为热化学方程式。

因为 U 和 H 的数值都与系统的状态有关，所以在热化学方程式中应标明物质的状态如温度、压力等。通常气态用（g）表示，液态用（l）表示，固态用（s）表示。若固态的晶型不同，则应注明晶型，如 C（石墨）、C（金刚石）。若反应在标准压力 100kPa 和温度 T 下进行，热效应用 $\Delta_r H_m^{\ominus}(T)$ 表示，m 表示按反应计量方程完成了的反应。如：

（1）$N_2(g)+3H_2(g)=2NH_3(g)$　　$\Delta_r H_m^{\ominus}(298.15)=-92.22kJ/mol$

（2）$\frac{1}{2}N_2(g)+\frac{3}{2}H_2(g)=NH_3(g)$　　$\Delta_r H_m^{\ominus}(298.15)=-46.11kJ/mol$

（3）$HCl(aq,\infty)+NaOH(aq,\infty)=NaCl(aq,\infty)+H_2O(l)$

$\Delta_r H_m^{\ominus}(298.15)=-57.32kJ/mol$

（aq 表示水溶液，∞ 表示为无限稀释的溶液）

任何一个热化学反应方程式都表示反应物完全转化为产物，而不管反应是否真正完成。

三、赫斯定律

1840 年赫斯（Hess）在总结大量实验结果的基础上提出了赫斯定律（Hess's law）：一个化学反应不论是一步完成还是分几步完成，其热效应总是相同的。这就是说，化学反应的热效应只与反应的始、终态有关，而与反应所经历的途径无关。实验表明，赫斯定律只对非体积功为零的等容反应或等压反应才严格成立。

赫斯定律实际上是热力学第一定律的必然结果。因为在非体积功为零的条件下，对于等容反应，$\Delta U=Q_V$，对等压反应，$\Delta H=Q_p$，而热力学能 U 和焓 H 都是状态函数。因此，任一化学反应，不论其反应途径如何，只要始、终态相同，其 ΔU 和 ΔH 必定为定值，亦即 Q_V 和 Q_p 与反应的途径无关。

赫斯定律是热化学的基本定律。根据赫斯定律，用已知的一些化学反应的热效应来间接求得那些难于测准或无法测量的化学反应的热效应，可以使热效应的计算就像解答普通代数方程那样简单。

例 1-8　已知（1）$C(石墨)+O_2(g)\longrightarrow CO_2(g)$　　$\Delta_r H_m^{\ominus}(298)=-393.5kJ/mol$

（2）$CO(g)+\frac{1}{2}O_2(g)\longrightarrow CO_2(g)$　　$\Delta_r H_m^{\ominus}(298)=-282.8kJ/mol$

试求算温度 298K 压力 100kPa 下的反应（3）$C(石墨)+\frac{1}{2}O_2(g)\longrightarrow CO(g)$ 的热效应。

解：欲直接测定反应（3）的热效应是困难的，因为难以控制 C 只被氧化生成 CO（g）而无 $CO_2(g)$ 生成，但让 C 及 CO 全部氧化生成 $CO_2(g)$ 的反应热则较易测得。

笔记

因反应(1)-反应(2)即得反应(3),应用赫斯定律,显然有

$$\Delta H=\Delta H_1-\Delta H_2=-393.3-(-282.8)=-110.5\text{kJ/mol}$$

例 1-9 已知 298K 时下列反应的热效应为

(1) $Na(s)+\frac{1}{2}Cl_2(g)=NaCl(s)$ $\Delta_r H_m^\ominus(298)=-411.0\text{kJ/mol}$

(2) $H_2(g)+S(s)+2O_2(g)=H_2SO_4(l)$ $\Delta_r H_m^\ominus(298)=-800.8\text{kJ/mol}$

(3) $2Na(s)+S(s)+2O_2(g)=Na_2SO_4(s)$ $\Delta_r H_m^\ominus(298)=-1382.8\text{kJ/mol}$

(4) $\frac{1}{2}H_2(g)+\frac{1}{2}Cl_2(g)=HCl(g)$ $\Delta_r H_m^\ominus(298)=-92.30\text{kJ/mol}$

试求算 298K 反应 $2NaCl(s)+H_2SO_4(l)=Na_2SO_4(s)+2HCl(g)$ 的 $\Delta_r H_m^\ominus$ 和 $\Delta_r U_m^\ominus$。

解:根据赫斯定律,(3)+(4)×2-(1)×2-(2)即得所求反应方程式,将相应反应的热效应作同样的运算就得到所求反应在 298K 时的标准焓变:

$$\Delta_r H_m^\ominus(298)=-1382.8+2\times(-92.30)-2\times(-411.0)-(-800.80)$$
$$=55.40\text{kJ/mol}$$

又因反应中气体的 $\Delta n=2-0=2\text{mol}$,所以

$$\Delta_r U_m^\ominus(298)=\Delta_r H_m^\ominus(298)-\Delta n(RT)$$
$$=55.4-2\times8.314\times298\times10^{-3}$$
$$=50.4\text{kJ/mol}$$

有时为了求算某反应的热效应,需要借助某些辅助反应,至于反应是否按照辅助反应的途径进行,这倒无关紧要,但由于每一个实验数据总有一定的误差,所以应尽量避免引入无关的辅助反应以减少所得结果的误差。

第九节 几种热效应

一、生成焓

等温等压下化学反应的热效应 $\Delta_r H_m$ 等于生成物焓的总和减去反应物焓的总和。即:

$$\Delta_r H_m=Q_p=\sum(H)_{\text{产物}}-\sum(H)_{\text{反应物}}$$

若能知道参加反应的各个物质的焓值,则可利用上式方便地求得等温等压下任意化学反应的热效应。但如前所述,物质的焓的绝对值无法求得。为此,人们采用了一个相对标准,规定在标准状态时,由最稳定的单质生成 1mol 化合物的焓变称为该化合物在此温度下的标准摩尔生成焓(standard molar enthalpy of formation),用 $\Delta_f H_m^\ominus$ 表示。

纯固体和纯液体的标准状态为指定温度 T 时,标准压力 $p^\ominus$(100kPa)下的纯固体和纯液体;气态物质的标准状态为在指定 T 时,$p^\ominus$下具有理想气体性质的纯气体。通常标准状态下的状态函数用上标"⊖"来表示。

定义中的最稳定单质是指在标准压力 $p^\ominus$及指定温度 T 下最稳定形态的物质,例如,碳的最稳定形态是石墨而不是金刚石。根据上述规定,在标准态时最稳定单质的

笔记

标准摩尔生成焓为零,即 $\Delta_f H_m^\ominus$(最稳定单质)= 0。通常在 298.15K 时物质的标准生成焓数据可查表,见附录三。

由物质的标准摩尔生成焓可方便地计算在标准状态下化学反应热效应。

在 $p^\ominus$ 和 T 时,任意反应

$$aA+dD+\cdots=fF+gG+\cdots$$

中各物质的标准摩尔生成焓已知,则该反应 $\Delta_r H_m^\ominus$ 的计算方法为:

$$\Delta_r H_m^\ominus(T)=f\Delta_f H_m^\ominus(F)+g\Delta_f H_m^\ominus(G)+\cdots-a\Delta_f H_m^\ominus(A)-d\Delta_f H_m^\ominus(D)-\cdots$$

即
$$\Delta_r H_m^\ominus(T)=\sum(p_B\Delta_f H_m^\ominus)_{产物}-\sum(r_B\Delta_f H_m^\ominus)_{反应物} \qquad 式(1\text{-}28)$$

式中,p_B 是化学计量方程式中各生成物的计量系数,r_B 是化学计量方程式中各反应物的计量系数。

该式表明,任意反应的等压热效应 $\Delta_r H_m^\ominus$ 等于生成物标准摩尔生成焓之和减去反应物标准摩尔生成焓之和。

计算反应热效应之所以有如上的规律,是基于反应方程式等号左右两边物质所需的单质数目种类相同。它们具有共同的起点,这个共同的起点就可以当作零以便相互比较,就如同双方站在同一水平面上比较高低一样。

例 1-10 利用生成焓数据,试计算反应 $CH_4(g)+2O_2(g)=CO_2(g)+2H_2O(l)$ 在 298.15K、100kPa 时的 $\Delta_r H_m^\ominus$。

解:查表知反应中各物质的 $\Delta_f H_m^\ominus$ 为

$$\Delta_f H_m^\ominus(CH_4,g,298.15)=-74.8\text{kJ/mol}$$

$$\Delta_f H_m^\ominus(CO_2,g,298.15)=-393.5\text{kJ/mol}$$

$$\Delta_f H_m^\ominus(H_2O,l,298.15)=-285.8\text{kJ/mol}$$

则
$$\Delta_r H_m^\ominus(298.15\text{K})=(-393.5-2\times285.8)-(-74.8+0)$$
$$=-889.7\text{kJ/mol}$$

二、燃烧焓

绝大部分的有机化合物不能由稳定单质直接合成,故其标准摩尔生成焓无法直接测得。但有机化合物容易燃烧,由实验可测得其燃烧过程的热效应。为此又建立了另一套相对标准,与生成焓相互补充解决化学反应的反应热问题。

人们规定:在标准状态下,1mol 物质完全燃烧生成最稳定产物的等压热效应称为该物质的标准摩尔燃烧焓(standard molar enthalpy of combustion),用 $\Delta_c H_m^\ominus$ 表示。

定义中的最稳定的产物是指化合物中的 C 变为 $CO_2(g)$,H 变为 $H_2O(l)$,N 变为 $N_2(g)$,S 变为 $SO_2(g)$,Cl 变为 HCl(aq)。根据上述定义,这些完全燃烧产物的标准燃烧焓规定为零。即 $\Delta_c H_m^\ominus$(最稳定产物)= 0。

例如,在 298.15K 及 $p^\ominus$ 时下列反应:

$$CH_3COOH(l)+2O_2(g)=2CO_2(g)+2H_2O(l) \qquad \Delta_r H_m^\ominus=-870.3\text{kJ/mol}$$

显然,该反应热效应就是 $CH_3COOH(l)$ 的标准摩尔燃烧焓。即 $\Delta_c H_m^\ominus=-870.3\text{kJ/mol}$。

一些有机化合物在 298.15K 时的标准摩尔燃烧焓见附录四。

利用已知物质的燃烧焓可计算反应热效应。

笔记

在 $p^{\ominus}$ 和 T 时，任意反应

$$aA+dD+\cdots=fF+gG+\cdots$$

查表得出各物质的燃烧焓，则该反应的 $\Delta_r H_m^{\ominus}$ 计算方法为：

$$\Delta_r H_m^{\ominus}(T)=a\Delta_c H_m^{\ominus}(A)+d\Delta_c H_m^{\ominus}(D)+\cdots-f\Delta_c H_m^{\ominus}(F)-g\Delta_c H_m^{\ominus}(G)-\cdots$$

即

$$\Delta_r H_m^{\ominus}=\sum(r_B\Delta_c H_m^{\ominus})_{反应物}-\sum(p_B\Delta_c H_m^{\ominus})_{产物} \qquad 式(1\text{-}29)$$

式中，r_B是化学计量方程式中各反应物的计量系数，p_B是化学计量方程式中各生成物的计量系数。

该式表明，任意反应的等压热效应 $\Delta_r H_m^{\ominus}$ 等于反应物标准摩尔燃烧焓之和减去产物标准摩尔燃烧焓之和。

例 1-11 试利用燃烧焓求算 298. 15K 和 100kPa 时，反应

$$(COOH)_2(s)+2CH_3OH(l)=(COOCH_3)_2(s)+2H_2O(l)$$

的热效应 $\Delta_r H_m^{\ominus}$。

解：查表知反应中各物质的 $\Delta_c H_m^{\ominus}$ 为

$$\Delta_c H_m^{\ominus}[(COOH)_2,s,298.15]=-120.2kJ/mol$$

$$\Delta_c H_m^{\ominus}[CH_3OH,l,298.15]=-726.5kJ/mol$$

$$\Delta_c H_m^{\ominus}[(COOCH_3)_2,s,298.15]=-1678kJ/mol$$

则

$$\Delta_r H_m^{\ominus}=-120.2+2\times(-726.5)-(-1678)=104.8kJ/mol$$

第十节 反应热与温度的关系

化学反应热效应随温度和压力变化而变，尤其是温度的影响更显著，基尔霍夫(G. R. Kirchhoff)于 1858 年建立了反应热效应与温度之间的定量关系。

化学反应在等压下，有

$$\Delta_r H_m=\sum(H)_{产物}-\sum(H)_{反应物}$$

等式两边分别对温度 T 求微分，则

$$\left(\frac{\partial\Delta_r H}{\partial T}\right)_p=\sum\left(\frac{\partial H}{\partial T}\right)_{p,产物}-\sum\left(\frac{\partial H}{\partial T}\right)_{p,反应物}$$

因为 $C_p=\left(\frac{\partial H}{\partial T}\right)_p$，有

$$\left(\frac{\partial\Delta_r H}{\partial T}\right)_p=(\sum C_p)_{产物}-(\sum C_p)_{反应物}=\Delta C_p \qquad 式(1\text{-}30)$$

式中，ΔC_p代表化学反应中各产物等压热容之和减去反应中各反应物等压热容之和，亦可表示为

$$\Delta C_p=\sum_B \nu_B C_{p,m,B}$$

式中，ν_B是化学计量方程式中各物质的计量系数，对反应物为负，对产物为正。

笔记

式(1-30)称为基尔霍夫定律(Kirchhoff's law)。若 $\Delta C_p<0$,即产物热容之和小于反应物热容之和,则 $\left(\frac{\partial \Delta_r H}{\partial T}\right)_p<0$,反应的热效应随温度升高而降低;若 $\Delta C_p>0$,则 $\left(\frac{\partial \Delta_r H}{\partial T}\right)_p>0$,反应的热效应随温度升高而增大;当 $\Delta C_p=0$ 时,反应的热效应与温度无关。

对式(1-30)在 T_1 与 T_2 之间积分,有

$$\int_{\Delta_r H(T_1)}^{\Delta_r H(T_2)} d(\Delta_r H)=\Delta_r H(T_2)-\Delta_r H(T_1)=\int_{T_1}^{T_2}\Delta C_p dT \qquad 式(1\text{-}31)$$

式中,$\Delta_r H(T_1)$、$\Delta_r H(T_2)$ 分别为 T_1 与 T_2 时的等压反应热。

若温度变化较大或 C_p 受温度影响较明显,利用 $C_{p,m}=a+bT+cT^2$ 关系式,有

$$\Delta C_{p,m}=(\Delta a)+(\Delta b)T+(\Delta c)T^2$$

式中,$\Delta a=\sum \nu_B a_B$,$\Delta b=\sum \nu_B b_B$ 和 $\Delta c=\sum \nu_B c_B$。代入式(1-31)积分,有

$$\Delta_r H(T_2)=\Delta_r H(T_1)+\Delta a(T_2-T_1)+\frac{\Delta b}{2}(T_2^2-T_1^2)+\frac{\Delta c}{3}(T_2^3-T_1^3)$$

若温度变化不大或 C_p 受温度影响较小,此时,ΔC_p 可近似视为与温度无关的常数(即各物质的 $C_{p,m}$ 在 T_1 与 T_2 之间取其平均等压热容),则

$$\Delta_r H(T_2)=\Delta_r H(T_1)+\Delta C_p(T_2-T_1) \qquad 式(1\text{-}32)$$

例 1-12　298K 反应 $N_2(g)+3H_2(g)=2NH_3(g)$ 的热效应 $\Delta_r H_m^{\ominus}$ 为 -92.38kJ/mol,试求算上述反应在 598K 的热效应。已知:

$$C_{p,m}(N_2)=(26.98+5.912\times10^{-3}T-3.376\times10^{-7}T^2)\text{J/(K}\cdot\text{mol)}$$

$$C_{p,m}(H_2)=(29.07-0.837\times10^{-3}T+20.12\times10^{-7}T^2)\text{J/(K}\cdot\text{mol)}$$

$$C_{p,m}(NH_3)=(25.89+33.00\times10^{-3}T-30.46\times10^{-7}T^2)\text{J/(K}\cdot\text{mol)}$$

解:$\Delta a=2\times25.89-26.98-3\times29.07=-62.41\text{J/(K}\cdot\text{mol)}$

$\Delta b=(2\times33.00-5.912+3\times0.837)\times10^{-3}=62.60\times10^{-3}\text{J/(K}^2\cdot\text{mol)}$

$\Delta c=(-2\times30.46+3.376-3\times20.12)\times10^{-7}=-117.9\times10^{-7}\text{J/(K}^3\cdot\text{mol)}$

$$\Delta_r H_m^{\ominus}(598\text{K})=\Delta_r H_m^{\ominus}(298\text{K})+\int_{T_1}^{T_2}\Delta C_p dT$$

$$=-92.38\times10^3-62.41\times(598-298)+\frac{1}{2}\times62.60\times10^{-3}\times(598^2-298^2)-\frac{1}{3}\times117.9\times10^{-7}\times(598^3-298^3)$$

$$=-103.43\text{kJ/mol}$$

笔记

学习小结

1. 学习内容

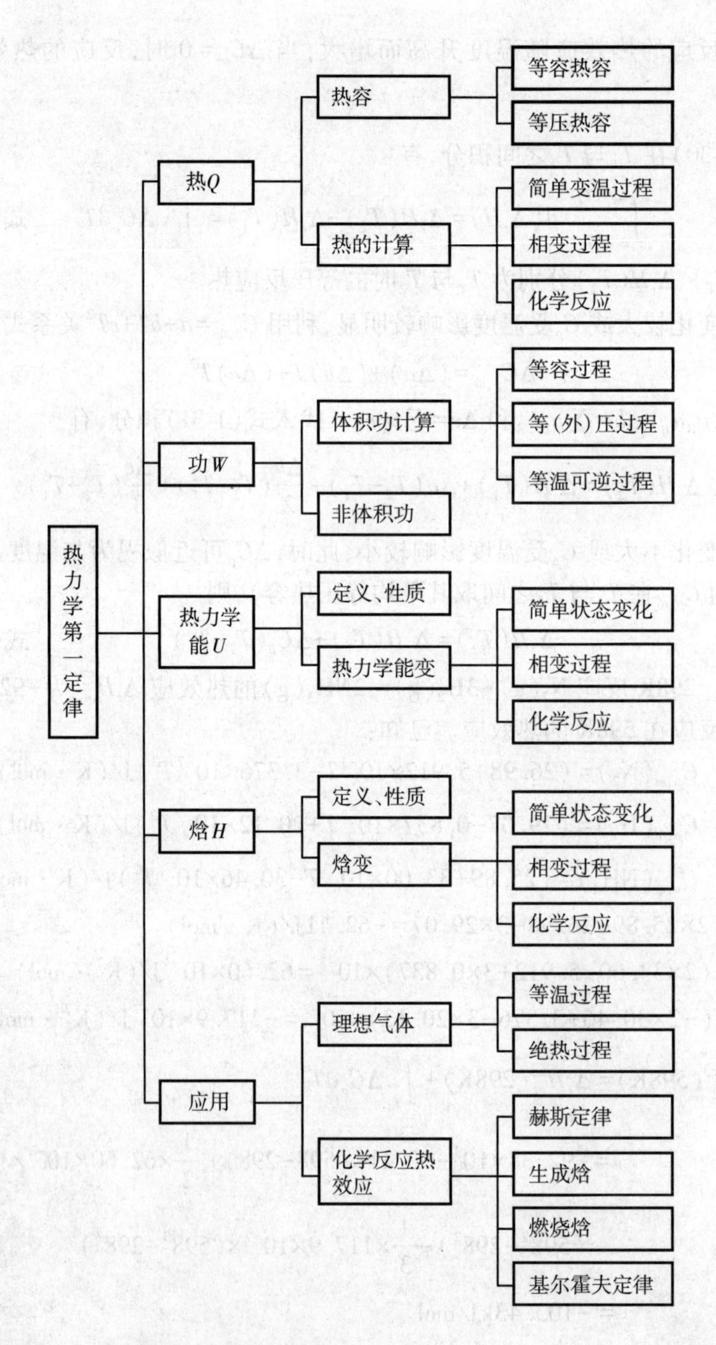

2. 学习方法

在本章学习中应注意：①热力学研究方法的特点。它是宏观的方法，通过宏观性质的变化即可预测变化进行的可能性，故在热力学计算中常利用“系统状态函数的增量仅仅与始、终态有关，而与变化的具体途径无关”的特点，通过设计途径使问题变得易于解决。但热力学的方法不能揭示事物的本质，不能告诉变化所需要的时间。②热

笔记

力学第一定律即能量转化与守恒定律，利用它可以解决过程的能量衡算。③“热”与“功”不是状态函数，它的值不仅与系统的始、终态有关，还与完成相关变化的具体途径有关。④可逆过程是一种理想的过程，是一种科学的抽象，自然界的一切宏观过程都是不可逆的，实际过程只能无限地趋近于它。但它在热力学中却是极为重要的过程，在后续的学习中会看到一些重要的状态函数的增量，只有通过可逆过程求算。从消耗及获得能量的观点（而不是时间的观点）看，可逆过程是效率最高的过程，是提高实际过程效率的最高限度。

（邵江娟 郇瑞光）

习题

1. 设有一电炉丝，浸于绝热箱内水中，以未通电为始态，通电一指定时间后为终态，如按下列情况作为系统，问 ΔU、Q 和 W 之值为正、为负还是为零？

(1) 以电炉丝为系统；

(2) 以电炉丝和水为系统；

(3) 以电炉丝、水、电源和一切有影响的部分为系统。

2. 试证明 1mol 理想气体在等压下升温 1K 时，气体与环境交换的功在数值上等于摩尔气体常数 R。

3. 系统状态变化经历下列过程，各过程的 W、Q、ΔU、ΔH 为正、为负还是为零？

(1) 理想气体绝热、反抗恒外压膨胀；

(2) 理想气体等温、反抗恒外压膨胀；

(3) 理想气体绝热自由膨胀；

(4) 在等温等压下，某液体在沸点时可逆地完全转化为蒸气；

(5) 在 298K 时，使钢瓶内的 H_2 气和 O_2 气发生反应，生成水，并且系统温度回到 298K。

4. (1) 如果一系统从环境中接受了 160kJ 的功，热力学能增加了 200kJ，则系统将吸收或者放出了多少热量？

(2) 如果某系统在膨胀过程中对环境做了 100kJ 的功，同时系统吸收了 260kJ 的热，则系统热力学能变化为多少？

5. 可视为理想气体的 1mol He，由压力 200kPa，温度 273K 变为压力 100kPa、温度 323K 经历以下甲、乙两种途径：甲：(1) 定压加热；(2) 等温可逆膨胀；乙：(3) 等温可逆膨胀；(4) 定压加热。分别求(1)、(2)、(3)、(4)各分过程及甲乙两种途径的 W、Q、ΔU 和 ΔH。计算结果说明什么问题？

6. 已知水和冰的密度分别为 $1000kg/m^3$ 和 $920kg/m^3$，现有 1mol 的水发生如下变化（假设密度与温度无关）：

(1) 在 100℃和标准压力下蒸发为水蒸气（假设水蒸气为理想气体）；

(2) 在 0℃和标准压力下凝结为冰；

试求上述两过程系统所做的体积功。

7. 在温度 298K，压力 10×10^5Pa 下的 $1.0\times10^{-3}m^3$ 理想气体 N_2，经绝热可逆膨胀到最终压力为 1.0×10^5Pa。

(1) 最终体积和最终温度是多少？

(2) 计算此时气体对外所做的功。(已知氮气的 $\gamma=1.40$)

8. 已知水的汽化热为2259J/g。现将115V、5A的电流通过浸在100℃、装在绝热筒中的水中的电加热器,电流通了1小时。试计算:

(1) 有多少水变成水蒸气?

(2) 将做多少功?

(3) 以水和蒸汽为系统,求 ΔU。

9. 查表知氢的等压摩尔热容为:

$C_{p,\mathrm{m}}=(26.88+4.347\times10^{-3}T-0.3265\times10^{-6}T^2)\mathrm{J/(K\cdot mol)}$,求1000K时的 $C_{p,\mathrm{m}}$ 值;等压下1mol氢的温度从300K升到1000K时需要多少热?等容下,需要多少热量?求在这个温度范围内氢的平均等压摩尔热容。

10. (1) 0.020kg液体乙醇在压力101.325kPa,温度为351.4K(乙醇沸点)下蒸发为气体。已知蒸发热为 $858\times10^3\mathrm{J/kg}$,每0.001kg蒸气的体积为 $607\times10^{-6}\mathrm{m^3}$。试求此过程的 ΔU、ΔH、Q 和 W。(计算时可忽略液体的体积)

(2) 若将温度351.4K、压力101.325kPa下0.020kg的液体乙醇突然移放到等温351.4K的真空容器中,乙醇立即蒸发并充满整个容器,最后使气体的压力为101.325kPa,温度为351.4K。求此过程的 ΔU、ΔH、Q 和 W。

11. 葡萄糖发酵反应如下:

$$C_6H_{12}O_6(s)\longrightarrow 2C_2H_5OH(l)+2CO_2(g)$$

已知葡萄糖在100kPa、298K下产生-67.8kJ的等压反应热,试求该反应的热力学能变化 ΔU 为多少?

12. 今有1mol单原子理想气体,体积为 $22.41\times10^{-3}\mathrm{m^3}$,温度为273.1K。

(1) 在等压 $p_e=100\mathrm{kPa}$ 下使气体冷却到体积为 $2.241\times10^{-3}\mathrm{m^3}$;

(2) 再在等容下加热使气体温度回到原来温度273.1K,已知气体的 $C_{V,\mathrm{m}}=\dfrac{3}{2}R$,$C_{p,\mathrm{m}}=\dfrac{5}{2}R$,求此两过程的 ΔU、ΔH、Q 和 W。

13. 下列反应的热力学数据如下:

	$C_2H_4(g)$	+ $H_2O(g)$ ⟶	$C_2H_5OH(l)$
$\Delta_f H_m^{\ominus}(298\mathrm{K})/\mathrm{kJ\cdot mol^{-1}}$	52.3	-241.84	-277.7
$C_{p,\mathrm{m}}/\mathrm{J/(K\cdot mol)}$	43.56	33.56	111.5

(1) 计算在298K时生成1mol乙醇反应的焓变 $\Delta H_m^{\ominus}$;

(2) 计算上面反应在初态(反应物)为288K,终态(产物)为373K时反应的焓变 ΔH_m。

14. 在室温(298K)人静坐时,吃0.25kg干乳酪可产生约4000kJ的热量,若不涉及体内其他能量,为维持体温不变,将此热量通过汗液蒸发排出体外,需要多少kg水?(已知在室温、等压下水的蒸发热 $\Delta_{vap}H_m^{\ominus}=44.0\mathrm{kJ/mol}$。提示:$n\Delta_{vap}H=Q$)。

15. 试证明:

(1) $\left(\dfrac{\partial H}{\partial T}\right)_V=C_V+V\left(\dfrac{\partial p}{\partial T}\right)_V$

（2）$\left(\frac{\partial H}{\partial T}\right)_V=C_p+\left(\frac{\partial H}{\partial p}\right)_T\left(\frac{\partial p}{\partial T}\right)_V$

16. 1mol 理想气体，$C_{V,m}=\frac{3}{2}R$，经过下列三个可逆过程恢复到原态：

（1）由 A（T_1、20kPa、$1.0\times10^{-2}m^3$）等温压缩到 B（T_1、p_2、$1.0\times10^{-3}m^3$）；

（2）由 B 等压膨胀 C（T_2、p_2、$1.0\times10^{-2}m^3$）；

（3）由 C 等容冷却，使系统恢复到原来始态 A（T_1、20kPa、$1.0\times10^{-2}m^3$）。

试回答下列问题：①计算 T_1 和 T_2；②计算等温、等压、等容和循环等可逆过程的 Q、W 和 ΔU。

17. 在 298K 和压力 100kPa 下，测定葡萄糖和麦芽糖的燃烧热 $\Delta_c H_m^{\ominus}$ 为 −2816kJ/mol 和 −5648kJ/mol。问在此条件下，0.018kg 葡萄糖按下面反应方程式转化为麦芽糖时的焓变是多少？

$$2C_6H_{12}O_6 \longrightarrow C_{12}H_{22}O_{11}(s)+H_2O(l)$$

18. 人体内产生的尿素是一系列酶催化反应的结果，可用下列反应式来表示（设为 25℃）：$2NH_3(g)+CO_2(g)\xrightarrow{酶}NH_2CONH_2(s)+H_2O(l)$

计算此反应的 $\Delta_r U_m$ 和 $\Delta_r H_m$。（已知尿素的 $\Delta_f H_m^{\ominus}=-333.51kJ/mol$）

19. 在 25℃时，液态水的生成热为 −285.8kJ/mol。已知在 25～100℃的温度区间内，H_2、O_2、和 H_2O 的平均等压摩尔热容分别为 28.82J/(K·mol)、29.36J/(K·mol) 和 75.31J/(K·mol)，试计算在 100℃时液体水的生成热。

20. 由 $C_6H_5OH(s)$ 的燃烧热计算它的生成热。

21. 1mol 单原子理想气体，始态压力为 202.65kPa，体积为 $11.2dm^3$，经过 pT= 常数的可逆压缩过程至终态压力为 405.3kPa，求：

（1）终态的体积与温度；

（2）系统的 ΔU 和 ΔH；

（3）该过程系统所做的功。

第二章

热力学第二定律

学习目的

一个任意化学反应能否发生，以及进行到什么程度为止，是化学中的重要问题，解决这样的问题要靠热力学第二定律。热力学第二定律是人类长期生产、生活实践经验的总结。反过来，它对于指导工业生产、开发新的工艺路线等具有重要的意义。如开发一新药的合成工艺路线时，首先应对其热力学可能性进行判断，若通过热力学计算证明其从热力学上根本不可能实现，则就没必要研究与开发了。本章从热功交换的问题入手，引入熵函数及热力学第二定律的数学表达式，解决化学反应的方向性和限度问题。

学习要点

熵和吉布斯自由能，并能应用熵、吉布斯自由能判断过程进行的方向和限度。

自然界的变化都不违反热力学第一定律，但不违反热力学第一定律的变化却未必能自发发生。例如，一个刚性容器中间有一固定挡板，左侧装有 293.15K、100kPa 的理想气体，右侧是真空。若将挡板抽掉，气体将充满整个容器。由热力学第一定律知道，此过程无功无热。但在无功无热的情况下气体却不能自发地全部回到左侧。自发地全部回到左侧的过程虽不违反能量守恒原理，但却不可能发生。热力学第一定律不能回答这一问题。这类问题的解决，是热力学的另一个方面的内容：过程的方向和限度。解决过程的方向性和限度的问题要依赖于热力学第二定律。

第一节　热力学第二定律

一、自发过程的共同特征——不可逆性

自发过程（spontaneous process），是指没有外界的帮助或不受外界的影响，就能自动发生的过程。其相反的过程需要外界以耗电、耗光等形式做功才能发生，称为非自发过程。经验表明，自然界一切自发过程总是按一定方向进行，逐渐达到一种宏观的静止状态（平衡状态），即自发过程进行的限度。现举数例，说明自发过程进行的方向和达到的限度。

气体的流动：气体总是自发地由高压区向低压区流动，直到各处压力相等为止。

水的流动：水总是自发地从高水位流向低水位，直到水位差为零。

笔记

热的传递：热总是自发地从高温物体向低温物体传递，直到两物体温度一致。

总结这些自发过程，都具有变化方向的单一性，即总是单向地趋于平衡状态。这是自发过程的重要特点。

一切自发过程都有确定的方向和限度，并不是说一个热力学系统自发变化之后不能回到原来的状态。借助于外力可以使一个自发过程发生后再逆向返回原态，例如，气体向真空膨胀是一自发过程，在此膨胀过程中 $Q=0$、$W=0$、$\Delta U=0$，若要使膨胀后的气体恢复原状，可以使系统经等温可逆压缩过程来完成，但在此过程中，环境必须对气体做功 W，同时气体向环境放热 Q，由热力学第一定律可知 $W=-Q$，即在系统恢复原状时，环境损失了功 W，而得到热 Q，即环境无法复原（留下失功得热的痕迹），这就是第一章所描述的不可逆过程。要使环境也恢复原状，则取决于热能否全部转变为功。

类似地，热由高温物体流向低温物体，是一个自发过程，其逆过程将热由低温物体取出传到高温物体，只要消耗功开动制冷机不难做到，但环境同样会失功得热。分析其他自发过程，也会发现自发过程的逆过程都伴随着热功转换的问题。

人类通过大量实践发现，功是有序运动，热是无序运动，热与功的转化是不可逆的，即功可自发地全部转变为热，而热不能全部转变为功，这就是自发过程具有不可逆性的原因。热功转化的不可逆性可用能量不能自动集中来解释。

什么是能量不能自动集中？以小球自高处落地为例说明，当小球降落撞击地面时，其动能全部变为热能，即变成了触球地面物质分子无秩序的热振动，由于分子的无序振动，热又传给触球地面邻近周围众多的分子，直至附近地面温度均匀为止。

球落地的逆过程是球上升到原来高处。若无外力作用，只有靠球附近地面物质众多无序振动的分子，使一部分分子振动能减小，另一部分分子振动能增加，并能全部集中到球下面的地面处（即热能集中），而且在瞬间所有分子同时都向上运动（即将原来球击地放出的热全部变为功），才可能把球升高到原来高处。从经验可知，这在自然界是绝对不可能发生的。这就是说分散的能量不可能自动集中。

热要全部转变为功，就意味着要使所有分子都改为定向运动，即能量自动集中，这是不可能的。

人类实践的无数经验表明，任何一个自发过程，让其返回时，环境无一例外地付出失功得热的代价，即环境不可能复原，即自发过程的逆过程不会自动发生。

因此可以得出结论：一切自发过程都是不可逆过程，这是一切自发过程的共同特征，其本质是功与热的转换的不可逆性。

二、热力学第二定律的经验叙述

正是认识到了热功转换的不可逆性，科学家总结出了以自发过程的不可逆性来描述热力学第二定律。下面介绍热力学第二定律（second law of thermodynamics）的两种经典表述。

克劳修斯（Clausius）表述："不可能把热量由低温物体传给高温物体而不引起其他变化"。就是说，如将热由低温物体取出传到高温物体，必定引起其他变化。

开尔文（Kelvin）表述："不可能从单一热源取出热使之完全变为功而不发生其他变化"。也可表述为"第二类永动机不可能造成"。第二类永动机（second kind of perpetual-motion machine）与不需外界供给热而能不断循环做功的第一类永动机不同，

笔记

如设计出这样一种第二类永动机，它可从大海或空气这样的巨大单一热源中，源源不断取出热转化为功，这并不违反第一定律，而功的获得又是十分经济的，堪称理想。但实践证明，它是不可能造成的。

热力学第二定律的意义在于揭示了自然界运动的规律，即有方向性。原则上，可以直接运用热力学第二定律判断一个过程的方向，但实际上这样做的难度很大，因此不得不寻找一些像描述热力学第一定律那样的热力学函数，通过这些可计算的热力学函数的变化来判断过程的方向性。克劳修斯分析了卡诺循环过程中的热功转化关系，发现了热力学第二定律中最基本的状态函数——熵。下面将先介绍卡诺循环与卡诺定理，并由此引出熵函数。

第二节　卡诺循环与卡诺定理

一、卡诺循环

蒸汽机是一种将燃料燃烧放出的热转化为机械功的装置。虽早已广泛应用，但在1768年瓦特进行改进前热机效率极低，即使改进后仍然很低。在技术革命时代，研究如何提高热机效率是一个非常重要且又极具现实意义的课题。1824年，法国工程师卡诺（S. Carnot）在一篇题为《论火的动力》的论文中提出热机效率有一个极限，卡诺将热机理想化，设计了一个以理想气体为工作物质、由四步可逆过程（等温可逆膨胀、绝热可逆膨胀、等温可逆压缩、绝热可逆压缩）构成的一个循环过程，人们称为卡诺循环（Carnot cycle）。

下面计算这个理想热机的效率。热机工作过程如图2-1所示。

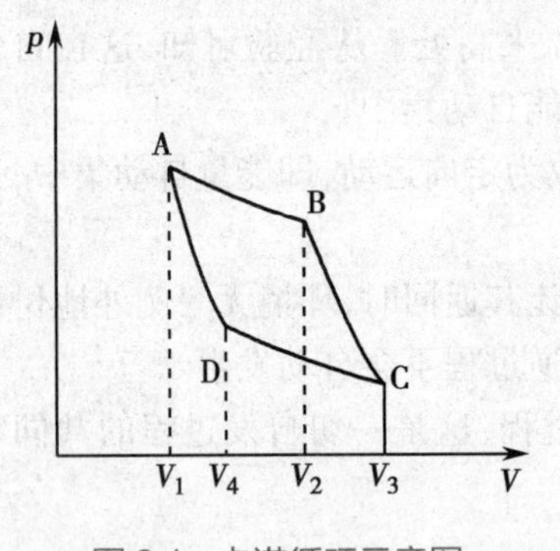

图2-1　卡诺循环示意图

（1）等温可逆膨胀：始态为 $A(p_1,V_1,T_2)$ 的理想气体，与高温热源（T_2）接触，作等温可逆膨胀，到状态 $B(p_2,V_2,T_2)$，并吸热 Q_2，因 $\Delta U=0$，则

$$Q_2=-W_1=\int_{V_1}^{V_2}p\mathrm{d}V=\int_{V_1}^{V_2}\frac{nRT_2}{V}\mathrm{d}V=nRT_2\ln\frac{V_2}{V_1}$$
式(2-1)

（2）绝热可逆膨胀：由状态B经绝热可逆膨胀到状态 $C(p_3,V_3,T_1)$，系统温度由 T_2 降至 T_1，因 $Q=0$

$$W_2=\Delta U_2=n\int_{T_2}^{T_1}C_V\mathrm{d}T=nC_V(T_1-T_2)$$
式(2-2)

（3）等温可逆压缩：使系统与低温热源（T_1）接触，由状态C等温可逆压缩到状态 $D(p_4,V_4,T_1)$，向低温热源（T_1）放热 Q_1，$\Delta U_3=0$

$$Q_1=-W_3=\int_{V_3}^{V_4}p\mathrm{d}V=\int_{V_3}^{V_4}\frac{nRT_1}{V}\mathrm{d}V=nRT_1\ln\frac{V_4}{V_3}$$
式(2-3)

（4）绝热可逆压缩：由状态D经绝热可逆压缩，回到始态A，温度由 T_1 升至 T_2，

$Q=0$

$$W_4=\Delta U_4=n\int_{T_1}^{T_2}C_V\mathrm{d}T=nC_V(T_2-T_1)\qquad\text{式(2-4)}$$

以上四步构成一可逆循环,系统对环境所做的总功 W,等于 ABCD 四条线所包围的面积。系统经一循环恢复原态,$\Delta U=0$,卡诺循环所做的总功应等于系统的总热,即

$$-W_{总}=Q_1+Q_2$$

系统做的总功

$$\begin{aligned}-W_{总}&=-(W_1+W_2+W_3+W_4)\\&=nRT_2\ln\frac{V_2}{V_1}-n\int_{T_2}^{T_1}C_V\mathrm{d}T+nRT_1\ln\frac{V_4}{V_3}-n\int_{T_1}^{T_2}C_V\mathrm{d}T\\&=nRT_2\ln\frac{V_2}{V_1}+nRT_1\ln\frac{V_4}{V_3}\end{aligned}$$

因过程(2)和(4)是绝热可逆过程,

$$T_2V_2^{\gamma-1}=T_1V_3^{\gamma-1}\qquad\text{式(2-5)}$$

$$T_2V_1^{\gamma-1}=T_1V_4^{\gamma-1}\qquad\text{式(2-6)}$$

两式相除得:$V_2/V_1=V_3/V_4$

代入总功表达式,得

$$-W_{总}=nRT_2\ln\frac{V_2}{V_1}-nRT_1\ln\frac{V_3}{V_4}=nR(T_2-T_1)\ln\frac{V_2}{V_1}\qquad\text{式(2-7)}$$

热机从高温热源吸热 Q_2,将其一部分转变为系统对环境做的功$-W_{总}$,而将另一部分 Q_1传给低温热源。规定热机效率(efficiency of heat engine)η 为系统对环境做功$-W_{总}$与系统消耗能量 Q_2之比,即

$$\eta=\frac{-W_{总}}{Q_2}=\frac{Q_1+Q_2}{Q_2}\qquad\text{式(2-8)}$$

对卡诺热机有:

$$\eta_r=\frac{-W_{总}}{Q_2}=\frac{nR(T_2-T_1)\ln\dfrac{V_2}{V_1}}{nRT_2\ln\dfrac{V_2}{V_1}}=\frac{T_2-T_1}{T_2}=1-\frac{T_1}{T_2}$$

此式说明,可逆热机的效率只与两热源的温度有关,两热源的温差越大,热机的效率越大;因 T 不能为 0K,则热机效率总是小于 1。

二、卡诺定理

在导出热机效率公式之后,卡诺又提出著名的卡诺定理(Carnot theorem)。"在同一组热源之间工作的所有热机,可逆热机的效率最大"。

卡诺定理的逻辑关系可参照第一章中可逆过程的特点"系统在可逆过程中对外做最大功(绝对值),环境对系统在可逆过程中做最小功,即可逆过程效率最高"得到。

由

$$\eta=\frac{-W_{总}}{Q_2}=\frac{Q_2+Q_1}{Q_2}$$

笔记

$$\eta_r = 1 - \frac{T_1}{T_2}$$

依据卡诺定理，$\eta \leqslant \eta_r$，即

$$\frac{Q_2+Q_1}{Q_2} \leqslant \frac{T_2-T_1}{T_2} \qquad 式(2\text{-}9)$$

式(2-9)中，不等号用于不可逆热机，等号用于可逆热机，卡诺定理将可逆循环与不可逆循环定量地区别开来，为一个新的状态函数——熵的发现奠定了基础。从这一点讲，卡诺定理在理论上的深远意义远远超出了定理本身。

第三节 熵的概念

一、可逆过程的热温商——熵函数

克劳修斯分析了卡诺定理，若系统作可逆循环，则式(2-9)取等号

$$\frac{Q_2+Q_1}{Q_2} = \frac{T_2-T_1}{T_2}$$

整理可得

$$\frac{Q_1}{T_1} + \frac{Q_2}{T_2} = 0 \qquad 式(2\text{-}10)$$

$\frac{Q}{T}$称为热温商。

上式的意义是：卡诺循环过程的热温商之和为零。

此结论可推广到任意的可逆循环过程，即任意的可逆循环过程的热温商之和为零，即

$$\sum \frac{(\delta Q_i)_r}{T_i} \quad 或 \quad \oint \frac{(\delta Q_i)_r}{T_i} = 0 \qquad 式(2\text{-}11)$$

如图 2-2 所示，对于任意可逆循环(A→B→A)，可有大量极接近的可逆等温线和可逆绝热线，将整个封闭曲线分割成许多小的卡诺循环。这样，图中虚线部分由于在相邻可逆循环中做功相抵消而不存在。当图中小的卡诺循环取得极其微小时，则封闭的折线与封闭的曲线重合，即可用一连串的极小的卡诺循环来代替原来的任意可逆循环。

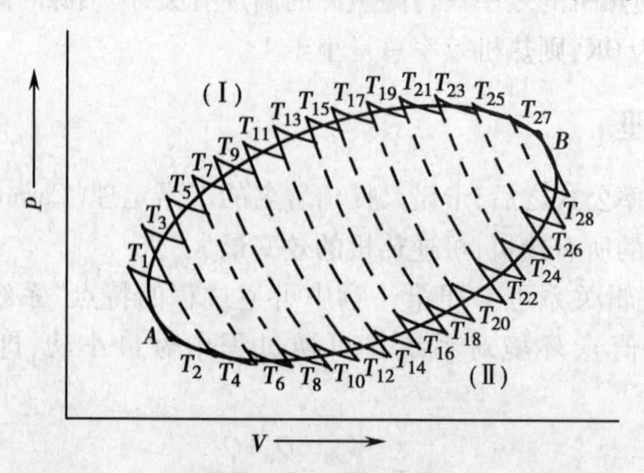

图 2-2 任意可逆循环与卡诺循环的关系

对于每个小的卡诺循环,其热温商之和为零,

$$\frac{(\delta Q_1)_r}{T_1}+\frac{(\delta Q_2)_r}{T_2}=0,\quad \frac{(\delta Q_3)_r}{T_3}+\frac{(\delta Q_4)_r}{T_4}=0 \qquad 式(2\text{-}12)$$

δQ_r 为任意无限小可逆过程的热交换量。合并上式得

$$\Sigma\frac{(\delta Q_i)_r}{T_i}\quad 或\quad \oint\frac{(\delta Q_i)_r}{T_i}=0 \qquad 式(2\text{-}13)$$

即任意可逆循环过程的热温商之和为零。

若一任意可逆循环由可逆过程(Ⅰ)和(Ⅱ)构成,则必有

$$\int_A^B\left(\frac{\delta Q_r}{T}\right)_{Ⅰ}+\int_B^A\left(\frac{\delta Q_r}{T}\right)_{Ⅱ}=0, \qquad 式(2\text{-}14)$$

$$\int_A^B\left(\frac{\delta Q_r}{T}\right)_{Ⅰ}=-\int_B^A\left(\frac{\delta Q_r}{T}\right)_{Ⅱ}=\int_A^B\left(\frac{\delta Q_r}{T}\right)_{Ⅱ}, \qquad 式(2\text{-}15)$$

式(2-15)表明从 A 到 B 沿途径(Ⅰ)的热温商之积分与沿途径(Ⅱ)的相等。这说明$\frac{\delta Q_r}{T}$之值只取决于系统的始态 A 与终态 B,而与途径无关,具有这种性质的物理量应是一个状态函数。

1854 年克劳修斯将该状态函数定义为熵(entropy),用符号 S 表示,其量纲为 J/K,则

$$\Delta S=S_B-S_A=\int_A^B\frac{\delta Q_r}{T}\quad 或\quad \Delta S-\sum_i\left(\frac{\delta Q}{T}\right)_r=0 \qquad 式(2\text{-}16)$$

ΔS 称为该过程的熵变。对于微小变化,$dS=\frac{\delta Q_r}{T}$。

上式的意义是:系统由状态 A 到状态 B,ΔS 有唯一的值,等于从 A 到 B 可逆过程的热温商之和。

熵是系统的广度性质,与热力学能 U 和体积 V 一样,具有加和性,系统各部分的熵之和等于系统的总熵,$S=S_1+S_2+S_3\cdots$。

二、克劳修斯不等式

在同一组热源之间,若有一不可逆热机,则其 $\eta<\eta_r$,由式(2-9)

可得

$$\frac{Q_1}{T_1}+\frac{Q_2}{T_2}<0 \qquad 式(2\text{-}17)$$

此式若推广至任意不可逆循环,使系统在循环中与一系列不同温度 T_i 的热源接触,交换热量分别为 δQ_i,则可表示为

$$\sum_i\left(\frac{\delta Q_i}{T_i}\right)<0 \qquad 式(2\text{-}18)$$

因不可逆过程,系统处于非平衡态,系统没有确定的平衡温度,式中 T_i 代表热源(环境)的温度。若系统由状态 A 经不可逆过程到达状态 B,后经一可逆过程回到 A,那么整个循环仍为不可逆循环,得

笔记

$$\left(\sum_{A}^{B}\frac{\delta Q_i}{T_i}\right)+\left(\sum_{B}^{A}\frac{\delta Q_i}{T_i}\right)_r<0$$

$$\because \quad \left(\sum_{B}^{A}\frac{\delta Q_i}{T_i}\right)_r=S_A-S_B \qquad 式(2\text{-}19)$$

$$\therefore \quad \Delta S=S_B-S_A>\left(\sum_{A}^{B}\frac{\delta Q_i}{T_i}\right) \qquad 式(2\text{-}20)$$

从式(2-20)可以看出,一不可逆过程的热温商之和小于该过程系统始、终态之间的熵变。熵是状态函数,当始、终态确定,熵变数值上等于可逆过程的热温商之和。

将相同始、终态间,可逆过程与不可逆过程合并表示,即将式(2-20)与式(2-16)合并,

$$\Delta S_{A\to B}\geqslant\sum_{A}^{B}\left(\frac{\delta Q_i}{T_i}\right),\quad 或\quad dS\geqslant\frac{\delta Q}{T} \qquad 式(2\text{-}21)$$

此式称作克劳修斯不等式,即热力学第二定律的数学表达式。δQ 是实际过程中交换的热,T 是环境的温度,式中等号应用于可逆过程,不等号适用于不可逆过程。将 ΔS 与 $\sum\frac{\delta Q}{T}$ 相比较,可以用来判别过程是否可逆。而且作为可逆性判据的克劳修斯不等式的左方就是不可逆程度的度量,过程的热温商比系统的熵变小得越多,说明过程的不可逆程度越大。

三、熵增原理

对于绝热系统中所发生的任何过程,$\sum\delta Q_{绝热}=0$,所以

$$\Delta S_{绝热}\geqslant 0^{不可逆}_{可逆} \qquad 式(2\text{-}22)$$

此式说明,对于绝热可逆过程,$\Delta S=0$;对绝热不可逆过程,$\Delta S>0$。综合以上两种情况,在绝热过程中系统的熵值永不减少,这就是著名的熵增加原理(principle of entropy increase)。我们知道,自发过程一定是不可逆过程;而一个不可逆过程未必是自发过程。由于在绝热系统中,系统与环境无热交换,但不排斥以功的形式交换能量。所以此式只能判别过程的可逆与否,不能用来判别过程是否自发。

对于孤立系统,必然是绝热的,也没有与外界交换功,系统与环境不发生相互作用,过程的推动力在于系统内部,因此式(2-22)中系统如果发生不可逆过程必然是自发过程,可表示为

$$\Delta S_{孤立}\geqslant 0^{自发}_{平衡} \qquad 式(2\text{-}23)$$

此式说明,孤立系统中自发过程的方向总是朝着熵值增大的方向进行,直到在该条件下系统熵值达到最大为止,即孤立系统中过程的限度就是其熵值达到最大。这是熵增加原理在孤立系统的推广,孤立系统中熵值永不减少。

式(2-23)称为熵判据(entropy criterion),它也是热力学第二定律的一种数学描述。

熵判据只能用于判断孤立系统中过程的方向和限度。在实际生产和科学研究中,孤立系统或可以近似作为孤立系统的情况极为少见,因此用熵判据有很大局限性。为此常将系统及与系统密切相关的环境包括在一起,人为划定一个孤立系统,则

$$\Delta S_{孤立}=\Delta S_{系统}+\Delta S_{环境}\geqslant 0 \qquad 式(2\text{-}24)$$

笔记

分别计算 $\Delta S_{系统}$和 $\Delta S_{环境}$后再加和求出 $\Delta S_{孤立}$。

至此,用熵作为过程的方向和限度的判据已经解决。

为了便于学习,对熵函数总结如下:①熵是系统的状态函数,其改变值只与系统的始、终态有关,而与变化的途径无关;系统始、终态确定后,熵变由可逆过程的热温商计算得到;②熵是广度性质,具有加和性,整个系统的熵是各个部分熵的总和;③利用熵函数可以判断过程的方向性,即 $\Delta S_{孤立}>0$ 的过程为自发过程;④孤立系统内不可能出现总熵减少的变化,但对于其中一个子系统有可能熵减少;这点对今后理解各种复杂系统,包括生命系统,非常重要。

第四节　熵变的计算

熵是系统的状态函数,熵变可由可逆过程的热温商计算得到

$$\Delta S_{系统}=\sum_{A}^{B}\frac{\delta Q_r}{T} \qquad 式(2\text{-}25)$$

此式就是计算熵变的基本公式。

若实际是不可逆过程,可在相同始、终态之间设计一个可逆过程,由可逆过程热温商求出 $\Delta S_{系统}$。根据熵是系统的状态函数,其改变值只与系统的始、终态有关,而与变化的途径无关,则不可逆过程的熵变等于相同始、终态的可逆过程的熵变。

计算任意过程的 $\Delta S_{系统}$,可按下述步骤进行:①确定始态 A 和终态 B;②设计由 A 至 B 的可逆过程;③由式(2-25)计算系统的熵变。

对于环境的熵变的计算,与系统相比,环境很大,相当于一个大储热器。当系统发生变化时,吸收或放出的热量不至影响环境的温度和压力,环境的温度和压力均可看做常数,实际过程的热即为可逆热,只是对系统和环境而言,实际过程的热其符号应相反。由此,环境的熵变为

$$\Delta S_{环境}=-\frac{Q_{实际}}{T_{环}} \qquad 式(2\text{-}26)$$

一、理想气体简单状态变化过程的熵变

(一)等温过程

$$\Delta U=0,\quad Q_r=-W_{max}$$

$$\Delta S=\frac{Q_r}{T}=\frac{-W_{max}}{T}=\frac{\int_{V_1}^{V_2}p\mathrm{d}V}{T}=nR\ln\frac{V_2}{V_1}=nR\ln\frac{p_1}{p_2} \qquad 式(2\text{-}27)$$

若 $p_1>p_2$,则 $\Delta S>0$,因此 $S_{低压}>S_{高压}$。

例 2-1　1mol 理想气体,300K 下由 100kPa 膨胀至 10kPa,计算过程的熵变,并判断过程的可逆性,(1) $p_e=10\text{kPa}$,(2) $p_e=0$。

解:(1) $\Delta S_{系}=nR\ln(p_1/p_2)=1\times8.314\times\ln(100/10)=19.14\text{J/K}$

$\because\quad \Delta U=0$

$\therefore\quad Q=-W=p_e(V_2-V_1)=p_e\left(\frac{RT}{p_2}-\frac{RT}{p_1}\right)$

$$=RTp_e\left(\frac{1}{p_2}-\frac{1}{p_1}\right)$$

$$=8.314\times300\times10\times10^3\times\left(\frac{1}{10\times10^3}-\frac{1}{100\times10^3}\right)$$

$$=2244.8\text{J}$$

$$\Delta S_{环}=\frac{-Q}{T_{环}}=\frac{-2244.8}{300}=-7.48\text{J/K}$$

$$\Delta S_{孤}=\Delta S_{系}+\Delta S_{环}=19.14-7.48=11.66\text{J/K}>0$$

(2) ΔS 只决定于始、终态，与过程无关，所以 $\Delta S_{系}=19.14\text{J/K}$

由于 $p_e=0$，所以 $Q=-W=0$，$\Delta S_{环}=0$，

$$\Delta S_{孤}=\Delta S_{系}+\Delta S_{环}=19.14\text{J/K}>0$$

则(1)、(2)两个过程都是不可逆过程，且(2)的不可逆程度比(1)大。

（二）变温过程

由式(2-21) $$\text{d}S=\frac{\delta Q_r}{T}$$

系统当温度改变时，其熵也发生变化，从热容的定义

$$\delta Q_r=C\text{d}T$$

$$\text{d}S=C\frac{\text{d}T}{T} \qquad 式(2\text{-}28)$$

等容变化 $$\text{d}S=C_V\frac{\text{d}T}{T},\quad \Delta S=\int_{T_1}^{T_2}C_V\frac{\text{d}T}{T} \qquad 式(2\text{-}29)$$

等压变化 $$\text{d}S=C_p\frac{\text{d}T}{T},\quad \Delta S=\int_{T_1}^{T_2}C_p\frac{\text{d}T}{T} \qquad 式(2\text{-}30)$$

若 $T_2>T_1$，则 $\Delta S>0$，因此 $S_{高温}>S_{低温}$。

例如，1mol 理想气体，从状态 A(p_1,V_1,T_1)改变到状态 D(p_2,V_2,T_2)的熵变，可从两种不同的可逆过程求得，所得结果相同。

途径(1)：如图 2-3，使系统先经等温过程到 C，再经等容过程到 D。

$$\Delta S=\Delta S_1+\Delta S_2=nR\ln\frac{V_2}{V_1}+\int_{T_1}^{T_2}C_V\frac{\text{d}T}{T} \qquad 式(2\text{-}31)$$

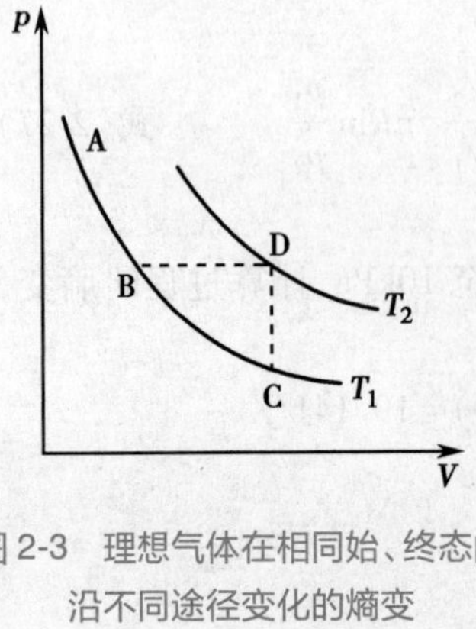

途径(2)：使系统先经等温过程到 B，再经等压过程到 D。

$$\Delta S=\Delta S_1'+\Delta S_2'=nR\ln\frac{p_1}{p_2}+\int_{T_1}^{T_2}C_p\frac{\text{d}T}{T} \qquad 式(2\text{-}32)$$

式(2-31)与式(2-32)是等同的。

图 2-3 理想气体在相同始、终态间沿不同途径变化的熵变

例 2-2 1mol H_2O(l) 于 100kPa，自 50℃ 降温至 25℃，已知 $C_{p,m}=75.40\text{J/(K·mol)}$，求该过程的熵变，并判断过程是否自发。注：环境温

笔记

度为25℃。

解：

$$\Delta S_{系}=\int_{T_1}^{T_2} nC_{p,\mathrm{m}}\frac{\mathrm{d}T}{T}=nC_{p,\mathrm{m}}\ln\frac{T_2}{T_1}$$

$$=1\times75.40\times\ln\frac{298.2}{323.2}=-6.070\mathrm{J/K}$$

$$\Delta S_{环}=\frac{-Q_{实际}}{T_{环}}=\frac{-\int_{T_1}^{T_2} nC_{p,\mathrm{m}}\mathrm{d}T}{T_{环}}=\frac{-nC_{p,\mathrm{m}}(T_2-T_1)}{T_{环}}$$

$$=-1\times75.40\times\frac{298.2-323.2}{298.2}=6.321\mathrm{J/K}$$

$$\Delta S_{孤}=\Delta S_{系}+\Delta S_{环}=-6.070+6.321=0.251\mathrm{J/K}>0$$

∴ 该过程为自发过程。

二、理想气体混合过程的熵变

理想气体在等温等压下混合时，ΔU、Q 及 W 都等于零，但由于混合过程不可逆，混合熵大于零，因此不能用混合过程的热温商计算熵变。

例 2-3 设在0℃时，用一隔板将容器分割为两部分，一边装有0.5mol、100kPa的 O_2，另一边是0.5mol、100kPa的 N_2，抽去隔板后，两气体混合均匀，试求混合熵，并判断过程的可逆性（图2-4）。

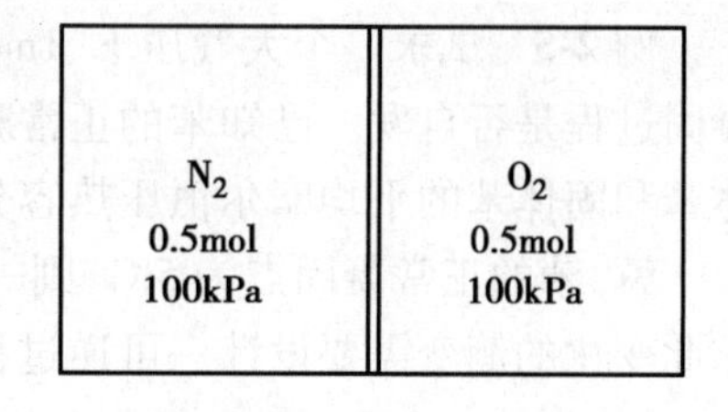

图2-4 理想气体的混合熵

解：混合气体中，O_2 和 N_2 的分压分别为 $p_{O_2}=px_{O_2}$，$p_{N_2}=px_{N_2}$

混合前 O_2 与 N_2 的压力与混合后气体的压力相同，$p=100\mathrm{kPa}$，混合过程中，对 O_2 来说相当于压力从 p 膨胀到 p_{O_2}，则

$$\Delta S_{O_2}=n_{O_2}R\ln\frac{p}{p_{O_2}}=-n_{O_2}R\ln x_{O_2}$$

$$=-0.5\times8.314\times\ln0.5=2.881\mathrm{J/K}$$

同理

$$\Delta S_{N_2}=n_{N_2}R\ln\frac{p}{p_{N_2}}=-n_{N_2}R\ln x_{N_2}$$

$$=-0.5\times8.314\times\ln0.5=2.881\mathrm{J/K}$$

熵是广度性质，系统的熵是 O_2 与 N_2 的熵之和，故

$$\Delta S_{系}=\Delta S_{O_2}+\Delta S_{N_2}=2.881+2.881=5.762\mathrm{J/K}$$

因 $Q=0$，故 $\Delta S_{环}=0$，

$\Delta S_{孤}=\Delta S_{系}+\Delta S_{环}=5.762\mathrm{J/K}>0$，这是一个不可逆过程。

上述系统混合时的计算关系也可表述为

$$\Delta S_{系}=-n_{O_2}R\ln x_{O_2}-n_{N_2}R\ln x_{N_2}=-R\sum_{\mathrm{B}}n_{\mathrm{B}}\ln x_{\mathrm{B}} \qquad 式(2\text{-}33)$$

笔记

三、相变化过程的熵变

（一）等温等压可逆相变化过程的熵变

在正常相变点下的相变，为可逆相变，如水在一个大气压下，0℃是相变点。在此温度压力下，相变可逆，水可变为固态的冰，冰也可变为液态的水，两者共存。系统熵变的计算公式为

$$\Delta S_{系}=\frac{Q_r}{T}=\frac{Q_p}{T}=\frac{\Delta H}{T} \qquad 式(2\text{-}34)$$

ΔH 为相变潜热。

例 2-4　1mol 冰在 0℃融化成水，融化热为 6006.97J/mol，求熵变。

解：$\Delta S_{系}=\Delta H/T=6006.97/273.2=21.99\text{J/K}$，

$\Delta S_{环}=-Q/T_{环}=-6006.97/273.2=-21.99\text{J/K}$，

$\Delta S_{孤}=\Delta S_{系}+\Delta S_{环}=0$，这是一个可逆过程。

（二）不可逆相变

不在相变点的相变化，是不可逆过程。

计算不可逆相变化过程的熵变，要利用熵是状态函数的性质，在相同的始、终态之间，设计一个可逆过程，计算出设计的可逆过程的熵变，即可得到不可逆过程的熵变，见下例。

例 2-5　试求一个大气压下、1mol 的-5℃过冷液体苯变为固体苯的 ΔS，并判断此凝固过程是否自发。已知苯的正常凝固点为 5℃，在凝固点时熔化热为 9940J/mol，液体苯和固体苯的平均摩尔恒压热容分别为 127J/（K·mol）和 123J/（K·mol）。

解：苯的正常凝固点为 5℃，则-5℃的液态苯变为-5℃固态苯是一个不可逆过程，求此变化的熵变需要设计一可逆过程来计算。

$$\begin{array}{ccc} 苯(1,-5℃) & \xrightarrow{\Delta S} & 苯(s,-5℃) \\ \downarrow \Delta S_1 & & \uparrow \Delta S_3 \\ 苯(1,5℃) & \xrightarrow{\Delta S_2} & 苯(s,5℃) \end{array}$$

$$\Delta S_1=C_{p,1}\ln\frac{T_2}{T_1}=127\times\ln\frac{278}{268}=4.65\text{J/K}$$

$$\Delta S_2=\frac{\Delta H}{T_2}=\frac{-9940}{278}=-35.76\text{J/K}$$

$$\Delta S_3=C_{p,s}\ln\frac{T_1}{T_2}=123\times\ln\frac{268}{278}=-4.51\text{J/K}$$

$$\Delta S=\Delta S_1+\Delta S_2+\Delta S_3=-35.62\text{J/K}$$

用基尔霍夫公式求出-5℃实际凝固过程的热效应。

$$\begin{aligned}\Delta H_{268}&=\Delta H_{278}+\int_{278}^{268}\Delta C_p\,\mathrm{d}T\\&=-9940+(123-127)\times(268-278)\\&=-9900\text{J/mol}\end{aligned}$$

则 $\Delta S_{环}=-Q/T_{环}=9900/268=36.94\text{J/K}$

笔记

$$\Delta S_{孤}=\Delta S_{系}+\Delta S_{环}=-35.62+36.94=1.32\text{J/K}>0,$$

上述过程是可以自动发生的不可逆过程。

四、化学变化过程的熵变

（一）热力学第三定律

熵是系统混乱程度的度量，系统的混乱程度越低，有序程度越高，熵值越小。对一种物质处于气、液、固三态时，固态的熵最小。当固态的温度进一步下降时，系统的熵值也进一步下降。20世纪初，科学家根据一系列低温实验事实，总结出了热力学第三定律(third law of thermodynamics)：在绝对温度为0K时，任何纯物质完整排列晶体的熵值都等于零，即

$$\lim_{T\to 0}S_T=0 \qquad 式(2\text{-}35)$$

所谓完整晶体即晶体中的原子或分子只有一种排列方式，例如NO，若有NO和ON两种排列方式，不能认为是完整晶体。

（二）规定熵

依热力学第三定律而求得的任何物质在TK下的熵值S_B(T)，称为该物质在此状态下的规定熵(onventional entropy)。

$$\Delta S=S_T-S_{0K}=S_T=\int_0^T \mathrm{d}S=\int_0^T\frac{C_p\mathrm{d}T}{T}=\int_0^T C_p\mathrm{dln}T \qquad 式(2\text{-}36)$$

S_T就是该物质在指定状态下的规定熵。

1mol物质在指定温度T及标准状态下的规定熵称为标准摩尔熵(standard molar entropy)$S_m^\ominus$，本书附录三中列出了一些物质处于标准压力$p^\ominus$和298K状态下的标准摩尔熵。

（三）化学变化过程的熵变

任意反应　　　　　　　　$a\text{A}+d\text{D}\rightarrow g\text{G}+h\text{H}$

在标准状态下，化学反应的摩尔熵变$\Delta_r S_m^\ominus$可由下式计算

$$\Delta_r S_m^\ominus=\sum\nu_B S_{m,B}^\ominus \qquad 式(2\text{-}37)$$

其中$S_{m,B}^\ominus$为物质B的标准摩尔熵，ν_B为化学计量式中B物质的计量系数。其符号与前述一致，对反应物为负，对产物为正。

例2-6　298K及压力$p^\ominus$下，蔗糖氧化反应。查得各物质的标准熵如下，试计算该化学反应的熵变。

$$C_{12}H_{22}O_{11}(s)+12O_2(g)=12CO_2(g)+11H_2O(l)$$

$S_m^\ominus$[J/(K·mol)]360.24　　205.03　　213.6　　69.91

解：$\Delta_r S=\sum\nu_B S_{m,B}^\ominus$

$=(11\times69.91+12\times213.6-1\times360.24-12\times205.03)$

$=511.61\text{J/(K·mol)}$

笔记

第五节 熵的物理意义

根据牛顿力学,如果系统中的每个粒子的边际条件完全知道,则各个粒子的运动就可以计算出来。但系统中粒子太多,而运动又非常复杂,无法确知某一瞬间各个粒子的状态,所以经典力学对如此复杂的计算显得无能为力。统计力学运用概率的概念解决了这一问题。由于不方便讲述统计力学,这里仅仅是利用统计关系来说明熵的物理意义,以便理解熵函数的构造和熵与混乱度的关系。

一、熵函数的统计模型

现以单原子理想气体的自由膨胀作为研究模型,设系统从始态自发膨胀到终态,自发过程的方向就是体积增大的方向,体积增大,能量分散程度也相应增大。

$$\Delta S_{系}=\frac{Q_r}{T}=\frac{-W_{max}}{T}=\frac{\int_{V_1}^{V_2}p\mathrm{d}V}{T}=nR\ln\frac{V_2}{V_1}$$

下面用概率的概念描述其微观粒子的运动状态。

想象将一容器分为两半,用 V_1表示一半的体积,$V_2=2V_1$表示总体积。设在此容器内有一个原子,则可能有两种分布方式,或者说两种微观状态,如图 2-5 所示。

热力学概率是指一种状态可能出现的分布方式数目,即微观状态数,常用符号 Ω 来表示。这样,在左边 V_1中一个原子的概率:$\Omega(V_1)=1$

整个系统 V_2中有一个原子的概率:$\Omega(V_2)=2$

若容器中有两个原子,则可能有四种分布方式,或者说可能出现四种微观状态(2∶0 一种,1∶1 二种,0∶2 一种),如图 2-6 所示。

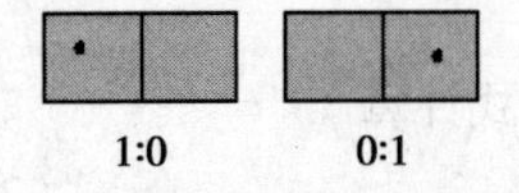

图 2-5 一个原子可能的分布示意图

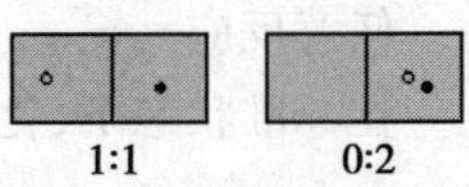

图 2-6 两个原子可能的分布示意图

左边 V_1中有两个原子的概率:$\Omega(V_1)=1$

整个体积 V_2中有两个原子的概率:$\Omega(V_2)=4=2^2$

若有三个原子,则可能有八种分布方式(3∶0 一种,2∶1 三种,1∶2 三种,0∶3 一种),如图 2-7 所示。

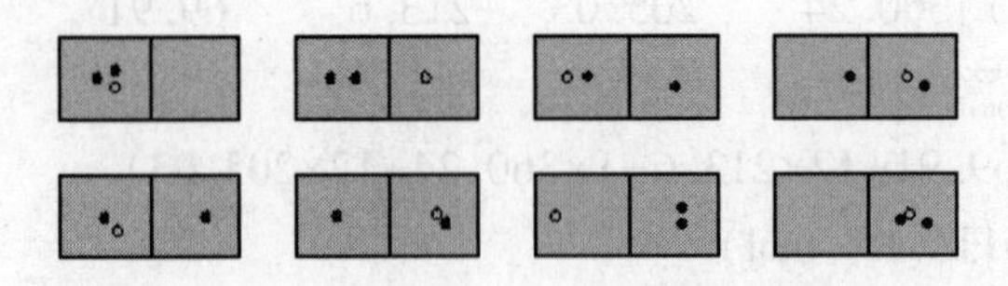

图 2-7 三个原子可能的分布示意图

左边 V_1中有三个原子的概率:$\Omega(V_1)=1$

整个体积 V_2中有三个原子的概率:$\Omega(V_2)=8=2^3$

若有四个原子,则可能有十六种分布方式(4∶0 一种,3∶1 四种,2∶2 六种,1∶3

四种，0∶4 一种），

则 $$\Omega(V_1)=1,\quad \Omega(V_2)=16=2^4。$$

可见原子增加，分布在 V_1 中的概率仍为 1，而整个系统中原子趋向于均匀分布（两个 V_1 中的分子数目相同）的概率增加很多。

对于有 N 个原子（或分子）的理想气体，由体积 V_1（状态 1）定温膨胀到 V_2（状态 2），如图 2-8 所示。

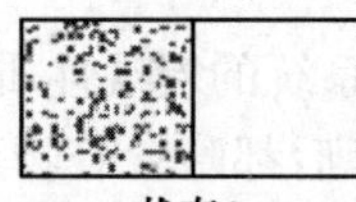
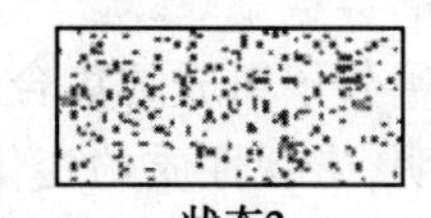
状态1 状态2

图 2-8 N 个原子分布示意图

如上所述，同样可以推理出：

V_1 中有 N 个原子的概率：$\Omega(V_1)=1$

整个体积 V_2 中有 N 个原子的概率：$\Omega(V_2)=2^N$

N 是很大的数字，如 1mol，$N=6.023\times10^{23}$ 个原子，所以 N 个原子（或分子）的气体从 V_1 膨胀到 V_2 时，其概率增加是极大的，即系统可能出现的微观状态数目增加非常之大。

由此可见，一个确定的宏观热力学状态可由许多不同的微观状态（概率）来体现，或者说它与一定数量的微观状态相对应。在一定的宏观状态下，系统可能出现的微观状态数目越多，混乱程度就越大，为了形象化，又把概率 Ω 称为系统的"混乱度"。

对于单原子理想气体来说，气体体积的膨胀，相应的概率增加的过程，就是原子在空间进一步分散，而相应能量的分散程度也进一步增加。所以热力学概率的大小也就意味着能量分散程度的大小。

在热力学第二定律中，选用熵 S 作为系统的热力学函数，而熵与热力学概率有一定关系，通过概率导出系统宏观性质的熵变 ΔS，就可利用 ΔS 的计算判断过程的方向和限度。根据统计力学对微观粒子运动的研究得出：系统的熵与概率的对数成正比，即

$$S=k\ln\Omega \qquad 式(2\text{-}38)$$

这就是著名的玻尔兹曼公式（Boltzmann equation）。式中，k 是玻尔兹曼常数，$k=R/L$（其中 R 是气体常数，L 是阿伏伽德罗常数），Ω 是热力学概率。

二、熵函数的构造

因已知理想气体自由膨胀过程的熵变为

$$\Delta S=nR\ln\frac{V_2}{V_1}$$

按定义 $\Delta S=S_2-S_1$，其差值应是一个数，因此熵函数的变化值（相减）中只能得到一项，满足这样条件的函数，只有对数函数。

因此构造 $$\Delta S=S_2-S_1=k\ln\Omega(V_2)-k\ln\Omega(V_1)$$

$$\Delta S=k\ln\frac{\Omega(V_2)}{\Omega(V_1)} \qquad 式(2\text{-}39)$$

当代入上述概率时

$$\Omega(V_1)=1,\quad \Omega(V_2)=2^N=2^{nL}$$

$$\Delta S=k\ln\frac{\Omega(V_2)}{\Omega(V_1)}=k\ln\frac{2^{nL}}{1}=nkL\ln 2=nR\ln\frac{V_2}{V_1}$$

正好与宏观热力学的结论一致。

三、熵的统计意义

热力学系统是由大量分子组成的集合体,系统的宏观性质是大量分子微观性质集合的体现。大量事实表明,宏观性质的变化,背后都隐含着物质有序性(混乱度)的变化,如结构高度有序的晶体溶于水,系统的混乱程度大大增加了;物质从固态变到液态,系统中大量分子有序性减小,分子运动的混乱程度增加,熵值增加;当物质温度升高时,分子热运动增加,分子的有序性减小,混乱程度增加,熵值增加;两种气体的扩散混合,混合后的气体分子混乱程度增大,熵值增加。从微观角度看,熵具有统计的性质,熵是系统宏观状态的微观状态数目(热力学概率)的一种量度,也是孤立系统能量分散程度的量度。

在孤立系统中自发过程概率的增大,微观状态数的增大或者说能量分散程度的增大与熵的增大都是一致的,因此,从熵的统计性质中可以得出这样的结论:在孤立系统中,自发过程向着熵增大的方向进行,这也是热力学第二定律一种普遍的说法。自发过程的共同特征指出,凡自发过程都是不可逆的,也就是说,自发变化的方向是从有序运动向着无序运动的方向进行,直至在该条件下最混乱的状态,即熵值最大的状态。相反的过程,大量分子的无序运动不可能自发地变成有序运动,这就是自发过程不可逆的本质。热功转换的不可逆性,本质上就是热是分子的无序运动,功是有序运动。

第六节　亥姆霍兹自由能与吉布斯自由能

用熵作为自发过程的方向和限度的判据,需要分别计算系统与环境的熵变,再求和,比较繁琐。而通常的化学变化、混合或相变化,总是在等温等容或等温等压的条件下进行,尤其是后者遇到的较多,为此,亥姆霍兹(Helmholtz)和吉布斯(Gibbs)又引出了两个新的状态函数:亥姆霍兹自由能与吉布斯自由能,作为等温等容或等温等压的条件下更实用、更简洁的判据,这两个判据的特点是只需要计算封闭系统的性质即可。

一、亥姆霍兹自由能

由封闭系统热力学第一定律,可知:

$$\delta Q=\mathrm{d}U-\delta W$$

另由热力学第二定律数学不等式,有:

$$\mathrm{d}S\geqslant\delta Q/T$$

这里等号表示可逆过程,不等号表示不可逆过程。

将上述两式联合可得:

笔记

$$TdS \geqslant dU - \delta W$$

整理，得：

$$-dU + TdS \geqslant -\delta W$$

在等温条件下，封闭系统的始、终态及环境的温度均相等，$T_1 = T_2 = T_{环}$，

$$-d(U - TS) \geqslant -\delta W$$

令

$$F \equiv U - TS \qquad 式(2\text{-}40)$$

F 称为亥姆霍兹自由能(Helmoholtz free energy)，因 U、T、S 均为状态函数，则 F 也为状态函数。

即在等温条件下，

$$-dF \geqslant -\delta W \qquad 式(2\text{-}41)$$

或

$$-\Delta F \geqslant -W \qquad 式(2\text{-}42)$$

其意义是，封闭系统在等温条件下系统亥姆霍兹自由能的减少值，等于可逆过程系统所做的最大功，这就是有时将 F 称作功函(work function)的原因。若为不可逆过程，系统亥姆霍兹自由能的减少值大于系统所做的功。

将功分为体积功与非体积功，则：$\delta W = -p_e dV + \delta W'$

等容 $dV = 0$，如果系统亦不做非体积功，则：$\delta W = 0$

$$dF_{T,V,W'=0} \leqslant 0_{可逆}^{不可逆}$$

或

$$\Delta F_{T,V,W'=0} \leqslant 0_{可逆}^{不可逆} \qquad 式(2\text{-}43)$$

亥姆霍兹自由能是系统的状态函数，其改变量 ΔF 只由系统的始、终态决定，而与变化过程无关，但只有在等温可逆过程中，系统所做的最大功才等于亥姆霍兹自由能的减少。在此条件下，根据系统亥姆霍兹自由能的变化与做功的大小，利用式(2-43)可判断过程是否可逆。

注意式(2-43)的不等式还有进一步的意义，在无外界帮助下，封闭系统进行的不可逆过程实际是自发过程，即式(2-43)表述了封闭系统在等温、等容和非体积功为零(无外界帮助)的条件下，只有使封闭系统亥姆霍兹自由能减小的不可逆过程才会自动发生，且一旦发生，封闭系统亥姆霍兹自由能将一直减小到不能再减小为止，即系统达到平衡状态。也就是说，在等温、等容和非体积功为零(无外界帮助)的条件下，封闭系统如果发生一过程，一定是 $\Delta F<0$ 的自发过程(自发过程的方向)，直到达到平衡时 $\Delta F=0$(自发过程的限度)为止。

因此，亥姆霍兹自由能成为封闭系统在等温等容和非体积功为零的条件下自发过程的判据。

亥姆霍兹自由能判据为

$$\Delta F_{T,V,W'=0} \leqslant 0_{平衡}^{自发} \qquad 式(2\text{-}44)$$

二、吉布斯自由能

由热力学第二定律，得：　$dS \geqslant \delta Q/T$

由热力学第一定律，得：　$\delta Q = dU + p_e dV - \delta W'$

$$TdS \geqslant dU + p_e dV - \delta W'$$

$$-dU - p_e dV + TdS \geqslant -\delta W'$$

在等温等压条件下，即 $T_1 = T_2 = T_{环}$，$p_1 = p_2 = p_e$

$$-d(U + pV - TS) \geqslant -\delta W'$$

$$-d(H - TS) \geqslant -\delta W'$$

令 $$G \equiv H-TS$$ 式(2-45)

G 称为吉布斯自由能(Gibbs free energy)。因 H、T、S 均为状态函数,则 G 也为状态函数。即等温等压条件下,$-\mathrm{d}G \geqslant -\delta W'$

或 $$-\Delta G \geqslant -W'$$ 式(2-46)

其意义是,封闭系统在等温等压条件下,系统吉布斯自由能的减小值,等于可逆过程系统所做非体积功,若为不可逆过程,系统吉布斯自由能的减小值大于系统所做的非体积功。

若系统不做非体积功,即 $\delta W'=0$

$$\mathrm{d}G_{T,p,W'=0} \leqslant 0_{可逆}^{不可逆}$$ 式(2-47)

或

$$\Delta G_{T,p,W'=0} \leqslant 0_{可逆}^{不可逆}$$ 式(2-48)

与亥姆霍兹自由能一样,吉布斯自由能也是既能判断过程进行的方式是可逆还是不可逆,又可判断自发过程的方向和限度。式(2-48)表示,封闭系统在等温、等压和非体积功为零(无外界帮助)的条件下,只有使封闭系统吉布斯自由能减小的过程才会自动发生,且一直减小到不能再减小为止,此时系统达到平衡状态。这一规则,称为最小吉布斯自由能原理(principle of minimization of Gibbs free energy)。吉布斯自由能判据为

$$\Delta G_{T,p,W'=0} \leqslant 0_{平衡}^{自发}$$ 式(2-49)

多数化学反应是在等温等压和非体积功为零的条件下进行的,因此,式(2-49)是最常用的判据。

判断自发过程进行的方向和限度是热力学第二定律的核心。至此,我们已经介绍了 U、H、S、F 和 G 五个热力学函数,在不同的特定条件下,S、F 和 G 都可以成为过程进行的方向和限度的判据。

孤立系统 $\Delta S \geqslant 0_{平衡}^{自发}$ 式(2-50)

封闭系统 $\Delta F_{T,V,W'=0} \leqslant 0_{平衡}^{自发}$ 式(2-51)

封闭系统 $\Delta G_{T,p,W'=0} \leqslant 0_{平衡}^{自发}$ 式(2-52)

亥姆霍兹自由能判据与吉布斯自由能判据可直接用封闭系统的热力学量变化进行判断,不用再考虑环境的热力学量变化,这是最重要的区别。因而在等温等压的化学反应系统中吉布斯自由能判据得到广泛的应用。

这三个判据理论上是等价的,并不矛盾,下面简要说明吉布斯自由能判据与熵判据是一致的。

由 G 的定义 $$G=H-TS$$

在等温、等压、不做非体积功的过程中

$$\Delta G_{系统}=\Delta H_{系统}-T\Delta S_{系统}$$

$$\frac{\Delta G_{系统}}{T}=\frac{\Delta H_{系统}}{T}-\Delta S_{系统}$$

$$\frac{\Delta G_{系统}}{T}=-\frac{Q_{环境}}{T}-\Delta S_{系统}$$

$$-\frac{\Delta G_{系统}}{T}=\Delta S_{系统}+\Delta S_{环境}=\Delta S_{孤立}$$

笔记

可见封闭系统的 ΔG 判据与孤立系统的 ΔS 判据是等价的。

三、吉布斯自由能变的计算

G 是状态函数，在指定的始、终态之间 ΔG 为定值，与所经历的途径无关，在计算中，总是设计可逆过程来求算。

由 G 的定义　　　　　　$G=H-TS$

在等温、等压、不做非体积功的过程中　$\Delta G=\Delta H-T\Delta S$

ΔG 可由 ΔH、ΔS 的计算得出。

对更一般的非体积功为零的过程，由 $G=H-TS$

取微分　　　　$\mathrm{d}G=\mathrm{d}H-T\mathrm{d}S-S\mathrm{d}T=\mathrm{d}U+p\mathrm{d}V+V\mathrm{d}p-T\mathrm{d}S-S\mathrm{d}T$

由 $\mathrm{d}U=\delta Q+\delta W$，对可逆过程 $\delta Q=T\mathrm{d}S$，非体积功为零，则

$$\mathrm{d}U=T\mathrm{d}S-p\mathrm{d}V \qquad 式(2\text{-}53)$$

将式(2-53)代入上式，得：

$$\mathrm{d}G=-S\mathrm{d}T+V\mathrm{d}p \qquad 式(2\text{-}54)$$

（一）理想气体等温变化

等温过程，因 $\mathrm{d}T=0$，则式(2-54)为：

$$\mathrm{d}G=V\mathrm{d}p$$

代入理想气体状态方程，积分得：

$$\Delta G=\int_{p_1}^{p_2}V\mathrm{d}p=\int_{p_1}^{p_2}\frac{nRT}{p}\mathrm{d}p=nRT\ln\frac{p_2}{p_1} \qquad 式(2\text{-}55)$$

例 2-7　在 25℃、1mol 理想气体由 100kPa 等温膨胀至 10kPa，试计算此过程的 ΔU、ΔH、ΔS、ΔF 和 ΔG。

解：对理想气体，等温，$\Delta U=0$，$\Delta H=0$

$$\Delta G=\int_{p_1}^{p_2}V\mathrm{d}p=\int_{p_1}^{p_2}\frac{nRT}{p}\mathrm{d}p=nRT\ln\frac{p_2}{p_1}$$

$$=1\times8.314\times298.2\times\ln\frac{10\times10^3}{100\times10^3}=-5709\text{J}$$

$$Q_r=-W_r=\int_{V_1}^{V_2}p\mathrm{d}V=\int_{V_1}^{V_2}\frac{nRT}{V}\mathrm{d}V$$

$$=nRT\ln\frac{V_2}{V_1}=nRT\ln\frac{p_1}{p_2}=5709\text{J}$$

$$\Delta S=Q_r/T=19.14\text{J/K}$$

$$\Delta F=W_r=-5709\text{J}$$

（二）相变过程

在相变点的相变化是可逆的，满足封闭系统、等温、等压、不做非体积功的条件，由式(2-54)知，此时 $\Delta G=0$。

不在相变点的相变化是不可逆的，必须设计一可逆过程来计算。

例 2-8　计算在 298K、101 325Pa 条件下，1mol 的过冷水蒸气转变为同温同压下的液态水的 ΔG，并判断过程的自发性。已知 298K 时水的饱和蒸气压为 3168Pa，液态水的 $V_m=1.8\times10^{-5}(\text{m}^3/\text{mol})$

解：

$$H_2O(g,298K,101\ 325Pa)\xrightarrow{\Delta G}H_2O(l,298K,101\ 325Pa)$$

$$\downarrow \Delta G_1 \qquad\qquad \uparrow \Delta G_3$$

$$H_2O(g,298K,3168Pa)\xrightarrow{\Delta G_2}H_2O(l,298K,3168Pa)$$

$$\Delta G_1=\int V_g\mathrm{d}p=nRT\ln\frac{p_2}{p_1}=1\times 8.314\times 298\ln\frac{3168}{101\ 325}=-8585\text{J}$$

$\Delta G_2=0$（可逆相变）

$$\Delta G_3=\int V_l\mathrm{d}p=nV_m(p_2-p_1)=1\times 1.8\times 10^{-5}\times(101\ 325-3168)=1.8\text{J}$$

$$\Delta G=\Delta G_1+\Delta G_2+\Delta G_3=1.8-8585=-8583.2\text{J}$$

$\Delta G<0$，该过程可自发进行。

如果过冷水蒸气转变为同温同压下的液态水是自发的，那么，请思考，洗好的衣服为什么自己会干，是不是液态水转变为水蒸气也是自发的？

（三）化学变化的 $\Delta_r G_m^{\ominus}$

对于化学反应的 $\Delta_r G_m^{\ominus}$，可用热力学数据分别求出该化学反应的 $\Delta_r H_m^{\ominus}$ 及 $\Delta_r S_m^{\ominus}$，然后依据 $\Delta_r G_m^{\ominus}=\Delta_r H_m^{\ominus}-T\Delta_r S_m^{\ominus}$，算出 $\Delta_r G_m^{\ominus}$。

例 2-9　已知化学反应及各物质的标准生成热、标准熵如下

	$CO_2(g)$ +	$2NH_3(g)$ =	$(NH_2)_2CO(s)$ +	$H_2O(g)$
$\Delta_f H_m^{\ominus}/(\text{kJ/mol})$	−393.5	−46.19	−333.2	−285.8
$S_m^{\ominus}/[\text{J}/(\text{mol}\cdot\text{K})]$	213.6	192.5	104.6	69.96

判断 298K 及 $p^{\ominus}$ 下反应的自发性。

解：

$$\Delta_r H_m^{\ominus}=\sum_B \nu_B\Delta_f H_{m,B}^{\ominus}=[-285.8+(-333.2)-(-393.5)-2\times(-46.19)]$$
$$=-133.12\text{kJ/mol}$$

$$\Delta_r S_m^{\ominus}=\sum_B \nu_B S_{m,B}^{\ominus}=[104.6+69.96-2\times 192.5-213.6]=-424\text{J}/(\text{mol}\cdot\text{K})$$

$$\Delta_r G_m^{\ominus}=\Delta_r H_m^{\ominus}-T\Delta_r S_m^{\ominus}=-133.12-298\times(-424)\times 10^{-3}=-6.77\text{kJ/mol}$$

因为 $\Delta_r G_m^{\ominus}<0$，所以反应是自发的。

$\Delta_r G_m^{\ominus}$ 称为反应的标准摩尔吉布斯自由能变，它表示反应物和产物各自都处于温度 T 和标准压力 $p^{\ominus}$ 下，按化学反应计量式反应物完全变成产物时反应的吉布斯自由能变。

$\Delta_r G_m^{\ominus}$ 值有着特别重要的意义，例如计算化学平衡常数，将在后面专题介绍。

四、ΔG 与温度的关系——吉布斯-亥姆霍兹公式

在化学反应中，经常需要自某一个反应温度的 ΔG_1 求另一温度时的 ΔG_2，这就要求了解 ΔG 与温度的关系，依式(2-54)可得

$$S=-\left(\frac{\partial G}{\partial T}\right)_p$$

$$\left(\frac{\partial \Delta G}{\partial T}\right)_p=-\Delta S \qquad \text{式(2-56)}$$

笔记

将式(2-56)代入 $\Delta G=\Delta H-T\Delta S$，得：

$$\Delta G=\Delta H+T\left(\frac{\partial \Delta G}{\partial T}\right)_p$$

则

$$\left(\frac{\partial \Delta G}{\partial T}\right)_p=\frac{\Delta G-\Delta H}{T} \qquad \text{式(2-57)}$$

两边同除 T，移项整理得：

$$\frac{1}{T}\left(\frac{\partial \Delta G}{\partial T}\right)_p-\frac{\Delta G}{T^2}=-\frac{\Delta H}{T^2}$$

上式左方是$\left(\frac{\partial G}{T}\right)$对 T 的微分商，即

$$\left[\frac{\partial\left(\frac{\Delta G}{T}\right)}{\partial T}\right]_p=-\frac{\Delta H}{T^2} \qquad \text{式(2-58)}$$

将式(2-58)从 $T_1\rightarrow T_2$ 积分

$$\int_{T_1}^{T_2}\mathrm{d}\left(\frac{\Delta G}{T}\right)=-\int_{T_1}^{T_2}\frac{\Delta H}{T^2}\mathrm{d}T$$

$$\frac{\Delta G(T_2)}{T_2}-\frac{\Delta G(T_1)}{T_1}=-\int_{T_1}^{T_2}\frac{\Delta H}{T^2}\mathrm{d}T$$

如 ΔH 不随温度而变

$$\frac{\Delta G(T_2)}{T_2}-\frac{\Delta G(T_1)}{T_1}=\Delta H\left(\frac{1}{T_2}-\frac{1}{T_1}\right) \qquad \text{式(2-59)}$$

式(2-56)、(2-57)、(2-58)、(2-59)均称为吉布斯-亥姆霍兹方程(Gibbs-Helmoholtz equation)。

在等压条件下，根据吉布斯-亥姆霍兹方程可以由某一温度下相变化或化学变化的 ΔG_1 求算另一温度下的 ΔG_2。

第七节　几个热力学状态函数之间的关系

在热力学中，经常用到八个状态函数：p、V、T、U、H、S、F、G，其中 p 和 T 是强度性质，其余是广度性质。根据定义，它们之间存在着如下关系

$$H=U+pV$$

$$F=U-TS$$

$$G=H-TS=U+pV-TS$$

一、热力学基本关系式

如前所述，对于不做非体积功的封闭系统，热力学第一、第二定律联立可得

$$\mathrm{d}U=T\mathrm{d}S-p\mathrm{d}V$$

将其代入 $H=U+pV$，可得：

$$\mathrm{d}H=\mathrm{d}U+\mathrm{d}(pV)=T\mathrm{d}S+V\mathrm{d}p \qquad \text{式(2-60)}$$

同理可得：

$$dF=dU-d(TS)=-SdT-pdV \quad 式(2\text{-}61)$$

$$dG=dH-d(TS)=-SdT+Vdp$$

这四个式子称为热力学基本公式,其适用的条件为无非体积功的封闭系统。对于只发生简单物理变化的封闭系统,在推导中引用了可逆过程的条件,但导出的关系式中所有的物理量均为状态函数,在始、终态一定时,其改变量为定值,与过程是否可逆无关。但对于有相变化、混合过程、或化学变化的封闭系统,上述热力学基本公式只适用于可逆过程。

由这四个公式可以导出其他一些热力学公式,例如由式(2-53),根据全微分关系,得到

$$\left(\frac{\partial U}{\partial S}\right)_V=T,\quad \left(\frac{\partial U}{\partial V}\right)_S=-p,$$

以此类推,可分别得到：

$$T=\left(\frac{\partial U}{\partial S}\right)_V=\left(\frac{\partial H}{\partial S}\right)_p \quad 式(2\text{-}62)$$

$$p=-\left(\frac{\partial U}{\partial V}\right)_S=-\left(\frac{\partial F}{\partial V}\right)_T \quad 式(2\text{-}63)$$

$$V=\left(\frac{\partial H}{\partial P}\right)_S=\left(\frac{\partial G}{\partial P}\right)_T \quad 式(2\text{-}64)$$

$$S=-\left(\frac{\partial F}{\partial T}\right)_V=-\left(\frac{\partial G}{\partial T}\right)_p \quad 式(2\text{-}65)$$

二、麦克斯韦关系式

在数学上,$dZ=Mdx+Ndy$ 是全微分的充要条件为：

$$\left(\frac{\partial M}{\partial y}\right)_x=\left(\frac{\partial N}{\partial x}\right)_y \quad 式(2\text{-}66)$$

对于只发生简单物理变化、只做体积功的封闭系统,上述热力学基本公式均为全微分式,根据(2-66)可得到下面一组关系式：

$$\left(\frac{\partial p}{\partial S}\right)_V=-\left(\frac{\partial T}{\partial V}\right)_S \quad 式(2\text{-}67)$$

$$\left(\frac{\partial V}{\partial S}\right)_p=\left(\frac{\partial T}{\partial p}\right)_S \quad 式(2\text{-}68)$$

$$\left(\frac{\partial S}{\partial V}\right)_T=\left(\frac{\partial p}{\partial T}\right)_V \quad 式(2\text{-}69)$$

$$\left(\frac{\partial S}{\partial p}\right)_T=-\left(\frac{\partial V}{\partial T}\right)_p \quad 式(2\text{-}70)$$

这一组关系式就是麦克斯韦关系式(Maxwell's relations),它将一些难于用实验测定的量转化为易测的量。例如在式(2-70)中,变化率$\left(\frac{\partial S}{\partial p}\right)_T$难于测定,而$\left(\frac{\partial V}{\partial T}\right)_p$代表系统热膨胀情况,易于测定。

笔记

学习小结

1. 学习内容

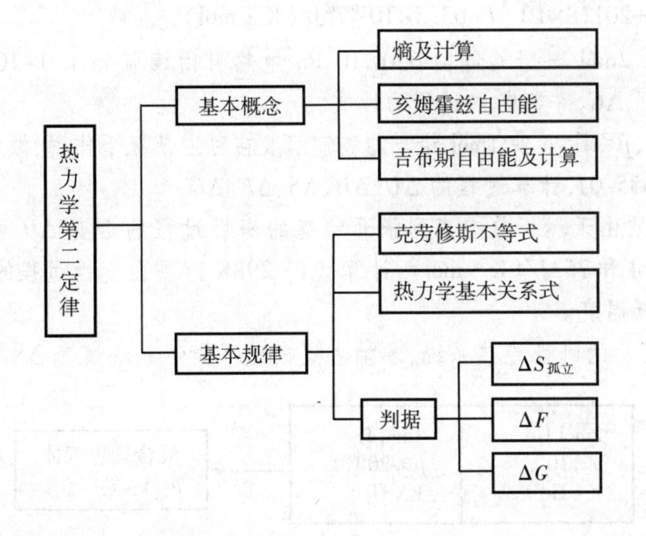

2. 学习方法

在本章学习中应注意：熵是热力学第二定律中最基本的状态函数，而亥姆霍兹自由能及吉布斯自由能是由 U、S 及 p、T、V 组合得出的，它们均是状态函数。虽然始、终态一定，它们的改变值就定了，但须通过可逆过程来计算。若实际过程为不可逆过程则需在相同的始、终态下设计一方便的可逆过程来计算。这三个热力学函数的引入，使人们可以通过热力学的定量计算来判断过程的方向和限度。因大多数化学反应是在等温等压、只做体积功的条件下进行，故这三个判据中吉布斯自由能判据尤为重要。

（邬瑞光　邵江娟）

习题

1. 一个理想卡诺热机在温差为 100K 的两个热源之间工作，若热机效率为 25%，计算 T_1、T_2和功。已知每一循环中 T_1热源吸热 1000J，假定所做的功 W 以摩擦热形式完全消失在 T_2热源上，求该热机每一循环后的熵变和环境的熵变。

2. 已知每克汽油燃烧时可放热 46.86kJ。(1) 若用汽油作以水蒸气为工作物质的蒸汽机的燃料时，该机的高温热源为 105℃，冷凝器即低温热源为 30℃；(2) 若用汽油直接在内燃机中燃烧，高温热源温度可达 2000℃，废气即低温热源也为 30℃。试分别计算两种热机的最大效率是多少？每克汽油燃烧时所能做的最大功为多少？

3. 1mol 单原子理想气体，由 298K、$5p^{\ominus}$的始态膨胀到压力为 $p^{\ominus}$的终态，经过下列途径：(1) 等温可逆膨胀；(2) 外压恒为 $p^{\ominus}$的等温膨胀。计算各途径的 Q、W、ΔU、ΔH 与 ΔS。已知 $S_{m}^{\ominus}(298K)=126J/(K \cdot mol)$。

4. 1mol 水于 0.1MPa 下自 25℃升温至 50℃，求熵变及热温商，并判断过程的可逆性。已知 $C_{p,m}=75.40J/(K \cdot mol)$。(1) 热源温度为 750℃；(2) 热源温度为 150℃。

5. 1mol 甲醇在 64.6℃（沸点）和 101.325kPa 向真空蒸发，变成 64.6℃和 101.325kPa 的甲醇蒸汽，试计算此过程的 $\Delta S_{系统}$、$\Delta S_{环境}$和 $\Delta S_{总}$，并判断此过程是否自

笔记

发。已知甲醇的摩尔气化热为 35.32kJ/mol。

6. 已知丙酮蒸气在 298K 时的标准摩尔熵值为 $S_m^\ominus = 294.9J/(K \cdot mol)$，求它在 1000K 时的标准摩尔熵值。在 273～1500K 范围内，其蒸气的 $C_{p,m}$ 与温度 T 的关系式为 $C_{p,m} = 22.47 + 201.8 \times 10^{-3} T - 63.5 \times 10^{-6} T^2 J/(K \cdot mol)$。

7. 300K 的 2mol 理想气体由 $6.0 \times 10^5 Pa$ 绝热自由膨胀到 $1.0 \times 10^5 Pa$，求过程的 ΔU、ΔH、ΔS、ΔF、ΔG，并判断该过程的性质。

8. 在 25℃、$p^\ominus$ 下，若使 1mol 铅与醋酸铜溶液在可逆情况下作用，做电功 91 838.8J，同时吸热 213 635.0J，计算过程的 ΔU、ΔH、ΔS、ΔF、ΔG。

9. 某蛋白质由天然折叠态变到张开状态的变性过程的焓变 ΔH 和熵变 ΔS 分别为 251.04kJ/mol 和 753J/(K·mol)，计算：(1) 298K 时蛋白变性过程的 ΔG；(2) 发生变性过程的最低温度。

10. 如图所示的刚性绝热系统，求抽去隔板达平衡后系统熵变 ΔS。

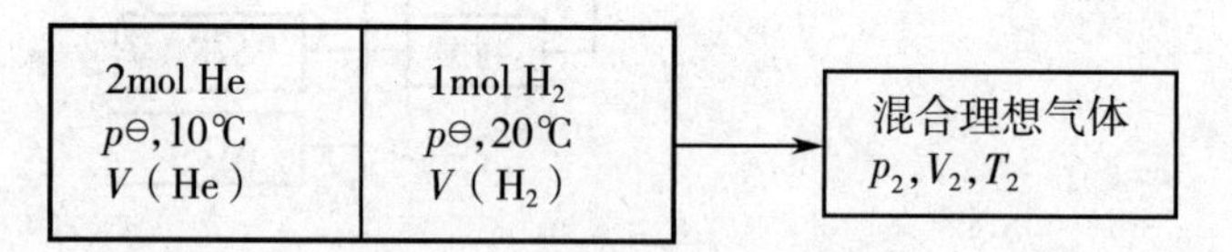

11. 由基本方程证明，理想气体的 $(\partial S/\partial V)_T = p/T$。

12. 证明：$C_p = T\left(\frac{\partial V}{\partial T}\right)_p \left(\frac{\partial p}{\partial T}\right)_S$。

笔记

第三章

多组分系统热力学

学习目的

上一章讨论了物质量不变的系统自发过程的方向与限度，本章重点讨论多组分系统在物质量发生变化的情况下的热力学处理方法，如正在进行中的化学反应，反应物的量与产物的量都在不断变化中，如何判断是向生成产物还是反应物的方向进行？反应什么情况下会达到平衡？这类问题归结为多组分系统化学势判据的问题。本章将通过数学方法处理吉布斯自由能，得到多组分系统的化学势判据，并对多组分系统中的各组分，给出化学势表达式。

学习要点

偏摩尔量与化学势的概念、化学势判据、多组分系统各组分化学势的表达式，以及化学势在稀溶液依数性的应用——蒸气压下降、沸点升高、凝固点降低、溶液的渗透现象。

由两种或两种以上物质组成的系统称为多组分系统，其中每一种物质称为一个组分。多组分系统有均相（又称为单相）和多相之分。均相多组分系统是系统内各组分达到分子程度均匀混合的系统。均相多组分系统又分为混合物和溶液，其各组分不分主次、可用相同的标准和同样的方法进行研究的系统，称之为混合物；其各组分须区分为溶剂和溶质，并选用不同的标准和不同的方法进行研究的系统，称之为溶液。为判断多组分系统中化学变化、相变化的方向和限度，本章引入两个新的概念——偏摩尔量和化学势。

第一节 偏摩尔量

一、偏摩尔量

单组分或多组分但组成不变的系统，发生状态变化时，系统的任一广度性质 X（如 V、U、H、S、F 和 G）仅用两个独立变量即温度 T 和压力 p 就可确定其函数值，即 X 可用 $X(T,p)$ 来表示。

多组分系统在组成变化，如发生化学变化、相变化时，系统的任一广度性质除与系统的温度、压力有关外，还与系统各组分的物质的量（n）有关，可表示为

$$X=f(T,p,n_A,n_B,n_C\cdots) \qquad \text{式(3-1)}$$

例如在 25℃、100kPa 时，100ml 的水和 100ml 乙醇混合，结果溶液的体积不等于

笔记

200ml，约为190ml（可以想象1升大米和1升小米的混合），这就说明，对乙醇和水的混合物来说，虽然规定了系统的温度和压力，而且也规定了水和乙醇在纯态的体积之和为200ml，但系统的某个状态性质（体积）还是不能确定，亦即系统的状态还不能定，只有在规定了乙醇与水的量比之后，系统的体积才有加和性，系统的状态才能确定。例如含20%乙醇的溶液100ml与另一含20%乙醇的溶液100ml混合，则结果一定得200ml的乙醇溶液。所以说要描述一多组分均相系统的状态，除规定系统的温度和压力以外，还必须规定系统中每一物质的数量。

（一）偏摩尔量的定义

偏摩尔量（partial molar quantity）：设有一个均相系统，由组分A、B、C、…组成，各组分物质的量相应为n_A、n_B、n_C、…。当系统的状态发生微小变化时，系统的某一广度性质X的微小变化就是对式（3-1）全微分

$$dX=\left(\frac{\partial X}{\partial T}\right)_{p,n_A,n_B,n_C\cdots}dT+\left(\frac{\partial X}{\partial p}\right)_{T,n_A,n_B,n_C\cdots}dp+\left(\frac{\partial X}{\partial n_A}\right)_{T,p,n_B,n_C\cdots}dn_A+\left(\frac{\partial X}{\partial n_B}\right)_{T,p,n_A,n_C\cdots}dn_B+\cdots$$

当系统是在等温、等压下变化，$dT=0$，$dp=0$

并令

$$X_B=\left(\frac{\partial X}{\partial n_B}\right)_{T,p,n_C,\cdots}\quad (T、p 一定)\qquad 式(3\text{-}2)$$

式中的下标n_C，…是指除了n_B以外所有其他组分的量均保持不变，上式变为

$$dX=X_A dn_A+X_B dn_B+\cdots=\sum_B X_B dn_B\quad (T、p 一定)\qquad 式(3\text{-}3)$$

式中，X_A、X_B、…分别代表组分A、B、…的广度性质X的偏摩尔量，式（3-2）即为系统中任意组分B的偏摩尔量定义式。

因为X代表多组分系统的V、U、H、S、F、G等广度性质，所以对组分B来说有偏摩尔体积V_B、偏摩尔热力学能U_B、偏摩尔焓H_B、偏摩尔熵S_B、偏摩尔亥姆霍兹自由能F_B和偏摩尔吉布斯自由能G_B等。

（二）偏摩尔量的物理意义

偏摩尔量的物理意义为等温、等压条件下，于各组分的物质的量确定的极大系统中，在所有其他组分的物质的量都保持不变时，因加入1mol组分B而引起系统广度性质X的改变量，或者在有限量系统中加入无限小量dn_B所引起系统广度性质X的改变量dX与dn_B之比值（即变化率）。

这里要强调指出式（3-2）偏摩尔量的定义式

$$X_B=\left(\frac{\partial X}{\partial n_B}\right)_{T,p,n_C\cdots}$$

是以T、p保持不变为条件。只有在T、p一定时，才有偏摩尔量可言，否则，如

$$X_B=\left(\frac{\partial X}{\partial n_B}\right)_{T,V,n_C\cdots}$$

在T、V一定的条件下就不能称偏摩尔量。

X_B是处于T、p及组成条件一定时，组分B单位物质的量的改变对系统X变化的贡献，所以它是系统的强度性质。

纯组分B的偏摩尔量X_B以后用X_B^*来表示，以便与混合物中B的偏摩尔量X_B有所区别，对于纯组分B，偏摩尔量X_B^*就是摩尔量（$X_m=X/n$），例如纯组分B的偏摩尔

笔记

吉布斯自由能 $G_B^* = G_m$。

二、偏摩尔量集合公式

偏摩尔量是强度性质，与混合物中各组分的物质的量比有关，与混合物物质的总量无关。在等温、等压、物质组成不变的条件下，自零物质量开始同时向容器中不断加入各组分形成均相多组分系统，并保持各组分的物质量比不变，此时各组分的偏摩尔量不变，系统广度性质 X 的量即为对式(3-3)积分（想象量筒中液体体积的增加）

$$X = \int_0^x \mathrm{d}X = \int_0^{n_A} X_A \mathrm{d}n_A + \int_0^{n_B} X_B \mathrm{d}n_B + \cdots$$

$$= n_A X_A + n_B X_B + \cdots = \sum_B n_B X_B \quad (T、p\ 一定)$$

式(3-4)

式(3-4)称为偏摩尔量集合公式，它对系统所有广度性质都能成立。式(3-4)说明多组分系统用偏摩尔量代替摩尔量后，系统的广度性质 X 仍具有加和性。

若系统只有 A 和 B 两个组分，则有

$$X = n_A X_A + n_B X_B \quad (T、p\ 一定) \qquad 式(3\text{-}5)$$

三、吉布斯-杜亥姆公式

如果将式(3-4)微分，则得

$$\mathrm{d}X = \sum_B X_B \mathrm{d}n_B + \sum_B n_B \mathrm{d}X_B \quad (T、p\ 一定) \qquad 式(3\text{-}6)$$

比较式(3-6)与式(3-3)，得

$$\sum_B n_B \mathrm{d}X_B = 0 \quad (T、p\ 一定) \qquad 式(3\text{-}7)$$

式(3-7)称为吉布斯-杜亥姆公式。说明偏摩尔量之间是有一定联系的，某一偏摩尔量的变化可从其他偏摩尔量的变化中求得。

对二组分系统

$$n_A \mathrm{d}X_A + n_B \mathrm{d}X_B = 0 \quad (T、p\ 一定) \qquad 式(3\text{-}8)$$

吉布斯-杜亥姆公式有重要意义，如将二组分偏摩尔量集合公式的式(3-5)与式(3-8)联立，得方程组

$$\begin{cases} X = n_A X_A + n_B X_B \\ n_A \mathrm{d}X_A + n_B \mathrm{d}X_B = 0 \end{cases} \quad (T、p\ 一定)$$

解此联立微分方程组，可求得 X_A、X_B，即等温、等压条件下通过实验可求算水与乙醇溶液中的水、乙醇的偏摩尔体积。

第二节 化学势

一、化学势的定义

偏摩尔吉布斯自由能也被称为“化学势(chemical potential)”，以符号 μ_B 表示

$$\mu_B = G_B = \left(\frac{\partial G}{\partial n_B}\right)_{T,p,n_C\cdots} \qquad 式(3\text{-}9)$$

笔记

式(3-9)即为化学势的定义式。

多组分系统的吉布斯自由能为 T、p、n_B、…的函数，其全微分为

$$dG=\left(\frac{\partial G}{\partial T}\right)_{p,n_B,n_C\cdots}dT+\left(\frac{\partial G}{\partial p}\right)_{T,n_B,n_C\cdots}dp+\sum_B\left(\frac{\partial G}{\partial n_B}\right)_{T,p,n_C\cdots}dn_B \qquad 式(3\text{-}10)$$

在组成不变时$\left(\frac{\partial G}{\partial T}\right)_{p,n_B,n_C\cdots}=-S$，$\left(\frac{\partial G}{\partial p}\right)_{T,n_B,n_C\cdots}=V$

代入式(3-10)，得

$$dG=-SdT+Vdp+\sum_B \mu_B dn_B \qquad 式(3\text{-}11)$$

式(3-11)是多组分系统的热力学基本公式。

应当指出，化学势是决定系统变化方向和限度的强度性质的一个总称，偏摩尔吉布斯自由能只是其中的一种形式。

由式(3-11)及热力学函数间的微分关系式可推出

$$dU=TdS-pdV+\sum_B \mu_B dn_B \qquad 式(3\text{-}12)$$

$$dH=TdS+Vdp+\sum_B \mu_B dn_B \qquad 式(3\text{-}13)$$

$$dF=-SdT-pdV+\sum_B \mu_B dn_B \qquad 式(3\text{-}14)$$

式(3-11)、(3-12)、(3-13)、(3-14)都是多组分系统的热力学基本公式。只是各式最后一项的化学势变量条件不同，比较可知

$$\mu_B=\left(\frac{\partial G}{\partial n_B}\right)_{T,p,n_C\cdots}=\left(\frac{\partial U}{\partial n_B}\right)_{S,V,n_C\cdots}=\left(\frac{\partial H}{\partial n_B}\right)_{S,p,n_C\cdots}=\left(\frac{\partial F}{\partial n_B}\right)_{T,V,n_C\cdots}$$

即应用条件不同，但都是化学势，不过后三种化学势表示法远不如适用于等温等压条件的第一种表示法使用得多，故不多介绍。

二、化学势判据及应用

由式(3-11)，等温、等压下

$$dG=\sum_B \mu_B dn_B \quad (T、p 一定)$$

对于等温、等压、非体积功为零的多组分封闭系统，由吉布斯自由能判据

$$dG\leqslant 0 \quad (T、p 一定,W'=0)\ {}^{<自发}_{=平衡}$$

可得化学势判据

$$\sum_B \mu_B dn_B\leqslant 0 \quad (T、p 一定,W'=0)\ {}^{<自发}_{=平衡} \qquad 式(3\text{-}15)$$

式(3-15)是等温、等压、非体积功为零的条件下，多组分封闭系统内自发变化和平衡的普遍判据，也是研究多组分封闭系统内自发化学变化和相变化时最常用的一个关系式。

现以化学变化和相变化为例讨论化学势判据的具体应用。

1. 化学势在化学反应中的应用　对于正在进行的化学反应，若多组分系统既不是全部处于反应物状态，也并非全部处于产物的状态，而是反应物、产物以任意量混合的状态，单纯依靠经验是无法判断反应的方向的，而使用化学势判据可以很方便地判断化学反应的方向。设下列反应在等温、等压、非体积功为零的条件下向右进行一微

笔记

小进程

$$N_2+3H_2 \rightleftharpoons 2NH_3 \quad (T、p\text{ 一定}, W'=0)$$

当反应有 dn mol 的 N_2 被消耗时，一定有 3dn mol 的 H_2 随之被消耗，同时有 2dn mol 的 NH_3 生成。由式(3-15)化学势判据

$$2\mu(NH_3)dn-\mu(N_2)dn-3\mu(H_2)dn \leqslant 0 \quad (T、p\text{ 一定}, W'=0)\begin{smallmatrix}<\text{自发}\\=\text{平衡}\end{smallmatrix}$$

dn 为正，可约去，得

$$2\mu(NH_3)-\mu(N_2)-3\mu(H_2) \leqslant 0 \quad (T、p\text{ 一定}, W'=0)\begin{smallmatrix}<\text{自发}\\=\text{平衡}\end{smallmatrix}$$

或

$$2\mu(NH_3) \leqslant \mu(N_2)+3\mu(H_2) \quad (T、p\text{ 一定}, W'=0)\begin{smallmatrix}<\text{自发}\\=\text{平衡}\end{smallmatrix}$$

即反应自发向右进行的条件为反应物化学势之和大于产物化学势之和，反应达到平衡的条件为反应物化学势之和等于产物化学势之和。

同样可推导出逆向反应自发进行的条件为 $2\mu(NH_3)>\mu(N_2)+3\mu(H_2)$。

推广到任意化学反应

如果反应物的化学势总和 > 产物的化学势总和，正向反应自发进行

如果反应物的化学势总和 = 产物的化学势总和，反应达到平衡

如果反应物的化学势总和 < 产物的化学势总和，逆向反应自发进行

这正是化学势这一名称意义所在，化学反应总是从系统化学势高的状态向化学势低的状态进行，直到化学势不能再降低为止，与水从高处向低处流取决于势能高低一样。

2. 化学势在多相平衡中的应用　在等温、等压、非体积功为零的条件下多组分系统发生相变化，若有 dn_B 的物质自 α 相转移到 β 相，因 α 相失去物质 B，故 dn_B 为负，β 相得到物质 B，故 dn_B 为正。由式(3-15)化学势判据

$$\sum_B \mu_B dn_B = -\mu_B^\alpha dn_B + \mu_B^\beta dn_B = (\mu_B^\beta-\mu_B^\alpha)dn_B \leqslant 0 \quad (T、p\text{ 一定}, W'=0)\begin{smallmatrix}<\text{自发}\\=\text{平衡}\end{smallmatrix}$$

约去 dn_B，得

$$\mu_B^\beta-\mu_B^\alpha \leqslant 0 \quad (T、p\text{ 一定}, W'=0)\begin{smallmatrix}<\text{自发}\\=\text{平衡}\end{smallmatrix}$$

或

$$\mu_B^\alpha \geqslant \mu_B^\beta \quad (T、p\text{ 一定}, W'=0)\begin{smallmatrix}>\text{自发}\\=\text{平衡}\end{smallmatrix}$$

其意义为等温、等压、非体积功为零的多组分多相系统的平衡条件为，除系统中各相的温度和压力必须相等以外，各组分在各相中的化学势亦必须相等。如果某组分在各相中的化学势不相等，则根据化学势判据，该组分必然要从化学势较大的相向化学势较小的相转移，直到在两相中化学势相等。

三、气态物质的化学势

系统变化前后各组分化学势的数值有重要的比较意义，因而迫切需要直观的化学势的表达式。由于 $G=U+pV-TS$，U 涉及原子核能，无法确定其绝对值，也就不能据此确定各组分的吉布斯自由能及化学势的绝对值。好在化学势的应用中，关注的只是过程前后各组分化学势的改变量，而不是其绝对值，因此，化学势可选择一种相对性的基准值+修正值的表达式。这很像描述大楼的高度，并不需要海拔高度，而只需要知道

笔记

这些大楼相对地面高了多少。

对处于不同状态，如气态、液态、固态的多组分系统中各组分各选定某一温度、压力下的状态作为标准态，一般选择某一指定温度（如25℃）、标准压力 $p^{\ominus}$ 下的状态作为标准态*，并以这个标准态作为相对起点，此相对起点的化学势称为该组分的标准态化学势（基准值），在其他压力状态下，该组分的化学势可以表示成：标准态化学势（基准值）+该状态下该组分的化学势对标准态化学势的偏离值（修正值）。

（一）理想气体的化学势

对于单组分（纯）的理想气体，由 $dG_m=-S_m dT+V_m dp$

得
$$\left(\frac{\partial G_m^*}{\partial p}\right)_T=V_m^*$$

由于 $\mu^*=G_m^*$，因此

$$dG_m^*=d\mu^*=V_m^* dp=\left(\frac{RT}{p}\right)dp$$

等温（指定温度 T）下自 $p^{\ominus}$ 积分到 p，得

$$\Delta G_m^*=\mu^*(T)-\mu^{\ominus}(T)=\int_{p^{\ominus}}^{p}RT\frac{dp}{p}=RT\ln\frac{p}{p^{\ominus}}$$

则
$$\mu^*(T)=\mu^{\ominus}(T)+RT\ln\frac{p}{p^{\ominus}} \qquad 式(3\text{-}16)$$

式(3-16)即为单组分理想气体处于指定温度 T、压力 p 时的化学势的数学表达式。其中 $\mu^{\ominus}(T)$ 为单组分理想气体处于指定温度 T、标准压力 $p^{\ominus}$ 下的化学势，即标准态的化学势，称作标准化学势。因为标准态的压力已确定为 $p^{\ominus}$，所以 $\mu^{\ominus}$ 只是温度的函数，这就是(T)的含义。$RT\ln\frac{p}{p^{\ominus}}$ 为系统处于压力 p 时的化学势对标准态化学势的偏离值。

例 3-1 在25℃、1mol理想气体由1000kPa等温膨胀至100kPa，试计算此过程的 ΔG。

解：在没有学习化学势以前是这样计算的

$$\Delta G=\int_{p_1}^{p_2}Vdp=nRT\ln\frac{p_2}{p_1}=1\times 8.314\times 298.15\times\ln\frac{1}{10}=-5707(\mathrm{J})$$

现在可以用理想气体的化学势表达式进行计算，由式(3-16)

始态 $\mu_1^*(T)=\mu^{\ominus}(T)+RT\ln\frac{p_1}{p^{\ominus}}$

终态 $\mu_2^*(T)=\mu^{\ominus}(T)+RT\ln\frac{p_2}{p^{\ominus}}$

$$\begin{aligned}\Delta G_m^*&=\mu_2^*(T)-\mu_1^*(T)\\&=\left[\mu^{\ominus}(T)+RT\ln\frac{p_2}{p^{\ominus}}\right]-\left[\mu^{\ominus}(T)+RT\ln\frac{p_1}{p^{\ominus}}\right]\\&=RT\ln\frac{p_2}{p_1}\\&=-5707(\mathrm{J})\end{aligned}$$

笔记

两种解法结果相同，似乎化学势的解法更复杂，但理解了基准值+修正值的意义，看起来就简单了，因为基准值是可以彼此减掉的，实际只需要计算始、终态两个修正值的差。这个例题也充分展示了化学势表达式简约的魅力，即将高等数学的计算转化成了初等数学的计算。

对于理想气体混合物中各组分的化学势表达式，由于理想气体混合物中分子之间除弹性碰撞外无其他相互作用力，某组分 B 在理想气体混合物中的行为，与它单独存在并占有相同体积时的行为完全一样。因此理想气体混合物中组分 B 在指定温度 T、总压为 p 下的化学势表达式应与它处于纯态、分压为 p_B 时的化学势的表达式相同，即

$$\mu_B(T,p)=\mu_B^{\ominus}(T)+RT\ln\frac{p_B}{p^{\ominus}} \qquad 式(3\text{-}17)$$

式中的 p_B 是气体 B 的分压，而不是理想气体混合物的总压。$\mu_B^{\ominus}(T)$ 是组分 B 处于标准态（指定温度 T、分压 p_B 等于 $p^{\ominus}$）的化学势。

设理想气体混合物的总压为 p，组分 B 的摩尔分数为 x_B，将道尔顿分压定律 $p_B=px_B$ 代入式(3-17)，得

$$\mu_B(T,p)=\mu_B^{\ominus}(T)+RT\ln\frac{px_B}{p^{\ominus}}=\mu_B^{\ominus}(T)+RT\ln\frac{p}{p^{\ominus}}+RT\ln x_B$$

合并前两项，即令 $\mu_B^*(T,p)=\mu_B^{\ominus}(T)+RT\ln\frac{p}{p^{\ominus}}$，得

$$\mu_B(T,p)=\mu_B^*(T,p)+RT\ln x_B \qquad 式(3\text{-}18)$$

式(3-18)是在指定温度 T、总压 p、理想气体混合物中摩尔分数为 x_B 的组分 B 的化学势的表达式。$\mu_B^*(T,p)$ 是在指定温度 T、总压为 p 时，组分 B 处于纯态（一种参考态，不是严格意义的标准态，因为系统压力是总压 p 而不是 $p^{\ominus}$）的化学势。修正值 $RT\ln x_B$ 即为理想气体混合物中摩尔分数为 x_B 的组分 B 的化学势与纯组分 B 的化学势之差，在进行不同浓度化学势 $\mu_B(T,p)$ 的比较和计算时，只需比较和计算 $RT\ln x_B$ 即可，显然，基准值的选择不影响结果。

（二）实际气体的化学势

对于单组分（纯态）的实际气体，由于实际气体的状态方程比较复杂，若像理想气体那样把 V_m 和 p 的关系代入积分，将会得出一个非常复杂的化学势表达式，不便于应用。为克服这一困难，路易斯（Lewis）提出了一个解决的方法，即让实际气体的化学势表达式保持与理想气体化学势表达式相同的简单形式，只需在式(3-16)中用一校正压力 f 代替压力 p，于是实际气体的化学势表达式为

$$\mu^*(T)=\mu^{\ominus}(T)+RT\ln\frac{f}{p^{\ominus}} \qquad 式(3\text{-}19)$$

校正后的压力也称为“逸度（fugacity）”，可视为是实际气体的有效压力，定义为压力乘以校正因子

$$f=\gamma p$$

校正因子 γ 也称为“逸度系数（fugacity coefficient）”，承担了各种因素造成的偏离，其数值不仅与气体的特性有关，还与气体所处的温度和压力有关。一般说来，在温度一定时，压力较小，逸度系数 $\gamma<1$；当压力很大时，逸度系数 $\gamma>1$，当压力趋于零时，

实际气体的行为接近于理想气体的行为，逸度的数值就趋近于实际气体的压力值，故$\gamma \to 1$，即

$$\lim_{p \to 0}(f/p)=1$$

显然，逸度的这一定义是完整的。

式(3-19)中的$\mu^{\ominus}(T)$为单组分实际气体标准态的化学势，显然这个标准态是仿照理想气体的标准态定义的，是在指定温度T、标准压力$p^{\ominus}$下实际气体仍然满足理想气体状态方程的假想的标准态。按照前述标准态的化学势作为基准值的意义，当实际气体发生状态变化，从始态变到终态，两个状态的化学势相减时基准值会消掉而只剩修正值的差，所以选取假想的标准态并不会影响化学势的计算。

有了逸度修正，实际气体就可以像理想气体一样使用化学势表达式进行计算、判断。

对于实际气体混合物的每个组分，按相同方法处理，即用逸度f_B代替分压p_B，于是实际气体混合物中组分B的化学势表达式为

$$\mu_B(T,p)=\mu_B^{\ominus}(T)+RT\ln\frac{f_B}{p^{\ominus}} \qquad 式(3\text{-}20)$$

从以上各种化学势表达式可以看出，对于气体的标准态化学势，不论是单组分还是混合物，不论是理想气体还是实际气体，都是当$p=p^{\ominus}$时，表现出理想气体特性的单组分标准态化学势。

四、液体中各组分的化学势

为简化，这里液体中各组分均为非电解质。

（一）理想液态混合物的化学势

1. 拉乌尔定律　1887年，拉乌尔(Raoult)根据非挥发性溶质的稀溶液中溶剂的蒸气压较纯溶剂的蒸气压有所降低的实验结果，总结出了拉乌尔定律(Raoult's law)："等温下，稀溶液中溶剂A的饱和蒸气压p_A与溶剂在溶液中的摩尔分数x_A成正比"。其比例系数是纯溶剂在同一温度下的饱和蒸气压p_A^*，即

$$p_A=p_A^* x_A \qquad 式(3\text{-}21)$$

此式不仅适用于一种溶质的稀溶液，也可适用于多种溶质组成的稀溶液。对于二组分溶液来说，因为$1-x_A=x_B$，所以拉乌尔定律也可表示为

$$\Delta p=p_A^*-p_A=p_A^*-p_A^* x_A=p_A^*(1-x_A)=p_A^* \cdot x_B$$

即稀溶液的蒸气压下降与溶质的摩尔分数成正比，这种成正比可以理解为溶质替代了溶剂，造成了溶剂数量的减少，因而蒸气压降低。

2. 理想液态混合物　拉乌尔定律还有一个非常重要的意义，就是在液相组成与气相组成之间架起了一个数学桥梁。为了利用拉乌尔定律构造液态物质的化学势的表达式，有意把仅适用于稀溶液的拉乌尔定律进行推广，规定如果系统的一切组分在全部浓度范围内均遵守拉乌尔定律，则称之为理想液态混合物。

由前面对拉乌尔定律的讨论可以推知，理想液态混合物的物理模型是混合物中各组分分子之间的相互作用力相同，各组分分子体积相同。因为只有在这种情况下，处于理想液态混合物中的任意分子的状态才与它在纯物质中的状态完全相同，各组分因

笔记

此才能在任意浓度范围内互相替代而不会破坏拉乌尔定律的数学形式。显然理想液态混合物和理想气体一样，是一个假想的概念，但因可利用拉乌尔定律构造理想液态混合物中各组分化学势的表达式，故理想液态混合物成为物理化学研究中的重要模型。

理想液态混合物中各组分分子之间的作用力相同，各组分分子体积相同，所以当由几种纯物质混合而构成理想液态混合物时，必然没有热效应，也没有体积变化，即 $\Delta H=0$，$\Delta V=0$。

如果两种物质的化学结构及其性质非常相似，当它们混合时，就可以近似认为组成了理想液态混合物，例如苯和甲苯的混合物、正己烷和正庚烷的混合物，以及多种烷烃混合构成的汽油等，都可以看做是理想液态混合物。

3. 理想液态混合物的化学势　在等温、等压下，理想液态混合物中任一组分 B 与液面上蒸气（视为理想气体）达到平衡时，根据化学势判据，该组分在相同温度压力的气、液两相中的化学势相等

$$\mu_B(1,T,p)=\mu_B(g,T,p) \qquad 式(3\text{-}22)$$

p 为混合物的总压。设组分 B 的分压为 p_B，由式(3-17)

$$\mu_B(g,T,p)=\mu_B^{\ominus}(g,T)+RT\ln\frac{p_B}{p^{\ominus}}$$

代入式(3-22)，得

$$\mu_B(1,T,p)=\mu_B^{\ominus}(g,T)+RT\ln\frac{p_B}{p^{\ominus}} \qquad 式(3\text{-}23)$$

式(3-23)说明液态混合物中组分 B 的化学势可用组分 B 在平衡蒸气中的化学势来表示。对于理想液态混合物，因为任意组分均遵守拉乌尔定律，故可将 $p_B=p_B^*x_B$ 代入(3-23)式，得到理想液态混合物中组分 B 的化学势表达式

$$\mu_B(1,T,p)=\mu_B^{\ominus}(g,T)+RT\ln\frac{p_B^*}{p^{\ominus}}+RT\ln x_B \qquad 式(3\text{-}24)$$

由于 p_B^* 是在指定温度 T 时纯液态组分 B 的蒸气压，由化学势判据，纯液态组分 B 气液两相平衡时

$$\mu_B^*(1,T,p)=\mu_B^*(g,T,p)=\mu_B^{\ominus}(g,T)+RT\ln\frac{p_B^*}{p^{\ominus}}$$

代入式(3-24)，得

$$\mu_B(1,T,p)=\mu_B^*(1,T,p)+RT\ln x_B \qquad 式(3\text{-}25)$$

式(3-25)为理想液态混合物中任意组分 B 处于指定温度 T、总压 p、浓度为 x_B 时的化学势表达式，$RT\ln x_B$ 表示指定温度 T、总压 p、浓度为 x_B 时组分 B 的化学势对指定温度 T、总压 p 的纯液态 B 的化学势 $\mu_B^*(1,T,p)$ 的修正值。由式(3-25)可以看出，$\mu_B^*(1,T,p)$ 是 $x_B=1$ 即纯液态 B 的化学势，它不仅与温度有关，而且与压力有关，是 T、p 的函数，这里 p 是系统的总压，不是分压，例如对二组分系统，有 $p=p_A+p_B$，因此 $\mu_B^*(1,T,p)$ 对应的状态不是标准态。

按国家标准 GB 3102.8—93《物理化学和分子物理学的量和单位》，对理想液态混合物中任意组分 B 的标准态，规定为在指定温度 T、标准压力 $p^{\ominus}$ 下的纯液体 B 的状态

笔记

作为标准态，因此要把式(3-25)从对应压力 p 下的状态变换到对应标准压力 $p^{\ominus}$下的标准态，即将 $\mu_B^*(1,T,p)$ 换算到 $\mu_B^{\ominus}(1,T)$，这个换算就是对

$$\left(\frac{\partial \mu_B}{\partial p}\right)_{T,n_B}=V_B$$

从 $p^{\ominus}$积分到 p。积分结果为

$$\mu_B^*(1,T,p)=\mu_B^{\ominus}(1,T)+\int_{p^{\ominus}}^{p}V_B^*\,dp$$

实际操作中，由于 p 与 $p^{\ominus}$差距不是很大，通常可认为 $\int_{p^{\ominus}}^{p}V_B^*\,dp\cong 0$，则

$$\mu_B(1,T,p)=\mu_B^{\ominus}(1,T)+RT\ln x_B \quad 式(3\text{-}26)$$

式(3-26)即为理想液态混合物中任意组分 B 的化学势表达式。

某些特定情况下，如本书化学平衡一章中，推导平衡常数时规定各物质的标准态必须为处于指定温度 T、标准压力 $p^{\ominus}$下的状态，因此式(3-26)有特定意义。

（二）稀溶液中各组分的化学势

1. 亨利定律　各组分在任意浓度范围都能遵守拉乌尔定律的理想液态混合物是很少的，大多数的实际溶液中各组分的化学势表达式都不能利用拉乌尔定律的桥梁关系，但溶剂的量非常多而溶质的量很少的稀溶液，不仅其溶剂能遵守拉乌尔定律，而且其溶质还遵守另一定律——亨利定律(Henry's law)。

1803 年，亨利(Henry)研究了具有挥发性溶质的稀溶液，例如一些气体(O_2、N_2等)溶于水的溶液，甲醇溶于水的稀溶液等，发现溶质在稀溶液中的溶解度(即浓度)与其处于平衡气相中的分压有一定关系。他从大量实验结果总结出亨利定律："在等温下，稀溶液的挥发性溶质的平衡分压(p_B)与该溶质在溶液中的浓度成正比"。若溶质 B 的浓度采用摩尔分数 x_B 时，则亨利定律的数学式为

$$p_B=k_x x_B \quad 式(3\text{-}27)$$

式中，k_x称为亨利系数(比例常数)。应用亨利定律时需注意，溶质在气相和溶液中的分子状态必须相同，如果在两相中溶质分子有聚合或离解现象，应用时只能用其分子浓度。

2. 稀溶液中各组分的化学势　在 A、B 组成的二组分溶液中，以 A 代表溶剂，以 B 代表溶质。由于稀溶液的溶剂遵守拉乌尔定律，因此，稀溶液中溶剂的化学势由式(3-26)直接得到

$$\mu_A(1,T,p)=\mu_A^{\ominus}(1,T)+RT\ln x_A \quad 式(3\text{-}28)$$

式中，$\mu_A^{\ominus}(1,T)$是 $x_A=1$ 即纯溶剂在指定温度 T、标准压力 $p^{\ominus}$时的化学势，即已将压力 p 换算到压力 $p^{\ominus}$后的纯溶剂 A 的标准态的化学势。

对于稀溶液的溶质来说，在溶液与其上方蒸气达成平衡时，由化学势判据，溶质 B 在气、液两相中化学势相等，即

$$\mu_B(1,T,p)=\mu_B(g,T,p) \quad 式(3\text{-}29)$$

若蒸气可视作理想气体混合物，则式(3-28)右侧代入式(3-17)，得到

$$\mu_B(1,T,p)=\mu_B^{\ominus}(g,T,p)+RT\ln\frac{p_B}{p^{\ominus}} \quad 式(3\text{-}30)$$

式中，p_B 是溶质在气相中的平衡分压。

稀溶液中溶质遵守亨利定律，将 $p_B = k_x x_B$ 代入式(3-30)得到

$$\mu_B(l,T,p) = \mu_B^{\ominus}(g,T,p) + RT\ln\frac{k_x}{p^{\ominus}} + RT\ln x_B$$

合并等式右侧前两项，上式变为

$$\mu_B(l,T,p) = \mu_B^*(l,T,p) + RT\ln x_B \qquad 式(3\text{-}31)$$

式中，$\mu_B^*(l,T,p) = \mu_B^{\ominus}(g,T,p) + RT\ln\frac{k_x}{p^{\ominus}}$。$\mu_B^*(l,T,p)$ 是 T、p 的函数，可看成 $x_B = 1$ 时仍能遵守亨利定律的一个假想状态，即沿 $p_B = k_x x_B$ 直线延长到 $x_B = 1$ 的一个假想状态，不是真实存在的纯溶质标准态的化学势。

从图 3-1 中的稀溶液的实验曲线可以看出，对于稀溶液，在 $x_B \to 0$ 时，溶质 B 遵守亨利定律 $p_B = k_x x_B$，随着 x_B 的增大，p_B 不再遵守亨利定律，即曲线偏离 $p_B = k_x x_B$。当 $x_B = 1$ 时，纯 B 液体的饱和蒸气压应为 p_B^*。

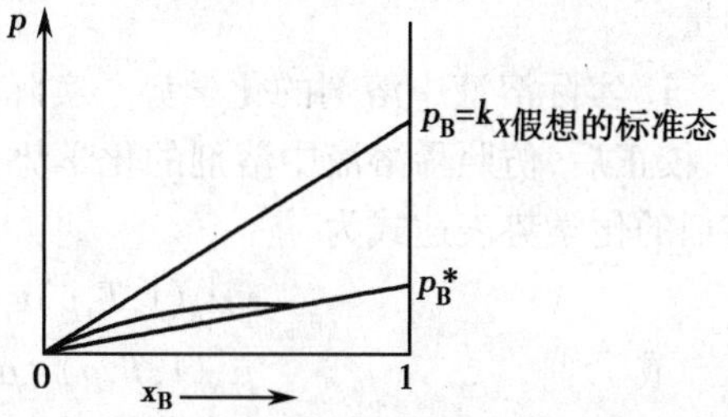

图 3-1　稀溶液溶质 B 的标准态

设想若溶质在浓度不断加大时仍遵守亨利定律，直到 $x_B = 1$ 即纯溶质时，仍然严格遵守亨利定律，这显然是假想的，从图上可以看出，当沿着 $p_B = k_x x_B$ 曲线上升到 $x_B = 1$ 时，“纯溶质 B”的蒸气压为 $p_B = k_x$，$\mu_B^*(l,T,p) = \mu_B^{\ominus}(g,T,p) + RT\ln\frac{k_x}{p^{\ominus}}$即是代表这个假想的“纯溶质 B”的化学势。

稀溶液中溶质 B 的标准态同样存在把压力由 p 换算到压力 $p^{\ominus}$下的问题，即将 $\mu_B^*(l,T,p)$ 换算到 $\mu_B^{\ominus}(l,T)$，由于 $\mu_B^*(l,T,p)$ 所代表的状态是 $x_B = 1$ 却严格遵守亨利定律的状态，该状态具有无限稀溶液中溶质 B 的性质，如 $V_B^* = V_B^{\infty}$，V_B^{∞} 为无限稀溶液下的溶质 B 的偏摩尔体积。若选 $p^{\ominus}$下的这种“纯溶质 B”做标准态，其换算为

$$\mu_B^*(l,T,p) = \mu_B^{\ominus}(l,T) + \int_{p^{\ominus}}^{p} V_B^{\infty}\,dp$$

代入式(3-31)得

$$\mu_B(l,T,p) = \mu_B^{\ominus}(l,T) + \int_{p^{\ominus}}^{p} V_B^{\infty}\,dp + RT\ln x_B$$

实际操作中，通常 p 与 $p^{\ominus}$差距不是很大，可认为 $\int_{p^{\ominus}}^{p} V_B^{\infty}\,dp \cong 0$，得到

$$\mu_B(l,T,p) = \mu_B^{\ominus}(l,T) + RT\ln x_B \qquad 式(3\text{-}32)$$

式(3-32)为理想稀溶液中溶质 B 的化学势表达式。式中 $\mu_B^{\ominus}(l,T)$ 为溶质 B 的标准态的化学势，对应的标准态为在溶液所处的指定温度 T、标准压力 $p^{\ominus}$下当 $x_B = 1$ 仍然严格遵守亨利定律的纯溶质 B。显然，这个标准态是假想的，在这个假想的标准态下，纯溶质并不一定处于液态，这里 $\mu_B^{\ominus}(l,T)$ 中的 l，仅仅表示溶质处于溶液中。

尽管溶质 B 的标准态的讨论有些枯燥，但只要理解这种严格只不过涉及基准值的选择问题，而基准值的选择对于溶质 B 组分的化学势的比较和计算是没有影响的，因为在比较和计算时，只是比较和计算修正值 $RT\ln x_B$ 部分。

笔记

（三）实际溶液中各组分的化学势

实际溶液既不能像理想液态混合物中各组分都遵守拉乌尔定律，也不能像稀溶液中溶剂遵守拉乌尔定律、溶质遵守亨利定律，因而没有简洁的化学势表达式可用。为了使实际溶液中各组分的化学势表示仍具简单形式，将实际溶液的偏差全部集中于对实际溶液的浓度校正上，路易斯引入了活度的概念。

$$a_B = \gamma_B x_B$$

a_B 为组分 B 用摩尔分数表示的活度（activity），也称为"有效浓度或校正浓度"，是量纲为一的量。γ_B 为 B 组分的活度系数（activity coefficient），也称"活度因子"，它表示实际溶液中，溶剂对拉乌尔定律、溶质对亨利定律的偏差程度，也是量纲为一的量。

1. 实际溶液中溶剂的化学势　实际溶液中溶剂以活度代替浓度后遵守拉乌尔定律，校正后，仿照稀溶液中溶剂的化学势表达式，即式（3-28）的形式，得到实际溶液中溶剂的化学势表达式为

$$\mu_A(1,T,p) = \mu_A^{\ominus}(1,T) + RT\ln a_A \qquad 式（3-33）$$

或

$$\mu_A(1,T,p) = \mu_A^{\ominus}(1,T) + RT\ln \gamma_A x_A \qquad 式（3-34）$$

式中，$\mu_A^{\ominus}(1,T)$ 是 $x_A=1$ 即纯溶剂处于指定温度 T、标准压力 $p^{\ominus}$ 的标准态的化学势，与稀溶液的溶剂一样，实际溶液的溶剂的标准态也已将压力 p 换算到 $p^{\ominus}$。

式（3-34）中活度系数 γ_A 的特点是：γ_A 表示溶剂对拉乌尔定律的偏差程度，当 x_A 趋近于 1 即溶液极稀而接近纯溶剂时，活度系数 γ_A 趋近于 1，即：$\lim\limits_{x_A \to 1}\gamma_A = 1$。$\gamma_A = 1$ 时，活度 a_A 等于浓度 x_A。

2. 实际溶液中溶质的化学势　实际溶液中的溶质以活度代替浓度后遵守亨利定律，校正后，仿照稀溶液中溶质的化学势表达式，式（3-32）的形式，得到实际溶液中溶质的化学势表达式为

$$\mu_B(1,T,p) = \mu_B^{\ominus}(1,T) + RT\ln a_B \qquad 式（3-35）$$

或

$$\mu_B(1,T,p) = \mu_B^{\ominus}(1,T) + RT\ln \gamma_B x_B \qquad 式（3-36）$$

式中，$\mu_B^{\ominus}(1,T)$ 是 $x_B=1$ 即纯溶质在指定温度 T、标准压力 $p^{\ominus}$ 时的标准态的化学势，即在溶液所处的指定温度 T、标准压力 $p^{\ominus}$ 下当 $x_B=1$ 仍然严格遵守亨利定律的纯溶质 B 的化学势。与稀溶液的溶质一样，实际溶液的溶质的标准态也已将压力 p 换算到 $p^{\ominus}$，显然，这个标准态也是假想的。式中活度系数 γ_B 的特点是：γ_B 表示溶质对亨利定律的偏差程度，当溶液无限稀释，即 x_B 趋近于 0 时，γ_B 趋近于 1。即：$\lim\limits_{x_B \to 0}\gamma_B = 1$。此时，活度 a_B 等于浓度 x_B。

综上所述，各种形态物质的化学势具有相似的形式，可统一表示为

$$\mu_B = \mu_B^{\ominus} + RT\ln a_B \qquad 式（3-37）$$

a_B 是广义活度，对不同形态的物质来说，a_B 有不同的含义。理想气体的 a_B 代表 $p_B/p^{\ominus}$；实际气体的 a_B 代表 $f_B/p^{\ominus}$；理想液态混合物 a_B 代表摩尔分数 x_B；实际溶液 a_B 代表 $\gamma_B x_B$。

应指出，上述溶液中溶质的化学势表达式不仅对挥发性溶质而且对非挥发性溶质也适用。还应强调指出，在许多实际问题中往往涉及凝聚态纯物质，此时应选取指定温度、标准压力 $p^{\ominus}$ 下的纯固体或纯液体作为其标准态。按照这一规定，纯固体和纯液

笔记

体在 $p^{\ominus}$ 下活度为 1。

例 3-2　在密闭且事先抽成真空的容器内，放入一杯清水与一杯糖水，如图 3-2 所示，问足够长时间后，会发生什么现象。

解：因糖不挥发，比较的是溶剂水的化学势大小。糖水未必是稀溶液，看作非理想溶液即可。

糖水中水的化学势记为 $\mu_{A,1}$，$\mu_{A,1}=\mu_A^*+RT\ln a_A$；

清水即纯水，活度为 1，化学势记为 $\mu_{A,2}$，$\mu_{A,2}=\mu_A^*$。

因 $\mu_{A,2}>\mu_{A,1}$，水会从化学势高的相向化学势低的相转移，足够长时间后，清水的杯子空了，糖水杯中糖水溢出，溢出杯外的糖水与糖水杯中的糖水浓度一致。

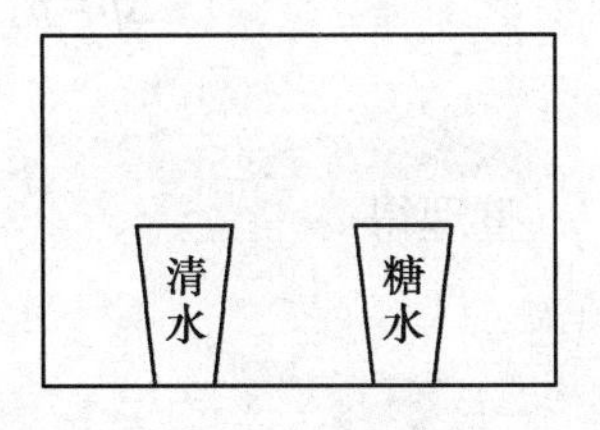

图 3-2　真空容器中的清水与糖水

第三节　化学势在稀溶液中的应用

当溶质溶于溶剂形成溶液时，若溶质是不挥发的，并且不溶于固体溶剂中，那么溶液将会产生四种现象，即溶液中溶剂的蒸气压下降、沸点升高、凝固点降低及渗透现象。溶液很稀时，溶液这些性质的数值仅与溶液中溶质的质点数有关，而与溶质的种类（即本性）无关。因此，把上述四种性质称为稀溶液的依数性（colligative properties）。

一、蒸气压下降

当不挥发性溶质 B 溶于溶剂 A 内，溶剂的蒸气压就下降。由拉乌尔定律可知

$$\Delta p=p_A^*-p_A=p_A^*(1-x_A)=p_A^*\cdot x_B(x_B\to 0) \qquad \text{式(3-38)}$$

式中，p_A^* 为纯溶剂的蒸气压，p_A 为溶液液面上溶剂的蒸气压，Δp 为溶液蒸气压的下降值。此式表示：不挥发性溶质的稀溶液，其蒸气压的下降 Δp 与溶质的摩尔分数 x_B 成正比。

在 A、B 两组分的稀溶液中，溶剂 A 的物质的量远大于溶质 B 的物质的量，即 $n_A\gg n_B$，溶质 B 的摩尔分数 x_B 与其质量摩尔浓度 b_B 有下列关系

由　$b_B=\dfrac{n_B}{m_A}$

得　$x_B=\dfrac{n_B}{n_A+n_B}\approx\dfrac{n_B}{n_A}=\dfrac{n_B}{\dfrac{m_A}{M_A}}=M_A\cdot b_B$

式中，M_A 为溶剂 A 的摩尔质量。将此式代入式(3-38)，则得

$$\Delta p=p_A^*\cdot M_A\cdot b_B$$

令 $k_{vap}=p_A^*\cdot M_A$，称为蒸气压下降常数，k_{vap} 仅与溶剂的性质有关。因此上式可写为

$$\Delta p=k_{Vap}\cdot b_B \qquad \text{式(3-39)}$$

此式的意义是：稀溶液的蒸气压下降值 Δp 与溶液的质量摩尔浓度 b_B 成正比，而与溶质的种类（本性）无关。

在稀溶液中，

$$\Delta p=p_A^* \cdot x_B=p_A^* \cdot \frac{n_B}{n_A+n_B} \approx p_A^* \cdot \frac{n_B}{n_A}=p_A^* \cdot \frac{\frac{m_B}{M_B}}{\frac{m_A}{M_A}}$$

整理得

$$M_B=\frac{p_A^* m_B M_A}{\Delta p m_A} \qquad \text{式(3-40)}$$

式中，M_A、m_A 和 M_B、m_B 分别为溶剂 A 和溶质 B 的摩尔质量和质量。只要测定出稀溶液 Δp 就可以根据已知的 p_A^*、M_A、m_A 和 m_B 的数值算出溶质的摩尔质量。

二、凝固点降低

凝固点（freezing point）是常压下纯液体与其固体达平衡时的温度。凝固点降低现象（freezing point depression）是指将非挥发性的溶质溶于液态纯溶剂，形成液体溶液，当温度降低时，从溶液中析出固态纯溶剂的温度（即溶液的凝固点），比纯溶剂的凝固点为低。

根据相平衡原理可知，在凝固点时，液态纯溶剂与固态纯溶剂的蒸气压是相等的。如图 3-3 所示，液态纯溶剂蒸气压曲线与固态纯溶剂蒸气压曲线相交于 A 点（蒸气压都为 p_A^*），这时的温度 T_f^* 就是纯溶剂的凝固点。从拉乌尔定律可知，相同温度下，溶液中溶剂的蒸气压低于纯溶剂的蒸气压，所以溶液的蒸气压曲线应在液态纯溶剂蒸气压曲线下面。因此，它与固态纯溶剂蒸气压曲线交于 B 点（蒸气压都为 p，液-固平衡），这时的温度 T_f 称为溶液的凝固点。由此可见，溶液的凝固点 T_f 比纯溶剂的凝固点 T_f^* 低，$T_f^*-T_f=\Delta T_f$ 即为凝固点降低值。

压力一定时，在凝固点，由化学势判据，固态纯溶剂的化学势 $\mu_A^*(s)$ 与稀溶液中溶剂的化学势 $\mu_A(l)$ 相等，即

$$\mu_A^*(s)=\mu_A(l)=\mu_A^*(l)+RT\ln x_A$$

上式可改写为

$$\ln x_A=\frac{\mu_A^*(s)-\mu_A^*(l)}{RT}=\frac{\Delta G_{f,m}^*}{RT}$$

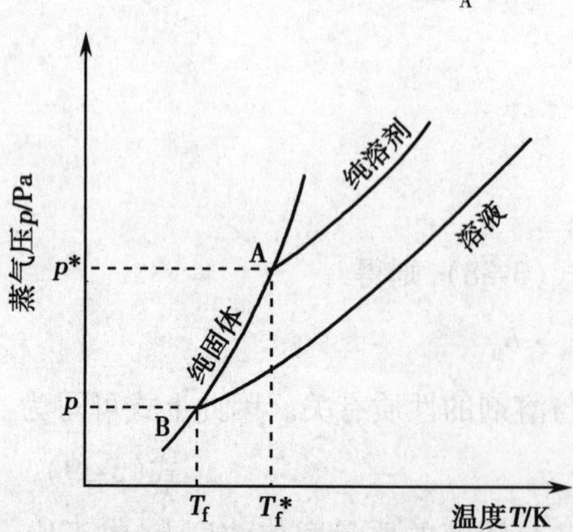

图 3-3 溶液凝固点降低示意图

其中 $\Delta G_{f,m}^*$ 为由液态纯溶剂凝固为固态纯溶剂的摩尔吉布斯自由能变。

将上式在定压下对 T 求微分，则根据吉布斯-亥姆霍兹公式可得：

$$\left(\frac{\partial \ln x_A}{\partial T}\right)_p=\frac{1}{R}\left[\frac{\partial}{\partial T}\left(\frac{\Delta G_{f,m}}{T}\right)\right]_p=-\frac{1}{R}\left(\frac{\Delta H_{f,m}}{T^2}\right)$$

其中 $\Delta H_{f,m}$ 为纯溶剂的摩尔凝固热。对上式积分则得

$$\ln x_A=-\frac{1}{R}\int_{T_f^*}^{T_f}\frac{\Delta H_{f,m}}{T^2}dT$$

笔记

由于 T_f^* 和 T_f相差不大,故可将 $\Delta H_{f,m}$视为常数,且 $\Delta T_f=T_f^*-T_f$

$$\ln x_A=\frac{\Delta H_{f,m}}{R}\left(\frac{1}{T_f}-\frac{1}{T_f^*}\right)=\frac{\Delta H_{f,m}}{RT_fT_f^*}\cdot\Delta T_f \qquad 式(3\text{-}41)$$

对稀溶液来说,x_B 很小,把 $\ln(1-x_B)$级数展开,有

$$\ln x_A=\ln(1-x_B)=-\left(x_B+\frac{1}{2}x_B^2+\frac{1}{3}x_B^3+\cdots\right)\approx -x_B$$

在稀溶液时 T_f^* 和 T_f差别不大,因此

$$T_f^*\cdot T_f=T_f^{*2}$$

另外纯溶剂的摩尔凝固热($\Delta H_{f,m}$)与摩尔熔化热($\Delta H_{fus,m}$)数值相同符号相反。将这些关系系代入式(3-41),则得

$$\Delta T_f=\frac{RT_f^{*2}}{\Delta H_{fus,m}}x_B=\frac{RT_f^{*2}}{\Delta H_{fus,m}}\cdot M_A\cdot b_B$$

令

$$k_f=\frac{RT_f^{*2}M_A}{\Delta H_{fus,m}} \qquad 式(3\text{-}42)$$

则得

$$\Delta T_f=k_f\cdot b_B \qquad 式(3\text{-}43)$$

这就是稀溶液凝固点降低的公式,其意义是:溶液凝固点降低值 ΔT_f与溶液中溶质的质量摩尔浓度成正比,与溶质的种类无关。式中 k_f称为摩尔凝固点降低常数(molar freezing point depression constant)。它与溶剂的种类有关,与溶质本性无关。其单位是 kg · K/mol。几种常见溶剂的 T_f^* 和 K_f值见表 3-1。

表 3-1　几种常见溶剂的 T_f^* 和 K_f值

溶剂	水	乙酸	苯	环己烷	四氯化碳	乙醚	萘	樟脑
T_f^*(K)	273.15	289.75	278.68	279.65	305.15	156.95	353.4	452.15
K_f(kg · K/mol)	1.86	3.90	5.12	20	32	1,8	6.9	40

若已知 K_f值,根据实验测出 ΔT_f,就可通过下式求溶质的摩尔质量。

$$M_B=\frac{K_fm_B}{m_A\Delta T_f} \qquad 式(3\text{-}44)$$

例 3-3　在 0.50kg 水中溶解 1.95×10^{-2}kg 的葡萄糖。经实验测得此水溶液的凝固点降低 ΔT_f为 0.40K。求葡萄糖的摩尔质量。

解:查表 3-1 知,水的 $K_f=1.86$kg · K/mol

$$M_B=\frac{K_fm_B}{m_A\Delta T_f}=\frac{1.86\times1.95\times10^{-2}}{0.50\times0.40}=0.181\text{kg/mol}$$

葡萄糖的摩尔质量理论值为 0.180kg/mol,可见实验测定值与理论值基本符合。

应当指出,上述结论是在两个条件下取得的:①溶剂遵守拉乌尔定律,这就是说溶液必须为稀溶液;②析出的固体必须是纯固体溶剂,而不是固体溶液,否则上述结论不能适用。上述结论对非挥发性溶质及挥发性溶质均适用。

笔记

凝固点降低原理在生产、生活中广泛使用。如在我国北方地区，进入严冬以后，储存在外面的梨变成了冻梨，人们在吃梨前都要先把冻梨解冻，一般是把冻梨放在冷水里，过一段时间后，就会在冻梨的外表面上形成一个冰套，然后把梨从冷水里拿出，去掉梨外面的冰套，梨就解冻完成了。有些老年人认为，把冻梨放在冷水里，冷水会把冻梨里面的冰拔出来。梨外面的冰套真是被冷水拔出来的吗？又如制造汽车防冻液、冬季撒盐水融冰、控制生产蛋白类药物的低温制药车间等都需要用到凝固点降低的原理★。

三、沸点升高

液体的沸点（boiling point）★是指液体的蒸气压与外压相等时的温度。根据溶液蒸气压下降的讨论可知，在含非挥发性溶质的稀溶液中，溶液的蒸气压较液体纯溶剂的蒸气压低。因此，当加热溶液，温度达到溶剂的沸点时，溶液的蒸气压小于外压 p，并不沸腾。要使溶液蒸气压等于外压（达沸点）就需要把温度提高到 T_b，如图 3-4 所示。

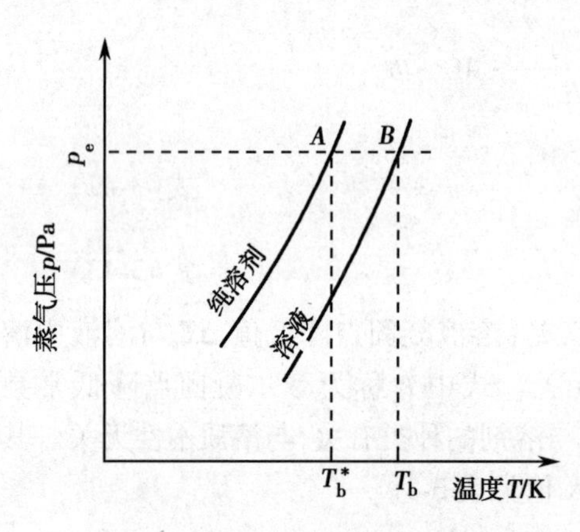

图 3-4　溶液沸点升高示意图

可见，溶液的沸点 T_b 较纯溶剂的沸点 T_b^* 为高，这种现象称为沸点升高现象（boiling point elevation），$T_b - T_b^* = \Delta T_b$ 就称为溶液的沸点升高值，其定量关系可由化学势导出。

应用推导凝固点降低的相同方法，可得到 ΔT_b 与溶液中溶质质量摩尔浓度 b_B 的关系式。

$$\Delta T_b = \frac{RT_b^{*2} M_A}{\Delta H_{vap,m}} \cdot b_B$$

式中，$\Delta H_{vap,m}$ 为纯溶剂的摩尔蒸发热。

令
$$k_b = \frac{RT_b^{*2} M_A}{\Delta H_{vap,m}} \qquad \text{式(3-45)}$$

则
$$\Delta T_b = k_b \cdot b_B \qquad \text{式(3-46)}$$

这就是稀溶液沸点升高的公式，其意义是：沸点升高值 ΔT_b 与溶液中溶质的质量摩尔浓度 b_B 成正比，与溶质的种类（本性）无关。式中 k_b 称为摩尔沸点升高常数（molar boiling point elevation constant），k_b 值与溶剂种类有关，与溶质本性无关。表 3-2 所列是一些常见溶剂的 k_b 值，其单位是 kg·K/mol。

表 3-2　几种常见溶剂的 T_b^* 和 K_b 值

溶剂	水	甲醇	乙醇	乙醚	丙酮	苯	氯仿	四氯化碳
T_b^*(K)	373.15	337.66	351.48	307.85	329.3	353.1	334.35	349.87
K_b(kg·K/mol)	0.52	0.83	1.19	2.02	1.73	2.60	3.85	5.02

笔记

若已知 k_b 值，再由实验测出 ΔT_b，就可计算溶质的摩尔质量 M_B。

$$M_B=\frac{k_b m_B}{m_A \Delta T_b} \qquad 式(3\text{-}47)$$

式中，m_B 和 m_A 分别为溶质和溶剂的质量(kg)。

沸点升高现象在日常生活中也会见到，如被砂锅里的肉汤烫伤的程度要比被开水烫伤厉害得多★。

例 3-4　在 9.68×10^{-2}kg CCl_4 中，溶解一不挥发的物质 2.50×10^{-4}kg，经实验测定此溶液的沸点比纯 CCl_4 的沸点高 0.055K。求此未知物的摩尔质量。

解：查表知 CCl_4 的 $k_b=5.02$kg·K/mol

$$M_B=\frac{k_b m_B}{m_A \Delta T_b}=\frac{5.02\times2.50\times10^{-4}}{9.68\times10^{-2}\times0.055}=0.236\text{kg/mol}$$

未知物的摩尔质量是 0.236kg/mol。

四、渗透压

（一）渗透现象与渗透压

渗透现象(osmosis)是在溶液与纯溶剂间用一半透膜(只透过溶剂而不透过溶质的膜)隔开的情况下，纯溶剂自动通过膜进入溶液的现象。

现以糖水溶液与纯溶剂水被动物膜(如膀胱薄膜)隔开为例来加以说明。如图 3-5 所示，图中双线为半透膜，不允许糖分子通过，只允许溶剂水分子通过。在实验开始时，纯溶剂一边的水分子进入溶液一边的速度比水分子从溶液一边进入纯溶剂为快，随溶液的体积不断增大，溶液上的液柱上升到一定高度 h 后，由于液柱 h 的压力使溶液中水分子进入纯溶剂中的速度增加到与纯溶剂水分子进入溶液的速度相等，即渗透达到平衡。这一阻止纯溶剂进入溶液所施加的压力(液柱重力)称为渗透压(osmotic pressure)，以 Π 表示。设溶液的密度为 ρ，重力加速度为 g，则

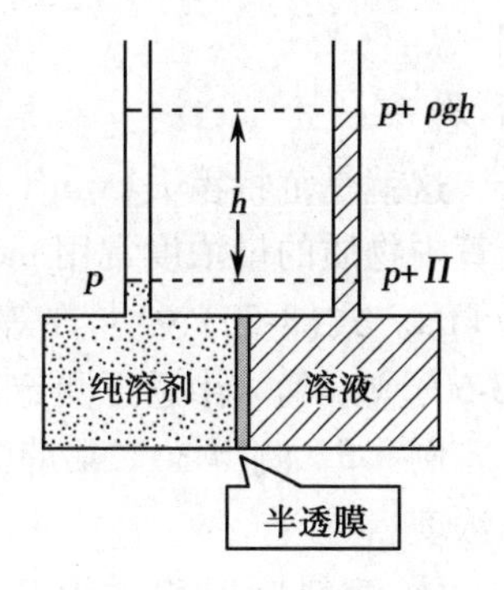

图 3-5　渗透压平衡示意图

$$\Pi=\rho gh \qquad 式(3\text{-}48)$$

渗透压的产生可用热力学原理加以解释。在一定温度下，用半透膜将两纯溶剂隔开时，两者处于平衡状态，其化学势相等。如果在膜一边的纯溶剂中加入溶质，形成溶液，则因溶质的混乱分布，使溶液中溶剂的化学势减小，即膜另一边纯溶剂的化学势相对大于溶液中溶剂的化学势。根据化学势判据，溶剂将从化学势大的相自动转移到化学势小的相，于是纯溶剂水就有自动进入溶液的趋势，这就是渗透现象产生的原因。化学势是随压力而增加的，当溶液自渗透开始到达平衡时，压力由 p 增加到 $p+\Pi$，使溶液中溶剂的化学势 $\mu_A(1,T,p+\Pi,x_A)$ 逐渐增加，最后达到和液面压力为 p 的纯溶剂的化学势 $\mu_A^*(1,T,p)$ 相等，在外观上渗透就停止了。利用两者化学势相等的关系，可推导出渗透压与溶液浓度的关系。

根据溶剂化学势的表达式，有

$$\mu_A(1,T,p)=\mu_A^*(1,T,p)+RT\ln x_A$$

笔记

在等温、等压及渗透达平衡时，半透膜两侧溶剂的化学势相等的关系，即

$$\mu_A^*(1,T,p)=\mu_A(1,T,p+\Pi,x_A)=\mu_A^*(1,T,p+\Pi)+RT\ln x_A \quad 式(3\text{-}49)$$

$$\mu_A^*(1,T,p+\Pi)=\mu_A^*(1,T,p)+\int_p^{p+\Pi}V_m^*\,dp$$

将此式代入式(3-49)，则平衡条件可变为

$$\mu_A^*(1,T,p)=\mu_A^*(1,T,p)+RT\ln x_A+\int_p^{p+\Pi}V_m^*\,dp$$

$$-RT\ln x_A=\int_p^{p+\Pi}V_m^*\,dp$$

如前所述，稀溶液中 $\ln x_A=\ln(1-x_B)\approx -x_B$，设纯液体溶剂的摩尔体积 V_m^* 在整个压力范围内无变化，可视为常数，可求得

$$RTx_B=\Pi V_m^*$$

溶液很稀时，溶质的摩尔分数 $x_B=\dfrac{n_B}{n_A+n_B}\approx\dfrac{n_B}{n_A}$，溶液的总体积 V 近似等于溶剂的体积，即：$V\approx n_A V_m^*$，代入上式，则得到

$$\Pi V=n_B RT$$

因

$$n_B/V=c_B$$

所以

$$\Pi=c_B RT(T一定) \quad 式(3\text{-}50)$$

这就是范特霍夫(van′t Hoff)的稀溶液渗透压公式，c_B 单位为 mol/m^3，由于化学计算中物质的量浓度常用 mol/L 为单位，如果 c_B 单位使用 mol/L，对应渗透压的单位为 kPa。式(3-50)说明，在等温下，溶液的渗透压与溶质的浓度成正比。溶液愈稀，式(3-50)愈准确。渗透压测定法常被用来测定生物体内大分子的摩尔质量。

例 3-5 测得 30℃某蔗糖水溶液的渗透压为 252kPa，试求该溶液中蔗糖的质量摩尔浓度。

解：溶剂为 A，溶质为 B，由 $\Pi=c_B RT$，得

$$c_B=\frac{\Pi}{RT}=\frac{252}{8.314\times 303.15}=0.1\text{mol/L}$$

由质量摩尔浓度 b_B 与物质量浓度 c_B 的关系式 $b_B=\dfrac{c_B}{\rho-c_B M_B}$，在 c_B 不大的溶液中，$\rho-c_B M_B\approx\rho\approx\rho_A$，$\rho_A$ 为纯溶剂的密度，故得 $b_B=\dfrac{c_B}{\rho_A}$，水的密度近似为 $\rho_A=1$kg/L，得

$$b_B=\frac{c_B}{\rho_A}=\frac{0.1\text{mol/L}}{1\text{kg/L}}=0.1\text{mol/kg}$$

从以上推导可得出，稀水溶液条件下，如果 c_B 单位为 mol/L，则 c_B 与 b_B 在数值上近似相等。

(二) 等渗、低渗和高渗溶液

渗透现象不仅在溶液与溶剂之间有，在不同浓度的溶液中同样存在。

具有相等渗透压的溶液彼此称为等渗溶液。对于渗透压不相等的两种溶液，渗透压相对较高的叫做高渗溶液，渗透压相对较低的叫做低渗溶液。

当渗透压不相等的两溶液用半透膜隔开时，则溶剂总是由低渗溶液向高渗溶液中转移，使高渗溶液浓度逐渐变小，而低渗溶液浓度逐渐变大，直至两溶液浓度相等(即

笔记

渗透压相等)为止。

等渗概念不仅与日常生活息息相关*，而且在药学上有重要意义，如眼药水必须与眼球组织内的液体具有相同的渗透压，否则会引起疼痛；静脉注射用的生理盐水与血液是等渗溶液，若为高渗溶液(比血浆的渗透压高)则血细胞(其细胞膜为半透膜)中的水分向血液中渗透，而引起血细胞的萎缩；若为低渗溶液，则水分向血细胞内渗透，则会引起细胞肿胀，最后胀破。大量静脉注射的生理盐水，其浓度约为0.9%(相当于 $0.3b_B$)，与血浆等渗。

临床上等渗、高渗和低渗溶液是由血浆的渗透浓度为标准确定的。正常人血浆的渗透浓度为304mmol/L。临床上规定渗透浓度在280~320mmol/L的溶液为生理等渗溶液。如0.9%的生理盐水(308mmol/L)、5%的葡萄糖溶液(280mmol/L)、12.5g/L的碳酸氢钠溶液(298mmol/L)等都是生理等渗溶液。渗透浓度 $c_{os}>320$mmol/L的溶液称为高渗溶液，渗透浓度 $c_{os}<280$mmol/L的溶液称为低渗溶液。

临床治疗也有使用高渗NaCl溶液的，NaCl浓度高达10%，主要针对各种原因所致的水中毒及严重的低钠血症，高渗NaCl溶液可使细胞内液的水份移向细胞外，在增加细胞外液容量的同时，提高细胞内液的渗透压力。

例3-6　人的血浆凝固点降低0.56K，求在体温310K时的渗透压(水的 $K_f=1.86$kg·K/mol)。

解：由 $\Delta T_f=K_f b_B$，可得 $b_B=\dfrac{\Delta T_f}{K_f}=\dfrac{0.56}{1.86}=0.301$mol/kg，血浆看做稀溶液，密度接近于纯溶剂水的密度 $\rho\approx\rho_A=1$kg/L，由式(3-50)

$$\Pi=c_B RT=\frac{n_B}{V}RT=\frac{n_B}{\dfrac{m_A}{\rho_A}}RT=\rho_A b_B RT=1\times0.301\times8.314\times310=776\text{kPa}$$

题中 b_B 单位为mol/kg，相当于 c_B 的单位mol/L，对应渗透压的单位为kPa。此例题间接说明血液、体液等渗透压的测定是通过凝固点降低法测定完成的。事实上，市售的一些渗透压测定仪就是凝固点测量仪，通过测定血液、尿液等的凝固点降低值，换算为渗透压。

例3-7　配制质量分数 ω_B 为0.01的某中药注射液1L($\rho\approx1$kg/L)，测得该注射液的凝固点降低值为0.430K，计算需加几克NaCl才能使注射液调节至生理等渗。(提示：血浆渗透压约为776kPa，正常体温为310K，NaCl在稀溶液中完全解离，$M_{NaCl}=58.44$，水的 $K_f=1.86$kg·K/mol)

解：由 $\Delta T_f=K_f b_B$　　$b_B=\dfrac{\Delta T_f}{K_f}=\dfrac{0.430}{1.86}=0.231$mol/kg

中药注射液看做稀溶液，且溶质总浓度以 c_t、b_t 表示，

$$c_t=\frac{n_t}{V}=\frac{n_t}{\dfrac{m}{\rho}}=\frac{\rho n_t}{m_A+m_B}\approx\frac{\rho n_t}{m_A}=\rho b_t$$

中药注射液密度 $\rho\approx1$kg/L，由 $\Pi=c_t RT=\rho b_t RT$

$$b_t=\frac{\Pi}{\rho RT}=\frac{776}{1\times8.314\times310}=0.301\text{mol/kg}$$

笔记

中药注射液看做稀溶液，密度接近于水，1L 中药注射液约为 1kg，则配制 1L 中药注射液需加 NaCl 的质量 = [(0.301−0.231)×58.44]/2 = 2.05g。

这里的 2 指的是 NaCl 电离出的粒子数。本例题中 b_B 单位为 mol/kg，对应渗透压的单位为 kPa。

例 3-8　在水中某蛋白质的饱和溶液的质量浓度 ρ_B 为 5.18g/L，20℃时测得其渗透压为 0.413kPa。(1) 求此蛋白质的摩尔质量；(2) 求此饱和溶液的凝固点降低值。

解：(1) 由 $c_B=\dfrac{n_B}{V}=\dfrac{m_B}{M_BV}=\dfrac{\rho_B}{M_B}$，由式(3-50) $\Pi=c_BRT=\dfrac{\rho_B}{M_B}RT$

代入数据

$$0.413=\frac{5.18}{M}\times 8.314\times(273+20)$$

$$M=3.06\times10^4\text{g/mol}$$

(2) 由 $\Delta T_f=K_fb_B$，水的 $K_f=1.86\text{kg}\cdot\text{K/mol}$，由于是稀溶液，密度 $\rho\approx1\text{kg/L}$，则

$$\Delta T_f=K_fb_B=K_f\frac{n_B}{m_A}=K_f\frac{n_B}{\rho V}=K_f\frac{c_B}{\rho}=K_f\frac{\rho_B}{\rho M_B}$$

$$=1.86\times\frac{5.18}{1\times3.06\times10^4}=3.15\times10^{-4}\text{K}$$

本例中，由于血红蛋白的摩尔质量很大，饱和溶液的浓度很稀，凝固点降低值仅为 3.15×10^{-4}K，故很难测准。但此溶液的渗透压为 0.413kPa，比较大，完全可以准确测定。

尽管利用四个依数性都可以测定溶质的摩尔质量，但还有数据精度、方便与否的问题，本例提供了精度的例证。对大分子溶质，相对来说渗透压法测定摩尔质量比较方便。对于小分子溶质，更多的使用凝固点降低法测定其摩尔质量。另一个原因是水的凝固点测定比较好实现，只要预备一个摄氏零下 3~5℃的盐水做冰浴，就可以进行测定。而且凝固点测定相对沸点测定而言，低温更能保持生化物质的活性。

若在图 3-4 溶液一侧施加大于其渗透压的额外压力，则溶液中的溶剂分子将通过半透膜进入溶剂一侧。这种使渗透作用逆向进行的过程称为反渗透★。显然，反渗透使溶剂从化学势低的相向化学势高的相转移，是不可能自发的，必须借助环境对系统做功才能完成。反渗透法制备注射用水是 60 年代发展起来的新技术，现在已普遍使用。

例 3-9　298K 时海水的蒸气压为 3.06kPa，纯水的饱和蒸气压 3.168kPa，若用反渗透法从海水制取淡水，试求从海水中生产 1mol 纯水最少需做多少功？

解：尽管海水中含有大量电解质，但现在讨论的是溶剂水。海水的化学势小于纯水的化学势，因此用反渗透法从海水制取淡水不能自发，需做非体积功。由 $-\Delta G\geqslant -W'$，实际过程的功要大于可逆过程的功才能发生反渗透。可先计算可逆过程系统对环境做的最小非体积功，$W'=\Delta G$，环境对系统做功数值上与系统对环境所做功符号相反，$-W_{环}=\Delta G_m$。

海水可看作为稀溶液，溶剂水遵从拉乌尔定律，海水中水的化学势记为 $\mu_{A,1}$

$$\mu_{A,1}=\mu_A^*+RT\ln x_A$$

纯水中水的化学势记为 $\mu_{A,2}$

$$\mu_{A,2}=\mu_A^*$$

$$\Delta G_m=\mu_{A,2}-\mu_{A,1}=\mu_A^*-(\mu_A^*+RT\ln x_A)=-RT\ln x_A=-RT\ln\frac{p_A}{p_A^*}$$

$$=-8.314\times298\ln\frac{3.06\times10^3}{3.168\times10^3}=85.7\text{J/mol}$$

即从海水中生产1mol纯水最少需做85.7J的功。

由此例题可知,在非体积功为零的情况下,系统化学势降低是自发过程的方向。当对系统做非体积功,如电功、机械功,系统的化学势可以升高,但这已经不是自发过程。

学习小结

1. 学习内容

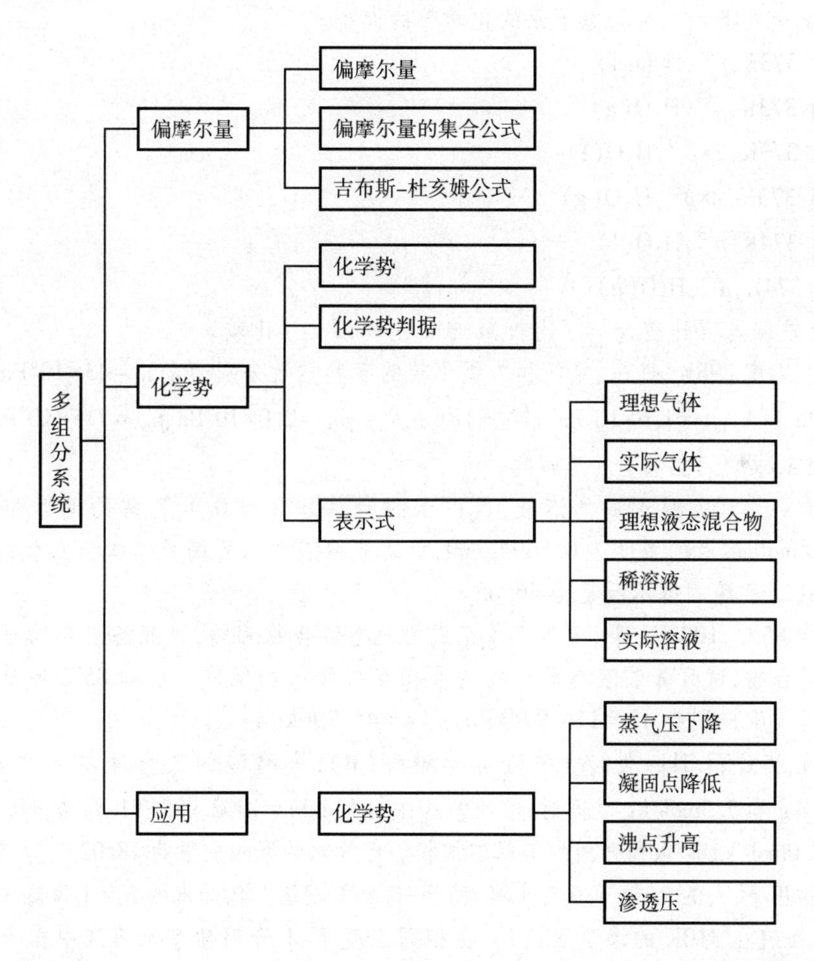

2. 学习方法

对于多组分系统,摩尔量不再适用,取而代之的是偏摩尔量,其中最重要的是偏摩尔吉布斯自由能即化学势。在多组分系统中通过化学势来判断过程的方向和限度。在等温、等压、非体积功为零的条件下,多组分系统只可能自发地由化学势较高状态向化学势较低状态进行,其限度为化学势相等时,系统达平衡。本章方法学上最值得体

笔记

会的是化学势表达式的基准值+修正值的方式，将高等数学的计算转化成了初等数学的计算，这点在下一章将体现得更为突出，也更有价值。

（张师愚 赵跃刚）

习题

1. 指出下列式子中哪些是偏摩尔量，哪些是化学势？

(1) $\left(\frac{\partial H}{\partial n_B}\right)_{T,p,n_c}$ (2) $\left(\frac{\partial F}{\partial n_B}\right)_{T,p,n_c}$ (3) $\left(\frac{\partial U}{\partial n_B}\right)_{S,V,n_c}$

(4) $\left(\frac{\partial V}{\partial n_B}\right)_{T,p,n_c}$ (5) $\left(\frac{\partial G}{\partial n_B}\right)_{T,V,n_c}$ (6) $\left(\frac{\partial F}{\partial n_B}\right)_{T,V,n_c}$

(7) $\left(\frac{\partial G}{\partial n_B}\right)_{T,p,n_c}$ (8) $\left(\frac{\partial H}{\partial n_B}\right)_{S,p,n_c}$ (9) $\left(\frac{\partial S}{\partial n_B}\right)_{T,p,n_c}$

2. 试比较下列几种状态下水的化学势的大小。

(a) 373K，$p^{\ominus}$，$H_2O(l)$

(b) 373K，$p^{\ominus}$，$H_2O(g)$

(c) 373K，$2\times p^{\ominus}$，$H_2O(l)$

(d) 373K，$2\times p^{\ominus}$，$H_2O(g)$

(e) 374K，$p^{\ominus}$，$H_2O(l)$

(f) 374K，$p^{\ominus}$，$H_2O(g)$

a 与 b 比较，c 与 d 比较，e 与 f 比较，a 与 d 比较，d 与 f 比较。

3. 在温度 298K，氧气、氮气和二氧化碳的亨利常数分别为 $k_{x,O_2}=43\times10^8$Pa、$k_{x,N_2}=86\times10^8$Pa 和 $k_{x,CO_2}=1.6\times10^8$Pa，若它们的分压为 $p_{O_2}=2.0\times10^4$Pa、$p_{N_2}=7.5\times10^4$Pa、$p_{CO_2}=5.0\times10^3$Pa，求它们在水中的溶解度。

4. 有一水和乙醇形成的溶液，其中水的摩尔分数为 0.4，乙醇的偏摩尔体积为 57.50ml/mol，溶液的密度为 0.8494g/ml，计算此溶液中水的偏摩尔体积。水的摩尔质量为 18.02，乙醇的摩尔质量为 46.05。

5. 在 85℃，100kPa 下，苯与甲苯组成的液态混合物沸腾，该液态混合物可视为理想液态混合物，试计算该液态混合物的液相组成和气相组成。已知 85℃ 时苯与甲苯的饱和蒸气压分别为 $p^*_{苯}=116.924$kPa，$p^*_{甲苯}=45.996$kPa。

6. 在 25℃ 下，1kg 水（A）中溶解有醋酸（B），当醋酸的质量摩尔浓度 b_B 介于 0.16mol/kg 和 2.5mol/kg 之间时，溶液的总体积 $V(\mathrm{ml})=1002.935+51.832b_B+0.1394b_B^2$。求 $b_B=2.0$mol/kg 时水和醋酸的偏摩尔体积。已知水的摩尔质量为 18.02。

7. 常压下，人的血液（可视为水溶液）于 −0.56℃ 凝固。已知水的 $K_f=1.86$kg·K/mol。求：(1) 血液在 310K 的渗透压；(2) 在相同温度下，1 升葡萄糖水溶液中需含有多少克葡萄糖才能与血液有相同的渗透压；(3) 如果配制的葡萄糖溶液太浓或太稀，输液后会造成什么严重后果？

8. 在 298K，将 22.2g 某非挥发性不解离的溶质溶于 1000g 水中，溶液的蒸气压为 3.156kPa，求：(1) 溶质的摩尔质量；(2) 溶液的凝固点；(3) 水的摩尔蒸发热；(4) 溶液的渗透压。已知该溶液的密度为 1.01kg/L，沸点为 100.104℃，水的摩尔质量为

笔记

18.02，水的 K_f = 1.86kg·K/mol，25℃时 $p^*_{水}$ = 3.168kPa。

9. 把68.4g的蔗糖加入到1000克的水中，在20℃时此溶液的比重为1.024，求该溶液蒸气压和渗透压？水的摩尔质量为18.02，20℃时水的饱和蒸气压为2.34kPa。

10. 计算300K时，从大量的等物质量的A和B的理想液态混合物中分离出1mol纯A过程的 ΔG。

第四章

化学平衡

学习目的

在化工和药物生产中，人们常希望将原料尽可能多地转化成产品。为此，就需要研究在一定条件下，化学反应的极限产率（即平衡时的产率）和如何控制反应条件达到极限产率。这就是化学平衡即本章所要解决的问题。本章将热力学的基本定律用于化学反应，主要解决化学反应的方向、限度（平衡转化率）及各种因素对化学平衡的影响。

学习要点

化学反应等温方程式，反应的标准摩尔吉布斯自由能变计算，化学平衡常数的影响因素。

从微观角度观察一定条件下的化学反应可以发现，所有的化学反应总是向正、反两个方向同时进行，当正、反两个方向的反应速率相等时，系统就达到了平衡。只要外界条件不变，系统中物质的数量和种类都不随时间发生变化；外界条件变化时，平衡状态也要随之发生变化，直至达到新的平衡。化学平衡从宏观上看表现为静态，而实际上是一种动态平衡。在化学研究和化工生产中，温度、压力和其他外界因素固定条件下，某化学反应是否能够进行？若反应不能进行，能否通过外界因素的改变使之进行，这些信息对于减少设计新工艺路线的盲目性、计算理论最大产率、了解生产潜力有重大意义。这些问题的解决有赖于热力学，把热力学第二定律的基本原理和规律应用于化学反应，就可以确定化学反应进行的方向、平衡条件、反应的限度，以及温度、压力等因素如何影响化学平衡等，这就是本章着重解决的问题。

第一节　化学反应的平衡条件

一、反应进度

任何一个已配平的化学反应方程式都符合如下关系：

$$0=\sum_{B}\nu_{B}B$$

式中，B 是任一参与反应的物质，包括反应物和产物；ν_B 是化学反应方程式中的计量系数，对反应物取负值，对产物取正值。

设有一化学反应，

$$aA+dD=gG+hH$$

某时刻 t 向右进行微小变化，若反应物 A 减少了 dn_A，则反应物 D 减少为 dn_D，产物 G 增加为 dn_G，产物 H 增加为 dn_H，它们之间具有一定的关系，即

$$-\frac{dn_A}{a}=-\frac{dn_D}{d}=\frac{dn_G}{g}=\frac{dn_H}{h}$$

为此，定义

$$d\xi=\frac{dn_B}{\nu_B} \qquad \text{式(4-1)}$$

或

$$\xi=\frac{\Delta n_B}{\nu_B}$$

ξ 称为反应进度(advancement of reaction)。

由式(4-1)可知，ξ 的 SI 单位为 mol。在反应进行到任一时刻，用任一反应物或产物表示的反应进度总是相等的。当 $\Delta n_B=0$ 时，$\xi=0$，表示反应尚未进行；当 $\Delta n_B=\nu_B$ 时，$\xi=1$，表示 a mol 的 A 与 d mol 的 D 完全反应生成 g mol 的 G 和 h mol 的 H，即化学反应按计量方程式进行了一个单位的反应。当 ξ 在 0 到 1 之间变化时，A、D、G、H 四种物质都存在，且其量都在变化；当 ξ 的值一定，则 A、D、G、H 都有确定的量。

二、反应的方向和平衡的条件

设某不做非体积功的封闭系统，有一化学反应，

$$aA+dD=gG+hH$$

当其发生一微小变化时，系统内各物质的量也相应发生微小变化，则系统吉布斯自由能的变化为：

$$dG=-SdT+Vdp+\sum_B \mu_B dn_B$$

若变化是在等温等压下进行的，则

$$(dG)_{T,p}=\sum_B \mu_B dn_B=\mu_A dn_A+\mu_D dn_D+\mu_G dn_G+\mu_H dn_H$$

将式(4-1)代入上式，有

$$(dG)_{T,p}=(-a\mu_A-d\mu_D+g\mu_G+h\mu_H)d\xi$$
$$=\sum_B \nu_B\mu_B d\xi$$

定义：

$$\Delta_r G_m=\left(\frac{\partial G}{\partial \xi}\right)_{T,p}=\sum_B \nu_B\mu_B \qquad \text{式(4-2)}$$

$\Delta_r G_m$ 称为反应的吉布斯自由能变，它表示在等温等压下，在无限大量的系统中发生一个单位反应(μ_B 近似不变)时；或者在有限量的系统中，发生微小的反应，即 $d\xi$(μ_B 也可当作不变)时，系统吉布斯自由能随反应进度的变化率$\left(\frac{\partial G}{\partial \xi}\right)_{T,p}$就是 $\Delta_r G_m$。

根据热力学第二定律，若

$\Delta_r G_m=\left(\frac{\partial G}{\partial \xi}\right)_{T,p}<0$ 或 $\sum_B \nu_B\mu_B<0$，则反应向右自发进行；

笔记

$\Delta_r G_m = \left(\frac{\partial G}{\partial \xi}\right)_{T,p} > 0$ 或 $\sum_B \nu_B \mu_B > 0$，则向右进行的反应不能自发进行；

$\Delta_r G_m = \left(\frac{\partial G}{\partial \xi}\right)_{T,p} = 0$ 或 $\sum_B \nu_B \mu_B = 0$，则表示反应达到平衡。

上述几种情况可用图 4-1 表示。

实践告诉人们，绝大多数的化学反应都不能进行到底，都不能把反应物完全地转化成产物，而是只能转化到一定程度，反应就停了下来。也就是说，绝大多数的反应都有化学平衡存在。其原因何在？

我们以正丁烷(A)异构化为异丁烷(E)(设为理想气体)为例，来阐明这一问题。在某温度、恒定压力的条件下，若反应开始时只有 1mol 的 A，当反应进度为 ξ 时，则有 $n_A = 1-\xi$，$n_E = \xi$，这时系统的吉布斯自由能应为：

$$
\begin{aligned}
G &= \sum_B n_B \mu_B = n_A \mu_A + n_E \mu_E \\
&= (1-\xi)(\mu_A^\ominus + RT\ln x_A) + \xi(\mu_E^\ominus + RT\ln x_E) \\
&= [\mu_A^\ominus + \xi(\mu_E^\ominus - \mu_A^\ominus)] + RT[(1-\xi)\ln(1-\xi) + \xi\ln\xi]
\end{aligned}
$$

上式右方第一项方括号中的数值相当于 A 和 E 各以纯态存在而没有相互混合，在反应进度为 ξ 时系统的吉布斯自由能。就这部分而言，G 对 ξ 作图应为一直线(图 4-2 中虚线)。但在实际反应中，A 与 E 是混合在一起的，上式右方第二项方括号中的值就相当于 A、E 的混合吉布斯自由能，由于 $1-\xi$ 及 ξ 均小于 1，所以该项数值小于零。系统的总吉布斯自由能 G 是这两部分之和。系统的总吉布斯自由能 G 与反应进程 ξ 的关系，必然成了一条向下凹陷、有最低点出现的曲线(图 4-2 中实线)。最低点的位置在 $0<\xi<1$ 的某处，必然会比 $\mu_A^\ominus$ 及 $\mu_E^\ominus$ 都低。因此，系统的总自由能最低点即最稳定的状态，并不是反应进行到底的 $\xi=1$ 处，而是在其左侧 $\xi<1$ 的某处。当反应进行到一定程度，使系统的总自由能达到该最低值时，就达到了化学平衡态。假若反应继续进行，就形成了 $\Delta G>0$ 还能自发进行的局面，显然这是违反热力学第二定律的，是不可能自动发生的事。这就是一般的化学反应普遍存在化学平衡而不能进行到底的原因。

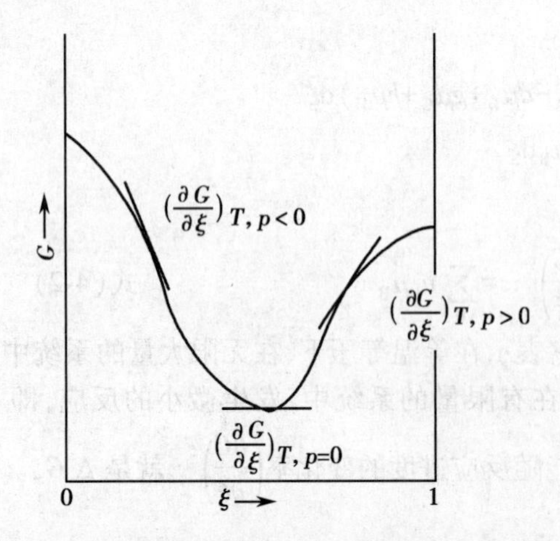

图 4-1 化学反应的吉布斯自由能和 ξ 的关系

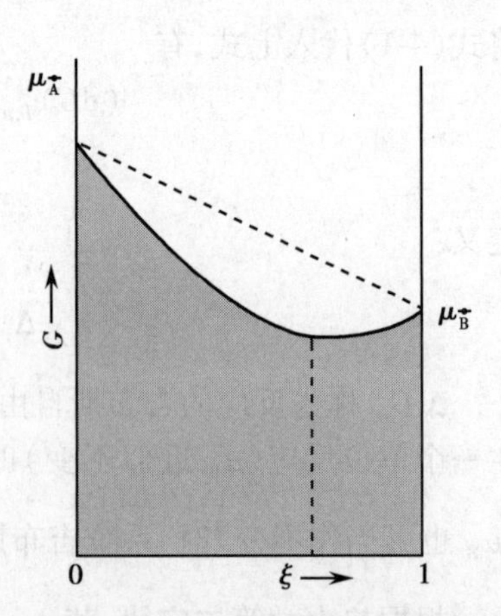

图 4-2 系统的吉布斯自由能在反应过程中变化示意图

第二节 化学反应等温方程式和平衡常数

一、化学反应等温方程式

设在等温等压条件下发生一理想气体化学反应：

$$a\mathrm{A}+d\mathrm{D}=g\mathrm{G}+h\mathrm{H}$$

反应系统的吉布斯自由能变为：

$$\Delta_r G_m=\sum_B \nu_B\mu_B$$

对于理想气体，其化学势为：

$$\mu_B(T,p)=\mu_B^{\ominus}(T)+RT\ln\frac{p_B}{p^{\ominus}}$$

将反应中各组分的化学势代入，有

$$\Delta_r G_m=\sum_B \nu_B\mu_B^{\ominus}(T)+\sum_B \nu_B RT\ln\frac{p_B}{p^{\ominus}}$$

令

$$\Delta_r G_m^{\ominus}(T)=\sum_B \nu_B\mu_B^{\ominus}(T)$$

$$\Delta_r G_m=\Delta_r G_m^{\ominus}(T)+\sum_B \nu_B RT\ln\frac{p_B}{p^{\ominus}}$$

对于上述反应，有

$$\Delta_r G_m=\Delta_r G_m^{\ominus}(T)+RT\ln\frac{\left(\frac{p_G}{p^{\ominus}}\right)^g\left(\frac{p_H}{p^{\ominus}}\right)^h}{\left(\frac{p_A}{p^{\ominus}}\right)^a\left(\frac{p_D}{p^{\ominus}}\right)^d} \qquad 式(4\text{-}3)$$

令

$$Q_p=\frac{\left(\frac{p_G}{p^{\ominus}}\right)^g\left(\frac{p_H}{p^{\ominus}}\right)^h}{\left(\frac{p_A}{p^{\ominus}}\right)^a\left(\frac{p_D}{p^{\ominus}}\right)^d} \qquad 式(4\text{-}4)$$

Q_p称为压力商。则

$$\Delta_r G_m=\Delta_r G_m^{\ominus}(T)+RT\ln Q_p \qquad 式(4\text{-}5)$$

当反应达到平衡时候，反应的 $\Delta_r G_m=0$，有

$$\Delta_r G_m^{\ominus}(T)=-RT\ln\frac{\left(\frac{p_G}{p^{\ominus}}\right)_{eq}^g\left(\frac{p_H}{p^{\ominus}}\right)_{eq}^h}{\left(\frac{p_A}{p^{\ominus}}\right)_{eq}^a\left(\frac{p_D}{p^{\ominus}}\right)_{eq}^d} \qquad 式(4\text{-}6)$$

由于式(4-6)的左边只是温度的函数，当温度一定时为一定值，由此决定方程右边

笔记

对数中的值亦为一常数,令

$$K^{\ominus}=\frac{\left(\frac{p_{\mathrm{G}}}{p^{\ominus}}\right)_{\mathrm{eq}}^{g}\left(\frac{p_{\mathrm{H}}}{p^{\ominus}}\right)_{\mathrm{eq}}^{h}}{\left(\frac{p_{\mathrm{A}}}{p^{\ominus}}\right)_{\mathrm{eq}}^{a}\left(\frac{p_{\mathrm{D}}}{p^{\ominus}}\right)_{\mathrm{eq}}^{d}}=\prod_{\mathrm{B}}\left(\frac{p_{\mathrm{B}}}{p^{\ominus}}\right)_{\mathrm{eq}}^{\nu_{\mathrm{B}}}=(Q_p)_{\mathrm{eq}} \qquad 式(4\text{-}7)$$

$K^{\ominus}$称为反应的标准平衡常数(standard equilibrium constant),亦称为热力学平衡常数(thermodynamic equilibrium constant)。是量纲为一的量。为书写方便,式(4-6)和式(4-7)中的“eq”常被省略。将式(4-7)代入式(4-6)可得:

$$\Delta_{\mathrm{r}}G_{\mathrm{m}}^{\ominus}(T)=-RT\ln K^{\ominus} \qquad 式(4\text{-}8)$$

将上式代入式(4-5)有:

$$\Delta_{\mathrm{r}}G_{\mathrm{m}}=-RT\ln K^{\ominus}+RT\ln Q_p \qquad 式(4\text{-}9)$$

式(4-9)称为化学反应等温方程式(chemical reaction isotherm)。

当 $K^{\ominus}>Q_p$ 时,反应向右自发进行;

当 $K^{\ominus}<Q_p$ 时,反应向左自发进行;

当 $K^{\ominus}=Q_p$ 时,反应达到平衡。

推广到任意化学反应,只需用化学势通式中 a_{B} 代替 p_{B},且在不同情况下赋给 a_{B} 不同的含义:对理想气体,a_{B} 表示 $p_{\mathrm{B}}/p^{\ominus}$;对实际气体,$a_{\mathrm{B}}$ 表示 $f_{\mathrm{B}}/p^{\ominus}$;对理想液态混合物,$a_{\mathrm{B}}$ 表示 x_{B},对真实溶液 a_{B} 就表示活度等。

将化学势通式中的 a_{B} 代入式(4-9)有

$$\Delta_{\mathrm{r}}G_{\mathrm{m}}=-RT\ln K^{\ominus}+RT\ln Q_a \qquad 式(4\text{-}10)$$

式(4-10)就是广义的化学反应的等温方程式,Q_a称为活度商。

在一定温度、一定压力条件下,从等温方程可以得出:

当 $K^{\ominus}>Q_a$ 时,反应向右自发进行;

当 $K^{\ominus}<Q_a$ 时,反应向左自发进行;

当 $K^{\ominus}=Q_a$ 时,反应达到平衡。

例 4-1 在 1000K 理想气体反应 $CO(g)+H_2O(g)=CO_2(g)+H_2(g)$ 的 $K^{\ominus}=1.43$,设该反应系统中各物质的分压分别为 $p_{CO}=0.500\mathrm{kPa}$,$p_{H_2O}=0.200\mathrm{kPa}$,$p_{CO_2}=0.300\mathrm{kPa}$,$p_{H_2}=0.300\mathrm{kPa}$。

(1) 试计算该条件下的 $\Delta_{\mathrm{r}}G_{\mathrm{m}}$,并指明反应的方向;

(2) 已知在 1200K 时,$K^{\ominus}=0.73$,试判断反应的方向。

解:(1) $\Delta_{\mathrm{r}}G_{\mathrm{m}}=-RT\ln K^{\ominus}+RT\ln Q_p$

$$=-8.314\times1000\times\ln1.43+8.314\times1000\times\ln\left(\frac{0.300\times0.300}{0.500\times0.200}\cdot\frac{p^{\ominus}p^{\ominus}}{p^{\ominus}p^{\ominus}}\right)$$

$$=-3.85\times10^{3}\mathrm{J/mol}$$

$\Delta_{\mathrm{r}}G_{\mathrm{m}}<0$,反应向右进行。

(2) 在 1200K 时

$$Q_p=\frac{0.300\times0.300}{0.500\times0.200}\cdot\frac{p^{\ominus}p^{\ominus}}{p^{\ominus}p^{\ominus}}=0.90 \quad K^{\ominus}=0.73$$

笔记

即 $Q_p>K^{\ominus}$,反应不能向右进行,相反,反应可向左进行。

二、平衡常数表示法

平衡常数是化学反应的重要参量,其值大小可定量说明化学反应的方向和限度,进行反应物平衡转化率及各物质平衡浓度的计算。平衡常数常有标准平衡常数即热力学平衡常数和实际平衡常数即经验平衡常数之分。

对于任意化学反应,

$$aA+dD=gG+hH$$

其标准平衡常数定义为:

$$K^{\ominus}=\prod_B (a)_{eq}^{\nu_B}=\left(\frac{a_G^g \cdot a_H^h}{a_A^a \cdot a_D^d}\right)_{eq}=\exp\left[\frac{-\Delta_r G_m^{\ominus}(T)}{RT}\right]=\exp\left[\frac{-\sum \nu_B \mu_B^{\ominus}(T)}{RT}\right]$$

式(4-11)

$K^{\ominus}$可通过热力学数据求出,但要注意对于不同的反应、温度、计量方程以及物质标准态选取不同时,标准平衡常数也有不同的数值。此外,$\mu_B^{\ominus}(T)$仅仅是温度的函数,所以$K^{\ominus}$也仅是温度的函数,对于指定的反应,在一定的温度下 $K^{\ominus}$有定值,与反应物的压力或浓度无关。

实际平衡常数由于是通过测定反应温度 T、系统平衡时各物质的含量计算而得,系统内各物质的含量可用分压 p_B、摩尔分数 x_B、物质的量浓度 c_B 等形式表示,因此实际平衡常数相应有如下形式:

$$K_p=\left(\frac{p_G^g \cdot p_H^h}{p_A^a \cdot p_D^d}\right)_{eq} \qquad \text{式(4-12a)}$$

$$K_x=\left(\frac{x_G^g \cdot x_H^h}{x_A^a \cdot x_D^d}\right)_{eq} \qquad \text{式(4-12b)}$$

$$K_c=\left(\frac{c_G^g \cdot c_H^h}{c_A^a \cdot c_D^d}\right)_{eq} \qquad \text{式(4-12c)}$$

K_p、K_c 通常是有量纲的。同一反应,热力学平衡常数 $K^{\ominus}$与 K_p、K_x、K_c 存在着必然联系。

三、气相反应平衡常数

(一)理想气体反应系统

1. 标准平衡常数 选取温度 T 和标准压力 $p^{\ominus}$下的纯理想气体作为标准态,因 $a_B=\dfrac{p_B}{p^{\ominus}}$,则

$$\mu_B=\mu_B^{\ominus}(T)+RT\ln\frac{p_B}{p^{\ominus}}$$

标准平衡常数为:

$$K^{\ominus}=K_p^{\ominus}=\prod_B\left(\frac{p_B}{p^{\ominus}}\right)_{eq}^{\nu_B}=(Q_p)_{eq}=\exp\left[\frac{-\Delta_r G_m^{\ominus}(T)}{RT}\right] \qquad \text{式(4-13)}$$

笔记

2. 标准平衡常数与实际平衡常数的关系 因为$p_B=RTC_B=x_Bp_{总}$,将其代入式(4-12),有

$$K_p^{\ominus}=\left(\frac{p_G^g\cdot p_H^h}{p_A^a\cdot p_D^d}\right)(p^{\ominus})^{-\Sigma\nu_B}=\left(\frac{c_G^g\cdot c_H^h}{c_A^a\cdot c_D^d}\right)_{eq}\left(\frac{RT}{p^{\ominus}}\right)^{\Sigma\nu_B}=\left(\frac{x_G^g\cdot x_H^h}{x_A^a\cdot x_D^d}\right)\left(\frac{p_{总}}{p^{\ominus}}\right)^{\Sigma\nu_B}$$

根据式(4-12a)(4-12b)(4-12c),有

$$K_p^{\ominus}=K_p\ (p^{\ominus})^{-\Sigma\nu_B}=K_c\left(\frac{RT}{p^{\ominus}}\right)^{\Sigma\nu_B}=K_x\left(\frac{p_{总}}{p^{\ominus}}\right)^{\Sigma\nu_B} \quad 式(4\text{-}14)$$

式中,T和$p_{总}$分别是反应系统的温度和总压力,$\sum\nu_B=(g+h)-(a+d)$。

对于理想气体$\sum\nu_B\neq0$时标准平衡常数一般不等于实际平衡常数。

理想气体中的$K_p^{\ominus}$、K_p、K_c均只与温度有关;K_x既与温度有关,也与总压力有关。$K_p^{\ominus}$可根据热力学数据计算得到;K_p、K_c、K_x可由式(4-14)得到。

例 4-2 反应$2NO_2(g)\rightleftharpoons N_2O_4(g)$在 298.15K 时$\Delta_rG_m^{\ominus}$等于$-4.77$kJ/mol,计算上述反应的$K_p^{\ominus}$;如果系统开始时的压力为$1.01\times10^5$Pa 纯$N_2O_4$,并且体积固定,求$NO_2$和$N_2O_4$的平衡分压。

解:首先求标准平衡常数$K_p^{\ominus}$。

根据$\Delta_rG_m^{\ominus}=-RT\ln K_a^{\ominus}$

$$K_a^{\ominus}=K_p^{\ominus}=\exp\left\{\frac{-\Delta_rG_m^{\ominus}}{RT}\right\}=\exp\left\{\frac{-(-4.77)}{8.314\times298.15}\right\}=6.85$$

再求NO_2和N_2O_4的平衡分压。

由式(4-14)可得,$K_p=K_p^{\ominus}\cdot(p^{\ominus})^{\Sigma\nu_B}$,当$p^{\ominus}\approx1$atm 时,

则实际平衡常数

$$K_p=K_p^{\ominus}=6.85$$

对于下述反应,设反应消耗的N_2O_4的量为x atm,则有

	$2NO_2(g)\rightleftharpoons$	$N_2O_4(g)$
起始浓度	0	1
消耗浓度	$2x$	x
平衡浓度	$2x$	$1-x$

$$\frac{1-x}{(2x)^2}=6.85$$

解得 $x=0.17$atm

所以反应达平衡时:$p_{N_2O_4}=1-x=0.83\text{atm}=83\ 830\text{Pa}$

$$p_{NO_2}=2x=2\times0.17=0.34\text{atm}=34\ 340\text{Pa}$$

式$K_p=K_p^{\ominus}\cdot(p^{\ominus})^{\Sigma\nu_i}$中,若$p^{\ominus}$采用$1.01\times10^5$Pa 计算,结果同上述一致。由此可见,若能用$p^{\ominus}=1$atm 来计算实际平衡常数,可简化计算。

(二)实际气体反应系统

1. 标准平衡常数 把温度T、逸度$f_B=p^{\ominus}$下所对应的理想气体状态作为实际气体的标准态。

笔记

因 $a_B=\frac{f_B}{p^{\ominus}}$,则

$$K^{\ominus}=K_f^{\ominus}=\prod_B\left(\frac{f_B}{p^{\ominus}}\right)_{eq}^{\nu_B}=\exp\left(-\frac{\Delta_r G_m^{\ominus}}{RT}\right) \qquad 式(4\text{-}15)$$

2. 标准平衡常数与实际平衡常数的关系　因为 $f_B=\gamma_B p_B$,则

$$K_f^{\ominus}=K_\gamma K_p^{\ominus}=K_\gamma K_p(p^{\ominus})^{-\sum\nu_B} \qquad 式(4\text{-}16)$$

式中 $K_\gamma=\frac{\gamma_G^g\cdot\gamma_H^h}{\gamma_A^a\cdot\gamma_D^d}$。$K_f^{\ominus}$ 与 K_c、K_x 的关系涉及 p_B、c_B 及 x_B 的关系,只有按照实际气体的状态方程才能得到。$K_f^{\ominus}$ 只是温度的函数;K_γ、$K_p^{\ominus}$、K_p、K_c 和 K_x 均是温度和压力的函数。

四、液相反应平衡常数

(一) 理想液态混合物反应系统

1. 标准平衡常数　对于理想液态混合物,其标准态为温度 T、压力 $p^{\ominus}$ 下的纯液体。则

$$K^{\ominus}=K_x^{\ominus}=\left(\frac{x_G^g\ x_H^h}{x_D^d\ x_A^a}\right)_{eq}=\prod_B(x_B)_{eq}^{\nu_B}=\exp\left(-\frac{\Delta_r G_m^{\ominus}}{RT}\right) \qquad 式(4\text{-}17)$$

2. 标准平衡常数与实际平衡常数的关系　因 $x_B=c_B\frac{V}{\sum n_B}$,则

$$K_x^{\ominus}=K_x=K_c\left(\frac{V}{\sum n_B}\right)^{\sum\nu_B} \qquad 式(4\text{-}18)$$

$K_x^{\ominus}$ 和 K_c 均只与温度有关。

(二) 稀溶液反应系统

对于稀溶液,标准态选取温度 T、压力 $p^{\ominus}$ 下,$x_B=1$ 时仍遵守亨利定律的假想态。

$$\mu_B=\mu_{B,x}^{\ominus}(T)+RT\ln x_B$$

$$x_B=c_B\frac{V}{\sum n_B}$$

将其代入式(4-12b),则

$$K^{\ominus}=K_x^{\ominus}=\exp\left(-\frac{\sum\nu_B\mu_{B,x}^{\ominus}(T)}{RT}\right)=K_x=K_c\left(\frac{V}{\sum n_B}\right)^{\sum\nu_B} \qquad 式(4\text{-}19)$$

这时 $K^{\ominus}$、K_x 和 K_c 均只与温度有关。

五、多相反应系统

多相化学反应泛指反应物或产物不处于同一相中的反应系统。其平衡常数仍为量纲一的量。实际平衡常数由于各物质的浓度标准不一致常称为“杂平衡常数”。

如果在一个反应系统中既有液态或固态物质参与,又有气态物参与,为简便起见,设凝聚相(指固相或液相)处于纯态,并忽略压力对凝聚相的影响,则所有纯凝聚相的化学势近似等于其标准态化学势,即 $\mu_B^*(T,p)\approx\mu_B^{\ominus}(T)$。又设气相是理想气体,则这种反应的标准平衡常数只与气相物质的平衡压力有关。

例如,对于下列反应:

笔记

$$CaCO_3(s) = CaO(s) + CO_2(g)$$

$$(\Delta_r G_m)_{T,p} = \sum_B \nu_B \mu_B = \mu(CaO, s) + \mu(CO_2, g) - \mu(CaCO_3, s)$$

因固态为纯固态,气体为理想气体,则

$$(\Delta_r G_m)_{T,p} = \mu^{\ominus}(CaO, s) + \mu^{\ominus}(CO_2, g) + RT\ln\frac{p_{CO_2}}{p^{\ominus}} - \mu^{\ominus}(CaCO_3, s)$$

$$= \sum_B \nu_B \mu_B^{\ominus} + RT\ln\frac{p_{CO_2}}{p^{\ominus}}$$

当达到平衡时,$(\Delta_r G_m)_{T,p} = 0$,则

$$-\sum_B \nu_B \mu_B^{\ominus} = RT\ln\left(\frac{p_{CO_2}}{p^{\ominus}}\right)$$

根据标准平衡常数的定义,得

$$K_p^{\ominus} = \left(\frac{p_{CO_2}}{p^{\ominus}}\right)_{eq}$$

即:

$$K^{\ominus} = K_p^{\ominus} = \prod_B \left(\frac{p_B}{p^{\ominus}}\right)_{eq}^{\nu_B} = K_p\ (p^{\ominus})^{-\Sigma \nu_B} \qquad 式(4\text{-}20)$$

可见,这种多相系统的化学反应,其标准平衡常数与纯的凝聚态物质无关,而只与气相物质的平衡压力有关。上述反应平衡时的二氧化碳压力$(p_{co_2})_{eq}$称为碳酸钙在该温度下的解离压力(dissociation pressure),即固体物质在一定温度下分解达到平衡时产物中气体的总压力。当分解产物中不止一种气体,则平衡时各气体产物分压之和是解离压力也称为分解压力。

例如,有下列反应:

$$NH_4Cl(s) \Longrightarrow NH_3(g) + HCl(g)$$

平衡总压 $p_{eq} = (p_{NH_3})_{eq} + (p_{HCl})_{eq}$。又因$(p_{NH_3})_{eq} = (p_{HCl})_{eq}$,则标准平衡常数的计算式为:

$$K^{\ominus} = K_p^{\ominus} = \prod_B \left(\frac{p_B}{p^{\ominus}}\right)_{eq}^{\nu_B} = \frac{(p_{NH_3})_{eq}}{p^{\ominus}} \frac{(p_{HCl})_{eq}}{p^{\ominus}} = \left(\frac{1}{2}\frac{p_{eq}}{p^{\ominus}}\right)\left(\frac{1}{2}\frac{p_{eq}}{p^{\ominus}}\right) = \frac{1}{4}\left(\frac{p_{eq}}{p^{\ominus}}\right)^2$$

第三节　反应的标准摩尔吉布斯自由能变及平衡常数的计算

一、反应的标准摩尔吉布斯自由能变

目前无法知道化合物的吉布斯自由能的绝对值,在实际的热力学研究中只要选定某种状态作为参考状态,获取化合物的标准生成吉布斯自由能(standard Gibbs energy of formation)的相对变化值,即 $\Delta_f G_m^{\ominus}$,就可以得到化学反应的 $\Delta_r G_m^{\ominus}$。这里规定在标准压力 $p^{\ominus}$下,最稳定单质的吉布斯自由能为零,由稳定单质生成 1mol 某化合物时反应

笔记

的标准吉布斯自由能变化就是该化合物的标准生成吉布斯自由能 $\Delta_f G_m^{\ominus}$。下标 f 代表"生成"，上标"$\ominus$"表示指定温度，处于标准压力 $p^{\ominus}$。手册上的指定温度一般为298.15K。

与用化合物标准生成焓求反应焓变的方法一样，利用参加反应各化合物的 $\Delta_f G_m^{\ominus}$ 就可以计算出反应的 $\Delta_r G_m^{\ominus}$。例如，对任意反应：

$$aA+dD=gG+hH$$

$$\Delta_r G_m^{\ominus}=(g\Delta_f G_{m,G}^{\ominus}+h\Delta_f G_{m,H}^{\ominus})-(a\Delta_f G_{m,A}^{\ominus}+d\Delta_f G_{m,D}^{\ominus})$$

$$\Delta_r G_m^{\ominus}=\sum_B \nu_B \Delta_f G_{m,B}^{\ominus} \qquad \text{式(4-21)}$$

$\Delta_r G_m^{\ominus}$ 值在实际应用中具有重要意义。

例如，可用 $\Delta_r G_m^{\ominus}$ 估计反应的方向。通常只能用 $(\Delta_r G_m)_{T,p}$ 来判断反应的方向和限度。但当 $\Delta_r G_m^{\ominus}<-40kJ/mol$ 或 $\Delta_r G_m^{\ominus}>40kJ/mol$ 时，可用 $\Delta_r G_m^{\ominus}$ 来估计反应方向。由式(4-5)

$$\Delta_r G_m=\Delta_r G_m^{\ominus}(T)+RT\ln Q_p$$

可知，由于活度商处于对数项中，此时很难用改变活度的方法来改变 $(\Delta_r G_m)_{T,p}$ 值的正负，即 $\Delta_r G_m^{\ominus}$ 基本上决定了 $(\Delta_r G_m)_{T,p}$ 值的正负，这时就可用 $\Delta_r G_m^{\ominus}(T)$ 判断反应进行的方向。

此外，还可由 $\Delta_r G_m^{\ominus}$ 计算化学反应的标准平衡常数等。

二、平衡常数的测定和计算

（一）平衡常数的测定和平衡转化率的计算

1. 平衡常数的测定　平衡常数是由测定平衡时系统内各组分的浓度或分压计算得到的。测定浓度或分压的方法分为物理法和化学法。前者是通过测定某些物理性质与浓度的关系来间接确定浓度，后者利用化学分析法直接确定浓度。

2. 平衡转化率的计算　平衡转化率(degree of dissociation under equilibrium condition)为某反应物在反应过程中消耗掉的量占该反应物初始量的百分数。平衡产率为某反应物转化为指定产物的量占该反应物初始量的百分数。

例如对于反应 $aA+dD=gG+hH$，则A的平衡转化率为：

$$\text{平衡转化率}=\frac{\text{达平衡后，A反应物消耗掉的量}}{\text{A反应物的初始量}}\times100\% \qquad \text{式(4-22)}$$

A的平衡产率为：

$$\text{平衡产率}=\frac{\text{达平衡后，转化为指定产物的A反应物消耗掉的量}}{\text{A反应物的初始量}}\times100\%$$

式(4-23)

平衡转化率也叫理论转化率或最高转化率，它是对某一反应物而言的；平衡产率也叫最大产率，是对某一产物而言的。它们之间的关系是平衡产率≤平衡转化率，若无副反应，则平衡产率=平衡转化率；如有副反应，则平衡产率<平衡转化率。

（二）平衡常数的计算

由标准平衡常数 $K^{\ominus}$ 与化学反应的标准摩尔吉布斯自由能变 $\Delta_r G_m^{\ominus}$ 之间的关系式

笔记

(4-11)

$$K^{\ominus}=\exp\left[\frac{-\Delta_r G_m^{\ominus}(T)}{RT}\right]$$

可知,只要用热力学方法求出$\Delta_r G_m^{\ominus}$,就可以计算$K^{\ominus}$的值。实际平衡常数可由其与标准平衡常数的关系式换算得到。

常用的$\Delta_r G_m^{\ominus}$值的计算如下:

1. 利用$\Delta_f G_m^{\ominus}$求$\Delta_r G_m^{\ominus}$　由热力学数据标准摩尔生成吉布斯自由能$\Delta_f G_m^{\ominus}$根据式(4-21)

$$\Delta_r G_m^{\ominus}=\sum_B \nu_B \Delta_f G_{m,B}^{\ominus}$$

计算得到$\Delta_r G_m^{\ominus}$。

通常在298K时各物质的$\Delta_f G_m^{\ominus}$数据可查热力学数据表,如附录三得到。

2. 利用化学反应的$\Delta_r H_m^{\ominus}$和$\Delta_r S_m^{\ominus}$求$\Delta_r G_m^{\ominus}$　对于在等温和标准压力下进行的化学反应,当反应进度为1mol时,有:

$$\Delta_r G_m^{\ominus}=\Delta_r H_m^{\ominus}-T\Delta_r S_m^{\ominus}$$

如果反应温度为298K,利用热力学数据表(见附录三及附录四)中的标准摩尔生成焓$\Delta_f H_m^{\ominus}$或标准摩尔燃烧焓$\Delta_c H_m^{\ominus}$可以计算标准摩尔反应焓变$\Delta_r H_m^{\ominus}$。利用表中的标准摩尔熵$S_m^{\ominus}$,计算标准摩尔反应熵变$\Delta_r S_m^{\ominus}$,从而计算出$\Delta_r G_m^{\ominus}$。

第四节　各种因素对化学平衡的影响

夏勒特原理(Le Chatelier's principle):一个化学平衡系统若受到外界因素的影响,该平衡系统则向着消除外界因素影响的方向移动。该原理只是定性地描述了外界因素(如温度、压力、惰性气体和物质浓度)对平衡的影响,定量描述则需用平衡常数与这些外界因素之间的关系式来描述。

一、温度的影响

通常情况下,可依据化学热力学数据计算298.15K的平衡常数。而实际的化学反应是在各种不同温度下进行的,因此研究温度对平衡常数的影响就显得十分重要。

若参加反应的物质均处于标准态,根据吉布斯-亥姆霍兹公式

$$\left(\frac{\partial \frac{\Delta_r G_m^{\ominus}}{T}}{\partial T}\right)_p=-\frac{\Delta_r H_m^{\ominus}}{T^2}$$

代入$\Delta_r G_m^{\ominus}=-RT\ln K^{\ominus}$,

得:

$$\left(\frac{\partial \ln K^{\ominus}}{\partial T}\right)_p=\frac{\Delta_r H_m^{\ominus}}{RT^2} \qquad 式(4\text{-}24)$$

式(4-24)称为化学反应等压方程式,用于研究温度对平衡常数的影响。对吸热反应,$\Delta_r H_m^{\ominus}>0$,$\frac{d\ln K^{\ominus}}{dT}>0$,$K^{\ominus}$随温度升高而增大,增加温度对正向反应有利;对于放热反

笔记

应，$\Delta_r H_m^{\ominus}<0$，$\frac{d\ln K^{\ominus}}{dT}<0$，$K^{\ominus}$随温度升高而减小，升高温度对正向反应不利。

若 $\Delta_r H_m^{\ominus}$ 与温度无关或温度变化范围较小，$\Delta_r H_m^{\ominus}$ 可视为常数，对式（4-24）进行定积分，有：

$$\int_{\ln K_1^{\ominus}}^{\ln K_2^{\ominus}} d\ln K^{\ominus} = \int_{T_1}^{T_2} \frac{\Delta_r H_m^{\ominus}}{RT^2} dT$$

$$\ln \frac{K_2^{\ominus}}{K_1^{\ominus}} = \frac{\Delta_r H_m^{\ominus}}{R}\left(\frac{1}{T_1}-\frac{1}{T_2}\right) \qquad 式(4\text{-}25)$$

由上式可知，在 $\Delta_r H_m^{\ominus}$ 已知条件下，已知一个温度下的平衡常数，就可以利用式（4-25）计算另一温度下的平衡常数。

若对式（4-25）进行不定积分，有：

$$\ln K^{\ominus} = -\frac{\Delta_r H_m^{\ominus}}{RT} + C \qquad 式(4\text{-}26)$$

$\ln K^{\ominus}$与$\frac{1}{T}$呈线性关系，其斜率为$-\frac{\Delta_r H_m^{\ominus}}{R}$；截距为 C，利用该直线的斜率可计算标准反应热效应。

二、压力的影响

如前所述，标准平衡常数仅仅是温度的函数，所以改变压力对标准平衡常数的值没有影响，但可能会改变平衡的组成，造成平衡移动。

对于理想气体参与的反应，只有K_x 与压力有关，因

$$K_p^{\ominus} = K_x\left(\frac{p_{总}}{p^{\ominus}}\right)^{\Sigma\nu_B}$$

由该式可知，由于一定温度下 $K_p^{\ominus}$ 为一值，故等温下：

对于气体分子数减小的反应，$\sum_B \nu_B<0$，增加系统的总压，K_x 将变大，平衡向右移动，有利于正反应进行。

对于气体分子数增加的反应，$\sum_B \nu_B>0$，增加系统的总压，K_x 将减小，平衡向左移动，不利于正反应进行。

对于气体分子数不变的反应，$\sum_B \nu_B=0$，改变压力K_x 不变，对平衡无影响。

三、惰性气体的影响

惰性气体是指不参加化学反应的气体。惰性气体的加入，同样只能影响平衡的组成，而不影响平衡常数的值。

因：$p_B = p_{总}\, x_B = p_{总}\frac{n_B}{n_{总}}$

将其代入 $K_p^{\ominus}$ 的表示式，得

笔记

$$K_p^{\ominus}=\left(\frac{p_G^g \cdot p_H^h}{p_A^a \cdot p_D^d}\right)(p^{\ominus})^{-\Sigma\nu_B}=\left(\frac{n_G^g \cdot n_H^h}{n_A^a n_D^d}\right)\left(\frac{p_{总}}{n_{总}\,p^{\ominus}}\right)^{\Sigma\nu_B}$$

令 $K_n=\left(\frac{n_G^g \cdot n_H^h}{n_A^a n_D^d}\right)$，有：

$$K_p^{\ominus}=K_n\left(\frac{p_{总}}{n_{总}\,p^{\ominus}}\right)^{\Sigma\nu_B} \qquad 式(4\text{-}27)$$

由式(4-27)可知，对于等温、等压下的反应，$K_p^{\ominus}$ 恒定不变。当总压不变时，加入惰性气体，将使系统中总的物质量 $n_{总}$ 变大，其对平衡的影响根据 $\sum_B \nu_B$ 的不同而不同：

对于 $\sum_B \nu_B>0$ 的反应，加入惰性气体，$n_{总}$ 变大，K_n 将变大，平衡向右移动，对正反应有利；

对于 $\sum_B \nu_B<0$ 的反应，加入惰性气体，$n_{总}$ 变大，而 K_n 将变小，平衡向左移动，对正反应不利；

对于 $\sum_B \nu_B=0$ 的反应，加入惰性气体对平衡无影响。

在温度不变时，$n_{总}$ 与总压成比例增加，保持 $p_{总}/n_{总}$ 的值不变，则惰性气体的加入也不会影响平衡。

例 4-3 在 873K、10^5 Pa 压力下，乙苯脱氢制苯乙烯反应的标准平衡常数为 0.178。若乙苯与 $H_2O(g)$ 的物质的量之比为 1∶9，求在该温度下乙苯的最大转化率。若不加 $H_2O(g)$，则乙苯的转化率为多少？

解：设乙苯的转化率为 α

	乙苯(g) =	苯乙烯(g) +	H_2(g)
$t=0$	1	0	0
$t=t_{eq}$	$1-\alpha$	α	α

总量为 $(1-\alpha)+\alpha+\alpha+9$（水蒸气的量）$=10+\alpha$

$$K_p^{\ominus}=\prod_B x_B^{\nu_B}\times\left(\frac{p_{总}}{p^{\ominus}}\right)^{\Sigma\nu_B}$$

$$0.178=\frac{\frac{\alpha}{10+\alpha}\,\frac{\alpha}{10+\alpha}}{\frac{1-\alpha}{10+\alpha}}\left(\frac{10^5}{10^5}\right)^{2-1}=\frac{\alpha^2}{(1-\alpha)(10+\alpha)}$$

解得 $\alpha=0.728$。

如果不加水蒸气，总量为 $1+\alpha$，则

$$0.178=\frac{\frac{\alpha}{1+\alpha}\,\frac{\alpha}{1+\alpha}}{\frac{1-\alpha}{1+\alpha}}\,\frac{10^5\,\text{Pa}}{10^5\,\text{Pa}}=\frac{\alpha^2}{1-\alpha^2}$$

解得 $\alpha=0.389$。

显然，对气体分子数增加的反应，加入不参与反应的惰性气体对生成产物有利，与降压效果等同。

化学平衡是化学反应的普遍现象，分析与了解化学平衡对生产、生活具有重要意义，它将有助于人们控制反应条件，使反应按预定的方向进行；或者了解在给定的条件下反应进行的最大限度等。随着时代的发展，从分子水平探索生命的奥秘，把热力学原理及化学平衡研究方法用于生命体系中能量关系的研究——生物能学，已经成为现代生命科学的研究热点★。"天之道，损有余而补不足"，在我们生存的自然界任何变化都要遵循化学平衡的基本理论。

学习小结

1. 学习内容

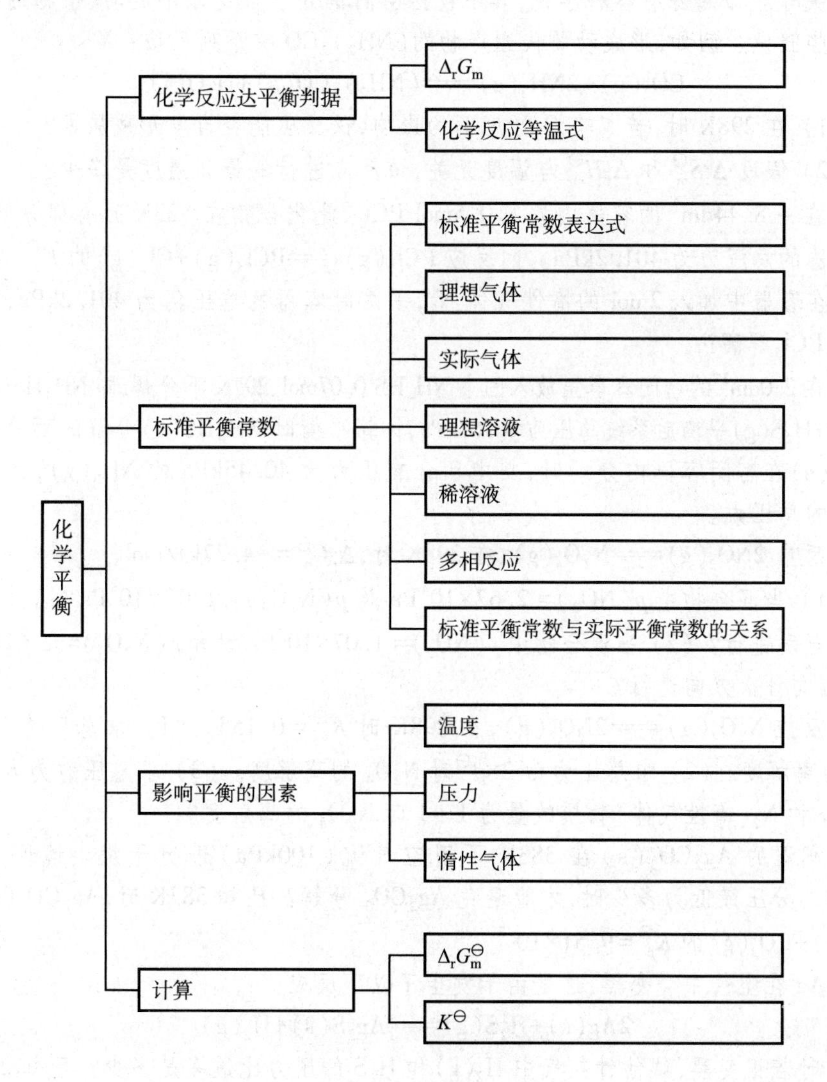

2. 学习方法

在本章学习中应注意：因 $\Delta_r G_m^{\ominus}$ 仅仅是温度的函数，所以 $K^{\ominus}$ 也只是温度的函数。温度不仅能通过改变 $K^{\ominus}$ 而改变平衡组成，有时甚至可以改变反应的方向。对于

笔记

$\sum\nu_B \neq 0$ 的反应，除温度的影响外，其他一些因素，如压力、惰性气体等，虽然不能改变 $K^{\ominus}$，但是能使平衡发生移动，进而影响反应的最终转化率。这对于在某些情况下更经济合理地利用资源、设计反应、提高转化率提供了更多的思路。

（任　蕾　郭　慧）

习题

1. 1mol HCl 与 0.48mol O_2 混合，在 660K 和 $p^{\ominus}$ 达成下列平衡时，生成 0.40mol 的 Cl_2。

$$4HCl(g)+O_2(g)\longrightarrow 2H_2O(g)+2Cl_2(g)$$

试求：(1) 各气体的平衡分压；(2) 平衡常数 $K_p^{\ominus}$、K_x、K_c（设为理想气体）。

2. 关于生命起源有各种学说，其中包括由简单分子自发地形成动、植物的复杂分子的一些假设。例如，形成动物代谢产物的 $(NH_2)_2CO$ 有下列反应：

$$CO_2(g)+2NH_3(g)\longrightarrow (NH_2)_2CO(s)+H_2O(l)$$

试问：(1) 在 298K 时，若忽略 Q_a 活度商的影响，该反应能否自发形成尿素？

(2) 假设 $\Delta_r S_m^{\ominus}$ 和 $\Delta_r H_m^{\ominus}$ 与温度无关，该反应进行的最高温度是多少？

3. 在一 8.44dm^3 的容器内放入 0.5mol PCl_5，此化合物在 523K 时有部分解离，平衡时容器的总压力为 401.2kPa。问反应 $PCl_5(g)\rightleftharpoons PCl_3(g)+Cl_2(g)$ 的 $K_p^{\ominus}$ 为多少？若起始在容器中加入 2mol 的惰性气体 N_2，平衡时容器的总压仍为 401.2kPa，有多少摩尔的 PCl_5 解离？

4. 在 2.0dm^3 的密闭容器里放入固态 NH_4HS 0.07mol，297K 下分解，即 $NH_4HS(s)\rightleftharpoons NH_3(g)+H_2S(g)$ 平衡后系统总压为 66.67kPa，计算平衡时 $NH_4HS(s)$ 分解的百分率。若 $NH_4HS(s)$ 在密闭容器内分解时，其中已含有压力为 40.45kPa 的 $NH_3(g)$，计算平衡时系统的总压力。

5. 反应 $2NO_2(g)\rightleftharpoons N_2O_4(g)$，在 298K 时，$\Delta_r G_m^{\ominus}=-4.77kJ/mol$。

试问：(1) 当混合物中 $p(NO_2)=2.67\times10^4Pa$ 及 $p(N_2O_4)=1.07\times10^5Pa$ 时，反应向什么方向自发进行？(2) 当混合物中 $p(NO_2)=1.07\times10^5Pa$ 时和 $p(N_2O_4)=2.67\times10^4Pa$ 时，反应向什么方向进行？

6. 反应 $N_2O_4(g)\rightleftharpoons 2NO_2(g)$，在 298K 时 $K_p^{\ominus}=0.155$。(1) 求总压力为 $p^{\ominus}$ 时 N_2O_4 的离解度。(2) 求总压力为 $2\times p^{\ominus}$ 时 N_2O_4 的离解度。(3) 求总压力为 $p^{\ominus}$、离解前 N_2O_4 和 N_2（惰性气体）物质的量为 1∶1 时 N_2O_4 的离解度。

7. 潮湿的 $Ag_2CO_3(s)$ 在 383K 下用空气流（100kPa）进行干燥。请问气流中 $CO_2(g)$ 的分压最低为多少时，才能避免 Ag_2CO_3 分解？已知 383K 时，$Ag_2CO_3(s)\rightleftharpoons Ag_2O(s)+CO_2(g)$ 的 $K_p^{\ominus}=9.51\times10^{-3}$。

8. Ag 在空气中会变黑，这是由于发生了以下反应：

$$2Ag(s)+H_2S(g)\rightleftharpoons Ag_2S(s)+H_2(g)$$

在 25℃ 时若银变黑，试估计空气中 $H_2(g)$ 和 H_2S 的压力比最多是多少？已知 298K 时 $H_2S(g)$ 和 $Ag_2S(s)$ 的 $\Delta_f G_m^{\ominus}$ 分别为 −33.60kJ/mol 和 −40.25kJ/mol。

9. 在 873K 时，下列反应的 $\Delta_r H_m^{\ominus}=-88.0kJ/mol$（设与温度无关）

$$C(石墨,s)+2H_2(g)\rightleftharpoons CH_4(g)$$

笔记

（1）若873K时$K_p^\ominus=0.386$，试求1073K时的平衡常数。

（2）为了获得CH_4的高产率，温度和压力是高一些好还是低一些好？

10. 已知反应$(CH_3)_2CHOH(g) \rightleftharpoons (CH_3)_2CO(g)+H_2(g)$的$\Delta_r C_p=16.74J/(K \cdot mol)$，在298.2K时，$\Delta_r H_m^\ominus=61.50kJ/mol$；在500K时，$K_p^\ominus=1.5$。请求出$\ln K_p^\ominus$与$T$的关系式和600K时的$K_p^\ominus$。

笔记

第五章

相平衡

学习目的

多相系统的平衡在化工、冶金、药学等方面具有重要的理论指导和实际意义。制药生产上常用的分离提纯操作,如精馏、萃取、结晶、升华、溶解等,以及一些剂型如粉针剂、微晶、微乳液的制备等都涉及相平衡的基本知识和原理。本章将在相律的指导下,研究各种相平衡系统的相图,了解相图在科学实验和生产实践中的应用,利用相图解决中药提取、分离和药物制剂等方面的相关问题。

学习要点

相数、组分数、自由度数等基本概念,相律,相图分析。

相平衡是物理化学中重要的平衡之一。在一个系统中,纯物质如水在一定条件下可以在气态、液态、固态之间相互转变,是我们较为熟悉的相变的过程,当以上两种或三种状态在某一条件下保持相对静止时,称为两相或三相达到了相平衡(phase equilibrium);对于一个多组分的系统如水和盐的两组分系统或水、苯、乙醇的三组分系统,它们的相变不仅表现为纯物质本身的相态之间的变化,而且表现为系统物质之间的互溶度的变化,当系统物质间既不发生状态变化也不发生互溶度的变化时,称多组分达到了相平衡。

温度、压力和组成的改变都会打破原有的相平衡,使系统发生相变。相平衡研究中,通过实验测得系统中物质的状态随着温度、压力和组成的改变而变化的数据,将这些数据绘制成图称为相图(phase diagram)。相图可以直观地体现在给定条件下,物质存在的相态、相变化的方向和限度等信息。通过对相图的分析可以为生产实际解决有关的问题,如解释中药提取中常用的萃取、减压蒸馏、水蒸气蒸馏的原理,也可以解释诸如"干冰"为什么可以用于舞台做出烟雾的特效等一些有趣的问题。

无论单组分还是多组分的相平衡都遵循统一的规律,即相律。相律是吉布斯在对各种多相平衡系统的研究中,根据大量的实验数据,用热力学方法确立的,它是物理化学中最具普遍性的规律之一。

本章在相律的指导下,研究一些基本的、典型的相图,并了解相图在科学实验和生产实践中的应用,利用相图解决一些中药研究及药物制剂中的实际问题。

笔记

第一节 基本概念

一、相

在相平衡系统中，相(phase)是指系统内物理性质和化学性质完全均匀的部分。在多相系统中，相与相之间有着明显的界面，在界面处，物理性质和化学性质发生突变。系统内相的数目称为相数(number of phase)，用符号 Φ 来表示。

相数与系统所含物质数量的多少无关。一般情况下，各种气体分子均能无限混合，不论系统中有几种气体，都是一个相。液体系统则因液体的相互溶解程度不同，可以是一个相，也可以是多相，如水与乙醇互溶，为一相，水与苯不互溶，则为两相，一般情况下不超过三个相。固体系统中，固溶体(固态溶液)是一个相，其他情况下一般有几种固体物质就有几相，并且与它们的分散度无关，即同一个相可以是连续的，也可以是不连续的，如冰块和冰屑是同一相。另外，同一种物质若有不同的晶型，有几种晶型就有几个相，如石墨和金刚石为两相，α-Al_2O_3与γ-Al_2O_3也是两个相。

二、独立组分数

系统中所含的化学物质数称为物种数(number of chemical species)，用符号 S 表示。同一种化学物质的不同聚集状态，不能算两个物种，如水和水蒸气是一个物种。足以确定平衡系统中各相组成所需的最少物种数，称独立组分数或简称组分数(number of components)，用符号 K 表示。

物种数 S 和组分数 K 是两个不同的概念，两者关系如下：

1. 系统中没有化学反应　物种数等于组分数，即 $S=K$。例如 NaCl 的水溶液，NaCl 和 H_2O 都是物种，这个系统中，$S=K=2$。

2. 系统中有化学反应并建立平衡　例如 PCl_5、PCl_3、Cl_2 三种气体混合，达平衡时，有：

$$PCl_5 \rightleftharpoons PCl_3 + Cl_2$$

这个系统中的物种数 $S=3$，而组分数 $K=2$。因为三种物质中只要确定任意两种物质，第三种物质就可以通过化学反应而存在，第三种物质平衡时的量可根据其他两种物质的量由平衡常数求得。物种数和组分数的关系可用下式表示：$K=S-R=3-1=2$，其中 R 为系统中存在的独立的化学平衡数。

特别要注意"独立"二字。如系统中有 C(s)、CO(g)、CO_2(g)、H_2O(g)、H_2(g)等5种物质，在它们之间可以有3个化学反应平衡式：

(1) $H_2O(g) + C(s) \rightleftharpoons CO(g) + H_2(g)$

(2) $CO_2(g) + H_2(g) \rightleftharpoons CO(g) + H_2O(g)$

(3) $C(s) + CO_2(g) \rightleftharpoons 2CO(g)$

这三个反应中只有两个反应是独立的，另一个反应可由其他两个反应而得到。如反应(1)可由反应(3)-(2)得到，故其独立化学平衡数 $R=2$。

3. 系统中有浓度限制条件　在上述 PCl_5、PCl_3、Cl_2 的混合气体中，若系统中存在独立的化学平衡数，并且指定 PCl_3 与 Cl_2 的物质的量为 1∶1，或反应前只有 PCl_5，达平

笔记

衡时 PCl_3 与 Cl_2 的浓度比一定是 1∶1,当有浓度限制条件,描述这样的平衡系统组分数就不是 2,而是 1,即:

$$K=S-R-R'=3-1-1=1$$

式中,R' 为浓度限制条件数。

需要说明的是,物质间的浓度限制条件要在同一相中才能应用,不同相间不存在浓度限制条件。如 $CaCO_3$ 的分解反应:

$$CaCO_3(s) \rightleftharpoons CaO(s)+CO_2(g)$$

虽然分解产生的 $CaO(s)$ 与 $CO_2(g)$ 的物质的量相同,但由于一个是固相,另一个是气相,其间不存在浓度关系,故组分数是 2 而不是 1。

任意系统的组分数和物种数应有下列关系:

$$K=S-R-R'$$

即:组分数=物种数-独立的化学平衡数-独立的浓度限制条件数。

另外要说明的是,一个系统的物种数可以随着人们考虑问题的角度不同而不同,但是系统的组分数是一个不变的定值。例如,由 H_2O 和 NaCl 组成的饱和溶液系统,如果只考虑相平衡,则物种数 $S=2$,组分数 $K=2$。也可以认为系统中物种数为 6,即 H_2O、NaCl、H^+、OH^-、Na^+、Cl^-,但是这 6 个物种之间存在两个独立的化学平衡,还存在两个浓度限制条件,所以 $K=S-R-R'=6-2-2=2$,组分数确定不变仍为 2。

例 5-1　在一真空容器中,$NH_4Cl(s)$ 部分分解,反应式为:$NH_4Cl(s) \rightleftharpoons NH_3(g)+HCl(g)$,求平衡时系统的组分数。

解:物种数 $S=3$,由于系统中有一分解反应,所以 $R=1$。$NH_3(g)$ 和 $HCl(g)$ 都是由 $NH_4Cl(s)$ 分解得到的,并且它们在同一相中,因此 $R'=1$。根据式 $K=S-R-R'$ 得 $K=3-1-1=1$。

三、自由度

在不引起旧相消失和新相生成的条件下,在有限范围内可以独立变动的强度变量数称为系统的自由度(degrees of freedom),用符号 f 表示。系统的自由度数是指系统的可变因素,如温度、压力和组成的数目。例如液态水,在一定范围内可任意改变温度和压力,而仍然能保持单一的液相,此时 $f=2$。水和水蒸气呈两相平衡时,在温度和压力两个变量中只有一个是可以独立变动的,若指定了温度,压力即平衡蒸气压由温度决定而不能任意变化,若指定了压力,温度即由压力决定,也不能任意变化。即温度和压力只有一个是独立可变的,因此 $f=1$。

第二节　相　律

1876 年吉布斯(Gibbs)根据热力学原理推导出相律的数学式。相律(phase rule)是描述多相平衡系统中相数(Φ)、组分数(K)及自由度数(f)之间关系的规律。

要描述多相平衡系统的状态,需要知道多少个独立可变的因素,也就是自由度数,可先找出描述系统状态的所有变量数,再减去非独立变量数,即为自由度数。

设一平衡系统中,有 S 种物质和 Φ 个相,且 S 种物质分配在每一相中,用 1、2、3……S 代表各种物质,以 α、β、γ……Φ 代表各个相。系统达到平衡时,各相间的温度

笔记

和压力相等，而每一相中都有 S 个浓度，但只要知道 $(S-1)$ 种组分的浓度，则最后一种组分的浓度也就不言而喻了。在 Φ 个相中就有 $\Phi(S-1)$ 个浓度变量，加上温度、压力两个变量，则总变量数为 $[\Phi(S-1)+2]$。

但是，由于多相平衡系统中这些变量之间并不是相互独立的，而是每一组分在各个相中的化学势相等，即：

$$\mu_1^{\alpha}=\mu_1^{\beta}=\mu_1^{\gamma}=\cdots=\mu_1^{\phi}$$
$$\mu_2^{\alpha}=\mu_2^{\beta}=\mu_2^{\gamma}=\cdots=\mu_2^{\phi}$$
$$\vdots$$
$$\mu_s^{\alpha}=\mu_s^{\beta}=\mu_s^{\gamma}=\cdots=\mu_s^{\phi}$$

化学势相等的关系式就是联系浓度变量间的关系式，每增加一个化学势相等的关系式，相应地浓度变量就减少一个。因一种物质在 Φ 个相中，就有 $(\Phi-1)$ 个化学势相等的关系式，对 S 种物质就有 $S(\Phi-1)$ 个化学势相等的关系式。此外，若系统中还有 R 个独立化学平衡反应式存在，并有 R' 个浓度限制条件，故所有的限制条件数为 $[S(\Phi-1)+R+R']$。则

自由度数=总变量数-限制条件数

$$f=[\Phi(S-1)+2]-[S(\Phi-1)+R+R']=[S-R-R']-\Phi+2$$

$$\because \quad S-R-R'=K$$

$$\therefore \quad f=K-\Phi+2 \qquad \text{式(5-1)}$$

式(5-1)就是吉布斯相律数学表示式。式中，f 为自由度数，K 为独立组分数，Φ 为相数，式中的 2 是指温度和压力两个变量。正因为相律是相平衡系统最普遍的规律，所以相律只能说明平衡系统有几相，有几个自由度，但究竟是哪几个相，哪几个自由度，则要对具体问题进行具体的分析。

在实际应用过程中若指定了温度或压力则上式可表示为：

$$f^*=K-\Phi+1$$

式中，f^* 称为条件自由度。在有些平衡系统中，系统除受温度和压力影响外，还可能受其他因素的影响，如受电场、磁场、重力场等共 n 个因素影响，因此相律也可写成：

$$f=K-\Phi+n$$

在上述推导中，曾假设每一相中都含有 S 种物质，如果某一相中不含某种物质，并不会影响相律的形式。因为在某一相中少了某一物质，则在该相的浓度变量就减少一个，即总变量数减 1，但在化学势的等式中也必然减少一个，所以自由度数不变，相律形式也不变。

例 5-2　试说明下列平衡系统的自由度数为多少？

(1) 298K 及标准压力下，KCl(s)与其水溶液平衡共存；

(2) I_2(s)与 I_2(g)呈平衡；

(3) 任意量的 HCl(g)和 NH_3(g)与 NH_4Cl(s)达平衡。

解：(1) $K=2$，因为指定了温度和压力，所以，根据相律 $f=2-2+0=0$ 系统已无自由度，说明饱和 KCl 水溶液的浓度为定值。

(2) $K=1$，$f=1-2+2=1$

此时，系统的压力等于所处温度下 I_2(s)的平衡蒸气压。因 p 和 T 之间有函数关系，两者之中只有一个独立可变。

笔记

(3) $S=3, R=1[HCl(g)+NH_3(g) \rightleftharpoons NH_4Cl(s)], R'=0, K=3-1=2, f=2-2+2=2$ 即温度、总压及任一气体的浓度三者之中有两个独立可变。

例 5-3 碳酸钠和水可形成下列几种含水化合物：$Na_2CO_3 \cdot H_2O$、$Na_2CO_3 \cdot 7H_2O$、$Na_2CO_3 \cdot 10H_2O$。试说明在 100kPa 下能与 Na_2CO_3 水溶液和冰共存的含水盐最多可有几种？

解：Na_2CO_3 和水形成的系统中，虽然可形成 3 种固体含水盐，物种数为 5，但每形成一种含水盐，物种数增加 1 的同时，化学平衡关系式也多 1 个，故组分数为 $K=5-3=2$。当压力为 100kPa 时，影响系统的外界条件只有温度一个，所以

$$f=K-\Phi+1=2-\Phi+1=3-\Phi$$

当 $f=0$ 时，相数最多，即 $\Phi=3$。这就表明了该系统最多只能有三相平衡共存。因此，与 Na_2CO_3 水溶液和冰两相共存的含水盐最多只能有一种。

第三节 单组分系统

一、相律分析

对于单组分系统，$K=1$，根据相律可以得到：$f=K-\Phi+2=1-\Phi+2=3-\Phi$。因为系统至少存在一个相，当 $\Phi=1$ 时，单组分系统最大自由度 $f=2$，最多有两个独立变量，即温度和压力，所以，单组分系统可以用 p-T 平面图来描述系统的相平衡关系。而当 $f=0$ 时，$\Phi=3$ 为最多相数，即单组分系统最多只能有三个相平衡共存。

二、克拉珀龙-克劳修斯方程

单组分系统两相平衡时 $\Phi=2$，自由度 $f=1$，这表明温度和压力间存在一定的函数关系，如水在常压下的沸点是 100℃，此时水与水蒸气两相平衡，当外压变化，相律告诉我们水的沸点也要发生变化，但是变化多少，相律不能回答，下面讨论的克拉珀龙-克劳修斯方程将能定量解决这些问题。

（一）克拉珀龙方程

如果单组分系统在一定温度和压力下，两相处于平衡时，则该组分在两相中的化学势相等，即

$$\mu^{\alpha}=\mu^{\beta} \quad 或 \quad G_m^{\alpha}=G_m^{\beta}$$

若系统的温度由 T 变至 $T+dT$，相应地压力也由 p 变至 $p+dp$，则系统的摩尔吉布斯自由能分别变至 $G_m^{\alpha}+dG_m^{\alpha}$、$G_m^{\beta}+dG_m^{\beta}$，此时达到新的平衡，则有

$$G_m^{\alpha}+dG_m^{\alpha}=G_m^{\beta}+dG_m^{\beta}$$

$$\because G_m^{\alpha}=G_m^{\beta}$$

$$\therefore dG_m^{\alpha}=dG_m^{\beta}$$

把热力学的基本公式 $dG=-SdT+Vdp$ 代入上式得：

$$-S_m^{\alpha}dT+V_m^{\alpha}dp=-S_m^{\beta}dT+V_m^{\beta}dp$$

移项

$$(V_m^{\beta}-V_m^{\alpha})dp=(S_m^{\beta}-S_m^{\alpha})dT$$

$$\frac{dp}{dT}=\frac{S_m^\beta-S_m^\alpha}{V_m^\beta-V_m^\alpha}=\frac{\Delta_\alpha^\beta S_m}{\Delta_\alpha^\beta V_m} \quad 式(5-2)$$

其中 $\Delta_\alpha^\beta S_m$ 和 $\Delta_\alpha^\beta V_m$ 分别为1mol 物质由 α 相变到 β 相时的熵变和体积变化。对可逆相变

$$\Delta_\alpha^\beta S_m=\frac{\Delta_\alpha^\beta H_m}{T}$$

$\Delta_\alpha^\beta H_m$ 为相变时的焓变，将上式代入式(5-2)即得

$$\frac{dp}{dT}=\frac{\Delta_\alpha^\beta H_m}{T\Delta_\alpha^\beta V_m} \quad 式(5-3)$$

式(5-3)称为克拉珀龙方程(Clapeyron equation)。

利用克拉珀龙方程可以计算单组分系统两相平衡时的压力随温度的变化率。因为该方程在导出过程中，没有指定是何种相，所以它适用于任何纯物质的两相平衡。

（二）克拉珀龙-克劳修斯方程

把克拉珀龙方程应用到气-液平衡或气-固两相平衡系统，并假设蒸气为理想气体，又因液相或固相的摩尔体积远小于气相的摩尔体积，所以 $\Delta_\alpha^\beta V_m$ 近似等于 V_m^g，由克拉珀龙方程得

$$\frac{dp}{dT}=\frac{\Delta_\alpha^\beta H_m}{T\Delta_\alpha^\beta V_m}\approx\frac{\Delta_\alpha^\beta H_m}{T\cdot V_m^g}=\frac{\Delta_\alpha^\beta H_m}{T\left(\frac{RT}{p}\right)}=\frac{p\Delta_\alpha^\beta H_m}{RT^2}$$

或

$$\frac{d\ln p}{dT}=\frac{\Delta_\alpha^\beta H_m}{RT^2} \quad 式(5-4)$$

式(5-4)称为克拉珀龙-克劳修斯方程(Clapeyron-Clausius equation)的微分式。此方程不仅适用于气液两相平衡，也适用于气固两相平衡，由于克拉珀龙-克劳修斯方程不需要 $\Delta_\alpha^\beta V_m$ 数据，比克拉珀龙方程方便，但此方程不如克拉珀龙方程精确。

在温度变化不大时，$\Delta_\alpha^\beta H_m$ 可看作是常数，对上式做不定积分，得

$$\ln p=-\frac{\Delta_\alpha^\beta H_m}{RT}+C \quad 式(5-5)$$

式(5-5)中 C 为积分常数。由上式可知，以 $\ln p$ 对 $\frac{1}{T}$ 作图呈一直线，其斜率为 $-\frac{\Delta_\alpha^\beta H_m}{R}$，由斜率可以求得液体的摩尔蒸发焓或固体的摩尔升华焓 $\Delta_\alpha^\beta H_m$。

若系统温度从 T_1 变至 T_2，将式(5-4)移项，作定积分，得：

$$\ln\frac{p_2}{p_1}=\frac{\Delta_\alpha^\beta H_m(T_2-T_1)}{RT_1T_2} \quad 式(5-6)$$

式(5-6)为克拉珀龙-克劳修斯方程的积分式。该式可用来计算液体在不同外压下的沸点、不同温度时的蒸气压或相变热。克拉珀龙-克劳修斯方程有很多重要的应用，比如，在高山上我们如果知道水的蒸发焓，再有一个气压计，就可以计算出高山上水沸腾的温度；在后面表面现象一章中，利用克拉珀龙-克劳修斯方程可以计算出过热液体的沸腾温度；在气象预报中通过计算出夜间温度下水的饱和蒸气压从而推测夜间

笔记

是否可能出现霜露等，这些都为生产和实践提供重要的信息。

（三）特鲁顿规则

当缺少液体蒸发焓数据时，可以用特鲁顿规则（Trouton rule）进行估算。对于非极性、无缔合现象的液体来说，其蒸发焓为：

$$\Delta_l^g H_m = T_b \Delta_l^g S_m \approx T_b \cdot 88\text{J/(K}\cdot\text{mol)} \qquad \text{式(5-7)}$$

式（5-7）中 T_b 为该液体的正常沸点。

例 5-4　有一种油，其正常沸点为 473.15K，试估算其在 293.15K 时的蒸气压。

解：根据特鲁顿规则计算出该油的摩尔蒸发焓

$$\Delta_l^g H_m = T_b \Delta_l^g S_m \approx T_b \cdot 88 = 473.15 \times 88 = 4.16 \times 10^4 \text{J/mol}$$

因为正常沸点时的蒸气压为 101.325kPa，由式（5-6）

$$\ln\frac{p_2}{p_1} = \frac{\Delta_\alpha^\beta H_m\,(T_2 - T)_1}{RT_1T_2} = \frac{4.16\times10^4\times(293.15-473.15)}{8.314\times473.15\times293.15} = -6.4933$$

$$\frac{p_2}{p_1} = 1.5135\times10^{-3}$$

$$p_2 = 1.5135\times10^{-3}\times1.01325\times10^5 = 153\text{Pa}$$

三、单组分系统的相图

（一）水的相图

水有三种不同的聚集状态：水蒸气（气态）、水（液态）、冰（固态），它们之间存在的相平衡有：气-液平衡、液-固平衡和气-固平衡。在特定条件下还可以建立气-液-固三相平衡系统。图 5-1 是根据实验数据绘制的水的相图。

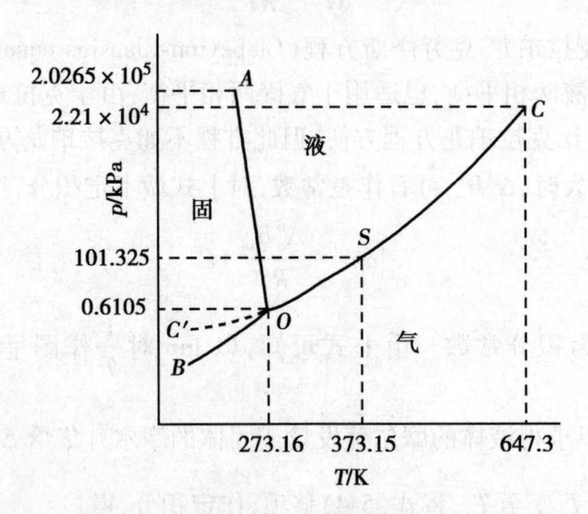

图 5-1　水的相图

1. 单相面　在图 5-1 中 OA、OB、OC 三条曲线交于点 O，把平面分成三个区域，AOB、AOC 及 BOC 分别是固、液、气三个不同的单相区，它们都满足 $\Phi=1, f=2$，每一个单相区为双变量系统，在这些区域内，系统的温度和压力均可在一定范围内任意改变而无新相出现或旧相消失。

2. 两相线　图中 OA、OC 及 OB 分别为固-液、气-液、气-固平衡线，线上 $\Phi=2$，$f=1$，每条线上都表示单变量系统，系统的温度、压力只有一个独立可变，若指定了温

笔记

度，则系统的平衡压力必须是曲线上对应压力。反过来，如果指定了压力，则温度就只能是曲线上对应的温度。温度（压力）随压力（温度）的变化可以通过克拉珀龙方程计算得到。

OC 线为气-液平衡线，即水的饱和蒸气压曲线（或水的沸点曲线），这条曲线上的任意一点都表示不同温度下水的蒸气压或不同外压下水的沸点，OC 线不能任意延伸，它终止于临界点（critical point）C，C 点的温度为 647.3K，对应的压力为 2.21×10^4kPa，在临界点时水的密度和水蒸气的密度相等，气液两相的界面消失，水的这种状态称为超临界状态（supercritical state）。

图中 OC′虚线是 OC 曲线的延长线，表示过冷水与水蒸气的亚稳平衡。如果水的纯度较高，实验时仔细操作将水缓慢冷却，系统温度可低于 0℃而无固态冰出现，称为过冷水。过冷水是一个不稳定的亚稳态，若在此系统中加入少许冰作为晶种，或稍加搅拌，过冷水会立即凝固。但是若将冰缓缓升温，它将终止于 O 点，实验证明并不存在过热的冰。

OB 线为气-固平衡线，是冰的饱和蒸气压曲线（或冰的升华线）。在这条曲线上的任意点表示冰和水蒸气的平衡，OB 线在理论上可延长到绝对零度附近。

OA 线为固-液平衡线，是水的凝固点曲线（或冰的熔化曲线）。在这条线上的任意点表示水和冰的平衡状态，OA 线的斜率为负值，表明随压力增大时冰的熔点降低，这是由于冰在融化时体积缩小的缘故。此线不能无限向上延伸，因为延伸到压力为 2.0265×10^5kPa 时，相图变得较复杂，有 6 种不同晶形结构的冰生成。

3. 三相点　图中三条线的交点 O，称为三相点（triple point），是水蒸气、水、冰三相平衡共存的点。此时 $\Phi=3$，$f=0$，是一个无变量系统，系统的温度、压力均为定值，不能任意改变，否则会破坏三相平衡。水的三相点的温度 $T=273.16$K、压力 $p=0.6105$kPa。值得强调，水的三相点与水的冰点（freezing point）温度 $T=273.15$K、压力 $p=101.325$kPa 是两个不同的概念，三相点是严格的单组分系统，而冰点是在水中溶有空气和外压为 101.325kPa 时测得的数据。由于水中溶有空气，形成了稀溶液，冰点较三相点下降了 0.002 42K，其次三相点时系统的蒸气压是 0.6105kPa，而测冰点时系统的外压为 101.325kPa，由于压力的不同，冰点又下降了 0.007 47K，所以水的冰点比三相点下降了 $0.002\,42+0.007\,47\approx0.01$K。

由图 5-1 可知，当温度低于三相点 O 时，压力降至 OB 线以下时，固态冰可以不经过液态水而直接汽化为水蒸气，此为升华（sublimation）过程。升华在制药工艺中常用到，如将常温常压下易分解的药物青霉素水溶液快速冷冻，使水全部结冰，并在低压下使冰升华而除去溶剂，即得到疏松的粉末状的粉针剂，此法称冷冻干燥（freeze drying）法。冷冻干燥法近年在药品、生物制品等方面广泛应用★。

（二）二氧化碳的相图

二氧化碳的相图（图 5-2）与水的相图相似，OA、OB、OC 三条线相交于 O 点，三个平面区 AOB、AOC、BOC 分别代表固相区、气相区和液相区。OA 线是固体的升华线，OB 线是固-液平衡线（与水的相图不同固液平衡线斜率为正），OC 线是气-液平衡线。O 点是三相点，温度 $T=216.55$K（−56.5℃）、压力 $p=517.6$kPa。可以看到，CO_2的三相点的压力很高，所以在大气压（101.325kPa）下，它只能以固态或气态存在。大气压（101.325kPa）时 CO_2升华温度为 194.65K（−78.5℃），在此温度以下 CO_2以

笔记

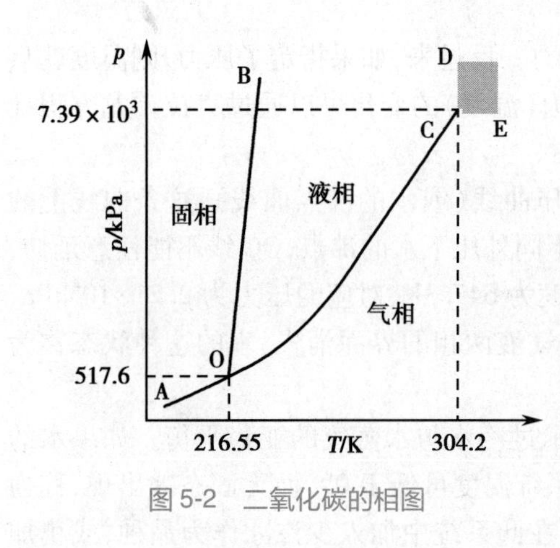

图 5-2　二氧化碳的相图

固态形式存在称为“干冰”，高于此温度固态的 CO_2 升华为气态。OC 线终止于 C 点，C 点是 CO_2 的临界点，临界点的温度 $T=304.2K$、压力 $p=7.39\times10^3$ kPa、密度 $\rho=448kg/m^3$。DCE 区（图中的阴影区）是 CO_2 的超临界状态区，这个状态的 CO_2 称为超临界流体（supercritical fluid），它对有机物具有很强的溶解能力，因此在超临界萃取装置中，通过将 CO_2 气体加压或升温形成超临界流体，溶解被萃取物中的有机物，调节压力或温度，CO_2 流体即可将溶解在其中的有机物夹带出去，达到萃取的目的，具有选择性好、无污染等优点★。

对于固体只有一种晶型的单组分系统的相图，都具有类似水和二氧化碳相图的基本图形。存在的差异是除水的相图以外，其他单组分物质固-液平衡线的斜率一般为正值，即压力增大，熔点也将升高，这是因为固态熔化为液态后，体积一般略有增加。如果物质在固态时存在两种或两种以上的晶型，例如硫有单斜硫（固）与正交硫（固）两种晶型及液态硫与气态硫四种相态，而单组分系统只能三相共存，因而在硫的相图中会出现四个三相点，其相图可参见习题 6 的图 5-36。

知识链接

诺贝尔奖获得者——威尔逊

K. G. 威尔逊（Kenneth G. Wilson，1936—）　因建立相变的临界现象理论荣获 1982 年度诺贝尔物理奖。相变现象的研究是一个古老而艰难的领域。1869 年安德留斯发现气液相变临界点。1873 年范德瓦尔斯提出的非理想气体状态方程，是解释相变现象最早的热力学理论，但是，如何从物质的微观运动来阐明相变的本质，一直是对物理学家的巨大挑战，许多著名的物理学家，包括诺贝尔奖获得者昂萨格（L. Onsager）、朗道（L. D. Landau）都做出过重要贡献，但始终未能建立一个与实验符合较好的理论。威尔逊自 1971 年以来的一系列工作，明确而深刻地解决了这个问题。威尔逊获奖时 46 岁。他 1936 年 6 月 8 日出生于美国马萨诸塞州的沃尔瑟姆（Waltham）城，他父亲 E. B. 威尔逊是美国哈佛大学著名的物理化学教授。威尔逊在上高中之前，就在父亲的帮助下学习物理和数学，他 16 岁考入哈佛大学，在这以前曾在英国牛津大学读过一年。1956 年从哈佛大学毕业后，他在加州理工学院攻读博士学位，导师是 1969 年度诺贝尔物理学奖获得者盖尔曼（Murray Gell-Mann）。威尔逊本人从 1971 年起被任命为康奈尔大学教授，他是获得诺贝尔物理学奖的第四十六个美国人。

笔记

第四节　二组分气-液平衡系统

一、相律分析

对于二组分系统，$K=2$，相律可表达为：

$$f=K-\Phi+2=2-\Phi+2=4-\Phi$$

当$f=0$时，$\Phi=4$，即二组分系统最多可以有四个相共存。又因为相数至少为一相，当$\Phi=1$时，自由度数最多为$f=3$，即二组分系统的状态由三个独立变量决定，常用温度、压力和组成三个变量表示。因此必须用三维空间的立体图形才能完整地描述二组分系统的状态。我们知道，立体图形的绘制和应用都很不方便，一般在实际应用时，往往固定其中一个变量，讨论另外两个变量之间的关系，这样就可以用平面图来表示二组分系统的状态了。例如固定温度T时，就有了压力-组成图（p-x图），固定压力时，就有了温度-组成图（T-x图），此时，相律应为：

$$f^*=K-\Phi+1$$

二、完全互溶理想液态混合物的气-液平衡相图

如果不同液体能以任何比例混溶，并且其任一组分在全部浓度范围内均服从拉乌尔定律，则称此混合物为理想液态混合物。

在理想液态混合物中，各种分子的大小相同，分子间的作用力也相同，这样液态混合物中任一组分就相当于与自身共存一样。在两种液体混合成溶液的过程中，既不吸热也不放热，即$\Delta H=0$，并且混合前后体积不变，即$\Delta V=0$。

（一）压力-组成图

在温度一定时，二组分理想液态混合物达到气液两相平衡时，设其蒸气为理想气体，根据拉乌尔定律，得：

$$p_A=p_A^*x_A$$

$$p_B=p_B^*x_B$$

式中，p_A、p_B分别代表气液平衡时气相中A、B组分的分压，p_A^*、p_B^*分别为该温度时纯A、纯B的饱和蒸气压，x_A、x_B分别为液相中组分A和B的摩尔分数。

理想液态混合物的气相总压为：

$$p=p_A+p_B=p_A^*x_A+p_B^*x_B=p_A^*(1-x_B)+p_B^*x_B$$

$$p=p_A^*+(p_B^*-p_A^*)x_B \qquad 式(5\text{-}8)$$

这就是蒸气压与液相组成之间的关系。可以看出理想液态混合物的蒸气压与液相组成呈线性关系，且介于两纯组分蒸气压之间，即：$p_A^*<p<p_B^*$（设$p_A^*<p_B^*$）。（图5-3）

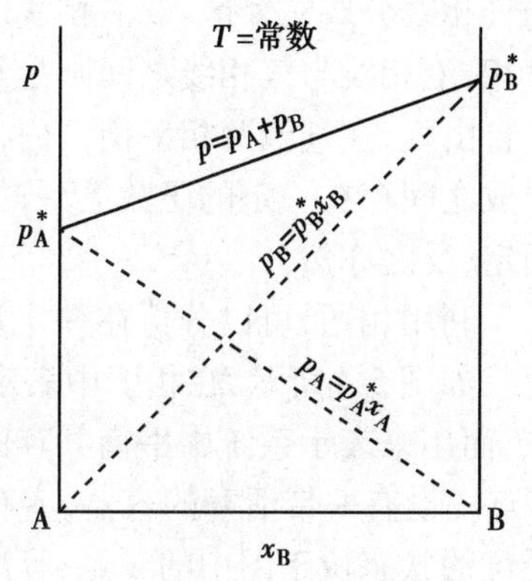

图5-3　理想液态混合物的蒸气压-液相组成图

若以y_A和y_B分别代表气相中组分A和组分B的摩尔分数，根据分压定律：

$$p_A=p\cdot y_A \qquad 式(5\text{-}9)$$

$$p_B = p \cdot y_B \qquad \text{式(5-10)}$$

代入拉乌尔定律得：

$$p_A = p \cdot y_A = p_A^* \cdot x_A$$

$$\because \frac{y_A}{x_A} = \frac{p_A^*}{p} < 1 \qquad \therefore y_A < x_A$$

$$p_B = p \cdot y_B = p_B^* \cdot x_B$$

$$\because \frac{y_B}{x_B} = \frac{p_B^*}{p} > 1 \qquad \therefore y_B > x_B$$

由此得到以下结论：在相同温度下，蒸气压相对较高的易挥发组分 B，在气相中的含量大于它在液相中的含量，对于蒸气压相对较低的难挥发组分 A 则相反，此规律称为柯诺瓦洛夫第一定律(Konowalov's first law)。

若要全面描述溶液蒸气压与气、液两相平衡组成的关系，可将平衡时蒸气压与气相组成的关系也绘入图 5-3 中即得图 5-4，气相组成可由下式求得：

$$y_B = \frac{p_B}{p} = \frac{p_B^* x_B}{p_A^* + (p_B^* - p_A^*) x_B} \qquad \text{式(5-11)}$$

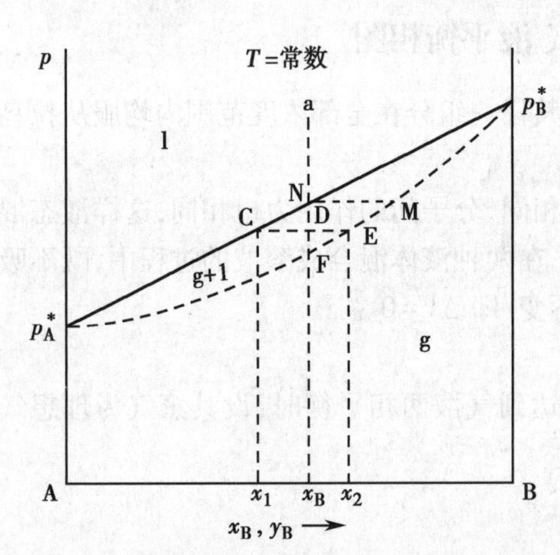

图 5-4 理想液态混合物的 p-x 图

取不同的 x_B 值代入式(5-11)，求出相应的气相组成 y_B 值，由此得到总蒸气压与气相组成的关系。图 5-4 即为理想液态混合物在一定温度下的压力-组成图，这里的组成即包括气相组成也包括液相组成，因此该图实际上是 p-x-y 图，实际研究中为了方便就简写为 p-x 图，后面的完整的系统相图也是如此。图中的实线表示了理想液态混合物的总蒸气压与液相组成之间的关系，称为液相线。图中的虚线表示了理想液态混合物的总蒸气压与气相组成之间的关系，称为气相线。

从图中可以看出，整个相图被液相线与气相线分成三个区域，液相线以上的区域为单一液相，在气相线以下的区域为单一气相，液相线与气相线之间则是气液两相平衡共存区。在单相区内，$\Phi=1, f=2$，有两个自由度，在气液两相平衡区内，$\Phi=2, f=1$，只有一个自由度，压力与液相组成和气相组成之间存在一定的函数关系，如果压力一定，则平衡时液相组成和气相组成也随之而定，反之亦然。

利用相图，可以分析在一定温度下，系统压力或组成变化时，系统状态的变化情况。如图 5-4 所示，在相图中表示系统状态的点称为物系点(point of system)，如图中 a 点，而用来表示系统中平衡共存的各相状态的点称为相点(point of phase)，如 C 点和 E 点。设有一带活塞的容器，盛有组成为 x_B 的 A、B 混合溶液，在一定温度和压力下此系统的状态位于图中的 a 点，等温条件下降低压力时，物系点 a 将沿物系组成的垂线向下移动，在到达 N 点前系统一直为液相，到达 N 点时溶液开始蒸发，最初形成蒸气的状态是图中的 M 点，若继续降压，物系点进入两相平衡区。随着压力的降低，液相不断蒸发为蒸气，液相的状态沿液相线由 N 点向下方移动，而与之平衡的气相状态则沿气相线由 M 点向下移动。当物系点到达 D 点时，系统呈液-气两相平衡，液相和气相的状态点分别为 C 点和 E 点（即系统的相点），两个平衡相点的连接线称为结线，如 CE 线。若系统的压力继续降低，物系点向下移动到 F 点时，系统中液相几乎全部蒸发为蒸气，此后，系统进入气相的单相区。

（二）温度-组成图

在一定压力下，表示二组分系统气液平衡时溶液的沸点与组成关系的相图称为温度-组成图或沸点-组成图（即 T-x-y 图简写为 T-x 图）。在药物的科学实验研究和生产中，常遇到的蒸馏和精馏一般都是在等压下进行的，因此实际工作中 T-x 图比 p-x 图更为实用。

T-x 图可通过 p-x 图绘制，也可直接由实验数据来绘制。绘制方法是：先配制一系列不同组成的二组分溶液，依次放入沸点仪（boiling point apparatus）（图 5-5）中进行加热，记录各溶液的沸点，同时分别从冷凝管下端球形小室 D 中和烧瓶的支管 L 中取样分析沸腾时气、液两相的组成，然后将沸点和组成数据绘制在 T-x 图中，便得到如图 5-6 所示的相图。

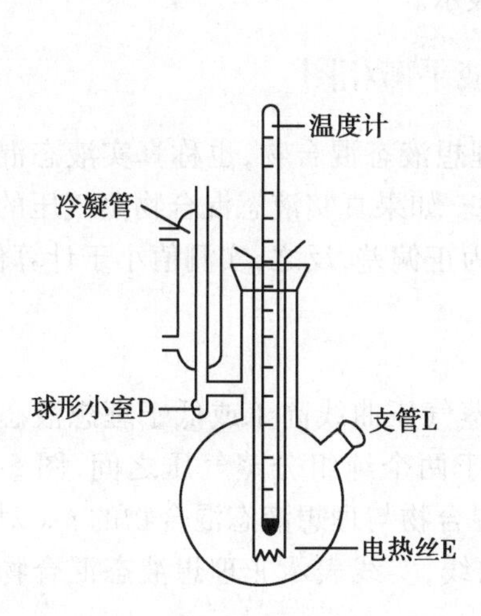

图 5-5 沸点仪示意图

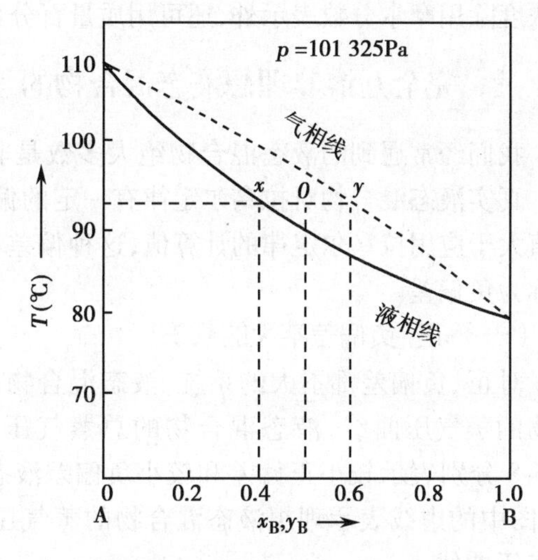

图 5-6 理想液态混合物的 T-x 图

T-x 图的形状恰似 p-x 图的倒转。饱和蒸气压高的纯组分其沸点就低，而饱和蒸气压低的纯组分其沸点就高。虚线为气相线，实线为液相线，分别表示溶液的沸点与气相组成和液相组成的关系。气相线以上的区域为气相区，液相线以下的区域是液相区。在气相、液相两个单相区内，系统的 $\Phi=1$，$f=2$。在气相线和液相线中间的气、液两相平衡区内，系统的 $\Phi=2$，$f=1$。

T-x 图与 p-x 图不同之处就在于即使是理想液态混合物，在 T-x 图上的液相线也不是直线，而是曲线。

（三）杠杆规则

在图 5-4 中，设 A、B 二组分组成的系统中物质的总量为 n mol，当物系点在两相平衡区的 D 点时，C 点、E 点分别表示两相平衡系统中的液、气两相的相点，液相中物质的总量为 $n_l$mol，气相中物质的总量为 $n_g$mol。物系点 D 中 B 组分的摩尔分数为 x_B，组

笔记

分 B 在液相中摩尔分数为 x_1，气相中摩尔分数为 x_2。

组分 B 在系统中的总量必定等于组分 B 在液相中的量和在气相中的量之和，即

$$nx_B = n_1x_1 + n_gx_2$$

因为

$$n = n_1 + n_g$$

所以

$$(n_1+n_g)x_B = n_1x_1 + n_gx_2$$

$$n_1x_B + n_gx_B = n_1x_1 + n_gx_2$$

$$n_1(x_B - x_1) = n_g(x_2 - x_B) \qquad \text{式(5-12)}$$

或

$$\frac{n_1}{n_g} = \frac{x_2 - x_B}{x_B - x_1} = \frac{DE}{CD} \qquad \text{式(5-13)}$$

式(5-12)与式(5-13)称为杠杆规则(lever rule)。结线 $\overline{CE}$ 恰似一根杠杆，物系点 D 好似杠杆的支点，两个相点 C 和 E 为力点，分别悬挂着重物 n_1 和 n_g。当杠杆平衡时，支点两边的力矩相等。只要知道杠杆平衡的物系点和相点，就可以利用杠杆规则求出气、液两相的相对量。

杠杆规则适用于任何两相平衡系统；既适用于 p-x 相图也适用于 T-x 相图；系统中的浓度除用摩尔分数表示外，还可用质量百分数表示。

三、完全互溶非理想液态混合物的气-液平衡相图

我们经常遇到的液态混合物绝大多数是非理想液态混合物，也称真实液态混合物。真实液态混合物对拉乌尔定律有一定的偏差。如果真实液态混合物蒸气压的实测值大于应用拉乌尔定律的计算值，这种偏差称为正偏差，反之，实测值小于计算值，则称为负偏差。

（一）正、负偏差不大的系统

对正、负偏差都不大的系统，液态混合物的蒸气压曲线高于或低于理想液态混合物的蒸气压曲线，液态混合物的总蒸气压介于两个纯组分蒸气压之间，图 5-7、图 5-8 分别表示较小正偏差和较小负偏差液态混合物与理想液态混合物的 p-x 对比图，图中的虚线表示理想液态混合物的蒸气压曲线，实线表示非理想液态混合物的蒸气压曲线。

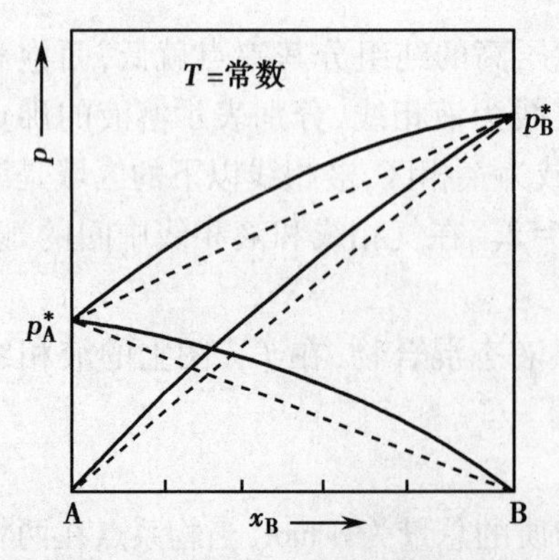

图 5-7 较小正偏差系统与理想液态混合物的蒸气压-液相组成对比图

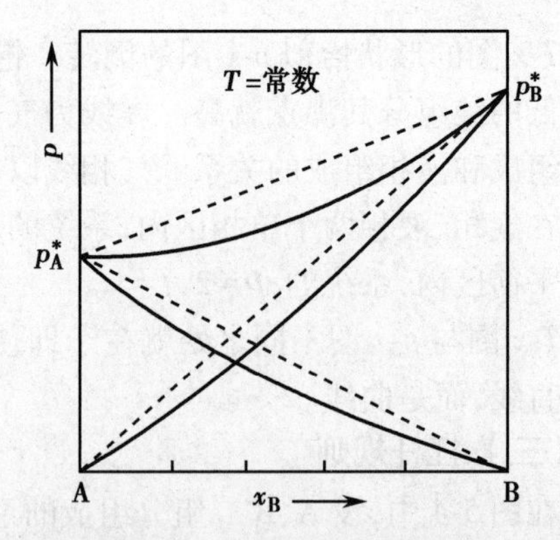

图 5-8 较小负偏差系统与理想液态混合物的蒸气压-液相组成对比图

如果分别把图 5-7 中的液相组成 x_B 对应的气相组成 y_B 点连接起来就得到图 5-9，它完整地描述较小正偏差非理想液态混合物气-液平衡的 p-x 相图，实线为液相线，虚线为气相线；图 5-10 是较小正偏差非理想液态混合物的 T-x 相图，与 p-x 相图相反，气相线在上，液相线在下，如甲醇-水溶液的相图属于具有较小正偏差的情况。同理，图 5-8 中把对应的气相组成 y_B 点连接起来绘制出气相线，得到图 5-11 为较小负偏差非理想液态混合物气-液平衡的 p-x 相图，同样可以得到对应的图 5-12T-x 相图，如乙醚-氯仿溶液属于具有较小负偏差的情况。

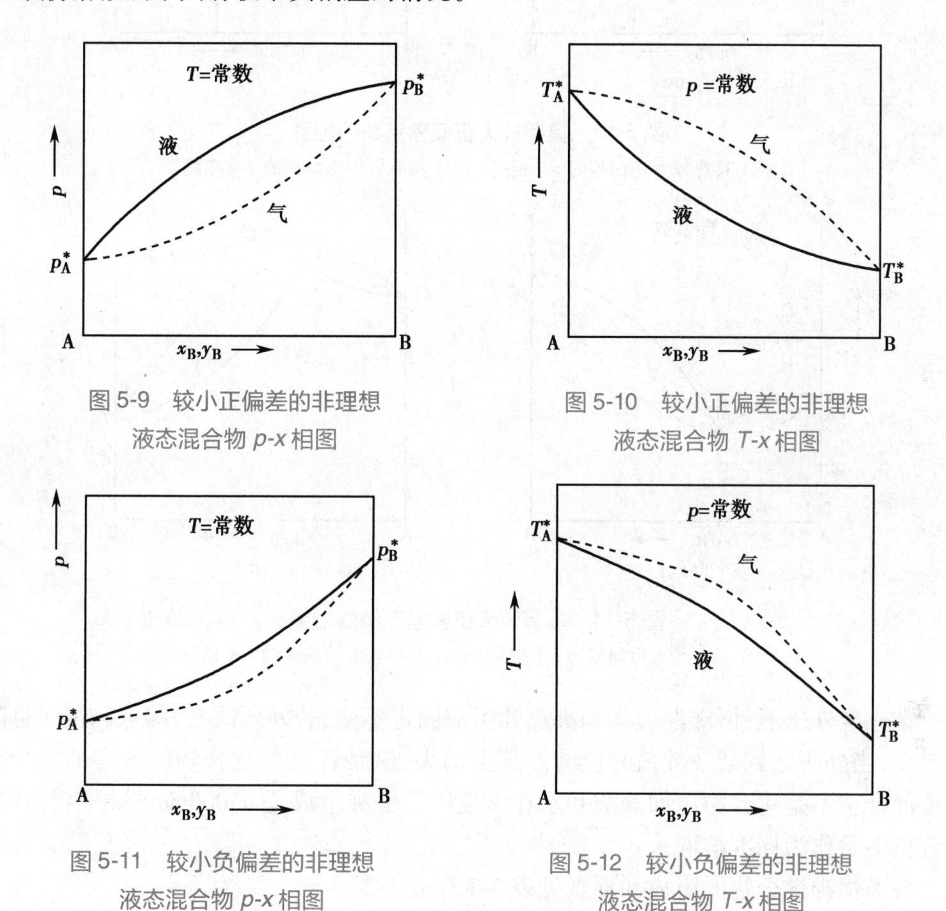

图 5-9　较小正偏差的非理想液态混合物 p-x 相图

图 5-10　较小正偏差的非理想液态混合物 T-x 相图

图 5-11　较小负偏差的非理想液态混合物 p-x 相图

图 5-12　较小负偏差的非理想液态混合物 T-x 相图

（二）正、负偏差较大的系统

当正偏差较大时，液态混合物的总蒸气压在 p-x 相图上会出现最高点，如图 5-13(a)，在 T-x 相图上将有最低点，如图 5-13(b)。乙醇-水混合物系统就属于这类具有较大正偏差的系统。

当负偏差较大时，液态混合物的总蒸气压在 p-x 相图上会出现最低点，如图 5-14(a)，在 T-x 相图上将有最高点，如图 5-14(b)。硝酸-水混合物系统就属于具这类有较大负偏差的系统。

在 T-x 图上出现最高点或最低点处，气相线和液相线相切，说明在此点的气相组成与液相组成相同，即 $y_B = x_B$，此规则称为柯诺瓦洛夫第二定律（Konowalov's second law）。此点的温度称为恒沸点（azeotropic point），对应于该组成的混合物称为恒沸混合物（azeotropic mixture）。

笔记

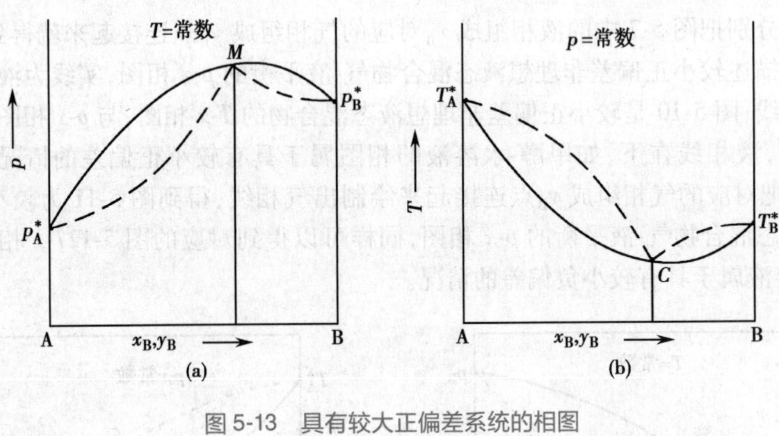

图 5-13 具有较大正偏差系统的相图

(a) 具有较大正偏差的 p-x 相图 (b) 具有较大正偏差的 T-x 相图

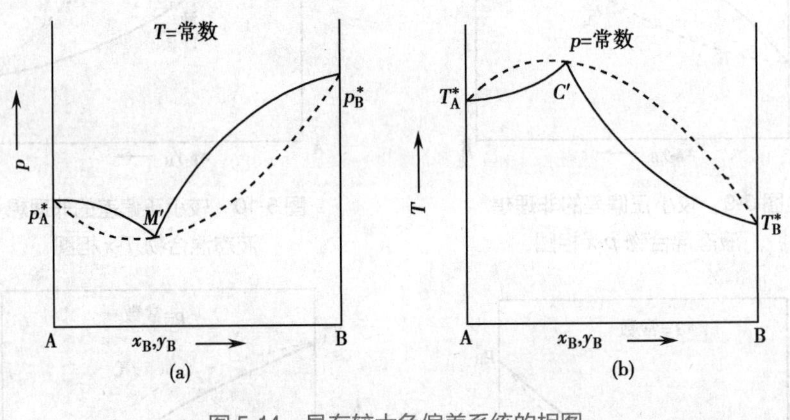

图 5-14 具有较大负偏差系统的相图

(a) 具有较大负偏差的 p-x 相图 (b) 具有较大负偏差的 T-x 相图

在一定外压下，恒沸混合物的沸点和组成固定不变，若外压改变，沸点和组成也随之改变，当外压达到某一数值时恒沸点甚至消失，这种性质是化合物所没有的，因此，恒沸混合物不是化合物。如盐酸和水在大气压下恒沸组成是 6.000mol/dm^3 HCl，在容量分析中可作为标准溶液。

各类恒沸混合物的组成和沸点见表 5-1 和表 5-2。

表 5-1 有最高恒沸点的恒沸混合物（压力为 101.325kPa）

组分 A	组分 B	最高恒沸点(K)	组分 B 的质量分数
水	HNO_3	393.65	0.68
水	HCl	381.65	0.2024
水	HBr	399.15	0.475
水	HI	400.15	0.57
水	HF	393.15	0.37
水	甲酸	380.25	0.77
氯仿	丙酮	337.85	0.20
吡啶	甲酸	422.15	0.18
HCl	甲醚	271.65	0.40

笔记

表 5-2 有最低恒沸点的恒沸混合物（压力为 101. 325kPa）

组分 A	组分 B	最低恒沸点(K)	组分 B 的质量分数
水	C_2H_5OH	351.28	0.9557
四氯化碳	甲醇	328.85	0.2056
二硫化碳	丙酮	312.35	0.33
氯仿	甲醇	326.55	0.126
乙醇	苯	340.78	0.6824
乙醇	氯仿	332.55	0.93

非理想液态混合物产生偏差的原因：

（1）若同种分子的吸引力大于异种分子的吸引力，A 液体中因加入 B 分子减弱了对 A 分子的吸引力，同时对 B 分子的引力也会减弱，因此 A 和 B 都变得容易逸出，A 和 B 的蒸气压都将偏高而产生正偏差，如甲醇加入水中，减弱了水分子之间的氢键作用，水分子更容易向气相逃逸，出现较小正偏差；乙醇加入水中后，乙醇比甲醇具有更强的疏水作用，对水的氢键的减弱能力更强，因此出现较大的正偏差。

（2）若组分 A（或 B）原为缔合分子，当与组分 B 形成溶液后，组分 A 发生解缔合，溶液中 A 的分子数目增加，蒸气压变大，因而产生正偏差。如乙醇是极性的化合物，分子间存在缔合作用，当加入非极性的苯时，乙醇分子间的缔合体解离，非缔合的乙醇分子增多，液相分子更容易向气相蒸发，产生较大的正偏差。

（3）若同种分子的吸引力小于异种分子的吸引力或生成新的化合物，蒸气压降低，产生负偏差。如乙醚是非极性化合物易蒸发，当加入极性较强的氯仿后，分子间形成氢键，溶液中游离的两种分子数均减少，其蒸气压就减小，因而产生负偏差；又如硝酸与水混合后，产生电离作用，使硝酸与水的分子数都减少了，因此产生较大的负偏差。

根据经验可知，一般系统中组分 A 发生正偏差，则组分 B 也发生正偏差，反之，若组分 A 发生负偏差，则组分 B 也发生负偏差。

四、蒸馏与精馏原理

在实验室、工业生产尤其近代的药物研究中经常采用蒸馏或精馏的方法分离、提纯液态混合物。

蒸馏（distillation）是一种热力学的分离工艺，它利用混合液体或液-固系统中各组分沸点不同，使低沸点组分蒸发，再冷凝以分离整个组分的单元操作过程，是蒸发和冷凝两种单元操作的联合。

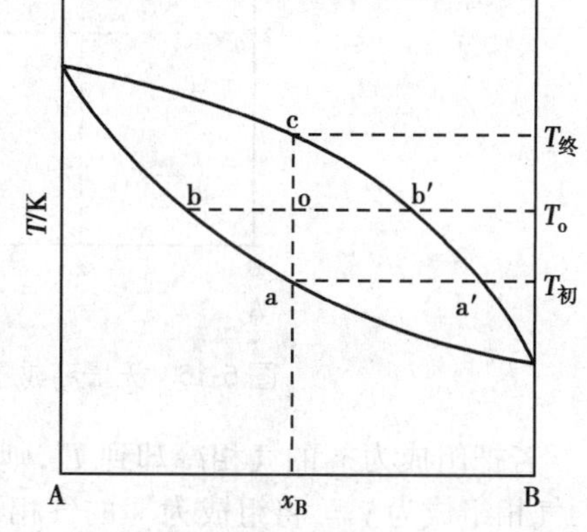

图 5-15 蒸馏过程的 T-x 示意图

蒸馏过程如图 5-15，将某组成的液态混合物置于等压密闭的容器中加热，当加热到 $T_{初}$ 时，液态混合物开始沸腾，此温度称为初沸点，此时液相和气相组成分别为 a 和 a′。当温度升至 T_0 时，液相和蒸气的组成分别为 b 和 b′，

笔记

当液态混合物的温度升到 $T_{终}$时，液态混合物将全部汽化，组成和最初的液相相同，此温度称为液态混合物的终沸点，由此可知液态混合物没有固定的沸点，只有沸程(range of boiling point)。

最简单的蒸馏器由蒸馏瓶、冷凝器和收集容器组成，将一定组成的液态混合物置于蒸馏器中加热，沸腾时生成的蒸气通过冷凝器不断蒸出，用容器按不同的沸程收集馏出液。如果收集 $T_{初}$-T_0的馏分，蒸馏过程见图 5-15，当加热到 $T_{初}$时，液态混合物沸腾，此时将有蒸气蒸出，馏出液第一滴的组成近似为 a′。当温度升至 T_0时，蒸气的组成由 a′变到 b′，馏出液的最后一滴组成近似为 b′，所以馏出液的总组成约为 a′和 b′之间的平均值。但是在蒸馏瓶中剩余液的组成是 b，而不是 a 到 b 的平均值。

蒸馏是一个动态过程，在蒸馏过程中易挥发的组分较多地蒸出，溶液的沸点不断升高，馏出液组成不断沿气相线变化，蒸馏瓶中液体组成也将沿着液相线变化。如果一直蒸馏到最后一滴，液态混合物的沸点将会升到纯 A 的沸点，蒸馏瓶中液体的组成也变为纯 A。用简单的蒸馏方法只能按不同沸程，即按不同的沸点范围收集若干份馏出液，或除去原溶液中难挥发性杂质，并不能将二组分有效地分离。

要使液态混合物分离较完全，需采用精馏(fractional distillation)的方法。将 A 和 B 构成的液态混合物经过多次部分汽化和部分冷凝，而使之分离的操作，称为精馏。精馏的原理根据液态混合物沸点情况不同可分为两种类型。

1. 无恒沸点的液态混合物系统　如图 5-16，设欲分离的 A 和 B 混合液组成为 x，等压下将混合液加热至温度 T_4，混合液部分汽化，液相与气相的组成分别为 x_4和 y_4。如果将组成为 x_4的液相移出并加热到 T_5，液相部分汽化，此时液相与气相的组成分别为 x_5和 y_5，把组成为 x_5的液相再升温至 T_6，则得到组成为 x_6的液相和组成为 y_6的气相，由于液相点不断沿液相线向 A 移动，即液相中 A 的含量逐渐增加，经过多次部分汽化，最后由液相(残液)得到难挥发组分纯 A。

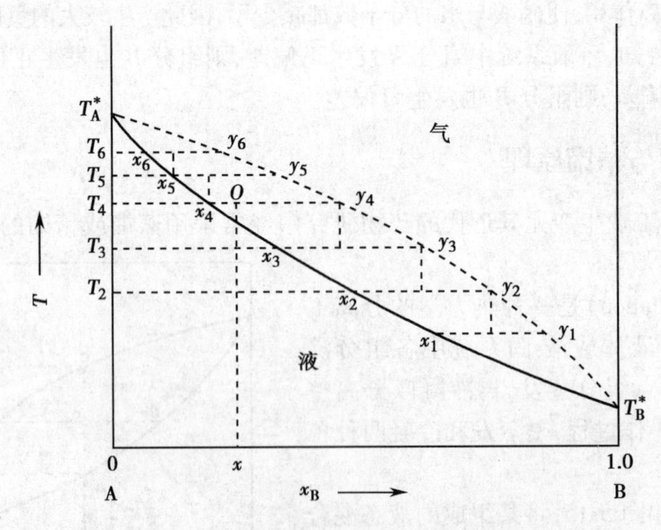

图 5-16　无最高或最低恒沸点溶液的精馏原理图

若把组成为 y_4的气相冷却到 T_3，则气相将部分地冷凝为液体，得到的液相组成为 x_3，气相组成为 y_3。将组成为 y_3的气相再降温至 T_2，就得到组成为 x_2的液相和组成为 y_2的气相。重复上述步骤，不断降温，气相组成将沿着气相线向 B 移动，最后靠近 B，

笔记

由气相(馏出物)得到易挥发组分纯 B。

在工业上这种反复的部分汽化与部分冷凝是在精馏塔中进行的。精馏塔的示意图如图 5-17 所示。

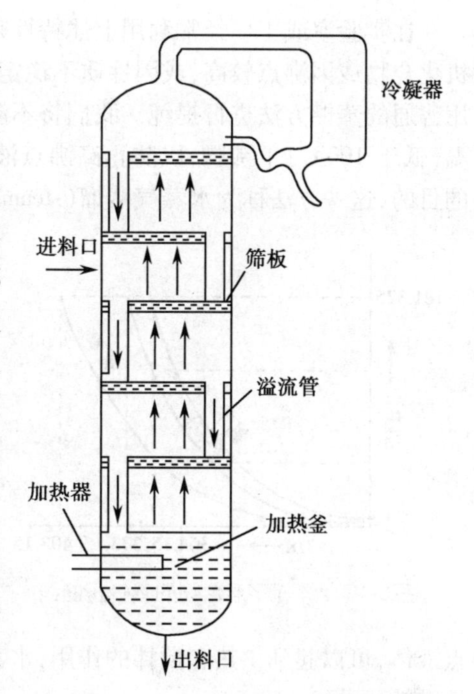

图 5-17 精馏塔的示意图

精馏塔的底部是加热釜,盛有待加热的物料。塔身内有许多层塔板,塔板上有很多小孔,下层气体可经过小孔进入上层进行部分冷凝,小孔顶端盖有泡罩,泡罩边缘浸在液面下,使气体与液体充分接触。此外,塔板上还有一些溢流管,当液态达到一定高度时,便溢流到下层塔板,而蒸气升入高一层的塔板。从塔底到塔顶,温度逐渐降低,每块塔板上的温度是恒定的,每一层塔板就相当于一个简单的蒸馏器,馏出物中易挥发组分愈来愈富集于塔顶,残余物中难挥发组分愈来愈浓缩于塔底。加料口设在塔的中部,塔的顶部是冷凝器,可将低沸点组分的气体冷凝并收集,而高沸点的组分则不断流入加热釜并从釜底排出。

2. 具有最低或最高恒沸点的液态混合物系统　对于这一类型的二组分液态混合物,用精馏的方法不可能分离出两种纯物质,只能得到一个纯组分和一个恒沸混合物。如图 5-13(b)所示,是具有最低恒沸点的系统,如果混合物组成在恒沸点 C 以左,则精馏以后,从塔顶蒸出的是恒沸混合物 C,从塔底流出的是高沸点组分 A;如果组成在恒沸点 C 以右,则精馏结果是在塔顶蒸出恒沸混合物 C,塔底出来的是组分 B。例如水和乙醇就是具有最低恒沸点的系统,在压力为 101.325kPa 时,纯水的沸点为 373.15K,纯乙醇的沸点为 351.45K,此系统最低恒沸点为 351.28K,恒沸混合物中乙醇的质量分数为 0.9557,所以,如用质量分数小于 0.9557 的乙醇混合物进行精馏,就不可能得到纯乙醇,只能得到最低恒沸混合物和纯水。

对于形成恒沸混合物的系统,要使组分能最终分离,必须采用其他特殊的方法和手段,如共沸蒸馏、萃取蒸馏等。

五、完全不互溶双液系统——水蒸气蒸馏

当两种液体的性质差异特别大时,它们之间的相互溶解度非常小,以至于可以忽略不计,则可看成是完全不互溶的系统。例如水与烷烃,水与芳香烃等。严格说来,两种液体完全不互溶是没有的。

当两种互不相溶的液体共存时,在一定温度下,各组分的蒸气压与单独存在时一样,其大小不受另一组分的存在与否及数量多少的影响。因此,系统的总蒸气压等于两纯组分的蒸气压之和,即

$$p=p_A^*+p_B^* \qquad 式(5\text{-}14)$$

由于总蒸气压高于任一纯组分的蒸气压,所以混合液的沸点必然低于任一纯组分的沸点。

在实验室或工厂经常利用上述特性来提纯一些不溶于水的高沸点物质，如某些有机化合物或因沸点较高，或因性质不稳定，在升温未到沸点之前就发生分解，因此不宜用普通的蒸馏方法进行提纯。我们将不溶于水的高沸点液体和水一起蒸馏，使其在低温（低于100℃）下沸腾，以防止高沸点液体在蒸馏时因温度过高而分解，并达到提纯的目的，这一方法称为水蒸气蒸馏（steam distillation）。

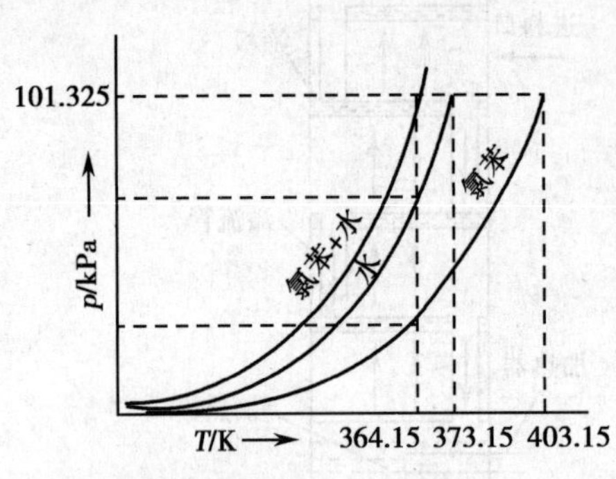

图5-18 水-氯苯混合物的蒸气压曲线

图5-18中三条曲线分别是氯苯、水以及氯苯-水混合物的蒸气压曲线。当外压为101.325kPa时，氯苯的沸点为403.15K，水的沸点为373.15K，而水和氯苯混合物的沸点为364.15K，这是因为在364.15K水和氯苯的蒸气压之和已达到外压，混合物就沸腾了。

馏出物中水和氯苯两者互不相溶，容易分层因此可获得纯氯苯。实际进行水蒸气蒸馏时，常使水蒸气以气泡的形式通过高沸点液体，可以起到供热和搅拌的作用，水蒸气蒸馏特别适用于从天然药物中提取挥发性有效成分。

在水蒸气蒸馏的馏出物中，两种液体的质量比可以由分压定律求出，设蒸气为理想气体，则有

$$p_{H_2O}^* = py_{H_2O} = p\frac{n_{H_2O}}{n_B + n_{H_2O}}$$

$$p_B^* = py_B = p\frac{n_B}{n_B + n_{H_2O}}$$

两式相除，得：

$$\frac{p_{H_2O}^*}{p_B^*} = \frac{n_{H_2O}}{n_B} = \frac{m_{H_2O}/M_{H_2O}}{m_B/M_B}$$

或

$$\frac{m_{H_2O}}{m_B} = \frac{p_{H_2O}^* M_{H_2O}}{p_B^* M_B} \qquad \text{式(5-15)}$$

式(5-15)中 $p_{H_2O}^*$、p_B^* 分别表示纯水和纯有机物B的饱和蒸气压；p 是系统的总蒸气压，M_{H_2O}、M_B 分别表示 H_2O 和有机物B的摩尔质量；m_{H_2O}、m_B 分别表示馏出物中水和有机物的质量。

$\frac{m_{H_2O}}{m_B}$ 称为水蒸气消耗系数，表示蒸馏出单位质量有机物B所需的水蒸气的质量。该系数越小，水蒸气蒸馏的效率越高。由式(5-15)可以看出，若有机物的蒸气压 p_B^* 越高，摩尔质量 M_B 越大，水蒸气消耗系数越小，蒸馏效率就越高。

例5-5 在101.325kPa时，水和硝基苯混合系统的沸点为372.15K，在此温度水的蒸气压为97.725kPa，硝基苯（沸点为484.15K）的摩尔质量为 123×10^{-3} kg/mol。用水蒸气蒸馏法蒸馏出1kg硝基苯，理论上需要多少千克水蒸气？并求馏出液中硝基苯的质量百分数。

解：根据式(5-15)

笔记

$$\frac{m_{H_2O}}{m_B}=\frac{p^*_{H_2O}M_{H_2O}}{p^*_B M_B}$$

$$m_{H_2O}=1\times\frac{18.02\times10^{-3}\times97.725}{123\times10^{-3}\times(101.325-97.725)}=3.98$$

$$\frac{m_{C_6H_5NO_2}}{m_{C_6H_5NO_2}+m_{H_2O}}=\frac{1}{1+3.98}\times100\%=20.1\%$$

所以理论上蒸馏出 1kg 硝基苯需要水蒸气 3.98kg。馏出物中硝基苯的质量百分数为 20.1%。

第五节　二组分液-液平衡系统

两种液体间相互溶解的能力与它们的性质有关，当两种液体的极性等性质有显著差异，由两者所形成的系统对拉乌尔定律有较大的偏差时，可导致两液体发生部分互溶现象。从实验上看，在一定的温度下，当某一组分的量很少时，可溶于另一大量的组分而形成一个不饱和的均相溶液。然而当溶解度达到饱和并超过极限时，系统将分层形成两个饱和液层，这对彼此互相饱和的两溶液称为共轭溶液(conjugated solution)。

水和丁醇、水和苯酚等均为部分互溶的系统。根据溶解度随温度变化的规律，可将此类系统分为三种情况，下面分别讨论。

一、具有最高临界溶解温度系统的相图

水-苯酚的系统是具有最高临界溶解温度的系统。见图 5-19，在常温下，我们将少量的苯酚加入水中时，苯酚能完全溶解在水中，形成苯酚在水中的不饱和溶液。若继续加入苯酚，将达到苯酚的饱和溶解度 a 点，一定温度下，a 点的浓度是一定的。再继续加苯酚时，溶液出现两个液层，一层是苯酚在水中的饱和溶液，另一层是水在苯酚中的饱和溶液，这两个液层是平衡共存的，称为共轭溶液。两液层的组成分别为该温度下苯酚在水中的溶解度及水在苯酚中的溶解度，其相点分别为 a 点和 b 点，不管物系点 x 在 ab 水平线上怎样移动，两个共轭相的组成均不变，但是两相的相对量有增减。ab 为连结线，两共轭溶液的相对质量可以根据杠杆规则计算。

在一定压力下，升高温度，两液体的相互溶解度也会逐渐增加。当升到一定温度时，即到达 c 点，此时两种液体完全互溶，系统成为一相，c 点的温度称为最高临界溶解温度(critical solution temperature)。当温度高于最高临界溶解温度时，苯酚和水可以以任意比互溶。例如，若对组成在 d 点的系统加热，随着温度的升高，苯酚在水中的溶解度沿 ag 线变化，水在苯酚中的溶解度沿 bf 线变化，水层的量越来越少，苯酚层的量逐渐增加，当温度升高到 f 点时，最后水

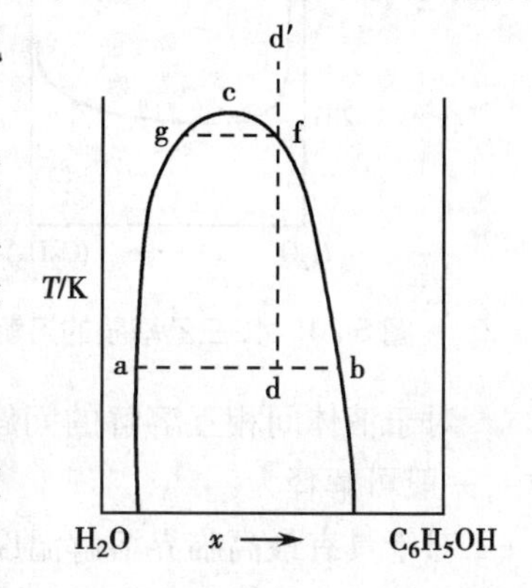

图 5-19　水-苯酚系统的溶解度图

层消失时的组成为 g，系统最终由两相变为一相。

图中曲线 acb 是等压下苯酚和水两液体的相互溶解度与温度变化的关系曲线，称为溶解度曲线。曲线以外是液相单相区，根据相律 $f=K-\Phi+1=2-1+1=2$，说明温度与组成可以在一定范围内独立变动，曲线以内是二相共存区，则 $f=K-\Phi+1=2-2+1=1$，此时只有一个自由度，若温度一定，则两相的组成不变，反之，若两相的组成一定，则温度就是定值。

具有最高临界溶解温度的系统除了苯酚-水以外，还有苯胺-水、正丁醇-水、正己烷-硝基苯等。

二、具有最低临界溶解温度系统的相图

水-三乙基胺系统属于这类系统，其溶解度曲线如图 5-20 所示，当温度降低时，两液体相互溶解度随温度的降低而增大，当温度降至某一数值时，两液体可以完全互溶，该温度称为最低临界溶解温度。从图中可以看出，水与三乙基胺系统的最低临界溶解温度为 291K。在此温度以下，两种液体以任意比完全互溶，成一均匀的液相。

三、具有两种临界溶解温度系统的相图

水-烟碱系统属于这类系统，从图 5-21 可以看出，333K 以下和 481K 以上，水-烟碱系统能以任何比例互溶，这种系统的溶解度图是一个完全封闭式的曲线，此类系统在一定温度范围内既出现最高临界溶解温度，又出现最低临界溶解温度。在曲线内部系统就分为两相，一相为烟碱在水中的饱和溶液，另一相为水在烟碱中的饱和溶液，曲线外部为单相。

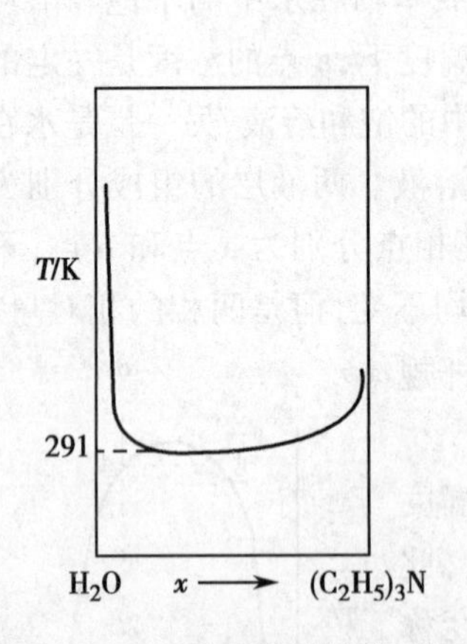

图 5-20　水-三乙基胺的溶解度图

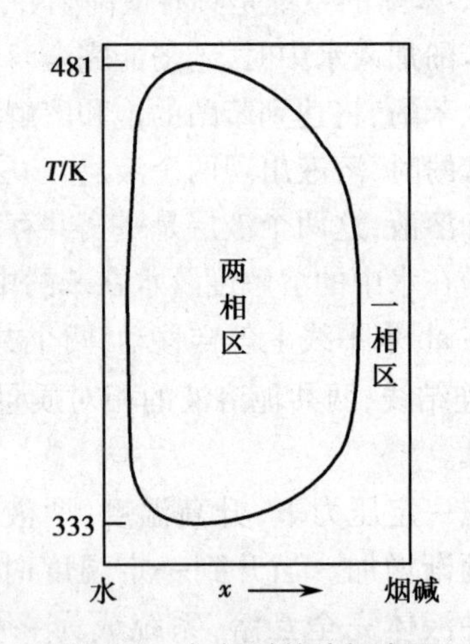

图 5-21　水-烟碱的溶解度图

对于液体间相互溶解的问题，至今还没有普遍的规律。在以上出现的几种情况中，一般可解释为：

对于具有最高临界溶解温度的系统，在低温时分子动能小，升高温度则动能增加，因而相互溶解度增加，最后能均匀混合；对于具有最低临界溶解温度的系统，可能是在低温下，两种液体能形成结合较弱的化合物，例如氢键的形成等，所以在较低温度下能

笔记

够完全互溶,若升高温度,化合物发生解离,系统又出现两层。对于具有两种临界溶解温度的系统,可能以上两种情况同时存在。

例 5-6 由 A、B 二组分组成的混合液 10kg,含 B 的质量分数为 0.55,在一定温度和压力下,此系统形成共轭溶液,一层中含 B 的质量分数为 0.30,另一层含 B 的质量分数为 0.75,问:(1) 两层的质量各为多少千克?(2) 最少加入多少千克的 B 物质,系统将成为单相?

解:(1) 设一层质量为 $x$kg,则另一层质量为 $(10-x)$kg,由杠杆规则:

$$x(0.55-0.30)=(10-x)(0.75-0.55)$$

解得:

$$x=4.44\text{kg}$$

另一层质量为:$10-x=10-4.44=5.56\text{kg}$

(2) 当系统中含 B 的总组成达质量分数为 0.75 时,系统就成为单相。所以设最少加入 B 的质量为 y,则:

$$\frac{10\times0.55+y}{10+y}=0.75$$

解得:

$$y=8.00\text{kg}$$

第六节 二组分液-固平衡系统

对于只有液相和固相构成的二组分凝聚系统来说,一般可不考虑压力对相平衡的影响。所以相律可表达为:$f=K-\Phi+1=3-\Phi$。最大自由度 $f=2$,只需用温度和组成两个变量来描述系统,即用 T-x 相图来描述这种系统相态的变化。

二组分凝聚系统的相图种类较多,除几种较为简单的类型外,一般都比较复杂。但都是由若干基本类型的相图所构成的。

一、简单低共熔混合物的相图

液相完全互溶而固相完全不互溶的二组分液-固平衡系统的相图,是这类相图中最简单的一种。这种相图一般有两种绘制方法:对金属(或晶体)系统一般用热分析法,对水-盐系统一般用溶解度法。

(一) 热分析法

热分析法是绘制相图最常用的方法,其基本原理是根据系统在冷却或加热过程中系统的温度随时间变化的关系,来判断系统中是否有相变化发生。

通常是把晶体 A 和 B 按不同比例配制成若干份,分别加热每份样品,使之全部熔融,然后自然冷却,记录冷却过程中样品温度随时间的变化情况,根据实验数据作温度对时间的曲线,此线称为步冷曲线。

在系统冷却过程中,不发生相变化时,温度随时间均匀下降,步冷曲线平滑。若系统内发生相变,即有固体析出,由于放出凝固热使得温度随时间变化变得平缓或出现温度不随时间而变的现象,则步冷曲线出现转折或水平线段,而转折点及水平线段所对应的温度就是发生相变的温度。把这些不同组成下的步冷曲线出现转折点或平台的温度绘制到温度-组成图上,然后将所有的点用曲线连接起来,就可得到所要的相图。

笔记

现以 Bi-Cd 系统为例。图 5-22(a)是根据实验数据绘制出来的 Bi-Cd 系统的步冷曲线。

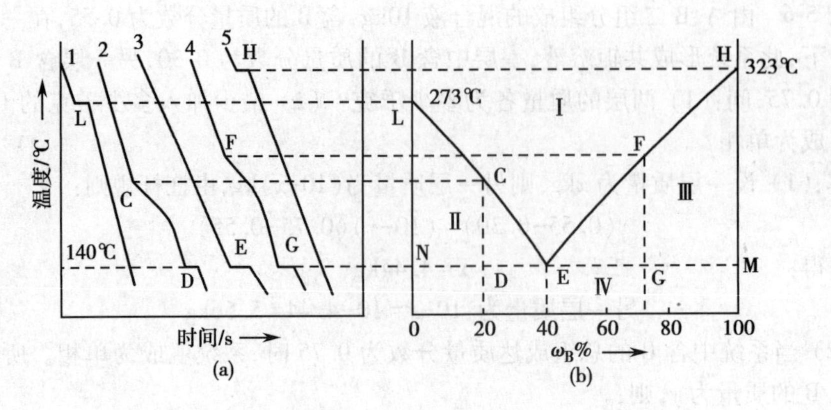

图 5-22 Bi-Cd 系统的步冷曲线和温度-组成图

(a) Bi-Cd 系统的步冷曲线 (b) Bi-Cd 系统的温度-组成图

图 5-22(a)中,曲线 1:是纯 Bi 的冷却曲线,开始温度随时间均匀下降,当到达凝固点 273℃时,固体 Bi 开始析出。将相律用于此系统,$f=K-\Phi+1=1-\Phi+1=2-\Phi$,当系统到达凝固点前,只有一个液相,所以 $f=1$,即温度可以自由降低,但是温度到达凝固点时,系统中有固相析出,则系统为二相平衡,此时 $f=0$,表明温度不能发生变化,在步冷曲线上出现了水平线段,直到液体全部转变为固体,系统呈单一固相,温度再次下降,至于水平线段的长度则由样品质量的多少决定。

曲线 2:是含 Cd 质量分数为 20%的 Bi-Cd 混合物的步冷曲线。对二组分系统,根据相律,等压下,$f=2-\Phi+1=3-\Phi$。当液相开始冷却时,系统只有一个相,因此温度可均匀下降;但到纯 Bi 的熔点时没有固体析出,这是由于混有 Cd 而使 Bi 的凝固点降低;当曲线出现转折点时,表示 Bi 开始析出,$\Phi=2$,$f=1$,温度仍然能下降,因有固体析出,放出了凝固热,使得降温速率变慢,曲线斜率变小。而到 140℃时 Bi 和 Cd 按一定比例同时析出,析出的混合物称为最低共熔混合物(eutectic mixture),对应的温度称为最低共熔点(eutectic point)。此时 $\Phi=3$,$f=0$,表示系统的温度和液相组成都不能任意变化,在步冷曲线上出现了水平线段。

曲线 3:是含 Cd 40%的 Bi-Cd 混合物的步冷曲线。组成刚好与最低共熔混合物相同,当温度降到 140℃时,两固体同时析出,自由度数为零,冷却曲线上出现了水平线段,对应的温度称为最低共熔点。当结晶完毕,液相消失,温度再继续下降。

曲线 4:是含 Cd 70%的 Bi-Cd 混合物的步冷曲线。与曲线 2 相类似,当温度低于纯 Cd 的熔点时先析出纯 Cd。

曲线 5:是纯 Cd 的步冷曲线。与曲线 1 相类似,只是水平线段的位置不同,在 Cd 的熔点 323℃时,出现水平线段。

把上述五条步冷曲线中转折点和水平线段的温度及与之对应的浓度绘制成图,即为具有最低共熔温度系统的相图,见图 5-22(b)。

相图由 LE、HE 和 NM 三条线构成,LE、HE 线代表纯固态(Bi 或 Cd)与熔融液呈平衡时,液相的组成与温度的关系曲线。NM 线为三相线,线上(不含 N、M 两个端点)$\Phi=3$,$f=0$。L 点与 H 点是纯 Bi 和纯 Cd 的凝固点(或熔点),E 点是最低共熔点,温度为 140℃,

笔记

组成为含 Cd 40%。Ⅰ区为液相单相区，$\Phi=1$，$f=2$，Ⅱ区为液相与固体 Bi 两相平衡共存区，Ⅲ区为液相与固体 Cd 两相平衡共存区，Ⅳ区为固体 Bi 与固体 Cd 两相平衡区，在两相区，$\Phi=2$，$f=1$。

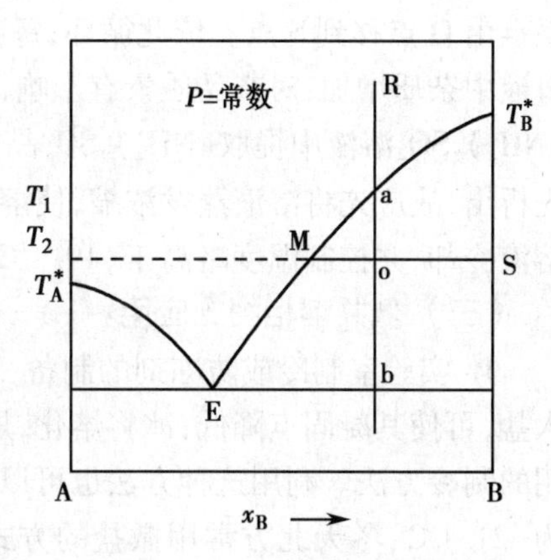

图 5-23 具有低共熔点系统结晶示意图

例 5-7 如图 5-23 所示，组分 A 和组分 B 形成具有低共熔点的系统，设一总重量为 10kg，含 B 的质量分数为 0.7 的 A、B 混合液，当温度降至液相含 B 的质量分数为 0.5 时，析出 B 的晶体为多少？

解：依题意 3kg(A)+7kg(B)=10kg，设析出 B 为 $x$kg，根据杠杆规则：

$$(1-0.7)x=(0.7-0.5)(10-x)$$

解得：$x=4.0$kg

（二）溶解度法

对于水-盐系统常采用溶解度法绘制相图。等压下，测定不同浓度下水的凝固点和不同温度下盐的溶解度，再以温度对浓度作图，就得到水-盐相图。

图 5-24 就是用溶解度法绘制的 H_2O-$(NH_4)_2SO_4$系统的相图。图中 LA 是水的凝固点降低曲线，AN 是$(NH_4)_2SO_4$的溶解度曲线，A 点(−19.1℃，38.4%)是冰、$(NH_4)_2SO_4$和溶液三相共存。

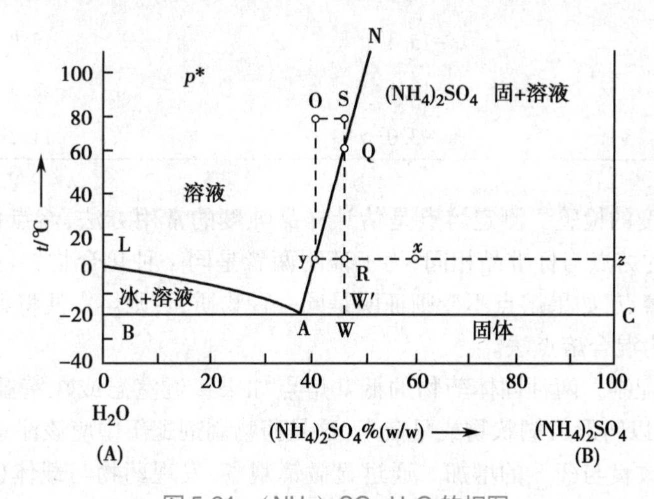

图 5-24 $(NH_4)_2SO_4$-H_2O 的相图

用结晶法分离盐类时，可应用此类相图。例如要得到较纯的固体$(NH_4)_2SO_4$，可将粗盐在热水中溶解，其浓度大于 A 点，如 S 点(47%，80℃)，过滤除去不溶性杂质，再冷却到 Q 点时有晶体$(NH_4)_2SO_4$析出，继续冷却到 R 点，过滤得晶体。$(NH_4)_2SO_4$的量可由杠杆规则求得：

$$\frac{液体的量}{固体的量}=\frac{\overline{Rz}}{\overline{Ry}}$$

移去$(NH_4)_2SO_4$固体后，剩余的母液组成为 y，再把它加热到 O 点，溶入粗盐使物

笔记

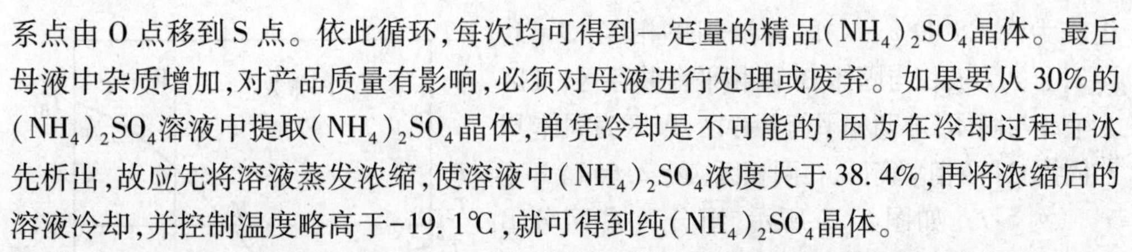

系点由 O 点移到 S 点。依此循环，每次均可得到一定量的精品$(NH_4)_2SO_4$晶体。最后母液中杂质增加，对产品质量有影响，必须对母液进行处理或废弃。如果要从 30%的$(NH_4)_2SO_4$溶液中提取$(NH_4)_2SO_4$晶体，单凭冷却是不可能的，因为在冷却过程中冰先析出，故应先将溶液蒸发浓缩，使溶液中$(NH_4)_2SO_4$浓度大于 38.4%，再将浓缩后的溶液冷却，并控制温度略高于-19.1℃，就可得到纯$(NH_4)_2SO_4$晶体。

（三）低共熔相图的应用

1. 实验室制冷或防冻剂的制备　水-盐系统能形成低共熔混合物，若向冰水中加入盐，可使其凝固点降低，冰将熔化，熔化时系统吸热而使温度下降，这便是实验室常用的制冷方法。利用这种方法也可以制备各种防冻剂。例如 NaCl 与水的最低共熔点为-21.1℃，冬天北方常用撒盐的方式来防止道路结冰；在化工生产中，经常以 $CaCl_2$ 水溶液作为冷冻的循环液，就是按照最低共熔点的浓度配制盐水，在-55℃以上不会结冰。表 5-3 列出了一些水-盐系统的最低共熔点，实验中可根据需要进行选择。

表 5-3　一些水-盐系统的最低共熔点（压力为 101.325kPa）

盐	最低共熔点（℃）	低共熔混合物组成（%）
NaCl	-21.1	23.3
KCl	-10.7	19.7
$CaCl_2$	-55	29.9
Na_2SO_4	-1.1	16.5
NH_4Cl	-15.4	18.9
$(NH_4)_2SO_4$	-19.1	38.4
KNO_3	-3.0	11.2

2. 样品纯度的检验　测定熔点是估计样品纯度的常用方法，熔点偏低含杂质就多。测得样品的熔点与标准品相同，为了证明两者是同一种化合物，可把样品与标准品混合后再测熔点，如果熔点不变则证明是同一种物质，否则熔点便将大幅度降低，这种鉴别方法称为混合熔点法。

3. 药物的配制　两种固体药物的低共熔点如果接近室温或在室温以下，便不宜混在一起配方，以防形成糊状物或呈液态，这是药物制剂配伍中应该注意的问题。

4. 剂型的改良与药效的增加　通过显微镜观察，发现药物与载体（或两种药物）在低共熔点析出的低共熔混合物是均匀而细小的微晶，而在其他组成时析出的颗粒大而且不均匀。微晶与大颗粒相比较，分散度高，表面能大，易溶于水，药物的溶解度增加，有利于吸收，进而使药效增加。

二、形成化合物的二组分系统相图

在有些二组分液-固平衡系统中，组分 A 和组分 B 可能生成化合物，形成第三个组分，由于三个组分间有一化学反应平衡式，因此组分数仍为 2，仍可以用温度-组成图来表示生成化合物系统的相平衡关系。所形成的化合物有稳定化合物和不稳定化合物两种类型。

笔记

（一）生成稳定化合物的相图

若组分 A 和组分 B 生成了具有固定熔点(称为相合熔点)的化合物 AB,当它熔化时,平衡液相的组成与化合物的组成是一致的,此化合物 AB 称为稳定化合物。图 5-25 是这类相图中最简单的一种,如苯酚-苯胺的二组分系统相图就属于此种相图,它们之间能生成具有固定熔点的化合物 $C_6H_5OH \cdot C_6H_5N_2$。相图中除了有固体 A 和固体 B 的熔点 $T_A{}^*$ 与 $T_B{}^*$ 外,还有一个 C 点,即此稳定化合物的熔点,这种相图相当于 A-AB 和 AB-B 两个简单低共熔点相图组合而成。

水和硫酸可形成有稳定熔点的三种水合物,其相图可分成四个简单低共熔相图来分析,相图上有四个低共熔点。通过分析相图可以解释为什么冬天运输或贮存硫酸时要将质量浓度 98%的硫酸稀释到 93%★。

（二）生成不稳定化合物的相图

这类化合物不同于上述稳定化合物,这种化合物在熔点之前就分解为液相和另外一种固相,故称为不稳定化合物。见图 5-26。

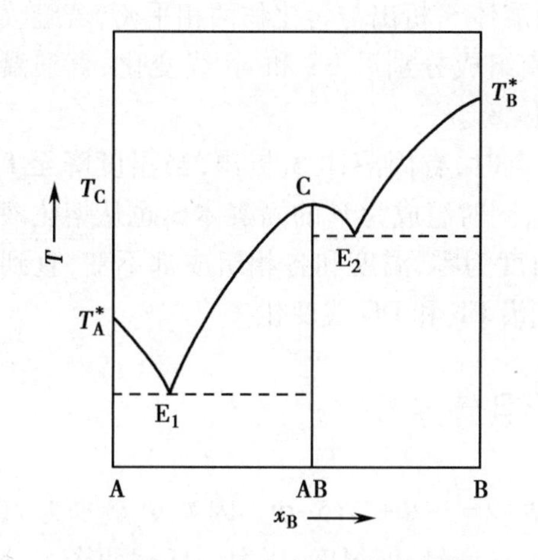

图 5-25 形成稳定化合物的相图

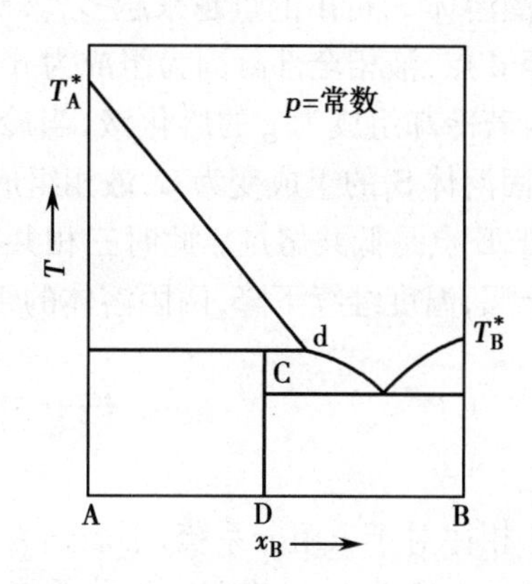

图 5-26 形成不稳定化合物的相图

将化合物 D 加热,物系点 D 向上移动,到达 C 点时,化合物开始分解为固体 A 和组成为 d 的溶液,此时的温度称转熔温度,系统呈三相平衡,根据相律,自由度为零,系统的温度和各相组成都不改变,直到化合物全部分解,温度才继续上升,进入固体 A 和溶液的两相区,若温度再升高,系统进入单一液相区。

三、二组分固态部分互溶系统相图

属于此类系统的有尿素-氯霉素、尿素-磺胺噻唑等。一般是两个组分在液态时可无限混溶,而固态在一定浓度范围内形成互不相溶的两相,对这种系统来说,可以有三个相(两个固溶体和一个液相)共存。因此根据相律 $f=2-3+1=0$,在步冷曲线上出现水平线段。

如图 5-27 所示,图中 A′E 与 B′E 是液相的组成线,A′C 与 B′D 是固溶体组成线,在 A′EB′线的上面为熔化物(液相),A′CE 是 B 溶在 A 中的固溶体 S_1 与熔化物的两相共存区,B′DE 是 A 溶在 B 中的固溶体 S_2 与熔化物的两相共存区,A′AFC 是固溶体 S_1 的单相区,B′BGD 是固溶体 S_2 的单相区,CFGD 是 S_1 与 S_2 共轭固溶体的两相区,在 CED 线上为三相平衡。

笔记

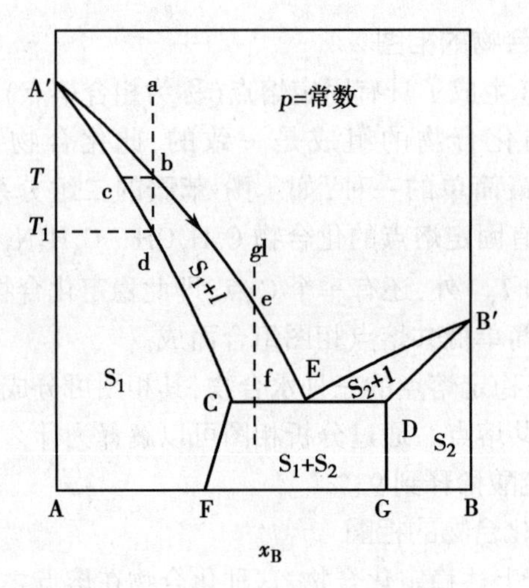

图 5-27 固态部分互溶系统相图

若系统从 a 点开始冷却，到达 b 点时，固溶体 S_1 析出与熔化物两相平衡，若继续降温，固溶体 S_1 析出的量越来越多，液相与固相组成分别沿 bE 和 cd 线变化，直到温度降至 d 点，液相全部凝固为组成为 d 的固溶体 S_1。

若冷却组成为 g 的熔化液，当冷却至 e 点时，有固溶体 S_1 析出，当温度降至 f 点时，固溶体 S_1 的组成变为 C，液相组成变为 E，同时组成为 D 的固溶体 S_2 也从熔化液中析出，E 点是低共熔点。此时三相共存，自由度为零，温度和各相组成都不变，直到液相干涸，温度继续下降，两固溶体的组成分别沿 CF 和 DG 线变化。

第七节 三组分系统

相律对于三组分系统，可表达为：$f=K-\Phi+2=3-\Phi+2=5-\Phi$。因为 Φ 最少为 1，则最大自由度数 $f=4$，表明三组分系统有四个独立变量，即温度、压力和任意两个组分的浓度。如果三组分系统处于等温等压下相平衡状态，此时 $f=2$，便成为双变量系统，即为任意两个组分的浓度，相图可用平面图来表示。

一、三组分系统的组成表示法

一般用等边三角形来表示三组分系统的组成，如图 5-28 所示。

三组分系统由 A、B、C 组成，三角形的三个顶点 A、B、C 分别代表相应的纯组分，三角形的三条边各代表 A 和 B、B 和 C、C 和 A 所组成的二组分系统，三角形中任何一点都表示由三组分组成的系统。若将每条边等分为 100 份，按逆时针方向在三角形的三条边上标出 A、B、C 三个组分的质量百分数，通过三角形内任何一点 P 作各边的平行线，则 P 点到各边的长度之和必等于三角形的边长，即 Pa+Pb+Pc=AB=BC=AC=100%，Pa=A%，Pb=B%，Pc=C%，因此，P 点的组成可由这些平行线在各边上所截的长度来表示，如 P 点所代表的三组分系统含组分 A 为 30%，B 为 20%，C 为 50%。

用等边三角形表示三组分系统的相图有以下特点：

1. 等含量规则　在平行于三角形某边的直线上的任意一点，表示该边对应顶角所代表组分的含量相等。例如，图 5-29 中 ee′线上各点均含组分 A 为 20%。

笔记

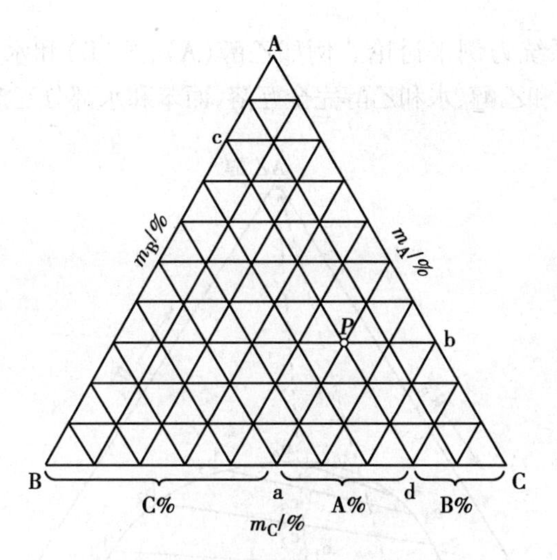

图 5-28　三组分系统的成分表示法

2. 等比例规则　任一顶点到对边的连线(如图 5-29 中的$\overline{Ad}$)上各点所代表的系统,离顶点越远,顶点组分(A)的含量越少,但另外两组分 B 与 C 的含量之比始终不变,见图 5-29。

3. 杠杆规则　若由两个三组分系统 M 和 N 合并成一新系统,见图 5-30,则新系统的组成一定位于 M 与 N 两点的连线上。新系统的位置与 M、N 两系统的相对量有关,可由杠杆规则决定。如新系统组成为 O 点,则 M 与 N 的相对量为 m_M/m_N=NO/MO。

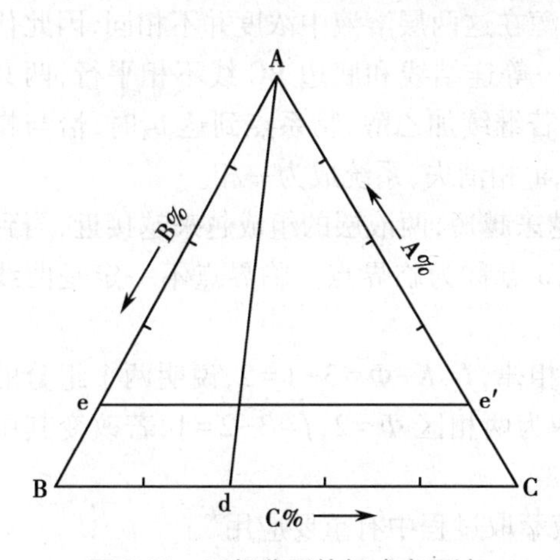

图 5-29　三组分系统组成表示法

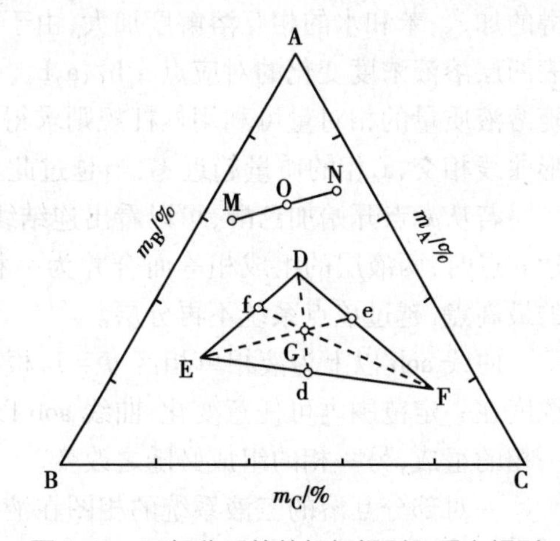

图 5-30　三组分系统的杠杆规则和重心规则

4. 重心规则　若由 D、E、F 三个三组分系统合成一新系统,见图 5-30,则新系统的物系点可由杠杆规则先求出 D 与 E 两个系统合并后的位置 f 点,再用相同方法求出 f 与 F 相混合后系统的组成点 G。新系统 G 必在 D、E、F 三个系统构成的三角形 DEF 的重心处,其位置由 D、E、F 三个系统的组成及相对量来决定。

二、部分互溶三组分系统的相图

三组分均为液相的系统,因各组分间的溶解度不同,系统相图的形状各异。三对液体间可以是一对部分互溶、二对部分互溶、三对部分互溶。现以最简单的一种,即只

有一对部分互溶的系统为例来讨论。例如乙醇(A)、苯(B)和水(C)组成的三组分系统,在一定温度下,苯和乙醇、水和乙醇完全互溶,而苯和水部分互溶。如图 5-31 所示。

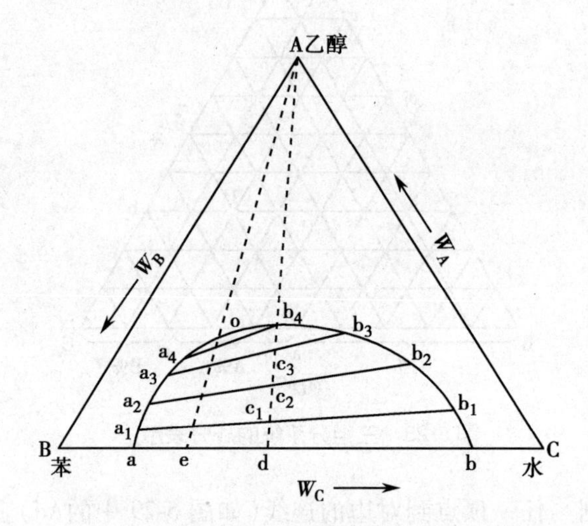

图 5-31 三组分有一对部分互溶系统的相图

三角形底边 BC 代表苯和水二组分系统。B、C 两组分只有组成在 Ba 及 bC 范围内完全互溶,而组成在 ab 范围内因部分互溶而分层。这对共轭溶液的状态点分别为 a 和 b,a 为水在苯中的饱和溶液(苯层),b 为苯在水中的饱和溶液(水层)。

若在 d 点的混合物中逐渐地加入乙醇,则物系点将沿 dA 线向 A 点移动。随着乙醇的加入,苯和水的相互溶解度加大,由于乙醇在这两层溶液中浓度并不相同,因此代表两层溶液浓度变化的对应点 a_1b_1、a_2b_2、……等连结线和底边 BC 线不相平行,两共轭溶液质量的相对量可利用杠杆规则求得。若继续加乙醇,物系点到达 b_4时,恰与帽形曲线相交,a_4相的质量趋近零,当越过此点,a_4相消失,系统成为一相。

若从 e 点开始加乙醇,可以看出连结线越来越短,两液层的组成越来越接近,当到达 o 点时,两液层的组成相等而合并为一相,o 点称为临界点。临界点不一定是曲线的最高点,越过该点系统不再分层。

曲线 aob 以上为液相单相区 $\Phi=1$,根据相律,$f=K-\Phi=3-1=2$,说明两个组分的浓度在一定范围内可任意变化,曲线 aob 以内为两相区 $\Phi=2$,$f=3-2=1$,若改变其中一相的组成,另一相的组成必随之改变。

一对部分互溶的三液系统的相图在液-液萃取过程中有重要应用*。

三元相图在药物制剂中制备纳米乳(100nm 以下)和亚微乳(100~1000nm)时是必不可少的。制备中要通过三元相图的绘制,找出纳米乳(或亚微乳)区域,纳米乳(或亚微乳)的制备区域,其在相图中占有很狭窄的区域。通常以乳化剂/助乳化剂、油相、水相各为一个顶点作图,从而确定油、水、乳化剂和助乳化剂的用量。如图 5-32(a)所示为形成纳米乳的三元相图,图中有两个纳米乳区,一个靠近水的顶点,为 O/W 型纳米乳区,另一个靠近助乳化剂与油的连线,为 W/O 型纳米乳区。图 5-32(b)为改良的以水/乙醇为一个组分、磷脂为乳化剂和油各作一个组分制作的相图,改良的相图可以得到乳化剂含量低的稳定纳米乳,从图中可以看出当靠近水/乙醇的顶点或靠近油的顶点时,乳化剂的用量明显降低,有利于降低纳米乳的毒性。

笔记

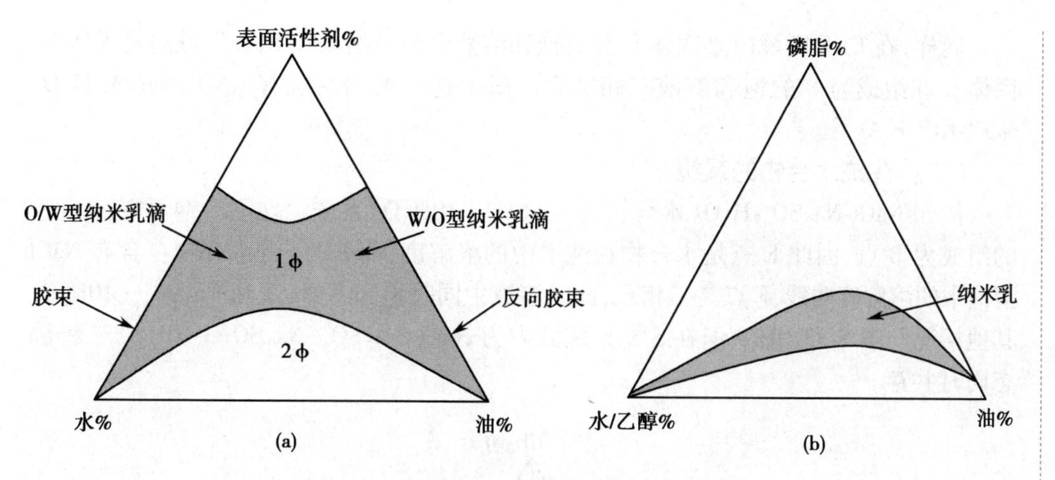

图 5-32 纳米（亚微米）乳液的相图

（a）纳米乳的三元相图 （b）改良的纳米乳的三元相图

三、三组分水-盐系统的相图

（一）固体是纯盐的系统

如图 5-33 所示，A 代表水，B、C 分别表示两种固体盐。D 和 E 分别表示在某温度时 B 和 C 在水中的溶解度。

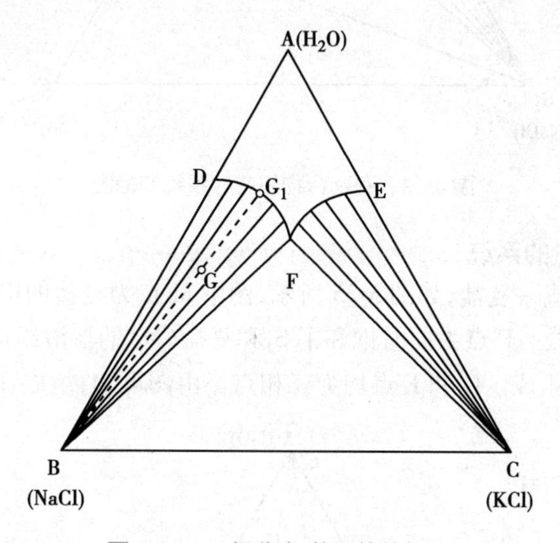

图 5-33 三组分水-盐系统的相图

DF 线：在已经饱和了 B 的水溶液中加入组分 C，则饱和溶液的浓度沿 DF 线改变，故 DF 线是 B 在含有 C 的水溶液中的溶解度曲线。

EF 线：在已经饱和了 C 的水溶液中加入 B，则饱和溶液的浓度沿 EF 线改变，EF 线是 C 在含有 B 的水溶液中的溶解度曲线。

F 点是三相点，溶液中同时饱和了 B 和 C。

ADFE 是不饱和溶液的单相区。在 BDF 区域内是固体 B 与其饱和溶液两相平衡。设系统的物系点为 G，作 BG 连线与 DF 交于 G_1，G_1点表示与固体 B 呈平衡时饱和溶液的组成，BG_1线称为连结线。

笔记

同样,在 CEF 区域内是固体 C 和其饱和溶液两相平衡。在 BFC 区域内是固体 B、固体 C 和组成为 F 的饱和溶液三相共存。属于这一类的系统有 KNO_3-$NaNO_3$-H_2O、NaCl-KCl-H_2O 等。

（二）生成水合物的系统

例如 NaCl-Na_2SO_4-H_2O（水合物为 $Na_2SO_4 \cdot 10H_2O$）系统。在图 5-34 中该水合物的组成为 B 点,因此 E 点是水合物在纯水中的溶解度,而 EF 线是水合物在含有 NaCl 溶液中的溶解度曲线,F 点是三相点,此时溶液中同时饱和了 NaCl 和 $Na_2SO_4 \cdot 10H_2O$。其他情况与图 5-33 相似,但在 S_1S_2B 区域内为 NaCl、Na_2SO_4、$Na_2SO_4 \cdot 10H_2O$ 三种固态同时共存。

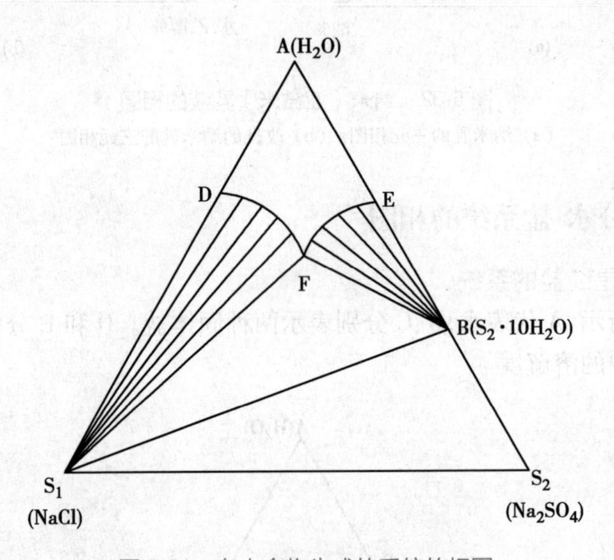

图 5-34　有水合物生成的系统的相图

（三）生成复盐的系统

若两种盐能形成一复盐,如图 5-35 所示,图中 M 点为复盐的组成,FG 曲线为复盐在水中的溶解度曲线。F 点为同时饱和了 S_1 和复盐（M）的溶液组成,G 点为同时饱和了 S_2 和复盐的溶液组成。G 和 F 点均为三相点。由图可知,组成在 AF 线左边的不饱

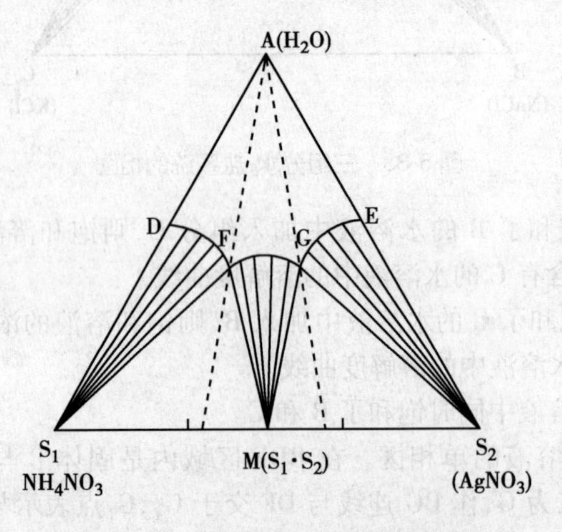

图 5-35　有复盐生成的系统的相图

笔记

和溶液蒸发可得到纯固体 S_1，组成在 AG 线右边的不饱和溶液蒸发可得到纯固体 S_2，组成在 AF 和 AG 线中间的不饱和溶液蒸发可得到复盐。

学习小结

1. 学习内容

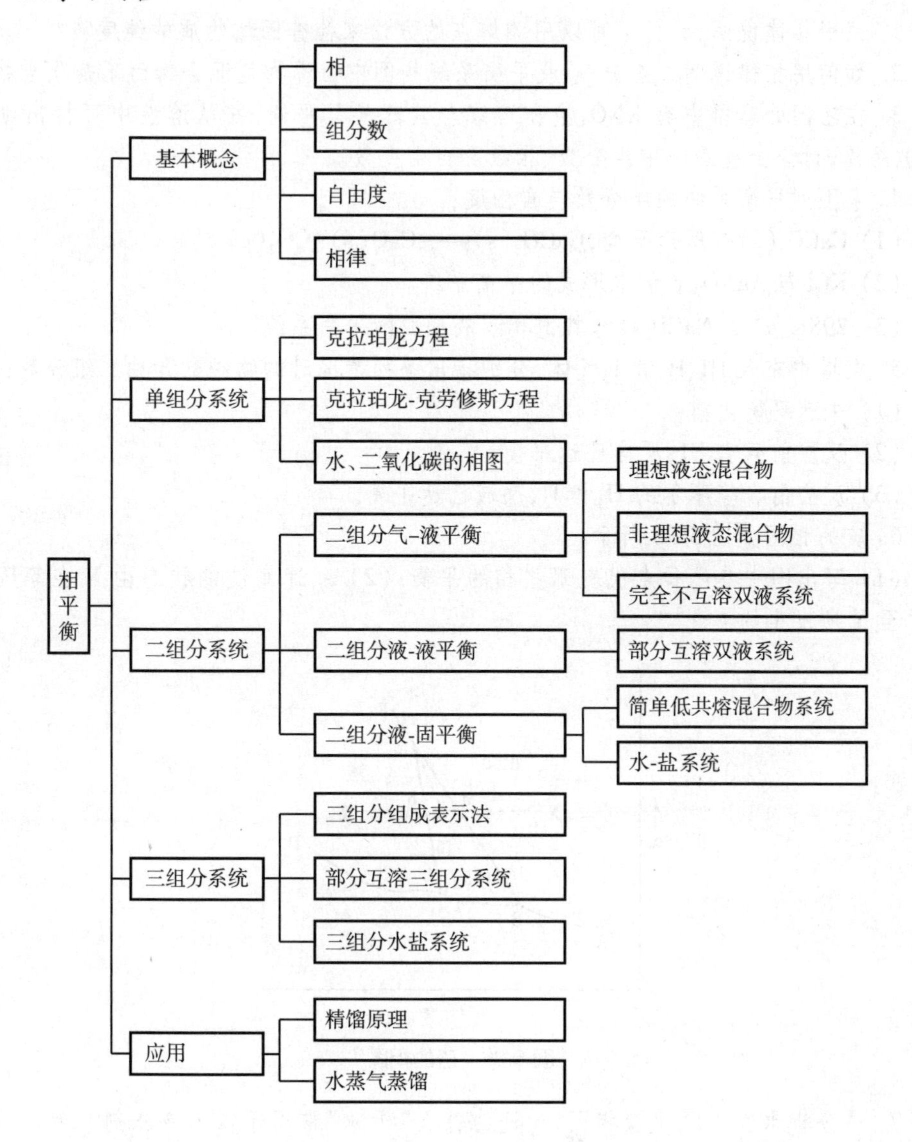

2. 学习方法

相平衡是化学热力学的主要研究对象之一，相律在相平衡研究中十分重要。在本章的学习中应从相律入手，理解单组分系统、二组分系统和三组分系统的基本相图中点、线、面的特点；分析系统的状态如何随温度、压力或组成而变。运用杠杆规则求算任何两相区中各相的量。对相图的深入理解有助于解决药物生产中与相变化相关的许多实际问题。

在本章学习中应注意：相律只适用于平衡系统，只能对系统作出定性的表述。克拉珀龙方程揭示了单组分系统任意两相平衡时，压力随温度的变化率与相变焓及相变

笔记

体积的定量关系,而从它衍生出的克拉珀龙-克劳修斯方程只适用于液(或固)-气两相平衡系统。

(李 森 周庆华 张明波)

习题

1. 试用相律说明,为什么可以用测熔点的方法来检查固体物质的纯度?

2. 如何用相律说明二组分气-液平衡系统相图中恒沸物是混合物而不是化合物。

3. 在密闭的容器中有 KNO_3 饱和溶液与其蒸气呈平衡,并从溶液中可析出细小 KNO_3 晶体,讨论上述系统中组分数、相数及自由度数。

4. 求下列平衡系统的组分数与自由度:

(1) $CaCO_3(s)$ 分解达平衡,$CaCO_3(s) \rightleftharpoons CaO(s)+CO_2(g)$。

(2) KCl 与 $AgNO_3$ 溶于水形成的平衡系统。

(3) 298K、p^* 下 NaCl(s)与其饱和溶液形成的平衡系统。

5. 在塔中充入 HI、H_2 和 I_2 气体,分别指出下列情况时的物种数和独立组分数:

(1) 未达平衡之前;

(2) 反应前只有 HI,反应已达平衡;

(3) 反应前有等摩尔的 H_2 和 I_2,反应已达平衡。

6. 硫的相图如图 5-36 所示。

(1) 写出图中各线和点代表哪些相的平衡;(2) 叙述系统的状态由 X 在等压下加热至 Y 所发生的变化。

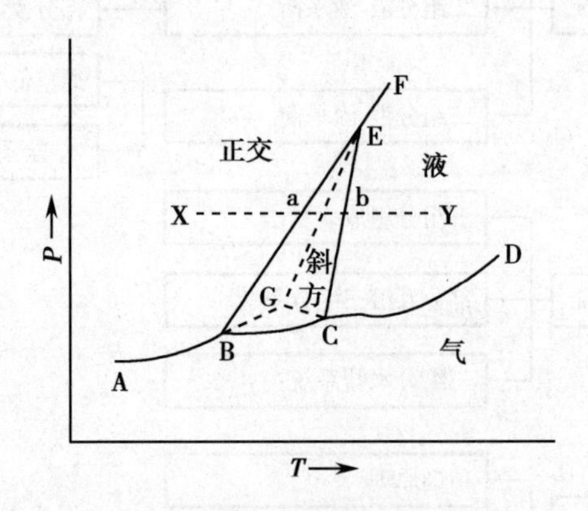

图 5-36 硫的相图

7. 试分析水和二氧化碳相图,讨论为什么“干冰”常用于低温冷冻剂?为什么舞台表演中用“干冰”而不能用冰做烟雾特效?

8. 今把一批装有注射液的安瓿放入高压消毒锅内加热消毒,若用 151.99kPa 的饱和水蒸气进行加热,问锅内的温度有多少度?(已知 $\Delta_{vap}H_m=40.67kJ/mol$)

9. 固体氨的饱和蒸气压为 $\ln p=-\dfrac{3754}{T}+27.94$;液态氨的饱和蒸气压为 $\ln p=-\dfrac{3063}{T}+24.38$,求:三相点的温度和压力以及氨的升华热和汽化热。

10. 两个挥发性液体 A 和 B 构成一理想液态混合物,在某温度时溶液的蒸气压为

54.1kPa,在气相中A的摩尔分数为0.45,液相中为0.65,求此温度下纯A和纯B的蒸气压。

11. 100℃正己烷和正庚烷的饱和蒸气压分别为244.7kPa和47.19kPa,若这两种液体混合,形成的理想液态混合物在100℃和101.325kPa下沸腾,试计算:(1)液相组成;(2)气相组成。

12. 乙酰乙酸乙酯的蒸气压方程为 $\ln p=-\frac{5960}{T}+B$,它在正常沸点181℃时部分分解,但在70℃是稳定的,用减压蒸馏法提纯时,压力应减少到多少?并求该物质的摩尔汽化热。

13. 下表是乙醇和乙酸乙酯的混合溶液在标准压力及不同温度时,乙醇在互呈平衡的气、液两相中的摩尔分数。

T/℃	77.15	75.0	71.8	71.6	72.8	76.4	78.3
$x_{乙醇(l)}$	0.00	0.100	0.360	0.462	0.710	0.940	1.00
$y_{乙醇(g)}$	0.00	0.164	0.398	0.462	0.600	0.880	1.00

(1)以 T 对 $x_{乙醇}$ 作沸点-组成图。

(2)当溶液的组成为 $x_{乙醇}=0.75$ 时,最初馏出物的组成是什么?经精馏后剩下液体的组成是什么?上述溶液能否用精馏法得到纯乙醇和纯乙酸乙酯?

14. 有一水蒸气锅炉,能耐压 $15\times p^*$,问此锅炉加热至什么温度有爆炸的危险?(已知水的汽化热是40.64kJ/mol)

15. 青藏高原平均海拔为4500m,大气压为 5.73×10^4Pa,已知 $\ln p=-\frac{A}{T}+B$,且A=5216,B=25.567,求青藏高原上水的沸点。

16. 汞的正常沸点为630.05K,假定汞服从特鲁顿规则,试计算298.15K时的蒸气压。

17. 在压力为101.325kPa,溴苯和水的混合系统的沸点为368.5K,在此温度时纯水的蒸气压为 8.4505×10^4Pa,纯溴苯的蒸气压为 1.662×10^4Pa,如欲用水蒸气蒸馏法蒸出1kg溴苯,理论上需要多少千克水蒸气?

18. 水和酚是部分互溶的,在293K时酚占总组成的质量分数为0.6,此系统形成的共轭溶液,水层中含酚的质量分数为0.084,酚层中含酚的质量分数为0.722,问在0.6kg混合物中水层和酚层的质量各为多少?两层中各含酚多少千克?

19. 水和乙酸乙酯可部分互溶,在37.55℃互相平衡的两液相中,水层酯的浓度为 $x_{酯}=0.0146$,另一相酯的浓度为 $y_{酯}=0.8390$。已知该温度下纯水与酯的蒸气压分别为 $p_{酯}=15.47$kPa,$p_{水}=6.40$kPa,设拉乌尔定律对每相溶剂均适用,并且水层酯服从亨利定律,蒸气可视为理想气体。求:

(1)计算与两液相平衡的气相组成。

(2)今有水与乙酸乙酯的气液混合物共200mol,其中水与酯各100mol,在37.55℃时达到平衡,已知气相量为40mol,试计算每个液相的物质的量。

20. $HAc-C_6H_6$ 系统的相图如图5-37所示。

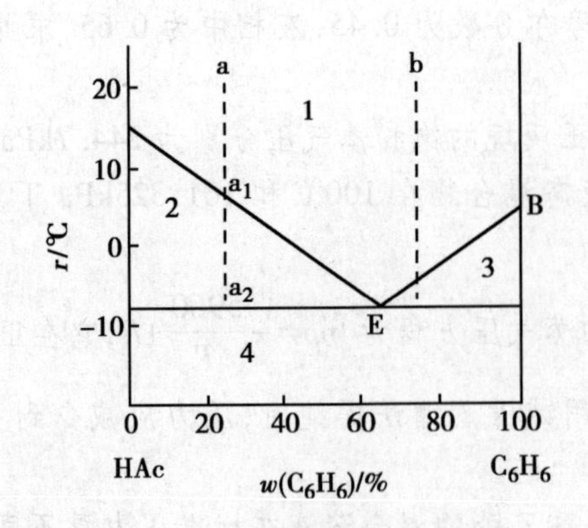

图 5-37 二组分固-液系统相图

(1) 指出各区域所存在的相数和自由度数。

(2) 从图中可以看出最低共熔温度为-8℃，最低共熔混合物的质量分数为含$C_6H_6$64%，试问将含苯75%和25%的溶液各100g由20℃冷却时，首先析出的固体为何物，计算最多能析出固体的质量。

(3) 叙述将上述两溶液冷却到-10℃时，此过程的相变化，并画出其步冷曲线。

21. KNO_3-$NaNO_3$-H_2O系统的相图如图5-38所示，在5℃时有一三相点，在这一点无水KNO_3和无水$NaNO_3$同时与一饱和溶液达平衡。已知此饱和溶液含KNO_3为9.04%(质量)，含$NaNO_3$为41.01%(质量)，如果有一70g KNO_3和30g $NaNO_3$的混合物，欲用重结晶方法回收纯KNO_3，试计算在5℃时最多能回收KNO_3多少克？

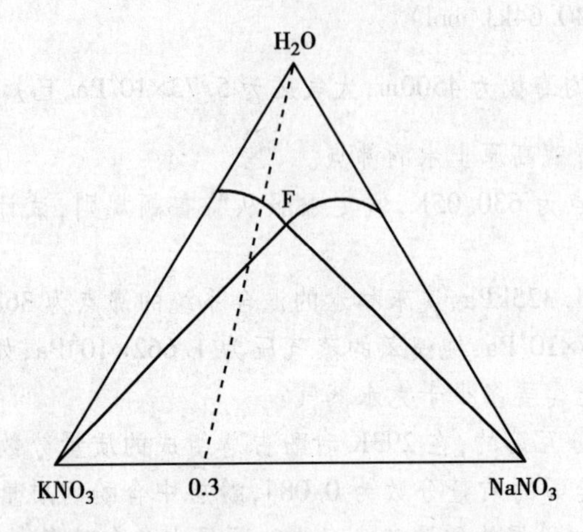

图 5-38 KNO_3-$NaNO_3$-H_2O三组分相图

第六章

电化学基础

学习目的

电化学在生产生活和科研实践中有着广泛的应用。许多化工生产都是通过电化学方法来实现的。各种高效能化学电源在通信、航天、生化、交通和医学领域发挥着举足轻重的作用。很多生命活动如肌肉的运动、细胞的代谢作用和神经的信息传递等都与电化学现象密切相关。电化学分析方法在工农业生产、环境保护和医药卫生等领域发挥着重要作用。电化学内容众多,本章主要介绍电化学的基本原理。

学习要点

电解质溶液的导电规律、电导率和摩尔电导率的概念及应用。

化学现象与电现象之间存在密切联系。电化学(electrochemistry)是研究电现象和化学现象相互联系以及化学能和电能相互转化所遵循规律的一门学科。

电化学作为物理化学的重要分支,其内容十分丰富。根据专业要求,本章主要介绍以下四部分内容:①电解质溶液的导电性;②电解质溶液的电导及应用;③可逆电池;④电极的电势与超电势。

第一节　电解质溶液的导电性

一、电解质溶液的导电机制

能够导电的物质称为导体(conductor)。根据导电机制的不同,导体可以分为两类:一类是利用电子的定向运动进行导电的电子导体(electronic conductor),例如金属和石墨等;另一类是利用离子的定向运动进行导电的离子导体(ionic conductor),比如电解质(electrolyte)溶液或熔融的电解质。电解质溶液的连续导电必须通过特定的电化学装置来实现,而且在导电过程中伴随着化学能和电能的相互转化。根据能量转化的方向,可以把电化学装置分为两大类,如图 6-1 所示:将化学能转化为电能的装置称为原电池(primary cell);将电能转化为化学能的装置称为电解池(electrolytic cell)。电化学装置由电极(electrode)和电解质溶液构成。电势高的电极称为正极(positive electrode);电势低的电极称为负极(negative electrode)。

以图 6-1(a)中的电解池为例,说明电解质溶液的导电过程。把两个铂电极插入

笔记

HCl 溶液中，和外部电源接通后，两个铂电极之间会产生静电场。在电场力的作用下，HCl 溶液中 H^+ 会向电势低的负极运动，而 Cl^- 则向电势较高的正极运动。在负极与电解质溶液的界面处，H^+ 与负极上的电子结合，被还原成 H_2

$$2H^+(aq)+2e^- \longrightarrow H_2(g)$$

在正极与电解质溶液的界面处，Cl^- 向正极释放电子被氧化成 Cl_2：

$$2Cl^-(aq) \longrightarrow Cl_2(g)+2e^-$$

电极反应的总结果为：　$2HCl(aq) \longrightarrow H_2(g)+Cl_2(g)$

上述发生在电极上的氧化或还原反应称为电极反应（reaction of electrode），其中发生氧化反应的电极称为阳极（anode）；发生还原反应的电极称为阴极（cathode）。两个电极反应的总结果称为电池反应（reaction of cell）。

在电解 HCl 的过程中，发生在阳极的氧化反应不断地向外电路供给电子，发生在阴极的还原反应不断地从外电路获得电子，其效果就如同电子在阳极由溶液进入外部电路，接着又从阴极回到溶液中，使整个电路构成了闭合回路。

原电池在工作时，也发生与电解池相类似的过程。将两个铂片插入 HCl 溶液中，然后分别用 H_2 和 Cl_2 冲击两个铂片，这样就构成了一个原电池，如图 6-1（b）所示。在该电池中，H_2 在铂片上发生氧化反应：

$$H_2(g) \longrightarrow 2H^+(aq)+2e^-$$

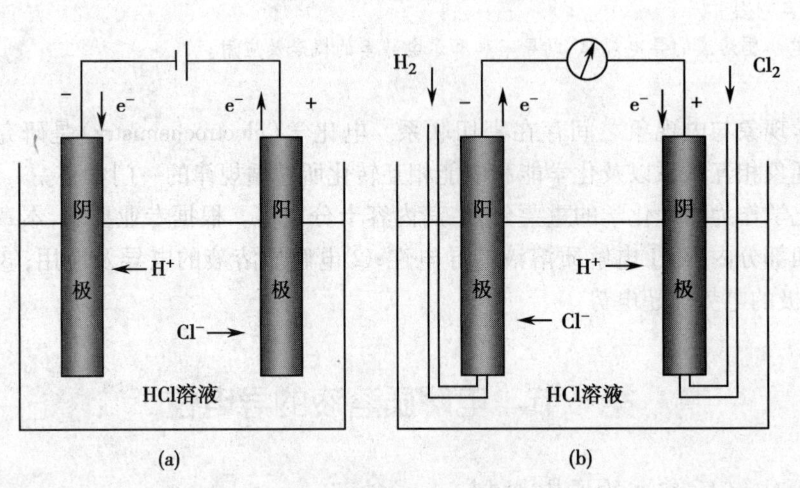

图 6-1　电化学装置示意图

（a）电解池　（b）原电池

产生的 H^+ 进入溶液中，而电子则在铂片上聚集，使该铂片具有较低的电势而成为原电池的负极。Cl_2 则在另一铂片上获取电子，发生还原反应：

$$Cl_2(g)+2e^- \longrightarrow 2Cl^-(aq)$$

生成的 Cl^- 进入溶液，该铂片因失去电子而具有较高电势，成为原电池的正极。

所对应的电池反应为：$H_2(g)+Cl_2(g) \longrightarrow 2HCl(aq)$

H_2 和 Cl_2 的氧化还原反应使两个铂电极间产生电势差。若用导线把两个电极与负载连接起来，就可以产生电流而对外做功。同时，溶液中的 H^+ 和 Cl^- 在电场力的作用下，分别向两极运动。这样就在整个电路中形成了连续的电流。

笔记

综上所述，电解质溶液的导电机制可以归纳为两点：①溶液中的电流是通过正负离子在电场作用下的定向运动来实现的；②在两电极处的氧化还原反应使电流在电极和溶液的界面处保持连续。

二、法拉第定律

法拉第（Faraday）在大量实验的基础上，总结了电解时电极上发生反应的物质的质量与通过电量的关系，得出了法拉第定律（Faraday's Law）。其主要内容是：

（1）当电流通过电解质溶液时，通过电极的电量与电极上发生反应的物质的质量成正比。

（2）在几个串联的电解池中通入一定的电量后，各个电极上发生反应的物质（基本单元）的数量相同。

为了讨论问题方便，在电化学中一般采用带有一个元电荷电量（即质子电荷或电子电荷的绝对值）的电解质作为度量电解质物质的量的基本单元。对于任意离子 M^{z+}，其基本单元是 $\frac{1}{z}M^{z+}$，例如 H^+、Cl^-、$\frac{1}{3}Fe^{3+}$ 及 $\frac{1}{2}SO_4^{2-}$ 等。因此，若将几个电解池串联起来，由于流过各电极的电子数相同，所以在各电极上发生反应的物质（基本单元）的数量也必然相同。

1mol 元电荷所具有的电量（即 1mol 电子所带电量的绝对值），称为法拉第常数，用 F 表示，其数值为

$$
\begin{aligned}
F &= N_A e \\
&= 6.022\times10^{23}\text{mol}^{-1}\times1.6022\times10^{-19}\text{C} \\
&= 96\ 484.6\text{C/mol}\approx96\ 500\text{C/mol}
\end{aligned}
$$

N_A 表示阿伏加德罗（Avogadro）常数，e 是元电荷的电量。

如果想从含有离子 M^{z+} 的溶液中，还原得到 $n$mol 金属 M，根据电极反应式

$$M^{z+}+ze^-\longrightarrow M$$

生成 1mol 金属 M 需要通过 $z$mol 电子，因此要得到 $n$mol 金属 M，需要通过 $n\times z$mol 电子，所要通过的电量为

$$Q=nzF \qquad \text{式(6-1)}$$

上式即是法拉第定律的数学表示式，其中 z 为电极反应式中电子的计量系数，F 为法拉第常数。

法拉第定律是自然科学中最为准确的定律之一，在任何温度和压力下都适用。它揭示了电能和化学能之间的关系，各种电量计就是依据法拉第定律设计的。

例 6-1　将两电极插入硫酸铜溶液中，通入 10A 的电流 30 分钟，求阴极析出铜的质量。

解：阴极发生的电极反应为

$$Cu^{2+}(aq)+2e^-\longrightarrow Cu(s)$$

根据法拉第定律

$$Q=nzF$$

$$n=Q/zF$$

所以在阴极析出铜的质量

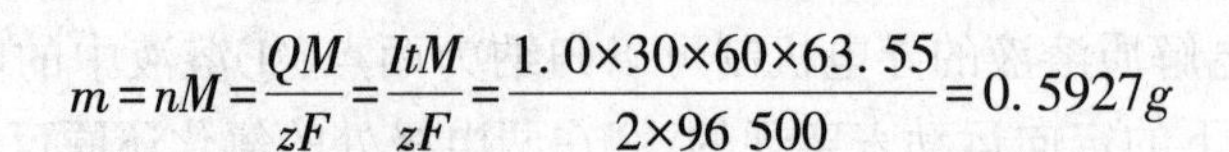

$$m=nM=\frac{QM}{zF}=\frac{ItM}{zF}=\frac{1.0\times30\times60\times63.55}{2\times96\ 500}=0.5927g$$

三、离子的电迁移和迁移数

（一）离子的电迁移

在电场作用下，离子的定向运动称为离子的电迁移（electromigration of ions）。在电解质溶液中通入电流后，溶液中的正、负离子分别向阴极和阳极进行电迁移；同时在两个电极上发生氧化还原反应，引起两极附近处电解质溶液浓度的变化，这个过程可用图 6-2 来说明。

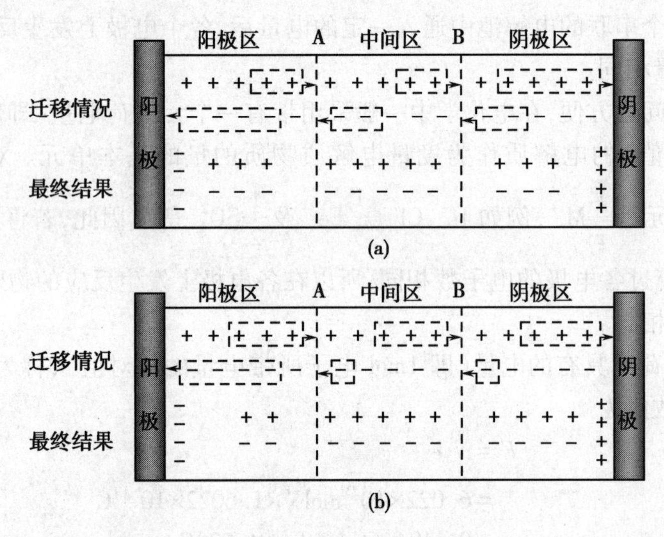

图 6-2　离子电迁移现象示意图

（a）正负离子迁移的速率相等　（b）正负离子迁移速率不等

假设电解池中装有 1-1 价型电解质（比如 HCl）的溶液。利用两个虚拟的截面 A 和 B，把电解池分为成阳极区、中间区和阴极区三个区域。通电前，各区域均含有 5mol 的一价正、负离子，分别用“+”和“-”的数量来表示两种离子的物质的量。现向电解质溶液中通入 4mol 电子的电量，则有 4mol 正离子在阴极发生还原反应，4mol 负离子在阳极发生氧化反应。同时溶液中的正、负离子要分别向阴、阳两极迁移，共同完成导电任务。如果两者迁移的速率不同，所迁移的电量也不相同，下面分成两种情况讨论。

（1）正负离子迁移的速率相等，则正负离子输送的电量也相同，分别输送总电量的一半。如图 6-2（a）所示，在 A 截面会有 2mol 正离子由阳极区进入中间区，同时有 2mol 负离子由中间区进入阳极区。而在 B 截面会有 2mol 正离子由中间区进入阴极区，同时也会有 2mol 负离子由阴极区进入中间区。中间区由于进入和离开的离子数目相同，电解质的浓度不发生变化。阳极区和阴极区电解质的量则各自减少了 2mol。

（2）正离子迁移速率是负离子的 3 倍，正离子输送的电量是负离子的 3 倍。如图 6-2（b）所示，此时在 A 截面上会有 3mol 正离子和 1mol 负离子相向通过，在 B 截面也是这样。通电完成后，中间区电解质的浓度依然维持不变。而阳极区和阴极区电解质的物质的量分别减少了 3mol 和 1mol。

笔记

由上述讨论可以得出如下结论：

（1）通入溶液的总的电量 Q 等于正离子迁移的电量 Q_+ 和负离子迁移的电量 Q_- 的加和。

（2）$$\frac{\text{阳极区减少的物质的量 }\Delta n_+}{\text{阴极区减少的物质的量 }\Delta n_-}=\frac{\text{正离子迁移的电量 }Q_+}{\text{负离子迁移的电量 }Q_-}=\frac{\text{正离子的迁移速率 }u_+}{\text{负离子的迁移速率 }u_-} \qquad \text{式(6-2)}$$

需要指出的是上述结论只在电极为不参加电化学反应的惰性电极时成立，若电极本身也参加化学反应，则阳极区和阴极区电解质浓度的变化情况要更复杂一些。

（二）离子迁移数

在温度和压强一定的条件下，对于指定的溶液，离子在电场中的运动速率只与离子的本性和电位梯度有关。电位梯度越大，离子所受的电场力就越大，离子运动速率也就越大。因此，离子的运动速率可以写作：

$$\left.\begin{aligned} u_+ &= U_+\frac{\mathrm{d}\varphi}{\mathrm{d}l} \\ u_- &= U_-\frac{\mathrm{d}\varphi}{\mathrm{d}l} \end{aligned}\right\} \qquad \text{式(6-3)}$$

式中$\frac{\mathrm{d}\varphi}{\mathrm{d}l}$表示电位梯度，$U_+$ 和 U_- 称为离子迁移率（又称离子淌度，ionic mobility），数值上等于单位电位梯度（1V/m）时离子的运动速率，单位是 $m^2/(s\cdot V)$。离子迁移率的大小与离子的本性（包括离子的电荷及离子的半径等）以及溶剂的性质、温度和浓度等因素有关。通常在等温、无限稀释的条件下，比较离子的迁移率。表 6-1 列出了无限稀释时几种离子在水溶液中的迁移率。

表 6-1　298.15K 时，几种离子在无限稀释水溶液中的离子迁移率

正离子	$U_{0,+}$ ($m^2/(s\cdot V)$)	负离子	$U_{0,-}$ ($m^2/(s\cdot V)$)
H^+	36.30×10^{-8}	OH^-	20.52×10^{-8}
K^+	7.62×10^{-8}	SO_4^{2-}	8.27×10^{-8}
Ba^{2+}	6.59×10^{-8}	Cl^-	7.91×10^{-8}
Na^+	5.19×10^{-8}	NO_3^-	7.40×10^{-8}
Li^+	4.01×10^{-8}	HCO_3^-	4.61×10^{-8}

电解质溶液在导电时，正负离子共同承担着导电任务。由于离子的电荷和半径等性质差异，它们迁移电荷的能力有所不同。某一种离子迁移的电量与通过溶液的总电量之比，称为离子迁移数（transference number），用符号 t 表示。对于 1-1 价型电解质，正负离子的迁移数可分别表示为：

$$t+=\frac{Q_+}{Q} \quad t-=\frac{Q_-}{Q} \qquad \text{式(6-4)}$$

由上式可知：

$$t_++t_-=\frac{Q_++Q_-}{Q}=1$$

笔记

根据式(6-2),可得

$$\left.\begin{aligned} t_+ &= \frac{Q_+}{Q} = \frac{u_+}{u_+ + u_-} = \frac{\Delta n_+}{\Delta n_+ + \Delta n_-} \\ t_- &= \frac{Q_-}{Q} = \frac{u_-}{u_+ + u_-} = \frac{\Delta n_-}{\Delta n_+ + \Delta n_-} \end{aligned}\right\} \qquad \text{式(6-5)}$$

其中 u_+ 和 u_- 表示正、负离子的运动速率,Δn_+ 和 Δn_- 分别代表通电前后阳极区和阴极区电解质的物质的量的改变值。

测定离子迁移数的方法有界面移动法、电动势法和希托夫(Hittorf)法,其中希托夫法最为常用。希托夫法具体操作是将已知浓度的电解质溶液,以小电流电解一段时间。在这个过程中,两极附近电解质溶液的浓度不断地改变,而中部的浓度基本不变。电解结束后,测定电解前后阳极区(或阴极区)电解质的物质的量的变化,再根据串联的电量计测出的通过溶液的总电量,得到发生反应物质的总量,就可通过式(6-5)计算出离子的迁移数。

第二节 电解质溶液的电导及应用

一、电导、电导率和摩尔电导率

(一)电导

对于电子导体,我们通常利用电阻(resistance)来衡量材料的导电能力。导体的电阻 R 与其材料的长度 l 成正比、与材料的截面积 A 成反比,用公式表示为:

$$R = \rho \frac{l}{A} \qquad \text{式(6-6)}$$

式中 ρ 为电阻率(resistivity),表示长度为 1m,截面积为 1m^2 的导体所具有的电阻。

对于电解质溶液,通常用电导(conductance)来表征它的导电能力,电导是电阻的倒数,用符号 L 表示,即

$$L = \frac{1}{R} \qquad \text{式(6-7)}$$

电导的单位是西门子(Siemens),用 S 或 Ω^{-1} 表示。

(二)电导率

电导率(electrolytic conductivity)是电阻率 ρ 的倒数,用符号 κ 表示,即

$$\kappa = \frac{1}{\rho} \qquad \text{式(6-8)}$$

电导率的单位是 $\text{S} \cdot \text{m}^{-1}$。

电解质溶液的电阻也满足式(6-6)。把式(6-6)两边同时取倒数,可得

$$\frac{1}{R} = \frac{1}{\rho} \cdot \frac{A}{l}$$

将式(6-7)和式(6-8)代入上式,可得

$$L = \kappa \cdot \frac{A}{l} \quad \text{或} \quad \kappa = L\frac{l}{A} \qquad \text{式(6-9)}$$

笔记

式(6-9)中 l 表示两电极间的距离,A 表示电极浸入溶液部分的相对截面积。由式(6-9)可知电导率 κ 表示相距为 1m,相对截面积为 $1m^2$ 的两平行电极间的电解质溶液所具有的电导。

(三)摩尔电导率

摩尔电导率(molar conductivity)是指相距为 1m 的两平行电极间放置含有 1mol 电解质的溶液时所具有的电导,用 Λ_m 表示。与电导率 κ 的定义相比较,可以发现两者都限定了两平行电极间的距离为 1m。所不同的是电导率 κ 度量的是两个电极间电解质溶液的体积为 $1m^3$ 时的电导;而摩尔电导率 Λ_m 是两个电极间含有电解质的物质的量为 1mol 时的电导,此时溶液的体积为 $V_m=1/c$(c 为电解质溶液的浓度,单位 mol/m^3)。由于电导的大小正比于电极的相对截面积,根据图 6-3 可知,摩尔电导率 Λ_m 与电导率 κ 关系为:

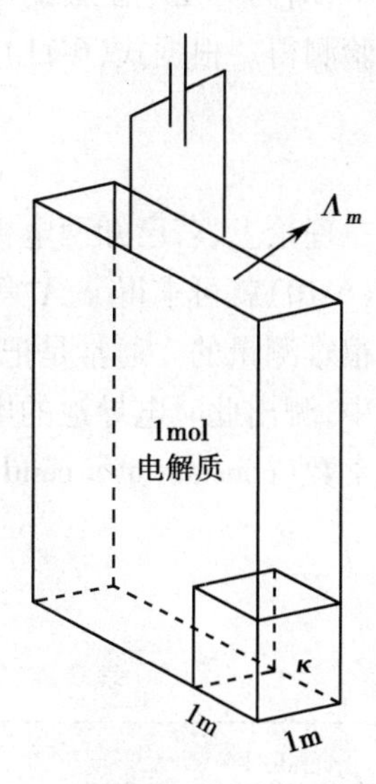

图 6-3 Λ_m与 κ 的关系

$$\Lambda_m=\frac{\kappa}{c}=\kappa V_m \qquad \text{式(6-10)}$$

摩尔电导率的单位是 $S\cdot m^2/mol$。

利用摩尔电导率可以比较不同类型电解质的导电能力。表 6-2 列出了不同浓度 KCl 水溶液的 κ 和 Λ_m 值。

二、电解质溶液电导的测定

测定电解质溶液电导时,先利用惠斯通(Wheatstone)电桥(图 6-4)测定电解质溶液的电阻,然后求电阻的倒数即得电导。图 6-4 中所用的电源是高频的交流电源,其频率通常取 1000Hz。AB 为均匀的滑线电阻;R_1 为可变电阻;M 为盛有待测溶液的电导池,设其电阻为 R_x;G 为耳机(或阴极示波器);为抵消电导池的电容,通常在可变电阻 R_1 上并联一个可变电容 F。在接通电源后,移动接触点 C,直到耳机中声音最小(或示波器中无电流通过)为止。这时 D、C 两点的电压相等,DGC 线路中电流几乎为零,电桥已达平衡。

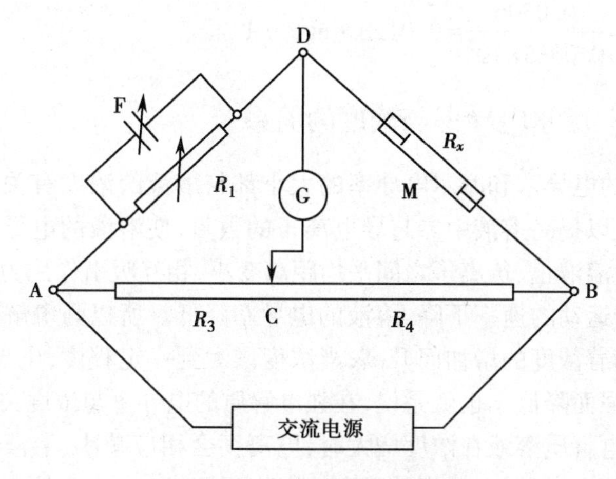

图 6-4 电解质溶液的电导测定

笔记

根据并联电路特点,将有如下关系

$$\frac{R_1}{R_x}=\frac{R_3}{R_4} \qquad 式(6\text{-}11)$$

式中,R_1为可变电阻器的电阻,R_3、R_4分别为滑线电阻 AC、BC 段的电阻,数值均可通过实验测得。根据式(6-11)可以求出电导池中溶液的电阻 R_x,进而求得电导,即

$$L=\frac{1}{R_x}=\frac{R_3}{R_1R_4}=\frac{\mathrm{AC}}{\mathrm{BC}}\cdot\frac{1}{R_1}$$

理论上,若已知两电极间的距离 l 和电极面积 A 及溶液的浓度 c,利用式(6-9)和式(6-10)就可求得 κ、Λ_m等物理量。但是,电导池中两电极之间的距离 l 及电极面积 A 是很难测量的。通常是把电导率 κ 已知的溶液(常用一定浓度的 KCl 溶液)注入电导池中,测出此时电导池的电阻 R,根据式(6-12)即可确定 l/A 值。这个比值称为电导池常数(constant of a conductivity cell),用 K_{cell}表示,单位是 m^{-1}。

$$\frac{l}{A}=\frac{1}{L}\kappa=\kappa R=K_{cell} \qquad 式(6\text{-}12)$$

表 6-2　298K 及 $p^{\ominus}$时,不同浓度 KCl 水溶液的 κ 和 Λ_m值

c(mol/L)	0	0.001	0.01	0.1	1.0
κ(S/m)	0	0.0147	0.1411	1.289	11.2
Λ_m($S\cdot m^2/mol$)	(0.0150)	0.0147	0.0141	0.0129	0.0112

例 6-2　298K 时,在电导池中充入 0.010mol/L 的 KCl 溶液,测得溶液的电阻为 163Ω。用同一电导池充入 0.0025mol/L 的 K_2SO_4溶液,测得电阻为 752Ω。已知在 298K 时 0.010mol/L 的 KCl 溶液的电导率为 0.1411S/m。试求:(1) 电导池常数;(2) 0.0025mol/L 的 K_2SO_4溶液的电导率和摩尔电导率。

解:(1) $K_{cell}=\kappa R=0.1411\times163=23.00m^{-1}$

(2) $\kappa=\frac{1}{R}K_{cell}=\frac{1}{752}\times23.00=0.0306S/m$

$$\Lambda_m=\frac{\kappa}{c}=\frac{0.0306}{0.0025\times10^3}=0.012S\cdot m^2/mol$$

三、电导率、摩尔电导率与浓度的关系

电解质溶液的电导率和摩尔电导率的大小都与溶液的浓度有关。对于强电解质溶液,增加浓度可以提高溶液中参与导电离子的数目,使溶液的电导率升高。但溶液浓度的增大,也使溶液正、负离子之间平均距离变小,相互吸引作用力增强。这种吸引作用使正、负离子运动的速率下降,溶液的电导率降低。所以强电解质溶液在浓度较低时,电导率会随着浓度的增加而升高,当浓度增大到一定程度,电导率会因正、负离子相互吸引的增强而降低。也就是说,在强电解质的电导率与浓度关系曲线上会存在一个最高点。弱电解质溶液在浓度增大时,电离度会相应减小,溶液中离子的数目受溶液浓度的影响不大,所以电导率随浓度的变化不显著。图 6-5 给出了一些电解质溶

笔记

液的电导率与浓度的关系曲线。

电解质溶液的摩尔电导率与浓度关系和电导率不同。总的来说,无论是强电解质还是弱电解质,其摩尔电导率均随着浓度的增加而降低,如图6-6所示。这是因为摩尔电导率度量的是溶液中含有1mol电解质时所具有的导电能力。由于强电解质在溶液中是完全电离的,在稀释时1mol强电解质所产生的离子数目保持不变。但稀释会使正、负离子之间距离增大,吸引作用力减弱,离子的运动速率增大。因此强电解质的摩尔电导率会随溶液的稀释而升高。科尔劳许(Kohlrausch)根据实验结果发现,在很稀的溶液中,强电解质的摩尔电导率与其浓度的平方根呈线性关系,若用公式表示则为:

$$\Lambda_m = \Lambda_m^\infty - A\sqrt{c} \quad \text{式(6-13)}$$

式中A在一定温度下,对于指定的电解质和溶剂来说是一个常数。将直线外推至与纵坐标相交处即可得到溶液在无限稀释时的摩尔电导率Λ_m^∞。因此强电解质的Λ_m^∞可用外推法求出。

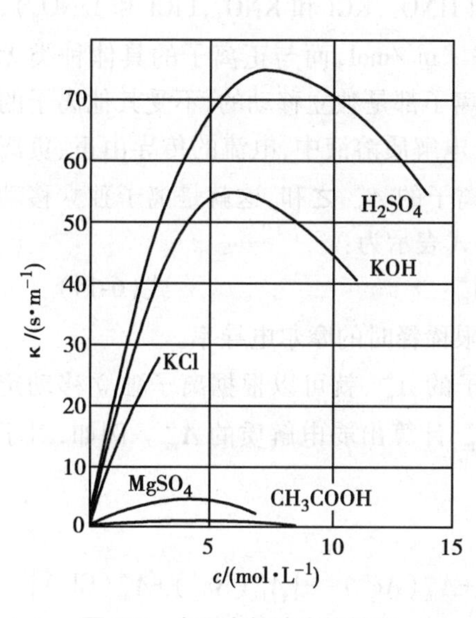

图6-5　电导率与浓度的关系

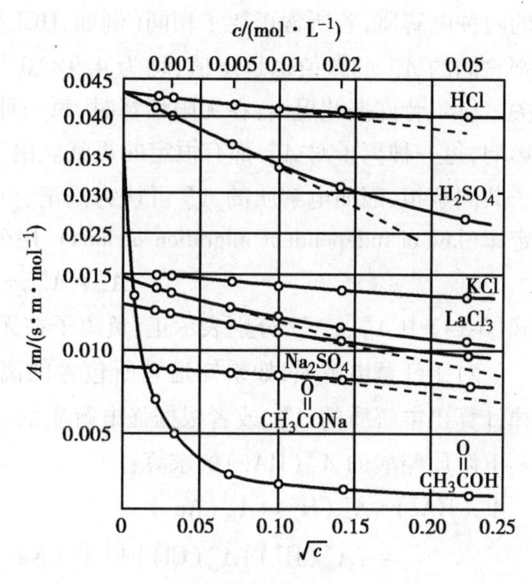

图6-6　摩尔电导率与浓度的关系

对于弱电解质来说,在稀释时弱电解质的电离度会迅速增大,这时1mol弱电解质电离所产生的离子数目会急剧增大,摩尔电导率也随之迅速升高。而且浓度越低,上升越显著。因此弱电解质溶液的Λ_m与浓度之间不满足式(6-13)的关系,实验上无法用外推的方法直接求出弱电解质的Λ_m^∞。

四、离子独立移动定律和离子的电导

在通常条件下,溶液中的正、负离子会由于静电吸引作用而对彼此的导电能力产生影响。但是在无限稀释的时候,由于离子之间距离很远,这种影响会变得十分微弱。表6-3中列出了一些强电解质在无限稀释时的摩尔电导率。

笔记

表 6-3　298K 时，几种强电解质的无限稀释摩尔电导率

电解质	$\Lambda_m^\infty/(S\cdot m^2/mol)$	差值	电解质	$\Lambda_m^\infty/(S\cdot m^2/mol)$	差值
KCl	0.014 99	34.9×10^{-4}	HCl	0.042 616	4.9×10^{-4}
LiCl	0.011 50		HNO_3	0.042 13	
KOH	0.027 15	34.8×10^{-4}	KCl	0.014 986	4.9×10^{-4}
LiOH	0.023 67		KNO_3	0.014 496	
KNO_3	0.014 50	34.9×10^{-4}	LiCl	0.011 503	4.9×10^{-4}
$LiNO_3$	0.011 01		$LiNO_3$	0.011 01	

从表 6-3 可以看出，对于分别含有 K^+ 和 Li^+ 的两种电解质，若所含的负离子相同（例如 KCl 和 LiCl，KOH 和 LiOH，KNO_3 和 $LiNO_3$），则两者 Λ_m^∞ 的差值是定值，均为 $34.9\times10^{-4}S\cdot m^2/mol$，而与负离子的具体种类无关。同样，对于分别含有 Cl^- 和 NO^{3-} 的两种电解质，若所含正离子相同（例如，HCl 和 HNO_3，KCl 和 KNO_3，LiCl 和 $LiNO_3$），则它们的 Λ_m^∞ 的差值也是定值，均为 $4.9\times10^{-4}S\cdot m^2/mol$，而与正离子的具体种类无关。科尔劳许据此提出：在无限稀释时，每一种离子都是独立移动的，不受其他离子的影响，每一种离子对 Λ_m^∞ 都有恒定的贡献。由于电解质溶液中，电流的传导由正、负离子共同承担，因而电解质的 Λ_m^∞ 可认为是正、负离子的 Λ_m^∞ 之和，这就是离子独立移动定律（law of independent migration of ions），用公式表示为：

$$\Lambda_m^\infty=\Lambda_{m,+}^\infty+\Lambda_{m,-}^\infty \qquad \text{式(6-14)}$$

式(6-14)中 $\Lambda_{m,+}^\infty$、$\Lambda_{m,-}^\infty$ 分别表示正、负离子在无限稀释时的摩尔电导率。

对于任意电解质，如果知道它所包含的离子的 Λ_m^∞，就可以根据离子独立移动定律计算出电解质的 Λ_m^∞，或者根据强电解质的 Λ_m^∞ 计算出弱电解质的 Λ_m^∞。例如，对于弱电解质醋酸的 $\Lambda_m^\infty(HAc)$ 的求算：

$$\begin{aligned}\Lambda_m^\infty(HAc)&=\Lambda_m^\infty(H^+)+\Lambda_m^\infty(Ac^-)\\&=\{\Lambda_m^\infty(H^+)+\Lambda_m^\infty(Cl)\}+\{\Lambda_m^\infty(Na^+)+\Lambda_m^\infty(Ac^-)\}-\{\Lambda_m^\infty(Na^+)+\Lambda_m^\infty(Cl^-)\}\\&=\Lambda_m^\infty(HCl)+\Lambda_m^\infty(NaAc)-\Lambda_m^\infty(NaCl)\end{aligned}$$

上式表明醋酸的 Λ_m^∞ 可由强电解质 HCl、NaAc 和 NaCl 的 Λ_m^∞ 求得。

电解质的摩尔电导率是其中所含正、负离子的摩尔电导率贡献的总和。所以离子的迁移数也可以看作是该离子的摩尔电导率占电解质摩尔电导率的分数。对于 1-1 价型的电解质，在无限稀释时

$$\Lambda_m^\infty=\Lambda_{m,+}^\infty+\Lambda_{m,-}^\infty$$

$$t_+=\frac{\Lambda_{m,+}^\infty}{\Lambda_m^\infty};\quad t_-=\frac{\Lambda_{m,-}^\infty}{\Lambda_m^\infty}$$

对于强电解质溶液，在浓度不太大时，可近似有

$$\Lambda_m=\Lambda_{m,+}+\Lambda_{m,-}$$

$$t_+=\frac{\Lambda_{m,+}}{\Lambda_m};\quad t_-=\frac{\Lambda_{m,-}}{\Lambda_m}$$

笔记

t_+、t_-和 Λ_m 的值都可以通过实验测得，由此可计算得到离子的摩尔电导率。

表 6-4 列出了在 298.15K 时几种离子在无限稀释水溶液中的电导率。由表 6-4 和表 6-1 可见，在水溶液中 H^+和 OH^-的离子迁移率和摩尔电导率比一般离子要大得多。这是因为在水溶液中，水分子之间可以通过氢键形成链式结构。利用这种链式结构，H^+可以转移到邻近的水分子上，然后像击鼓传花一样依次向下传递，如图 6-7 所示。OH^-在水溶液中也能够以类似方式传递。所以在水溶液中 H^+和 OH^-具有较高的迁移率和摩尔电导率。

表 6-4　298.15K 时，几种离子在无限稀释水溶液中的摩尔电导率

正离子	Λ_m^∞/(S·m²/mol)	负离子	Λ_m^∞/(S·m²/mol)
H^+	349.82×10^{-4}	OH^-	198.0×10^{-4}
Li^+	38.69×10^{-4}	Cl^-	76.34×10^{-4}
Na^+	50.11×10^{-4}	Br^-	78.4×10^{-4}
K^+	73.52×10^{-4}	I^-	76.8×10^{-4}
NH_4^+	73.4×10^{-4}	NO_3^-	71.44×10^{-4}
Ag+	61.92×10^{-4}	CH_3COO^-	40.9×10^{-4}
$1/2Ca^{2+}$	59.50×10^{-4}	ClO_4^-	68.0×10^{-4}
$1/2Ba^{2+}$	63.94×10^{-4}	$1/2SO_4^{2-}$	79.8×10^{-4}

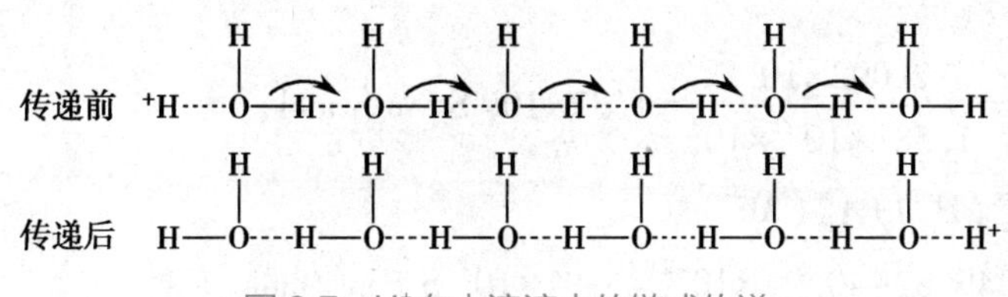

图 6-7　H^+在水溶液中的链式传递

五、电导测定的应用

（一）检测水的纯度

在常温条件下，水中 H^+和 OH^-浓度为 1.0×10^{-7}mol/L。水自身的这种弱电离，使水具有一定的导电性。当水中含有杂质时，水的电导率会发生变化。常温下自来水的电导率一般约为 1.0×10^{-1}S/m，普通蒸馏水的电导率约为 1.0×10^{-3}S/m，重蒸水和去离子水的电导率一般小于 1.0×10^{-4}S/m。理论上纯水的电导率为 5.5×10^{-6}S/m。可见水的纯度越高，电导率越小。所以通过测定水的电导率可以检测水的纯度。

（二）弱电解质的电离度及电离常数的测定

对于一般电解质来说，影响其摩尔电导率的因素有两个：一是电解质的解离程度；二是离子间的相互作用力。由于弱电解质的电离度（degree of dissociation）一般都很小，溶液中离子浓度很低，所以离子间相互作用可以忽略不计。因此，影响弱电解质摩

笔记

尔电导率的主要因素就是电解质的解离程度。在无限稀释的溶液中，弱电解质全部电离，对应的摩尔电导率为 Λ_m^∞。在浓度为 c 时，弱电解质发生部分电离，电离度为 α，对应的摩尔电导率为 Λ_m。Λ_m 与 Λ_m^∞ 的差别主要是由弱电解质的部分电离和全部电离时产生的离子数目不同所致。所以，弱电解质的电离度可以表达为：

$$\alpha=\frac{\Lambda_m}{\Lambda_m^\infty} \qquad \text{式(6-15)}$$

以 AB(即 1-1 型)电解质为例，设其起始浓度为 c，则

$$\begin{array}{llll} & AB & \rightarrow & A^+ + B^- \\ \text{起始时：} & c & 0 & 0 \\ \text{平衡时：} & c(1-\alpha) & c\alpha & c\alpha \end{array}$$

电离平衡常数(ionization equilibrium constant)

$$K^\ominus=\frac{c\alpha/c^\ominus \cdot c\alpha/c^\ominus}{c(1-\alpha)/c^\ominus}=\frac{\alpha^2}{1-\alpha}\cdot\frac{c}{c^\ominus}$$

将式(6-15)代入，得

$$K^\ominus=\frac{\Lambda_m^2}{\Lambda_m^\infty(\Lambda_m^\infty-\Lambda_m)}\cdot\frac{c}{c^\ominus} \qquad \text{式(6-16)}$$

上式称为奥斯特瓦尔德(Ostwald)稀释定律。

例 6-3 将浓度为 1.581×10^{-2} mol/L 的醋酸溶液注入电导池，测得电导率为 2.092×10^{-2}S/m。已知无限稀释摩尔电导率 $\Lambda_m^\infty(H^+)$ 和 $\Lambda_m^\infty(Ac^-)$ 分别为 349.82×10^{-4}S·m²/mol 和 40.9×10^{-4}S·m²/mol。试求给定条件下醋酸的电离度及其电离平衡常数。

解：$$\Lambda_m=\frac{\kappa}{c}=\frac{2.092\times10^{-2}}{1.581\times10^{-2}\times10^3}=1.32\times10^{-3}\text{S}\cdot\text{m}^2/\text{mol}$$

$$\Lambda_m^\infty=\Lambda_m^\infty(H^+)+\Lambda_m^\infty(Ac^-)$$
$$=(349.82+40.9)\times10^{-4}=3.91\times10^{-2}\text{S}\cdot\text{m}^2/\text{mol}$$

$$\alpha=\frac{\Lambda_m}{\Lambda_m^\infty}=\frac{1.32\times10^{-3}}{3.91\times10^{-2}}=3.38\times10^{-2}$$

$$K^\ominus=\frac{\alpha^2}{1-\alpha}\frac{c}{c^\ominus}=\frac{(3.38\times10^{-2})^2}{1-3.38\times10^{-2}}\times\frac{1.581\times10^{-2}}{1}=1.87\times10^{-5}$$

（三）难溶盐溶解度的测定

难溶盐在水中的溶解度很小，用普通滴定方法很难直接测定，但可以用电导法测量得到。具体做法是先测定纯水的电导率 $\kappa_{水}$，再用此水配制待测难溶盐的饱和溶液，测定该饱和溶液的电导率 $\kappa_{溶液}$。由于难溶盐溶液浓度很低，水的电离对溶液电导的贡献就不可忽略，必须从溶液电导率中减去水的电导率才是难溶盐的电导率，所以

$$\kappa_{难溶盐}=\kappa_{溶液}-\kappa_{水}$$

根据式(6-10)，难溶盐的摩尔电导率

$$\Lambda_m=\frac{\kappa_{难溶盐}}{c}$$

式中 c 为饱和溶液中难溶盐的物质的量浓度。由于难溶盐的溶解度很小，所以难溶盐

笔记

饱和溶液的 $\Lambda_m \approx \Lambda_m^\infty$，因此可得难溶盐的饱和浓度

$$c=\frac{\kappa_{溶液}-\kappa_{水}}{\Lambda_m^\infty} \qquad 式(6\text{-}17)$$

上式中 Λ_m^∞ 可查表求得，在此基础上可以进一步求得难溶盐的溶解度 S 和溶度积 K_{sp}。

例 6-4　298.15K 时，测得 AgBr 饱和水溶液的电导率为 1.576×10^{-4}S/m，所用水的电导率为 1.519×10^{-4}S/m，已知 $\Lambda_m^\infty(Ag^+)=6.192\times10^{-3}$S·m²/mol，$\Lambda_m^\infty(Br^-)=7.84\times10^{-3}$S/m²mol，试求在该温度时 AgBr 饱和溶液的浓度。

解：

$$\begin{aligned} c(AgBr) &= \frac{\kappa_{溶液}-\kappa_{水}}{\Lambda_m^\infty(AgBr)} \\ &= \frac{1.576\times10^{-4}-1.519\times10^{-4}}{6.192\times10^{-3}+7.84\times10^{-3}} \\ &= 4.060\times10^{-4}\text{mol/m}^3 \\ &= 4.060\times10^{-7}\text{mol/dm}^3 \end{aligned}$$

（四）电导滴定

在一些滴定过程中，溶液中离子的种类和浓度都要发生变化，溶液电导率也要随之发生改变。因此可以利用滴定过程溶液电导率的变化来确定滴定终点，称为电导滴定（conductimetric titration）。

以 NaOH 滴定 HCl 为例。在滴定前，由于 HCl 溶液中的 H^+具有较高的电导率，所以溶液的电导率很高。在滴定过程中，溶液中 H^+和 NaOH 溶液中的 OH^-发生中和，浓度不断降低；取而代之的是电导率相对较小的 Na^+，因此溶液的电导率不断下降。在达到滴定终点时，HCl 完全被中和，溶液电导率降到最低。继续滴加 NaOH，溶液中出现过量的 NaOH，电导率开始上升。因此，在溶液的电导率与滴加的 NaOH 体积的关系曲线上，会有一个最低点，对应着滴定终点，如图 6-8 所示。

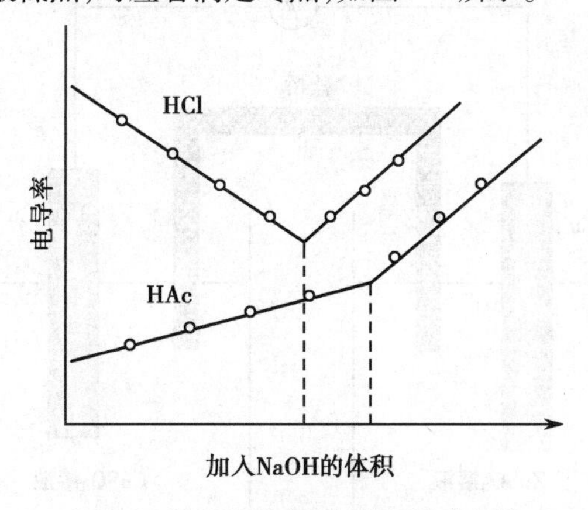

图 6-8　NaOH 滴定酸的电导滴定曲线

若是以 NaOH 滴定弱电解质 HAc，由于 HAc 的电离度很低，所以滴定前溶液的电导率很低。在滴加 NaOH 过程中，NaOH 和 HAc 发生中和反应，弱电解质 HAc 被生成的强电解质 NaAc 所取代，溶液的电导率随 NaOH 的滴加逐渐增大。在达到滴定终点时，HAc 完全被中和。继续滴加 NaOH，溶液中净增加了 NaOH，所以溶液的电导率以

笔记

更快的速度增加。这时在滴定曲线上会出现折点,即为滴定终点,见图 6-8。

电导滴定不需要外加指示剂,并可实现自动滴定。因此在定量分析中,若溶液混浊或有颜色不便使用指示剂,可考虑采用电导滴定。

除了上述四点,电导测定在药学研究中也存在广泛的应用。例如,在药物制剂领域,溶液的电导率的变化可以用来确定表面活性剂的临界胶束浓度,也可以用于微乳制剂的相行为及结构研究*。

第三节 可逆电池

一、可逆电池

把化学能转化为电能的装置称为原电池,简称为电池。通过原电池可以把热力学和电化学联系起来,既可以利用热力学知识计算化学能和电能相互转化的效率,也可以利用电化学方法来研究化学反应的热力学性质。但是只有可逆电池反应,才具有热力学意义。

可逆电池(reversible cell)必须满足下列条件:

(1) 电池内进行的化学反应必须是可逆的,即充电反应和放电反应互为逆反应。

(2) 能量转化必须可逆,即充、放电时通过电池电流要十分微小,以保证电池内进行的化学反应是在无限接近平衡态的条件下进行。

(3) 电池中所进行的其他过程(如离子的迁移等)也必须可逆。

例如,将锌片和铜片分别插入 $ZnSO_4$ 和 $CuSO_4$ 溶液中,然后用盐桥把两种溶液连接起来,就构成了铜锌电池,如图 6-9 所示。放电时,电池反应为:

$$Zn(s)+CuSO_4(aq)\longrightarrow ZnSO_4(aq)+Cu(s)$$

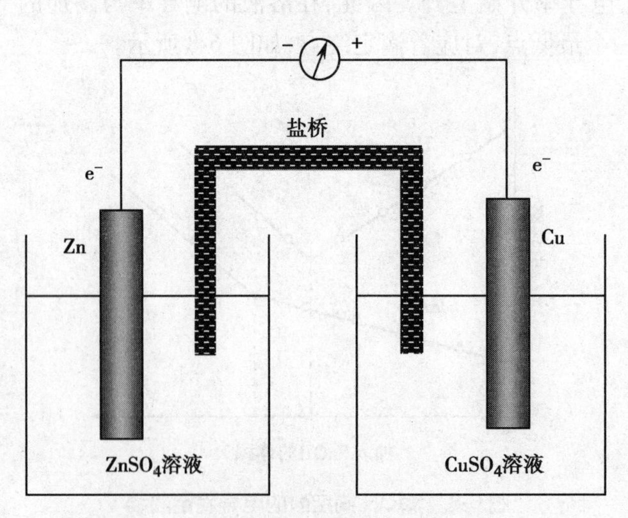

图 6-9 铜锌电池示意图

充电时,电池反应为:

$$ZnSO_4(aq)+Cu(s)\longrightarrow Zn(s)+CuSO_4(aq)$$

通过比较,可以发现该电池在充、放电时的电池反应是相互可逆的。当通过的电

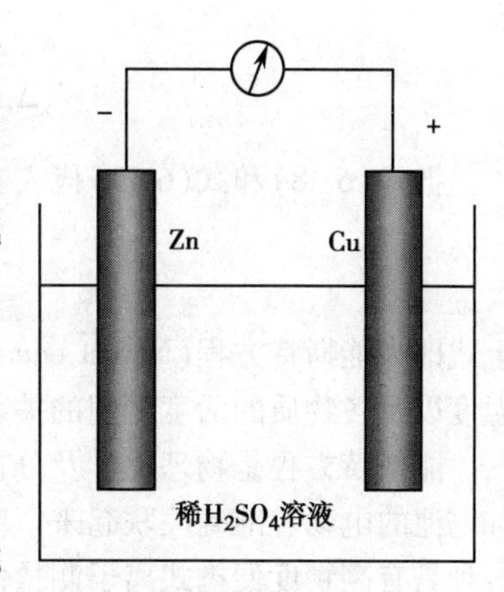

图 6-10　伏打电池示意图

流无限小时，能量转化也是可逆的，因此可以视为可逆电池。

凡是不能满足上述条件的电池均为不可逆电池。例如，把铜片和锌片插入稀硫酸溶液中所构成的伏打（Volta）电池（图 6-10），充电时，电池反应为：

$$2H^+(aq)+Cu(s) \longrightarrow H_2(g)+Cu^{2+}(aq)$$

而放电时，电池反应为：

$$Zn(s)+2H^+(aq) \longrightarrow Zn^{2+}(aq)+H_2(g)$$

由于充、放电时电池的化学反应不具有可逆性，无论把充、放电的电流控制得多么微小，这种电池都是不可逆的。

二、电池的书写方式

为了科学地表达出电池的组成和结构，国际纯粹与应用化学联合会（the International Union of Pure and Applied Chemistry, IUPAC）做出如下书写规定：

（1）发生氧化反应的负极写在左边，发生还原反应的正极写在右边。

（2）按照实际顺序从左至右依次写出构成电池各物质的化学式及其存在状态（固、液、气），气体要注明压力，液体要标明浓度或活度。

（3）用单垂线“|”表示相与相之间的界面，用“,”表示可混溶的两种液体之间的接界面，用双垂线“||”表示盐桥。

（4）气体和液体，如 $H_2(g)$、$Cl_2(g)$、$Br_2(l)$，不能直接作电极，必须吸附在不活泼金属（如 Pt、Au）上，一般也应注明。

根据上述规定就可以写出电池的表达式，例如图 6-9 中的铜锌电池可以表达为：

$$Zn(s) \mid ZnSO_4(a_1) \parallel CuSO_4(a_2) \mid Cu(s)$$

三、可逆电池的热力学

通过可逆电池电动势的测定，利用一些热力学基本关系式，可以求得化学反应过程中热力学函数的变化值。因此，研究可逆电池的各种热力学函数与电化学性质之间的关系具有重要意义。

（一）电池反应 $\Delta_r G_m$ 的计算和能斯特方程

根据吉布斯定律可知，在等温等压的条件下，系统吉布斯自由能的减少应等于系统对环境所做的最大非体积功。因此，对于可逆电池反应

$$\Delta_r G_m = W' = -zEF \qquad \text{式(6-18)}$$

式(6-18)中，z 为电池反应所对应电极反应式中电子的计量系数，E 为电池的电动势，F 为法拉第常数。此式说明，只要测得可逆电池电动势 E，就可求得该电池反应的 $\Delta_r G_m$。当参加电池反应的各物质均处于标准状态时

$$\Delta_r G_m^\ominus = -zE^\ominus F \qquad \text{式(6-19)}$$

$E^\ominus$称为电池的标准电动势（standard potential）。

在温度 T 时，对于可逆电池反应 $aA+dD \longrightarrow gG+hH$，根据化学反应等温式可知：

$$\Delta_r G_m = \Delta_r G^{\ominus} + RT\ln \frac{a_G^g a_H^h}{a_A^a a_D^d}$$

把式(6-18)和式(6-19)代入上式,整理可得

$$E = E^{\ominus} - \frac{RT}{zF}\ln \frac{a_G^g a_H^h}{a_A^a a_D^d} \qquad \text{式(6-20)}$$

上式即为能斯特方程(Nernst equation),它定量地说明了电池的电动势与电池反应的温度以及各物质的活度之间的关系。

能斯特方程是物理化学及分析化学中重要的应用方程。它将溶液中离子的浓度和电池的电动势准确关联起来。应用能斯特方程,结合现代电子学知识,可以设计出各种具有高精度便携式离子测量仪器*。

(二)电池反应的 $\Delta_r S_m$、$\Delta_r H_m$ 的计算

根据热力学基本关系式可知:$\left(\frac{\partial \Delta_r G_m}{\partial T}\right)_p = -\Delta_r S_m$

将 $\Delta_r G_m = -zEF$ 代入上式,可得反应的熵变为:

$$\Delta_r S_m = zF\left(\frac{\partial E}{\partial T}\right)_p \qquad \text{式(6-21)}$$

其中$\left(\frac{\partial E}{\partial T}\right)_p$ 称为电池反应的温度系数。

将式(6-18)和式(6-21)代入关系式 $\Delta_r G_m = \Delta_r H_m - T\Delta_r S_m$ 中,整理可得

$$\Delta_r H_m = -zEF + zFT\left(\frac{\partial E}{\partial T}\right)_p \qquad \text{式(6-22)}$$

由于电动势可以准确测定,所以用电化学方法求得的反应焓比热化学法测定的结果更为精确。

(三)电池反应可逆热效应 Q_R 的计算

根据熵的定义式 $\Delta S = Q_R/T$,可知在可逆电池反应中的热效应 Q_R 为:

$$Q_R = T\Delta_r S_m = zFT\left(\frac{\partial E}{\partial T}\right)_p \qquad \text{式(6-23)}$$

基于上式,可根据$\left(\frac{\partial E}{\partial T}\right)_p$ 的符号判断出电池在等压可逆放电时是放热还是吸热。

比较式(6-22)和式(6-23)可知:

$$\Delta_r H_m = -zFE + Q_R$$

或写作:

$$Q_R = zFE + \Delta_r H_m$$

上式说明在有电功存在的条件下,可逆电池反应的热效应 Q_R 应该等于化学反应的 $\Delta_r H_m$ 和电池所做电功的加和。

例 6-5 298.15K 时,电池 $Zn(s) \mid ZnCl_2(aq) \mid AgCl(s) \mid Ag(s)$ 的电动势 $E = 1.015V$,$\left(\frac{\partial E}{\partial T}\right)_p = -4.92\times10^{-4}V/K$,求此电池反应的 $\Delta_r G_m$、$\Delta_r H_m$、$\Delta_r S_m$ 及可逆放电时的热效应 Q_R。

解:电池反应为 $Zn(s) + 2AgCl(s) \longrightarrow 2Ag(s) + ZnCl_2(aq)$

$$\Delta_r G_m = -zEF = -2\times1.015\times96\,500 = -195.90kJ/mol$$

笔记

$$\Delta_r S_m = zF\left(\frac{\partial E}{\partial T}\right)_p$$

$$= 2\times 96\ 500\times(-4.92\times 10^{-4}) = -9.496\times 10^{-2}\text{kJ/mol}$$

$$\Delta_r H_m = \Delta_r G_m + T\Delta_r S_m$$

$$= -195.90 + 298.15\times(-9.496\times 10^{-2})$$

$$= -224.21\text{kJ/mol}$$

$$Q_R = T\Delta_r S_m = 298.15\times(-9.496\times 10^{-2}) = -28.31\text{kJ/mol}$$

知识链接

诺贝尔奖获得者——能斯特

W. H. 能斯特(Walther H. Nernst，1864—1941)　德国物理学家、物理化学家，1864年6月25日出生于西普鲁士的布里森。1887年毕业于维尔茨堡大学，并获博士学位。

他的研究成果很多，但主要成就是在热力学方面。1889年，他提出溶解压假说，从热力学导出了电动势与溶液浓度的关系式，这就是电化学中著名的能斯特方程。同年，引入溶度积这个重要概念，用来解释沉淀反应。1906年，能斯特根据对低温现象的研究，得出了热力学第三定律，人们称之为“能斯特热定理”。这个定理有效地解决了计算平衡常数问题和许多工业生产难题。他因此获得了1920年诺贝尔化学奖。此外，他还研制出含氧化锆及其氧化物发光剂的白炽电灯；设计出用指示剂测定介电常数、离子水化度和酸碱度的方法；发展了分解和接触电势、钯电极性状和神经刺激理论。

能斯特把自己成就的取得归功于导师奥斯特瓦尔德(1909年，诺贝尔化学奖获得者)的培养，因而把自己的知识也毫无保留地传给学生。他的继承者中有三位成为诺贝尔物理学奖获得者。师生五人相继获奖在诺贝尔奖史上成为佳话。

第四节　电极的电势与超电势

一、电动势产生的机制和电池电动势

原电池的两个电极间可以产生电动势，数值上等于组成电池的各相间界面上所产生的电势差的代数和，主要包括以下几种电势差。

(一) 电极-溶液界面电势差

把金属片插入含有该金属离子的溶液中，如果金属离子水合能足够大，则金属以水合离子形式进入溶液的速度要超过金属离子向金属表面沉积的速度，在达到平衡时，金属相带负电而溶液相带正电。如果金属离子水合能较小，则溶液中的金属离子向金属表面沉积的速度可能超过金属离子进入溶液中的速度。在达到平衡时，金属相带正电而溶液相带负电。

笔记

上述情况都导致金属相和溶液相带上相反的电荷，因此在金属表面和溶液本体之间形成了电势差，称为电极-溶液界面电势差（interfacial potential difference between electrode and solution）。它是电池电动势的一个重要组成部分。

（二）接触电势

不同金属中电子的逸出功不同。逸出功越小，电子越容易逸出。因此当两种不同的金属相互接触时，在接触界面两侧电子分布将不相等，由此产生的电势差称为接触电势（contact potential）。比如，锌和铜在相互接触时，由于锌的电子逸出功比铜的小，因此在达到平衡时由锌逸入铜的电子数会超过由铜逸入锌的电子数。这样在锌和铜的界面上就会产生接触电势。当原电池的导线与电极是由不同的金属构成时，在两者的界面上就会产生接触电势，它也是电池电动势的一部分。

（三）液体接界电势

在两种含有不同溶质的溶液界面上，或者溶质相同而浓度不同的溶液界面上存在微小的电位差，称为液体接界电势（liquid junction potential）也称为扩散电势（diffusion potential）。它的大小一般不超过0.03V。液体接界电势产生的原因是不同离子扩散速率的差异。例如，在两个不同浓度的HCl溶液界面上，由于H^+比Cl^-扩散速率快，在达到扩散平衡时，低浓度的一侧会有过剩的H^+而带正电，而高浓度的一侧会有过剩的Cl^-而带负电。因此在界面上就会产生接界电势。

由于液体的扩散是自发不可逆的，所以如果电池中含有液体接界电势，电池就是不可逆的。为了减小液体接界电势，常用一个盐桥连接两个溶液。盐桥一般是由饱和的KCl溶液装在充满琼脂的倒置的U形管内构成，由于K^+和Cl^-的扩散速率接近，所以可以有效地降低液体接界电势。如果电解质遇到KCl会产生沉淀，则可用NH_4NO_3代替KCl，因为NH_4^+和NO_3^-的扩散速率也很接近。

（四）电池电动势

以图6-10中的铜锌电池为例，假定用铜作导线，则在电池中将产生如下几种电势差：

$$\mathrm{Cu}(\text{导线}) \mid \mathrm{Zn(s)} \mid \mathrm{ZnSO_4}(a_1) \parallel \mathrm{CuSO_4}(a_2) \mid \mathrm{Cu(s)}$$

$$\varepsilon_{\text{接触}} \qquad \varepsilon_- \qquad \varepsilon_{\text{液接}} \qquad \varepsilon_+$$

$\varepsilon_{\text{接触}}$表示接触电势；$\varepsilon_{\text{液接}}$表示液体接界电势；ε_-和ε_+表示两电极和溶液界面间的电势差。原电池的电动势等于组成电池的各相间界面上所产生的电势差的代数和。所以，整个电池的电动势E为：

$$E=\varepsilon_{\text{接触}}+\varepsilon_-+\varepsilon_{\text{液接}}+\varepsilon_+$$

由于$\varepsilon_{\text{接触}}$数值较小，可以忽略，而$\varepsilon_{\text{液接}}$可以利用盐桥基本消除，因而电池的电动势可以写为

$$E=\varepsilon_-+\varepsilon_+ \qquad \text{式(6-24)}$$

二、电极的电势

理论上如果能够知道电池的两个电极与溶液界面上的电势差，便可根据式(6-24)求得电池电动势。但是，实验上只能测得整个电池的电动势，而无法得到单个电极的绝对电动势。因此，只能选定某种电极作为标准，将其他电极与之相比较，得到电极的相对电动势。

笔记

（一）标准氢电极

1953 年，国际纯粹和应用化学联合会（IUPAC）建议用标准氢电极作为标准电极（standard electrode），并规定在任何温度下，其电极电势 $\varphi^{\ominus}$ 为零。标准氢电极的电极表达式和电极反应为：

$$\mathrm{Pt}\,|\,\mathrm{H_2}(p^{\ominus})\,|\,\mathrm{H^+}(a_{\mathrm{H^+}}=1)$$

$$\mathrm{H_2}(p^{\ominus})\longrightarrow 2\mathrm{H^+}(a_{\mathrm{H^+}})+2e^-$$

（二）任意电极的电极电势

以任意给定电极作为原电池的正极，以标准氢电极作为原电池的负极，并用盐桥消除液体的接界电势，所构成的电池表达式为：

$$\mathrm{Pt}\,|\,\mathrm{H_2}(p^{\ominus})\,|\,\mathrm{H^+}(a_{\mathrm{H^+}}=1)\,\|\,\text{给定电极}$$

则此原电池的电动势就作为该给定电极的氢标电极电势（electrode potential against standard hydrogen electrode），简称为电极电势，用 φ 来表示。由于规定给定电极作为发生还原作用的正极，因此所得的电极电势又称还原电势。当电极处于标准态，即参加电极反应所有物质的活度都等于 1，这时的电极电势称为标准电极电势（standard electrode potential），用 $\varphi^{\ominus}$ 表示。

如果知道了电池正极的电极电势 φ_+ 和负极的电极电势 φ_-，则电池电动势可以表达为

$$E=\varphi_+-\varphi_- \qquad \text{式(6-25)}$$

当参加电池反应的各物质均处于标准态时，则

$$E^{\ominus}=\varphi_+^{\ominus}-\varphi_-^{\ominus} \qquad \text{式(6-26)}$$

（三）电极电势的能斯特方程

以铜电极为例，当它和氢标准电极构成原电池时，电池表达式和电池反应分别为：

$$\mathrm{Pt,H_2}(p^{\ominus})\,|\,\mathrm{H^+}(a_{\mathrm{H^+}}=1)\,\|\,\mathrm{Cu^{2+}}(a_{\mathrm{Cu^{2+}}})\,|\,\mathrm{Cu(s)}$$

$$\mathrm{H_2}(p^{\ominus})+\mathrm{Cu^{2+}}(a_{\mathrm{Cu^{2+}}})\longrightarrow \mathrm{Cu(s)}+2\mathrm{H^+}(a_{\mathrm{H^+}}=1)$$

根据式(6-20)，所构成的电池的电动势为：

$$E=E^{\ominus}-\frac{RT}{2F}\ln\frac{a_{\mathrm{H^+}}^2 a_{\mathrm{Cu}}}{a_{\mathrm{H_2}}a_{\mathrm{Cu^{2+}}}}$$

根据氢标电极电势的定义可知，该电池中 $a(\mathrm{H_2})=p(\mathrm{H_2})/p^{\ominus}=1$，$a(\mathrm{H^+})=1$，$E=\varphi_{\mathrm{Cu^{2+},Cu}}$，$E^{\ominus}=\varphi^{\ominus}_{\mathrm{Cu^{2+},Cu}}$，上式即变为：

$$\varphi_{\mathrm{Cu^{2+},Cu}}=\varphi^{\ominus}_{\mathrm{Cu^{2+},Cu}}-\frac{RT}{2F}\ln\frac{a_{\mathrm{Cu}}}{a_{\mathrm{Cu^{2+}}}}$$

由此可见对于电极反应 $\mathrm{Cu^{2+}}(a_{\mathrm{Cu^{2+}}})+2\mathrm{e^-}\longrightarrow\mathrm{Cu(s)}$，能斯特方程也同样适用。把上述结论加以推广，对于任意给定电极反应：

$$\text{氧化态}+ze^-\longrightarrow\text{还原态}$$

电极电势的通式为：

$$\varphi=\varphi^{\ominus}-\frac{RT}{zF}\ln\frac{a_{\text{还原态}}}{a_{\text{氧化态}}} \qquad \text{式(6-27)}$$

上式即为电极电势的能斯特方程。

笔记

三、电极的极化和超电势

可逆电池在充电时，要发生电解反应。从理论上讲，要使电解反应能够发生，外加电压只要稍大于电池的可逆电动势即可。通常又把电池的可逆电动势称为理论分解电压(theoretical decomposition voltage)。但实验事实表明，要使电解现象连续不断地发生，外加电压需要比理论分解电压高出许多才行。例如，水电解的理论分解电压是1.23V，而水的实际分解电压为1.7V。这是因为无论是原电池还是电解池，当电路中有一定电流通过，电极电势都将偏离可逆电极电势。而且，电流强度越大，这种偏离越明显。这种在有电流通过电极时，电极电势偏离可逆电极电势的现象称为电极的极化(polarization of electrode)。

电极极化的程度可以用超电势(overpotential)来度量，用符号 η 表示。数值上等于某一电流密度下的电极电势 $\varphi_{不可逆}$ 与可逆电极电势 $\varphi_{可逆}$ 差值的绝对值，即

$$\eta=|\varphi_{不可逆}-\varphi_{可逆}| \qquad 式(6\text{-}28)$$

产生电极极化现象的原因有多种，其中以浓差极化和电化学极化最为重要。

（一）浓差极化

在一定电流密度下，若电极反应速率较快，而离子扩散速率较慢，将导致电极附近的离子浓度与溶液本体(即远离电极的均匀溶液)浓度不同，从而引起电极电势与可逆电极电势的偏离。这种由于溶液浓度差所造成的极化称为浓差极化(concentration polarization)。

例如，把两只银电极插入 $AgNO_3$ 溶液中进行电解。阴极附近的 Ag^+ 不断沉积到电极上，如果 Ag^+ 从溶液本体向阴极附近扩散的速率低于 Ag^+ 向电极沉积的速率，就会使阴极附近的 Ag^+ 浓度 c' 低于溶液本体中 Ag^+ 的浓度 c。根据式(6-27)

$$\varphi_{可逆,阴}=\varphi^{\ominus}_{Ag^+/Ag}-\frac{RT}{F}\ln\frac{1}{c}$$

$$\varphi_{不可逆,阴}=\varphi^{\ominus}_{Ag^+/Ag}-\frac{RT}{F}\ln\frac{1}{c'}$$

由于 $c'<c$，所以 $\varphi_{不可逆,阴}<\varphi_{可逆,阴}$。与此相反，在阳极银电极不断向附近的溶液中释放 Ag^+，使阳极周围的 Ag^+ 浓度高于溶液本体中 Ag^+ 的浓度，所以 $\varphi_{不可逆,阳}>\varphi_{可逆,阳}$。由于浓差极化所引起的可逆电势和不可逆电势之差称为浓差超电势(concentration overpotential)。一般搅拌溶液可以减小浓差超电势，但是不能够完全消除。

（二）电化学极化

电极界面上所发生的电化学反应过程，通常包含了多个反应步骤，其中有的步骤可能速率比较缓慢。为了使电解能够顺利进行，必须提高外加电压，为这些速率缓慢的步骤提供能量。这种由于电化学反应缓慢所导致的电极电势偏离可逆电势的现象称电化学极化(electrochemical polarization)。电化学极化所造成的电极电势与可逆电极电势之差称为电化学超电势(electrochemical overpotential)。与浓差极化类似，电化学极化也使阴极的电势较其可逆电极电势要低一些，而阳极电极电势较其可逆电极电势更高一些。

生物膜电势和生物电化学传感器

一、生物膜电势

（一）生物电现象

1791 年，意大利科学家伽伐尼（Galvani）无意中把两根不同金属丝一端插入青蛙腿，另一端相互接触，发现青蛙腿发生了抽搐。这表明动物的机体组织与电之间存在着相互作用。事实上，一切生物体无论是处于静止状态还是活动状态都存在电现象，即生物电现象。

人体的肌电、心电和脑电都是代表性的生物电现象。一般的生物电都很微弱，比如心电约 1mV，而脑电只有 0.1mV。但有些动物能够产生很强的生物电，比如电鲇在受到惊吓或捕食时能产生 400~500V 的高压电。

（二）生物膜电势

生物电现象是以细胞为单位产生的。细胞膜是一种特殊类型的半透膜，对离子的通透性具有高度的调节性和选择性。膜的两侧存在着由多种离子比如 K^+、Na^+ 和 Ca^{2+} 等组成的电解质溶液。这些离子在细胞膜内外的不均匀分布，使膜内外产生电势差称为膜电势（membrane potential）。

正常生物细胞内 K^+ 的浓度远大于细胞外的浓度，而细胞外 Na^+ 的浓度要比细胞内 Na^+ 的浓度高出许多。在静息状态时，细胞膜对 K^+ 具有明显的通透性而 Na^+ 几乎不能通过。由于浓度差的存在，K^+ 从细胞膜内向细胞膜外扩散，而膜内带负电的蛋白质大分子由于不能够穿过细胞膜而留在膜内。K^+ 的扩散使膜外带正电荷而膜内带负电荷，形成一个由膜外指向膜内的电场。当达到扩散平衡时，在细胞膜内外就形成稳定的电势差。这种细胞处于静止状态时所具有的电势称为“静息电位”。例如，静息的神经细胞内液体中 K^+ 的浓度是细胞外的 35 倍左右，相应的膜内电势比膜外低 70mV。膜电势的存在表明每个细胞膜上都有一个双电层，相当于一些电偶极分布在细胞表面。

膜电势的测定在医学上有着重要应用。由于在病理情况下器官所产生的生物电变化与正常时不同，因此医生可以利用生物电诊断疾病。心电图就是测量人体表面几组对称点之间因心脏偶极矩改变所引起电位差随时间的变化，来检查心脏工作的情况。

二、生物电化学传感器

生物电化学传感器是把生物材料与被测定物质接触时所产生的物理、化学变化转化为电信号的装置。生物材料在分子识别中有很强的专一性与灵敏性，例如，酶只识别其相应的底物、抗体识别抗原等。所以生物电化学传感器具有高度选择性，是快速、直接获取复杂系统组成信息的理想分析工具，在生物技术、食品工业、临床检测、医药工业、生物医学、环境分析等领域获得广泛应用。

根据敏感元件所用生物材料的不同，电化学生物传感器可分为酶电极传感器、微生物电极传感器、电化学免疫传感器、组织电极与细胞器电极传感器、电化

笔记

学DNA传感器等。一般的酶电极传感器是由电化学检测装置和酶膜组成。例如，把葡萄糖氧化酶(GOD)膜固定在铂电极表面上就制成葡萄糖酶电极。将此传感器插入葡萄糖水溶液中，葡萄糖分子与GOD接触，发生酶催化反应：

$$\beta\text{-D-葡萄糖}+O_2 \xrightarrow{\text{GOD}} \text{葡萄糖酸}+H_2O$$

GOD对β-D-葡萄糖的催化氧化要不断消耗O_2，同时溶液中的O_2还能够在铂电极表面发生还原反应，两者竞争性消耗O_2。因此溶液中葡萄糖的浓度越高，O_2的还原电流减少的速度越快。利用这种关系，可以确定溶液中葡萄糖的浓度。使用葡萄糖氧化酶传感器，只需0.01ml血液，在20~30秒内就可以测定糖尿病患者血液中葡萄糖含量。

学习小结

1. 学习内容

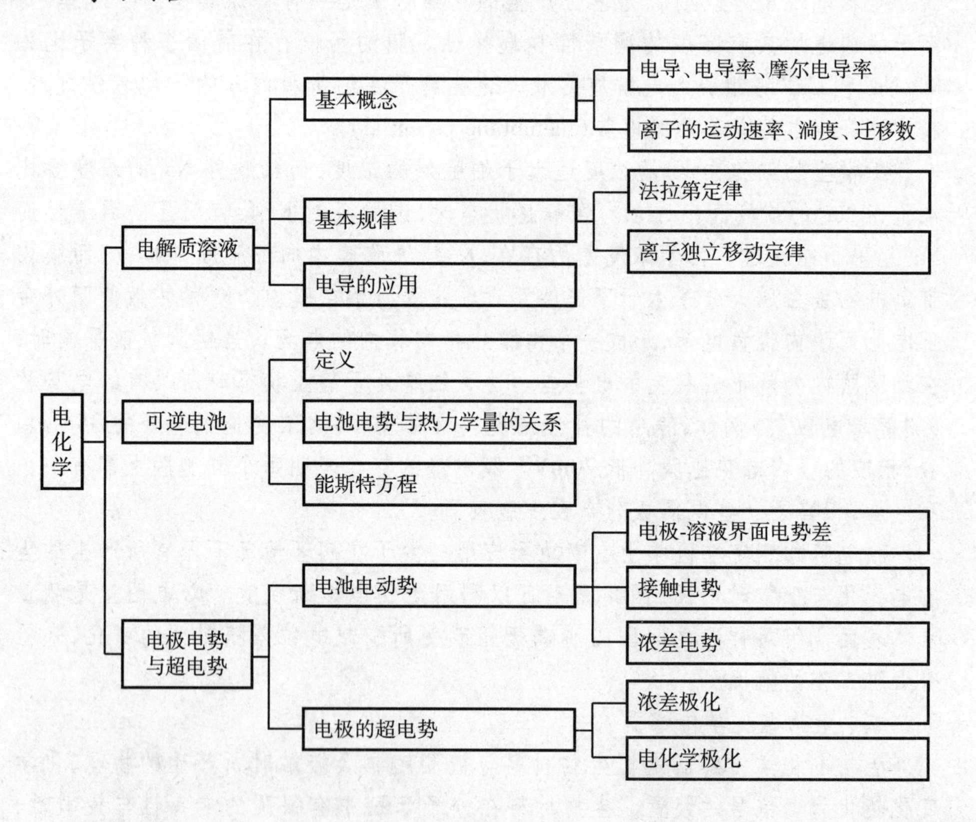

2. 学习方法

学习本章时应注意：电解质溶液是通过离子的定向运动导电。电极上发生反应物质的量与通入电量成正比。电解质溶液的导电性质和电解质溶液的浓度有关，可以用电导率、摩尔电导率和离子迁移数等物理量来描述。在无限稀释时，电解质的摩尔电导率满足离子独立移动定律。可逆电池必须满足化学反应可逆和能量转化可逆等条件。依据热力学中的一些基本关系式，通过测定可逆电池的电动势，可以求得电池反

笔记

应的 $\Delta_r G_m$、$\Delta_r H_m$、$\Delta_r S_m$ 和 Q_R 等。电池的电动势等于电池中各相间电势的加和，包括电极-溶液界面电势、接触电势和扩散电势。电池的电动势或电极电势与参加电化学反应的物质的浓度有关，可用能斯特方程定量描述。当有连续电流通过电解池时，电解池的电极要发生极化，包括浓差极化和电化学极化等。

（张明波　黄宏妙）

习题

1. 当 $CuSO_4$ 溶液中通过 1930C 电量后，在阴极上有 0.005mol 的铜沉积出来，试求在阴极上析出 H_2 的物质的量。

2. 当 1A 的电流通过 100ml 浓度为 0.1mol/L $Fe_2(SO_4)_3$ 溶液时，需通电多长时间才能完全还原为 $FeSO_4$？

3. 在 298K 时，用铂电极电解盐酸溶液。已知电解前阴极区含有 0.354g 氯离子，通电一段时间后，经分析知道阴极区含有 0.326g 氯离子，同时与电解池串联的银库仑计中析出 0.5016g 银。试分别求出 H^+ 和 Cl^- 的迁移数。

4. 298.15K 时，某电导池中充入 0.01mol/L 的 KCl 溶液，测得其电阻为 112.3Ω，若充入浓度为 0.02mol/L 的溶液 X，测得其电阻为 2184Ω，试求溶液 X 的电导率和摩尔电导率。已知 298.15K 时，0.01mol/L KCl 溶液的电导率为 0.141 06S/m，溶剂水的电导率可以忽略不计。

5. 电导池的两个电极截面积均为 $2.5cm^2$，两极间距离为 4.0cm，充入某一浓度电解质溶液后测得电阻为 20.78Ω，试求该电导池常数和溶液的电导率。

6. 已知在 298.15K 时，丙酸钠、氯化钠和盐酸的水溶液的无限稀释摩尔电导率分别为 $0.859\times10^{-2}S\cdot m^2/mol$，$1.2645\times10^{-2}S\cdot m^2/mol$ 和 $4.2615\times10^{-2}S\cdot m^2/mol$。试求在此温度下，丙酸的无限稀释摩尔电导率。

7. 298K 时，将浓度为 0.01mol/L 的 HAc 溶液充入电导池，测得电阻为 2220Ω。已知该电导池常数为 $36.7m^{-1}$，HAc 的 Λ_m^∞ 为 $390.72\times10^{-4}S\cdot m^2/mol$，求该条件下的 HAc 的电离度和电离平衡常数。

8. 298.15K 时，测得 CaF_2 饱和水溶液及配制该溶液的纯水的电导率分别为 $3.86\times10^{-3}S/m$ 和 $1.50\times10^{-4}S/m$。已知在 298.15K 时，$CaCl_2$、NaCl 和 NaF 的无限稀释摩尔电导率分别为 $0.023\ 34S\cdot m^2/mol$、$0.010\ 89S\cdot m^2/mol$ 和 $0.009\ 02S\cdot m^2/mol$，求该温度下 CaF_2 的溶度积。

9. 298.15K 时，电池 Cd(s)｜$CdCl_2$(aq)｜AgCl(s)｜Ag(s) 的电动势为 0.6753V，温度系数为 $-6.5\times10^{-4}V/K$，试计算此温度时电池反应的 $\Delta_r G_m$、$\Delta_r H_m$、$\Delta_r S_m$ 和 Q_R 的值。

笔记

第七章

化学动力学

学习目的

化学热力学只能解决化学反应的可能性问题。解决化学反应的现实性问题,则是化学动力学的任务。研究化学动力学的目的在于有效控制反应速率,弄清反应机制以便指导生产和科研。化学动力学在药学上十分重要,可为药物的生产、药物稳定性、药物的体内过程及防止药物分解等方面的研究奠定坚实的理论基础。本章将从化学动力学的基本概念开始,以反应速率为中心,讨论各种因素对反应速率的影响。

学习要点

具有简单反应级数的动力学方程及其特征、阿仑尼乌斯公式的用途。

化学动力学(chemical kinetics)是研究化学反应速率和反应机制的科学,是物理化学的一个重要组成部分。其主要内容包括确定各反应或反应步骤的速率,各种因素如反应物浓度、温度、压力、催化剂、介质、光照等对反应速率的影响规律,研究反应速率理论和催化作用的理论及应用。

化学动力学与化学热力学不同,在研究化学反应时两者互相补充、互相促进。化学热力学预言了反应发生的可能性,却不能揭示反应的机制,也不能预言反应进行的速率。化学热力学只能解决化学反应的方向和限度问题,然而在实际生产和科研中,常需要在已知反应的可能性的基础上,通过适当地选择反应途径,控制反应条件,使化学反应向生成预期产物的方向进行。解决化学反应的现实性问题,则是化学动力学的任务。研究化学动力学的目的在于有效地控制反应速率,弄清反应机制以便指导生产和科研。

化学动力学的应用非常广泛,涉及药物研究以及化学化工生产各个领域。在药学上也相当重要,药物的生产和调制、贮藏和保管以及药物在体内的吸收、分布、代谢与排泄等问题的研究都要应用化学动力学的方法。研究怎样提高药物的稳定性、防止药物的分解等都要应用到化学动力学的有关知识。

笔记

第一节 基本概念

一、化学反应速率表示法及测定

(一)转化速率

设有一化学反应,其计量方程为

$$0=\sum_{B}\nu_{B}B \quad 式(7-1)$$

B 代表参与反应的任何一种物质。式中,ν_B 是反应式中物质 B 的计量系数,反应物的系数取负值,生成物的系数取正值。

上式习惯写成

$$aA+dD\rightarrow gG+hH \quad 式(7-2)$$

设反应开始 $t=0$ 时,某物质的起始量表示为 $n_B(0)$,当反应进行到某时刻 t 时,某物质的量表示为 $n_B(t)$,则反应进度(advancement of reaction)ξ 为

$$\xi=\frac{n_B(t)-n_B(0)}{\nu_B}=\frac{\Delta n_B}{\nu_B} \quad 式(7-3)$$

对于发生微小变化,式(7-3)可变为

$$\mathrm{d}\xi=\frac{\mathrm{d}n_B}{\nu_B} \quad 式(7-4)$$

将反应进度对 t 微分,就得到在某反应时刻 t 时的反应进度变化率,即

$$\dot{\xi}=\frac{\mathrm{d}\xi}{\mathrm{d}t} \quad 式(7-5)$$

式中,$\dot{\xi}$ 为转化速率。

根据反应进度的定义 $\mathrm{d}\xi=\frac{\mathrm{d}n_B}{\nu_B}$,式(7-5)可写成

$$\dot{\xi}=\frac{\mathrm{d}\xi}{\mathrm{d}t}=\frac{1}{\nu_B}\frac{\mathrm{d}n_B(t)}{\mathrm{d}t} \quad 式(7-6)$$

式(7-6)可作为转化速率 $\dot{\xi}$ 的定义式,表示为单位时间内反应进度的改变量,单位为 mol/s。

转化速率与物质 B 的选择无关,任选一反应物或生成物均可,但与计量系数有关,所以一定要与化学计量方程对应,通常计算转化速率前要先写出化学计量方程。

(二)反应速率

化学反应的速率(rate)定义为

$$r\overset{\mathrm{def}}{=}\frac{1}{V}\dot{\xi} \quad 式(7-7)$$

式中,V 为反应系统的体积,反应速率即单位体积时反应的转化速率。对于等容反应,则将式(7-6)代入式(7-7),可得

$$r=\frac{1}{\nu_B V}\frac{\mathrm{d}n_B(t)}{\mathrm{d}t}=\frac{1}{\nu_B}\frac{\mathrm{d}c_B}{\mathrm{d}t} \quad 式(7-8)$$

笔记

式中，c_B 是参与反应的任何一种物质 B 的浓度，单位为 mol/L，反应速率单位为 mol/(L·s)。

例如式(7-2)的反应，反应速率有

$$r=-\frac{1}{a}\frac{dc_A}{dt}=-\frac{1}{d}\frac{dc_D}{dt}=\frac{1}{g}\frac{dc_G}{dt}=\frac{1}{h}\frac{dc_H}{dt} \qquad 式(7\text{-}9)$$

无论用反应物还是生成物表示，均可得到相同的反应速率。

为了研究方便，在化学动力学中常采用反应物的消耗速率 $r_A=-\frac{dc_A}{dt}$，$r_D=-\frac{dc_D}{dt}$，或产物的生成速率 $r_G=\frac{dc_G}{dt}$，$r_H=\frac{dc_H}{dt}$等来表示反应的速率。显然，以不同物质的浓度随时间的变化率来表示反应的速率时，由于各物质计量系数不一样，得到的速率值是不同的，很明显，$\frac{r_A}{a}=\frac{r_B}{b}=\frac{r_G}{g}=\frac{r_H}{h}$。

除了上述表示反应速率的方法之外，根据具体情况还可以用其他方法表示反应速率。例如在气相反应中常用压力随时间的变化率 dp/dt 来表示反应速率。

（三）反应速率的测定

在化学动力学研究中，最重要的是通过实验方法测定反应速率，即测出在不同瞬间某反应物或某产物的浓度。要测定反应速率，首先要绘制浓度(或压力)随时间的变化曲线(图 7-1)。由于反应开始后，反应物的浓度随反应的进行不断降低，而生成物的浓度随反应的进行不断增加。故选取不同时刻，分析任一反应物或生成物的浓度，以浓度为纵坐标，时间为横坐标，绘制浓度随时间的变化曲线，然后在 t 时刻作曲线的切线，该切线斜率的绝对值即为该时刻的反应速率。反应开始时的速率称为反应初速率，它受干扰最少，能反映该化学反应的特点，是动力学研究的一个重要参数。

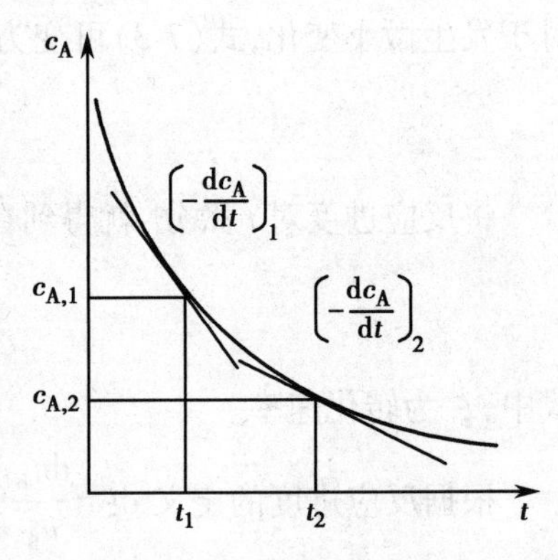

图 7-1　由 c_A-t 曲线的微商求瞬时速率

反应速率的测定方法通常分为化学法和物理法两大类：

1. 化学法　用化学分析法测定反应进行到不同时刻的反应物或产物的浓度。当从反应系统中取出部分样品进行分析时，必须使样品中的反应立即停止或使反应速率降到可以忽略的程度。因此，常采用骤冷、冲淡、加入阻化剂或除去催化剂等方法。该方法的优点是能够直接测定各时刻浓度的绝对值，但是操作较麻烦。

2. 物理法　该法是测定某一个与反应物或产物浓度有关的物理量，该物理量的变化能够准确反映物质浓度的变化，物理量的选择最好是与浓度变化呈线性关系的量。如压力、体积、折射率、旋光度、电导、黏度、质谱与色谱等。物理法的优点是取样量少，甚至有时不必取样，可以在反应进行时直接迅速测定，可采用自动化的连续记录装置。

笔记

二、化学反应的机制

绝大多数的反应不是一步就能完成，而是要经过生成中间产物的若干步骤才能完成。通常所写的化学方程式是根据始态与终态写出反应的总结果，这种方程只表示反应前后的物料平衡关系，仅代表反应的总结果，绝大多数并不代表反应所经历的途径，所以它只代表反应的化学计量式，称为计量方程。反应机制(reaction mechanism)是指反应物变为产物所经历的真正途径，故又称为反应历程。例如，由氢气和碘蒸气合成碘化氢，其总反应方程式为

$$H_2+I_2 \longrightarrow 2HI \qquad 式(7\text{-}10)$$

这是一个计量方程，它只表示反应的总结果及总的计量关系，而不能表示反应过程中反应物分子是如何形成产物的。实验证明，该反应并不是由一个氢气分子和一个碘蒸气分子直接作用生成两个碘化氢分子，而是经历一系列具体步骤方可实现的，上述反应的具体过程包括下列三个步骤：

$$I_2+M_{高能} \longrightarrow I\cdot+I\cdot+M_{低能} \qquad 式(7\text{-}11)$$

$$H_2+I\cdot+I\cdot \longrightarrow HI+HI \qquad 式(7\text{-}12)$$

$$I\cdot+I\cdot+M_{低能} \longrightarrow I_2+M_{高能} \qquad 式(7\text{-}13)$$

式中，M 代表气体中存在的 H_2 和 I_2 等分子，I· 代表碘自由基，旁边的黑点表示未配对的价电子。

三、基元反应与总包反应

由反应物微粒(分子、原子、离子或自由基等)一步作用直接生成产物的反应，即反应物在碰撞时一步直接生成产物的反应称为基元反应(elementary reaction)。仅由一个基元反应组成的反应称为简单反应。由两个或两个以上基元反应组成的反应称为总包反应(overall reaction)或复杂反应(complex reaction)。实际上，只有少数反应是简单反应，绝大多数反应都是复杂反应，反应物分子需要经历若干个基元反应才能变为最终产物分子。碘化氢气相合成反应就是一例，所以式(7-10)是复杂反应，它由式(7-11)、式(7-12)和式(7-13)三个基元反应组成。

基元反应中参与反应的反应物分子(包括各种微粒)数，称为该反应的反应分子数(molecularity of reaction)。根据反应分子数的不同，基元反应可分为单分子反应、双分子反应和三分子反应。

只需一个分子就能发生的反应称为单分子反应，如异构化反应、分解反应等。

两个分子碰撞而发生的反应称为双分子反应，如酯化反应、取代反应等。

三个分子同时碰撞而发生的反应称为三分子反应。

目前，已知的三分子反应极少，四分子及其以上反应迄今尚未发现，绝大多数基元反应都是双分子反应。所以反应分子数目前仅有 1、2 和 3，且以 2 居多。

应当强调指出，反应分子数表示反应微观过程的特征，是针对基元反应而言的，简单反应和复杂反应是针对宏观总反应而言的，这些概念应加以区别。

四、反应速率方程

反应速率与各反应组分的浓度密切相关，等温下，通常反应速率只是反应物浓度

笔记

的函数。表示反应速率与浓度之间的关系(微分形式),或表示浓度等参数与时间关系(积分形式)的方程,称为化学反应的速率方程(reaction-rate equation),亦称为动力学方程(kinetic equation)。根据速率方程的形式可分为微分速率方程和积分速率方程。速率方程的具体形式随反应而异,必须由实验而定。

(一) 反应级数

设有一化学反应

$$aA+dD \longrightarrow gG+hH$$

通过实验测得其速率方程可以表述为下列形式

$$r_B = k_B c_A^{\alpha} c_D^{\beta} \qquad \text{式(7-14)}$$

式中,B 表示参与反应的任何一种物质,k、α、β 均是与浓度和时间无关的常数。

各组分浓度的指数 α、β 称为各组分的级数(order of reaction),α 为该化学反应对物质 A 的级数,β 为对物质 D 的级数。各浓度项的指数之代数和 $n(n=\alpha+\beta)$ 为反应的总级数。不论 α、β 或 n 均为实验测定而获得的量,它们可以是正整数、分数或零,甚至可以是负数。

(二) 速率常数

式(7-14)中的 k 为反应速率常数(reaction-rate constant)或反应比速(specific reaction rate),其量纲为[浓度]$^{1-n}$·[时间]$^{-1}$,与反应级数 n 有关。速率常数 k 表征了反应的快慢,在数值上等于反应物为单位浓度时的反应速率。速率常数 k 受多种因素如反应温度、溶剂、催化剂等的影响。

以不同物质的浓度随时间的变化率来表示反应的速率时,由于各物质计量系数不一样,得到的速率常数值也是不同的。

式(7-14)用参与反应的不同物质表示时

$$r_A = -\frac{dc_A}{dt} = k_A c_A^{\alpha} c_D^{\beta}$$

$$r_D = -\frac{dc_D}{dt} = k_D c_A^{\alpha} c_D^{\beta}$$

$$r_G = \frac{dc_G}{dt} = k_G c_A^{\alpha} c_D^{\beta}$$

$$r_H = \frac{dc_H}{dt} = k_H c_A^{\alpha} c_D^{\beta}$$

不同物质表示的速率有下列关系

$$\frac{r_A}{a} = \frac{r_B}{b} = \frac{r_G}{g} = \frac{r_H}{h}$$

因此,不同物质表示的速率常数之间有下列关系

$$\frac{1}{a}k_A = \frac{1}{d}k_D = \frac{1}{g}k_G = \frac{1}{h}k_H$$

五、质量作用定律

基元反应是机制最简单的反应,是构成总包反应的基本单元,只有基元反应才能从理论上写出反应速率方程。实验表明,等温时,基元反应的反应速率正比于各反应

笔记

物浓度幂的乘积，其中各浓度的幂指数为反应式中相应组分的分子个数。这一规律称为基元反应的质量作用定律。

例如，对于基元反应

$$A+2B \longrightarrow Z \qquad 式(7\text{-}15)$$

根据质量作用定律，其反应速率为

$$r_A=-\frac{dc_A}{dt}=k_A c_A c_B^2 \qquad 式(7\text{-}16)$$

质量作用定律只适用于基元反应，并且反应速率与反应物浓度有关而与产物浓度无关，因此质量作用定律不能直接用于非基元反应，但可用于非基元反应机制中的每一步基元反应。简单反应只包含一步基元反应，其总反应方程式与基元反应一致，故质量作用定律对简单反应亦可直接应用。

思考

如果一个化学反应的速率方程完全符合质量作用定律，则该反应一定是基元反应吗？★

第二节　简单级数反应

本节所讨论的简单级数反应是指微分速率方程具有反应物浓度幂乘积的形式，且各反应物浓度的级数均为正整数或零的反应。

一、一级反应

反应速率与反应物浓度的一次方成正比的反应称为一级反应(first-order reaction)，一级反应是很常见的一类反应。

设某一级反应

$$\begin{array}{ccc} & A \longrightarrow & P \\ t=0 & c_0 & 0 \\ t & c & x \end{array}$$

其反应速率的微分方程为

$$-\frac{dc}{dt}=kc \qquad 式(7\text{-}17)$$

将上式移项并积分

$$-\int_{c_0}^{c}\frac{dc}{c}=\int_{o}^{t}k\,dt \qquad 式(7\text{-}18)$$

积分可得

$$\ln\frac{c_0}{c}=kt \qquad 式(7\text{-}19)$$

上述积分也可用指数形式表达

$$c=c_0\exp(-kt) \qquad 式(7\text{-}20)$$

通过式(7-19)和式(7-20)可以计算反应速率常数 k、某一时刻的反应物浓度 c 或达到某一浓度所需要的时间 t。

笔记

若以 x 表示经过 t 时刻后已消耗的反应物浓度(即产物的浓度),在 t 时刻反应物剩余浓度 $c=c_0-x$,则上式可写成

$$\ln\frac{c_0}{c_0-x}=kt \qquad \text{式(7-21)}$$

一级反应的特征:

1. 一级反应速率常数 k 的量纲为[时间]$^{-1}$,单位为:秒$^{-1}$(s^{-1})、分$^{-1}$(min^{-1})、小时$^{-1}$(h^{-1})、日$^{-1}$(d^{-1})等,k 的数值与所用的浓度单位无关。

2. 将式(7-19)改写为 $\ln c=\ln c_0-kt$,根据此式可知一级反应的 $\ln c$ 与 t 呈线性关系,直线的斜率为$-k$,截距为 $\ln c_0$。

3. 通常将反应物浓度消耗一半所需的时间,即反应物浓度由 c_0 消耗到 $c=\frac{1}{2}c_0$ 所需的反应时间,称为反应的半衰期(period of half life),以 $t_{1/2}$ 表示,将 $c=\frac{1}{2}c_0$ 代入式(7-19),则

$$t_{1/2}=\frac{1}{k}\ln\frac{c_0}{\frac{1}{2}c_0}=\frac{\ln2}{k}=\frac{0.693}{k} \qquad \text{式(7-22)}$$

从式(7-22)可知,等温下,k 值一定,$t_{1/2}$ 也就一定,与反应物起始浓度 c_0 无关。衡量一物质的分解速率时,通常用半衰期,而不用完全分解所需的时间。

以上三点是一级反应的特征。凡是一级反应,其速率常数的量纲、浓度与时间的线性关系、半衰期等方面都具有以上特征。如果发现反应有一个特征与一级反应的相符,就可判断该反应是一级反应。

另外,对于一级反应,根据式(7-20)可知,$\frac{c}{c_0}=\exp(-kt)$,由于速率常数 k 是常数,则可以得出:一级反应经历相同的时间间隔后,反应物浓度变化的分数必然相同。

许多药物的分解都符合一级反应动力学,所以一级反应在药物有效期预测方面应用很广。一般药物制剂含量损失掉原含量的 10%即可认为失效,故将药物含量降低到原含量 90%的时间称为药物制剂的有效期,即十分之一衰期 $t_{0.9}$。恒温下 $t_{0.9}$ 也是与浓度无关的数,其计算式为

$$k=\frac{1}{t}\ln\frac{c_0}{c}=\frac{1}{t}\ln\frac{c_0}{0.9c_0}=\frac{0.1055}{t}\text{或 }t_{0.9}=\frac{0.1055}{k} \qquad \text{式(7-23)}$$

根据式(7-23),只要知道药物在储藏条件下的 k 值,即可求得它的有效期。

例 7-1 某药物的分解符合一级反应动力学特征。在室温下测得该药物分解 7.22%需时 300 天,试求该药物的有效期。

解:先求出该药物在室温下分解的速率常数

$$k=\frac{1}{t}\ln\frac{c_0}{c}=\frac{1}{300}\ln\frac{1}{1-0.0722}=2.50\times10^{-4}d^{-1}$$

以该药物分解 10%的时间作为有效期,则

$$t_{0.9}=\frac{0.1055}{k}=\frac{0.1055}{2.50\times10^{-4}}=422d$$

笔记

例 7-2　药物进入人体后，一方面在血液中与体液建立平衡，另一方面由肾排除。达平衡时药物由血液移出的速率可用一级反应速率方程表示。在人体内注射 0.50g 四环素，然后在不同时刻测定其在血液中浓度，得如下数据：

t/h	4	8	12	16
c/(kg/0.1L)	4.80×10^{-7}	3.40×10^{-7}	2.40×10^{-7}	1.70×10^{-7}

求：(1) 四环素在血液中的半衰期；

(2) 欲使血液中四环素浓度不低于 3.70×10^{-7}kg/0.1L，需间隔几小时注射第二次？

解：(1) 计算出 ln$c$

t/h	4	8	12	16
ln$c$	−14.550	−14.894	−15.243	−15.588

以 ln$c$ 对 t 作图得一直线★。以 ln$c$ 对 t 作线性回归得直线的斜率为−0.0866，由直线的斜率得到速率常数 k

$$k=0.0866\text{h}^{-1}$$

(2) 由 k 可求出半衰期

$$t_{1/2}=\frac{0.693}{k}=\frac{0.693}{0.0866}=8.00\text{h}$$

由于半衰期时浓度为 3.40×10^{-7}kg/0.1L，所以初始浓度应为 6.80×10^{-7}kg/0.1L。

血液中四环素浓度降为 3.70×10^{-7}kg/0.1L 时，所需要的时间为

$$t=\frac{1}{k}\ln\frac{c_0}{c}=\frac{1}{0.0866}\ln\frac{6.80\times10^{-7}}{3.70\times10^{-7}}=7.03\text{h}\approx7\text{h}$$

结果说明：欲使血液中该药物浓度不低于 3.70×10^{-7}kg/0.1L，需在 7 小时后注射第二次。

由于注射药物后血药浓度随时间的变化规律符合一级反应动力学，所以可以利用一级反应规律制订合理的给药方案。

设注射某药物浓度为 c_0，间隔时间 t 后浓度变为 c 时注射第二次，每次注射相同剂量 c_0，间隔相同的时间 t，n 次注射后可达到的血药浓度的最大值 $c_{\max}$ 和最小值 $c_{\min}$ 为：

$$c_{\max}=\frac{c_0}{1-\gamma}$$

$$c_{\min}=\gamma c_{\max}=\frac{\gamma c_0}{1-\gamma}$$

式中，$\gamma=c/c_0$

例 7-3　利用例 7-2 的数据计算：每 7 小时注射一次，n 次注射后，血药中药物的最高和最低含量。

解：每隔 7 小时注射一次，所以

$$\gamma=\frac{c}{c_0}=\frac{3.70\times10^{-7}}{6.80\times10^{-7}}=0.544$$

笔记

n 次注射后,血药中药物的最高和最低含量分别为

$$c_{max}=\frac{c_0}{1-\gamma}=\frac{6.80\times10^{-7}}{1-0.544}=1.49\times10^{-6}\text{kg/0.1L}$$

$$c_{min}=\gamma c_{max}=1.49\times10^{-6}\times0.544=8.11\times10^{-7}\text{kg/0.1L}$$

二、二级反应

凡反应速率与一种反应物浓度的二次方成正比或与两种反应物浓度的乘积成正比的反应均称为二级反应(second-order reaction)。例如:

$$aA\longrightarrow 产物$$

$$aA+bB\longrightarrow 产物$$

前者的微分速率方程为:

$$r_A=-\frac{dc_A}{dt}=k_Ac_A^2 \qquad 式(7\text{-}24)$$

后者的微分速率方程为:

$$r_A=-\frac{dc_A}{dt}=k_Ac_Ac_B \qquad 式(7\text{-}25)$$

式中,c_A、c_B为 t 时刻反应物 A、B 的浓度。

对于后者——反应速率与两种反应物浓度的乘积成正比的二级反应,设 $c_{A,0}$和$c_{B,0}$分别代表反应物 A 和 B 的起始浓度。若反应物的起始浓度之比与各自的计量系数之比相等,即$\frac{c_{A,0}}{c_{B,0}}=\frac{a}{b}$,则反应进行到任意时刻都有$\frac{c_A}{c_B}=\frac{a}{b}$,其微分速率方程式(7-25)可转化为式(7-24)的形式。

将式(7-24)整理后作定积分

$$\int_{c_{A,0}}^{c_A}-\frac{dc_A}{c_A^2}=\int_0^t k\text{d}t$$

得

$$\frac{1}{c_A}-\frac{1}{c_{A,0}}=kt \qquad 式(7\text{-}26)$$

若反应物的起始浓度之比与各自的计量系数之比不等,即$\frac{c_{A,0}}{c_{B,0}}\neq\frac{a}{b}$,其微分速率方程式为式(7-25)。如果两种反应物的计量系数相等,设经过 t 时间后,反应物 A 消耗掉的浓度为 x,反应物 B 消耗掉的浓度亦为 x。即:

$$c_A=c_{A,0}-x,c_B=c_{B,0}-x$$

$$dc_A=d(c_{A,0}-x)=-dx$$

代入式(7-25),得:

$$\frac{dx}{dt}=k(c_{A,0}-x)(c_{B,0}-x)$$

移项后对等式作定积分得:

$$k=\frac{1}{t(c_{A,0}-c_{B,0})}\ln\frac{c_{B,0}\cdot c_A}{c_{A,0}\cdot c_B} \qquad 式(7\text{-}27)$$

笔记

二级反应的特征：

1. 速率常数 k 的量纲为[浓度]$^{-1}$·[时间]$^{-1}$。说明速率常数 k 的单位与浓度和时间单位有关。

2. 从式(7-26)可看出：$1/c_A$与时间 t 呈线性关系，直线的斜率为 k，截距为 $1/c_{A,0}$。从式(7-27)可看出：$\ln\dfrac{c_{B,0}\cdot c_A}{c_{A,0}\cdot c_B}$与时间 t 呈线性关系，直线的斜率为$(c_{A,0}-c_{B,0})k$。

3. $t_{1/2}=\dfrac{1}{kc_{A,0}}$，说明二级反应的半衰期与反应物初浓度成反比，此特征可作为判定二级反应的依据。当 A、B 初浓度不同时，A 和 B 的半衰期也不同，整个反应的半衰期难以确定。

二级反应是一类常见的反应，溶液中进行的许多有机反应都符合二级反应规律，例如加成、取代和消除反应等都是二级反应。二级反应中，如果其中一种反应物大量过量，在整个反应进行中，可认为该反应物的浓度不变并与速率常数合并成为表观速率常数，因此反应速率只和反应物浓度的一次方成正比，这样的二级反应就变成了准(伪)一级反应。

例 7-4　某二级反应 2A→P，反应物的起始浓度 $c_{A,0}=1.0$mol/L，10 分钟后，A 反应掉 20%，试求：(1) 该反应的半衰期；(2) 反应进行到 10 分钟时的速率。

解：(1) $k=\dfrac{1}{t}\left(\dfrac{1}{c_A}-\dfrac{1}{c_{A,0}}\right)=\dfrac{1}{10}\left(\dfrac{1}{1.0-0.20}-1.0\right)=0.025\text{L/(mol}\cdot\text{min)}$

$$t_{1/2}=\frac{1}{kc_{A,0}}=\frac{1}{0.025\times1.0}=40\text{min}$$

(2) 进行到 10 分钟时 A 的浓度为

$$\frac{1}{c_A}=kt+\frac{1}{c_{A,0}}=0.025\times10+1.0=1.25$$

$$c_A=0.80\text{mol/L}$$

此时的速率为

$$r_A=-\frac{dc_A}{dt}=kc_A^2=0.025\times0.80^2=1.6\times10^{-2}\text{mol/(L}\cdot\text{min)}$$

三、零级反应

反应速率与反应物浓度的零次方成正比，即反应速率与浓度无关的反应称为零级反应(zero-order reaction)。常见的零级反应有光化反应、电解反应、表面催化反应等，它们的反应速率与反应物浓度无关，而分别与光的强度、通过的电量及表面的状态有关。

设反应如下：

$$A\longrightarrow\text{产物}$$

其速率方程可表示为

$$r=-\frac{dc}{dt}=k \qquad \text{式(7-28)}$$

移项积分即得：

$$c_0-c=kt \qquad \text{式(7-29)}$$

笔记

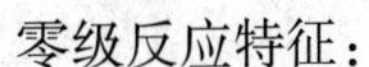

零级反应特征：

1. 速率常数 k 的量纲为[浓度]·[时间]$^{-1}$。在零级反应中，反应速率为一常数即速率常数。

2. c 与 t 呈线性关系。将式(7-29)改写成 $c=c_0-kt$，以 c 对 t 作图，可得一直线，其斜率为 $-k$，截距为 c_0。

3. $t_{1/2}=\dfrac{c_0}{2k}$。可知零级反应的半衰期与反应物初始浓度成正比。

现将一些具有简单级数反应的微分及积分速率方程及其特征总结于表 7-1 中，人们常用这些特征来判别反应的级数。

表 7-1　具有简单级数反应的速率方程及特征

反应级数	微分速率方程	积分速率方程	半衰期	线性关系	k 的量纲
1	$-\dfrac{dc}{dt}=kc$	$\ln\dfrac{c_0}{c}=kt$	$t_{1/2}=\dfrac{0.693}{k}$	$\ln c\sim t$	[时间]$^{-1}$
2	$-\dfrac{dc}{dt}=kc^2$	$\dfrac{1}{c}-\dfrac{1}{c_0}=kt$	$t_{1/2}=\dfrac{1}{kc_0}$	$\dfrac{1}{c}\sim t$	[浓度]$^{-1}$·[时间]$^{-1}$
2	$-\dfrac{dc}{dt}=kc_Ac_B$	$\dfrac{1}{c_{A,0}-c_{B,0}}\ln\dfrac{c_{B,0}\cdot c_A}{c_{A,0}\cdot c_B}=kt$	对 A 和 B 不同	$\ln\dfrac{c_{B,0}\cdot c_A}{c_{A,0}\cdot c_B}\sim t$	[浓度]$^{-1}$·[时间]$^{-1}$
0	$-\dfrac{dc}{dt}=k$	$c_0-c=kt$	$t_{1/2}=\dfrac{c_0}{2k}$	$c\sim t$	[浓度]·[时间]$^{-1}$

四、反应级数的测定

动力学研究的目的是要建立反应的速率方程，即要找出反应速率与反应物浓度的关系。对速率方程具有式(7-14)形式的反应，确定其速率方程的关键是首先要确定 $\alpha,\beta,\cdots$ 的数值，即测定反应的级数。测定反应级数的方法常用的有积分法(integration method)和微分法(differential method)两类。

（一）积分法

积分法就是利用积分速率方程来确定反应级数的方法，可分为尝试法、作图法和半衰期法。

1. 尝试法　将不同时刻测出的反应物浓度代入各级反应动力学方程，计算速率常数 k 值。若按某个级数的速率方程计算出的 k 为一个常数，则反应就是该级反应。例如各组实验数据代入一级反应的方程式，得到的 k 是一个常数，则该反应就是一级反应。

2. 作图法　即利用各级反应特有的线性关系来确定反应级数。因为

对一级反应，以 $\ln c$ 对 t 作图应得直线；

对二级反应，以 $1/c_A$ 对 t 作图应得直线(符合式 7-24 的情况)；

对零级反应，以 c 对 t 作图应得直线。

笔记

所以将实验数据按上述不同形式作图，如果有一种图成直线，则该图代表的级数即为反应的级数。

3. 半衰期法 若反应微分方程为

$$r=-\frac{dc_A}{dt}=kc_A^n$$

各级反应的半衰期与初浓度的一般关系为：

$$t_{1/2}\propto\frac{1}{c_{A,0}{}^{n-1}}$$

式中，n 为反应总级数。如果以两个不同的起始浓度 $c_{A,0}$ 和 $c'_{A,0}$ 进行实验，测得其半衰期分别为 $t_{1/2}$ 和 $t'_{1/2}$，则

$$\frac{t_{1/2}}{t'_{1/2}}=\left(\frac{c'_{A,0}}{c_{A,0}}\right)^{n-1}$$

或

$$n=1+\frac{\lg\left(\frac{t_{1/2}}{t'_{1/2}}\right)}{\lg\left(\frac{c'_{A,0}}{c_{A,0}}\right)}$$

由两组数据可以求出 n。

由半衰期与浓度的关系可知，若反应物起始浓度都相同，则

$$t_{1/2}=A\cdot\frac{1}{c_{A,0}{}^{n-1}} \qquad \text{式(7-30)}$$

式中，A 为常数

如数据较多，也可以用作图法，将式(7-30)取对数

$$\lg t_{1/2}=(1-n)\lg c_{A,0}+\lg A$$

以 $\lg t_{1/2}$ 对 $\lg c_{A,0}$ 作图，从斜率可求出 n。

利用半衰期法求反应级数比上述两种方法要可靠些。半衰期法的原理实际上并不限于半衰期 $t_{1/2}$，也可用反应物反应掉 1/3、2/3、3/4……的时间代替半衰期。它的缺点是反应物不止一种而起始浓度又不相同时，就变得较为复杂了。

（二）微分法

所谓微分法就是用微分速率方程来确定反应级数的方法。如果各反应物浓度相同或只有一种反应物，其反应微分速率式为：

$$r=-\frac{dc}{dt}=kc^n \qquad \text{式(7-31)}$$

取对数得

$$\lg r=\lg\left(-\frac{dc}{dt}\right)=\lg k+n\lg c \qquad \text{式(7-32)}$$

微分法的关键是如何准确求取反应物浓度为 c 时的反应速率 r。实际上，利用实验在等温下先测得不同反应时刻 t 对应的浓度 c，根据实验数据将浓度 c 对时间 t 作图，然后在不同的浓度 c_1、c_2……等各点上，求曲线的斜率 r_1、r_2………后，以 $\lg r$ 对 $\lg c$ 作图应得一直线，该直线的斜率就是反应级数 n，截距就是 $\lg k$。如果得不到直线，就

笔记

说明该反应的速率不能用式(7-31)描述。

有时反应产物对反应速率有影响，为了消除其影响，可采用初速率法(又称初浓度法)。即配制一系列不同浓度的溶液，然后在同温度下测定初始时刻附近的 $c-t$ 关系，计算出不同初始浓度时相应的初始速率，再作 $\lg r_0-\lg c_0$ 图即可求反应级数 n。采用这种方法，将消耗较多的试剂，但可以避免逆反应的影响与产物的干扰，提高测量精度。

第三节　典型复杂反应

复杂反应是由两个或两个以上的基元反应构成的。依据基元反应的不同组合方式，复杂反应有不同类型。本节只讨论几种最简单的典型复杂反应：对峙反应、平行反应和连续反应。

一、对峙反应

正、逆两个方向上都能进行的反应称为对峙反应(opposing reaction)，又叫可逆反应。严格地说，任何反应都不能进行到底，都是对峙反应。本节讨论正、逆反应速率相差不大，且正、逆反应都是一级的反应，即1-1级对峙反应。

$$\mathrm{A} \underset{k_{-1}}{\overset{k_1}{\rightleftharpoons}} \mathrm{B}$$

$$\begin{array}{lll} t=0 & c_{\mathrm{A},0} & 0 \\ t=t & c_{\mathrm{A},0}-x & x \end{array}$$

总的反应速率取决于正、逆反应速率的总结果，即：

$$r=\frac{\mathrm{d}x}{\mathrm{d}t}=r_{正}-r_{逆}=k_1(c_{\mathrm{A},0}-x)-k_{-1}x \qquad 式(7\text{-}33)$$

$$\frac{\mathrm{d}x}{k_1(c_{\mathrm{A},0}-x)-k_{-1}x}=\mathrm{d}t$$

积分上式得：

$$\ln\frac{c_{\mathrm{A},0}}{c_{\mathrm{A},0}-\left(\dfrac{k_1+k_{-1}}{k_1}\right)x}=(k_1+k_{-1})t \qquad 式(7\text{-}34)$$

此式即为1-1级对峙反应的积分速率方程。

当反应达到平衡后，若物质B的浓度为 x_{e}，由于正、逆反应速率相等

则
$$k_1(c_{\mathrm{A},0}-x_{\mathrm{e}})=k_{-1}x_{\mathrm{e}} \qquad 式(7\text{-}35)$$

将上式代入式(7-34)，可得

$$k_1=\frac{x_{\mathrm{e}}}{tc_{\mathrm{A},0}}\ln\frac{x_{\mathrm{e}}}{x_{\mathrm{e}}-x} \qquad 式(7\text{-}36)$$

同理

$$k_{-1}=\frac{c_{\mathrm{A},0}-x_{\mathrm{e}}}{tc_{\mathrm{A},0}}\ln\frac{x_{\mathrm{e}}}{x_{\mathrm{e}}-x} \qquad 式(7\text{-}37)$$

以A和B的浓度对时间作图，可得到图7-2。

笔记

可以看出：随着反应的进行，物质 A 的浓度不可能降低到零，物质 B 的浓度亦不能增加到和物质 A 的起始浓度相等，经过足够长的时间后，反应物和产物都分别趋于它们的平衡浓度，且有平衡常数 $K=\frac{k_1}{k_{-1}}$，这是可逆反应的动力学特征。

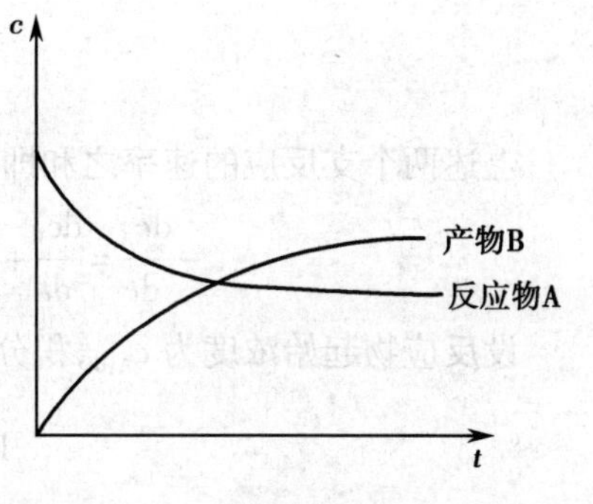

图 7-2　1-1 级对峙反应的 c-t 图

对峙反应很常见，许多分子内重排或异构化、酸和醇的酯化等反应都是对峙反应。

例 7-5　今有某对峙反应，$A \underset{k_{-1}}{\overset{k_1}{\rightleftharpoons}} B$ 在 298K 时，$k_1=2.02\text{min}^{-1}$，$k_{-1}=0.512\text{min}^{-1}$，计算：(1) 298K 时反应的平衡常数；(2) $c_{A,0}=3.12\text{mol/L}$，A 分解 10%需要多长时间？

解：(1) $K=\frac{k_1}{k_{-1}}=\frac{2.02}{0.512}=3.95$

(2) A 分解 10%，即生成 B 的量：$x=3.12\times0.10=0.312\text{mol/L}$

$$t=\frac{1}{k_1+k_{-1}}\ln\frac{c_{A,0}}{c_{A,0}-\left(\frac{k_1+k_{-1}}{k_1}\right)x}$$

$$=\frac{1}{2.02+0.512}\ln\frac{3.12}{3.12-\frac{2.02+0.512}{2.02}\times0.312}$$

$$=0.0529\text{min}$$

分解 10%需要 0.0529 分钟，即 3.17 秒。

二、平行反应

一种或几种反应物同时进行不同的反应得到不同的产物，称为平行反应（parallel reaction），也叫竞争反应。一般将生成目的产物的反应或速率较大的反应称为主反应，其他反应就是副反应。

例如，高温下醋酸的分解反应就是一个平行反应：

$$CH_3COOH\begin{cases}\xrightarrow{k_1} CH_4+CO_2\\ \xrightarrow[k_2]{} CH_2{=}CO+H_2O\end{cases}$$

下面讨论最简单的平行反应，即两个支反应都是一级的反应：

$$A\begin{cases}\xrightarrow{k_1} B\\ \xrightarrow[k_2]{} C\end{cases}$$

式中，k_1 和 k_2 分别为生成 B 和 C 的速率常数。

t 时刻，上述两个支反应的速率分别为：

$$\frac{dc_B}{dt}=k_1c_A \qquad 式(7\text{-}38)$$

笔记

$$\frac{dc_C}{dt}=k_2c_A \qquad 式(7-39)$$

上述两个支反应的速率之和即为反应物消耗速率，即：

$$-\frac{dc_A}{dt}=\frac{dc_B}{dt}+\frac{dc_C}{dt}=k_1c_A+k_2c_A=(k_1+k_2)c_A$$

设反应物起始浓度为 $c_{A,0}$，积分上式，得：

$$\ln\frac{c_{A,0}}{c_A}=(k_1+k_2)t$$

或

$$c_A=c_{A,0}\cdot e^{-(k_1+k_2)t} \qquad 式(7-40)$$

此式表示反应物 A 的浓度随时间变化的关系。将此式带入式(7-38)、式(7-39)，积分可求得产物 B、C 的浓度随时间变化的关系：

$$c_B=\frac{k_1c_{A,0}}{k_1+k_2}[1-e^{-(k_1+k_2)t}] \qquad 式(7-41)$$

$$c_C=\frac{k_2c_{A,0}}{k_1+k_2}[1-e^{-(k_1+k_2)t}] \qquad 式(7-42)$$

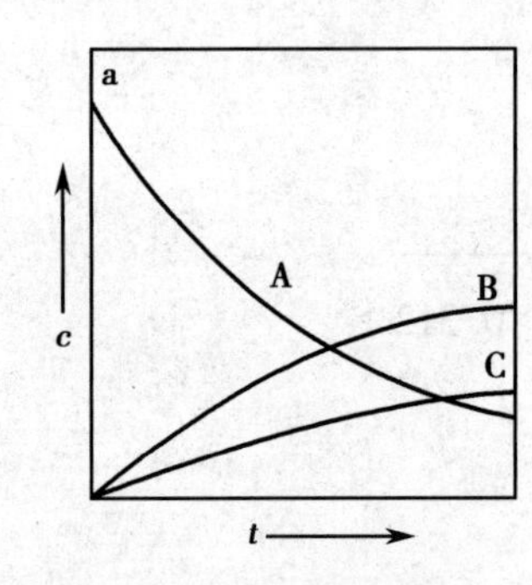

图 7-3　平行反应的 c-t 图

将上述各物质的浓度随时间变化的关系绘成曲线，如图 7-3 所示。

将式(7-41)与式(7-42)相除，得

$$\frac{c_B}{c_C}=\frac{k_1}{k_2} \qquad 式(7-43)$$

即在任一时刻，平行反应各支反应产物浓度之比等于其速率常数之比，亦即在反应过程中各产物浓度之比保持恒定，这是平行反应的特征。

如果某一产物为目的产品，就要设法改变 k_1/k_2 的比值，以得到更多的产物。如选择适当的催化剂，通过催化剂对某一反应的选择性催化作用改变 k_1/k_2 的比值或通过改变温度来改变 k_1/k_2 的比值，也可以通过选择不同的溶剂来改变 k_1/k_2 的比值。

例 7-6　高温时，醋酸的分解反应按下式进行

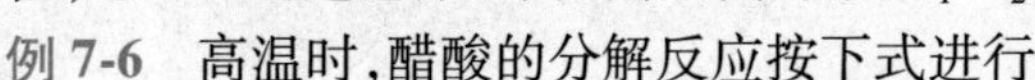

在 1189K 时，$k_1=3.74s^{-1}$，$k_2=4.65s^{-1}$，试计算：(1) 醋酸分解掉 99%所需时间；(2) 这时醋酸转化为 $CH_2=CO$ 的百分率。

解：(1) $t=\frac{1}{k_1+k_2}\ln\frac{c_{A,0}}{c_A}=\frac{1}{3.74+4.65}\ln\frac{1}{1-0.99}=0.549s$

在 1189K 时，醋酸分解掉 99%仅需 0.549 秒。

(2) 由式(7-42)，求出 $\frac{c_C}{c_{A,0}}$

$$\frac{c_C}{c_{A,0}}=\frac{k_2}{k_1+k_2}[1-e^{-(k_1+k_2)t}]=\frac{4.65}{3.74+4.65}[1-e^{-(3.74+4.65)0.549}]=0.549$$

笔记

即此时醋酸转化为 $CH_2=CO$ 的百分率为 54.9%。

三、连续反应

一个化学反应要经过连续几步才完成，前一步的生成物是下一步的反应物，如此连续进行，这种反应就是连续反应（consecutive reaction），也叫连串反应。例如苯的氯化就是连续反应：

$$C_6H_6+Cl_2 \longrightarrow C_6H_5Cl+HCl$$

$$C_6H_5Cl+Cl_2 \longrightarrow C_6H_4Cl_2+HCl$$

$$C_6H_4Cl_2+Cl_2 \longrightarrow C_6H_3Cl_3+HCl$$

该反应可以连续进行下去。

最简单的连续反应仅有两步，且两步均为一级反应，可表示为：

$$A \xrightarrow{k_1} B \xrightarrow{k_2} C$$

以 A、B、C 三种物质表示的速率方程如下：

$$-\frac{dc_A}{dt}=k_1c_A \quad 式(7\text{-}44)$$

$$\frac{dc_B}{dt}=k_1c_A-k_2c_B \quad 式(7\text{-}45)$$

$$\frac{dc_C}{dt}=k_2c_B \quad 式(7\text{-}46)$$

设反应物 A 起始浓度为 $c_{A,0}$，将式(7-44)积分，得：

$$c_A=c_{A,0}e^{-k_1t} \quad 式(7\text{-}47)$$

将上式代入式(7-45)，得

$$\frac{dc_B}{dt}=k_1c_{A,0}e^{-k_1t}-k_2c_B$$

解此一阶常系数线性微分方程，可得

$$c_B=\frac{k_1c_{A,0}}{k_2-k_1}(e^{-k_1t}-e^{-k_2t}) \quad 式(7\text{-}48)$$

由 $c_C=c_{A,0}-c_A-c_B$，可得

$$c_C=c_{A,0}\left(1-\frac{k_2}{k_2-k_1}e^{-k_1t}+\frac{k_1}{k_2-k_1}e^{-k_2t}\right) \quad 式(7\text{-}49)$$

根据式(7-47)、式(7-48)、式(7-49)绘出浓度随时间的变化曲线，如图 7-4 所示。从图中可看出，反应物 A 的浓度不断降低，产物 C 的浓度不断增大，中间物 B 的浓度先增大，经过一极大值后，又随时间增长而减小，这就是连续反应的特征。由于反应前期反应物 A 的浓度较大，因而生成 B 的速率较快，B 的量不断增大，但是随着反应的进行，A 的浓度逐渐减小，相应地生成 B 的速率随之减慢；另一方面，由

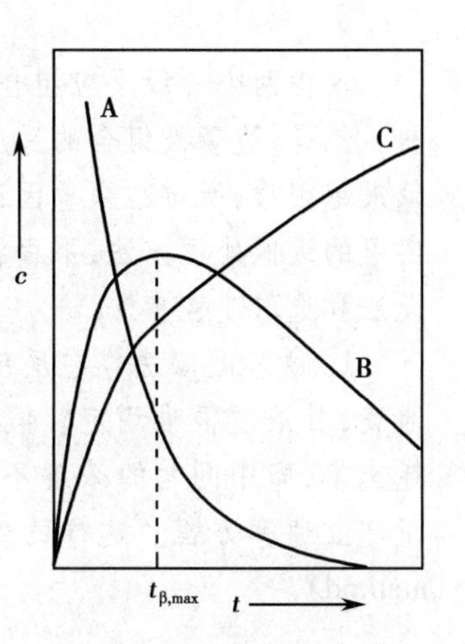

图 7-4　连续反应的 c-t 图

笔记

于 B 的浓度增大，进一步生成最终产物 C 的速率不断加快，使 B 大量消耗，因而 B 的浓度反而下降。当生成 B 的速率与消耗 B 的速率相等时，曲线上出现极大值。

对于连续反应，如果中间物 B 是目标产物，结束反应的最佳时间是中间物 B 达极大值 $c_{B,max}$ 的时间 $t_{B,max}$。由数学上求极值的方法可知，此时有：

$$\frac{dc_B}{dt}=0$$

解得

$$t_{B,max}=\frac{\ln(k_2/k_1)}{k_2-k_1}$$

将此式代入式(7-48)可得

$$c_{B,max}=c_{A,0}\left(\frac{k_1}{k_2}\right)^{[k_2/(k_2-k_1)]}$$

例 7-7　某连续反应 $A\xrightarrow{k_1}B\xrightarrow{k_2}C$，其中 $k_1=2.5h^{-1}$，$k_2=5.0h^{-1}$，反应开始时系统中只有 A，且 $c_{A,0}=1.0mol/L$，试求 B 的浓度达到最大的时间为多少？B 的最大浓度为多少？

解：依题意，有

$$t_{B,max}=\frac{\ln(k_2/k_1)}{k_2-k_1}=\frac{\ln(5.0/2.5)}{5.0-2.5}=0.28h=17min$$

$$c_{B,max}=c_{A,0}\left(\frac{k_1}{k_2}\right)^{[k_2/(k_2-k_1)]}=1.0\left(\frac{2.5}{5.0}\right)^{[5.0/(5.0-2.5)]}=0.25mol/L$$

反应最多能生成 B 0.25mol/L；若 B 是需要的产物，在 B 达到最大浓度时应停止反应，即在反应了 17 分钟时就要停止反应。

知识拓展

复杂反应的近似处理

仅由两个一级反应组合而成的复杂反应，这些反应较简单，数学处理也较容易。但是，随着被组合的反应数目增多或它们的反应级数增高，数学解析会变得越来越困难，所得结果也因过于复杂而失去实用价值。因此，出现了一些简单又实用的近似处理方法，下面简要介绍常用的三种近似处理：稳态近似法、平衡假设法和选取速控步法。

1. 稳态近似法　在反应机制的研究中，中间物如自由基、自由原子等十分活泼，其浓度很难测定。假设在反应达到某稳态时，中间物的生成速率等于消耗速率，即中间物的浓度不随时间而变，所以能方便地求得中间物的浓度，进而建立速率方程。这样的处理方法叫做稳态近似法(steady state approximation method)。

笔记

2. 平衡假设法 如果反应机制中的某一步中间物消耗速率很慢，它的前面一步就可近似地看做处于平衡状态，由此求得中间物的浓度，得出速率方程。这种处理方法称为平衡假设法（equilibrium hypothesis）。

3. 选取速控步法 组成复杂反应的各反应中，有的反应速率相对快一些，有的相对慢一些，最慢一步反应的速率决定了整个反应的速率，则这最慢的一步反应称为速控步（rate controlling step）。

第四节 温度对反应速率的影响

对大多数反应而言，温度对反应速率的影响比浓度对反应速率的影响更为显著。温度对反应速率的影响是一个比较复杂的问题，有不同的类型，见图7-5。

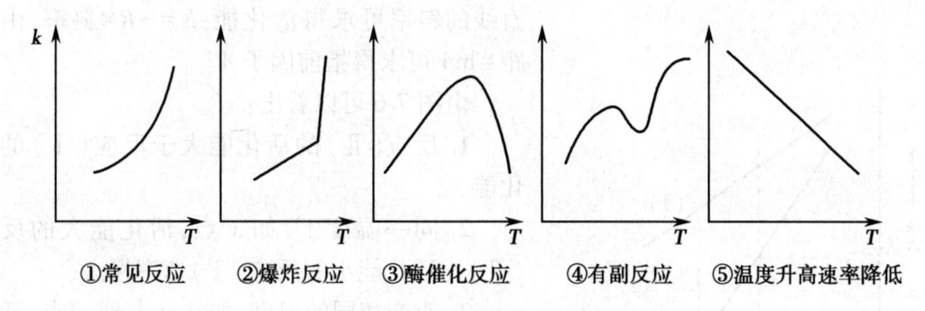

图7-5 不同类型的 k-T 图

其中，类型①是温度升高，反应速率逐渐加快，它们之间有指数关系，这类反应最为常见，称为阿仑尼乌斯型（Arrhenius' type）。类型②是爆炸反应，即开始时温度对速率影响不大，当达到一定温度后，反应速率增加很快。类型③是酶催化反应，有一个反应的最适温度。类型④可能有副反应发生。类型⑤是温度升高，反应速率反而下降。

本节讨论第一种类型，即阿仑尼乌斯类型。

一、范特霍夫经验规则

温度对反应速率的影响，最常见的是第一种类型，即温度升高，反应速率逐渐加快。对这一类型的反应，范特霍夫（van't Hoff）根据大量的实验数据总结出一条近似规律：在室温附近，温度每升高10K，反应速率常数增加2~4倍，即

$$\frac{k_{T+10}}{k_T}=\gamma=2\sim4 \qquad \text{式(7-50)}$$

γ 称为反应速率的温度系数。如果温度升高20K，则：

$$\frac{k_{T+20}}{k_T}=\frac{k_{T+20}}{k_{T+10}}\times\frac{k_{T+10}}{k_T}=\gamma\cdot\gamma=\gamma^2$$

如果温度变化范围不大，γ 可看做常数，则温度升高 $n\times10$K，有下列关系

$$\frac{k_{T+10n}}{k_T}=\gamma^n$$

二、阿仑尼乌斯经验公式

1889 年，在总结前人工作的基础上，阿仑尼乌斯提出了更为准确的反应速率与温度的经验关系，并提出了活化能、活化分子的概念。由于阿仑尼乌斯的贡献，该公式被称为阿仑尼乌斯经验公式：

$$k=Ae^{-E/RT} \quad \text{式(7-51)}$$

式中，E 为活化能（energy of activation），单位为 J/mol，A 为指前因子或频率因子（frequency factor）。将上式两边取对数，得

$$\ln k=-\frac{E}{R}\cdot\frac{1}{T}+\ln A \quad \text{式(7-52)}$$

即：$\ln k$ 对 $1/T$ 作图为一直线，如图 7-6 所示。由直线的斜率可求得活化能：$E=-R\times$斜率，由截距$=\ln A$ 可求得指前因子 A。

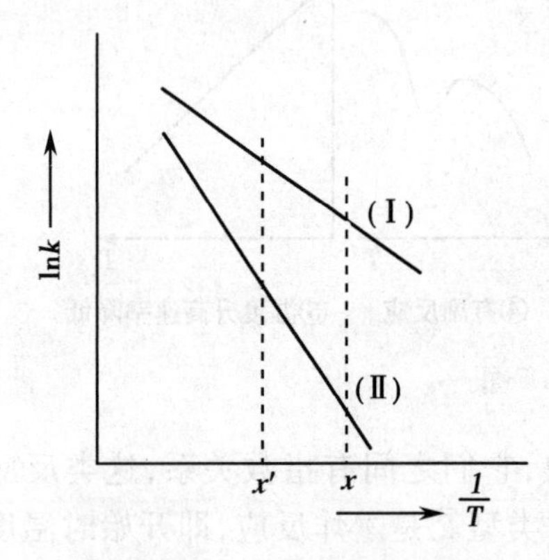

图 7-6 lnk 与 1/T 关系图

由图 7-6 可以看出：

1. 反应（Ⅱ）的活化能大于反应（Ⅰ）的活化能。

2. 同一温度下，如 x 点，活化能大的反应（Ⅱ）比活化能小的反应（Ⅰ）速率慢。

3. 改变相同的温度，如从 x 点到 x'点，活化能大的反应（Ⅱ）比活化能小的反应（Ⅰ）受到的影响大，即反应的活化能越大，温度对速率的影响越大。这一规律可以用来控制平行反应的选择性，通过调节、控制温度，抑制副反应，促进主反应，得到更多的产品。

上式微分，可得

$$\frac{d\ln k}{dT}=\frac{E}{RT^2} \quad \text{式(7-53)}$$

由 T_1 到 T_2 积分，得到

$$\ln\frac{k_2}{k_1}=-\frac{E}{R}\left(\frac{1}{T_2}-\frac{1}{T_1}\right) \quad \text{式(7-54)}$$

即若已知两个温度的速率常数，可求出活化能 E。

阿仑尼乌斯公式最初是从气相反应中总结出来的，后来发现，也适用于液相反应和多相催化反应；既适用于基元反应，又适用于反应速率方程具有反应物浓度幂乘积形式的复杂反应，此时的活化能是"表观活化能"。

笔记

诺贝尔奖获得者——阿仑尼乌斯

S. A. 阿仑尼乌斯(Svante August Arrhenius,1859—1927)　瑞典化学家、物理学家,物理化学的奠基人之一,主要贡献有 Arrhenius 方程、电解质电离理论和酸碱电离理论,获 1903 年诺贝尔化学奖,是瑞典第一位获此殊荣的科学家。

阿仑尼乌斯自幼聪颖好学,3 岁就自己学着阅读,6 岁就能帮助父亲算账,有神童之称。阿仑尼乌斯兴趣广泛,他的研究领域,除了物理学、化学以外,还有生理学、天文学、地质学等,他是第一个提出大气中的二氧化碳水平可能通过温室效应影响气候的科学家。

1884 年,阿仑尼乌斯在他 150 页的博士论文中,提出了电解质的电离理论,并进一步提出酸是在溶液中电离出 H^+ 的物质,碱是在溶液中电离出 OH^- 的物质。他的这些理论,在当时颇有争议,他把论文寄给了 Clausius、Ostwald 和 van't Hoff 等科学家,得到了他们的大力支持,Ostwald 甚至来到阿仑尼乌斯就读的 Uppsala 大学说服他加入他们的研究团队。

1889 年,阿仑尼乌斯提出了活化能的概念,解释了反应速率与温度的关系,即现在所称的 Arrhenius 方程。

三、活化能

阿仑尼乌斯公式的提出,大大促进了反应速率理论的发展。为了解释这个经验公式,阿仑尼乌斯提出了活化分子和活化能的概念。活化能概念的提出具有很大的理论价值,在解释动力学现象时应用得非常广泛。

(一)活化能的概念

阿仑尼乌斯方程中的 E 即为活化能,由于其处于指数项,所以对速率的影响很大。例如:如果有两个反应,活化能相差 10kJ/mol(假设两反应的 A 相等),通过计算可知,两反应的速率常数可相差 50 倍。

为了解释活化能对反应速率的影响,阿仑尼乌斯提出:不是反应物分子之间的任何一次作用都能发生反应,只有那些能量相当高的分子之间的作用才能发生反应。这种能发生反应的、能量高的分子称为活化分子,活化分子比普通分子的能量高,高出值称为反应的活化能。1925 年,托尔曼(Tolman)用统计力学证明:对基元反应来说,活化能是活化分子的平均能量与反应物分子的平均能量之差。

活化能也可以看成是化学反应所必须克服的能峰,形成新键需要克服的斥力越大、断裂旧键需要克服的引力越大,需要消耗的能量也越高,能峰也就越高。在一定温度下,活化能越小,反应物分子变成活化分子所要克服的能峰就越低,反应阻力就越小,反应速率就越快;反之,反应速率就越慢。

笔记

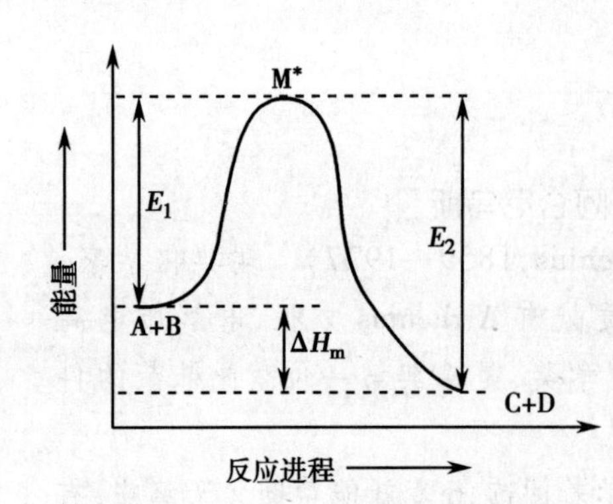

图7-7 活化能与反应热的关系

（二）活化能和反应热的关系

设某可逆反应

$$A+B \underset{k_2}{\overset{k_1}{\rightleftharpoons}} C+D$$

如图7-7所示，反应物A+B只有克服能峰E_1才能达到活化状态，变成产物C+D，E_1为正反应的活化能；对逆反应而言，C+D要变成A+B，就必须克服能峰E_2，E_2即为逆反应的活化能。

由阿仑尼乌斯公式可得

$$\frac{d\ln k_1}{dT}-\frac{d\ln k_2}{dT}=\frac{E_1}{RT^2}-\frac{E_2}{RT^2}$$

整理得

$$\frac{d\ln(k_1/k_2)}{dT}=\frac{E_1-E_2}{RT^2} \qquad \text{式(7-55)}$$

达到反应平衡时，平衡常数$K=k_1/k_2$，上式可写成

$$\frac{d\ln K}{dT}=\frac{E_1-E_2}{RT^2}$$

化学平衡的等压方程为

$$\frac{d\ln K}{dT}=\frac{\Delta H_m}{RT^2}$$

两式比较，可得

$$\Delta H_m=E_1-E_2 \qquad \text{式(7-56)}$$

即：正、逆反应活化能之差为反应的等压反应热。如$E_1>E_2$，则ΔH_m为正，反应为吸热反应；如$E_1<E_2$，则ΔH_m为负，反应为放热反应。

阿仑尼乌斯公式以及许多实验均证明了$\ln k$与$1/T$之间有很好的线性关系，说明一般反应的活化能受温度的影响很小，因此通常我们说活化能是与温度无关的常数，但更精确的实验证实，活化能受温度影响。由热力学可知反应热与温度有关，由式(7-56)，反应热等于正、逆反应活化能之差，所以活化能是与温度有关的量，只是一般情况下温度的影响不大。

例7-8 已知某反应在100℃和200℃时的速率常数分别为$0.0100s^{-1}$和$0.200s^{-1}$。计算：(1) 反应活化能；(2) 若使速率常数是100℃时的5倍，则温度应为多少？

解：(1) $\ln\frac{0.200}{0.0100}=-\frac{E}{8.314}\left(\frac{1}{200+273}-\frac{1}{100+273}\right)$

解得活化能$E=4.39\times10^4$ J/mol$=43.9$kJ/mol

(2) $\ln5=-\frac{4.39\times10^4}{8.314}\left(\frac{1}{T}-\frac{1}{100+273}\right)$

解得：$T=427$K

若使速率常数是100℃时的5倍，则温度应为427K，即154℃。

例7-9 环氧乙烷的分解为一级反应，380℃时的半衰期为363分钟，反应的活化能为217.57kJ/mol。求该反应在450℃时分解10%所需时间。

解：先求出在380℃时的速率常数k_1：

笔记

$$k_1=\frac{0.693}{t_{1/2}}=\frac{0.693}{363}=1.91\times10^{-3}\text{min}^{-1}$$

再求出在450℃时的速率常数 k_2：

$$\ln\frac{k_2}{k_1}=-\frac{E}{R}\left(\frac{1}{T_2}-\frac{1}{T_1}\right)$$

$$\ln\frac{k_2}{1.91\times10^{-3}}=-\frac{217.57\times10^3}{8.314}\left(\frac{1}{450+273}-\frac{1}{380+273}\right)$$

解得：$k_2=9.25\times10^{-2}\text{min}^{-1}$

所以，450℃分解10%所需时间为

$$t=\frac{1}{k}\ln\frac{c_0}{c}=\frac{1}{9.25\times10^{-2}}\ln\frac{1}{1-0.10}=1.14\text{min}=68.4\text{s}$$

知识拓展

药物贮存期的预测

药物在贮存过程中，常因分解、氧化等反应而使含量降低，乃至失效。药物的贮存期，可以用留样观察法考察，但留样观察法需要太长的时间，在实际中通常是用加速试验(accelerated testing)预测药物贮存期。加速试验是在超常条件下进行的，目的是加快药物的化学或物理变化，预测药物的稳定性。从温度对药物稳定性的影响来看，加速试验的方法可分为恒温法(isothermal prediction)和变温法(nonisothermal prediction)两大类。

1. 经典恒温法的优点是结果准确，但试验工作量和药品消耗量大，试验周期长。经典恒温法是所有稳定性预测方法的基础，在这个方法的基础上，又衍生出了一些简化、改进的方法，如 $\tau_{0.9}$ 法、初均速法、温度指数法等。

2. 变温法可分为程序升温法(programmable heating)和自由升温法(flexible heating)两类。自20世纪90年代以来，变温法的控温装置、计算方法及升温规律都有了改进，出现了更为科学的指数程序升温法及程序升降温法，大大提高了预测结果的准确性，并将程序升温法和自由升温法相结合，即在控制温度的同时也自动记录温度，使变温法的优点得到了更充分的发挥。

第五节　反应速率理论简介

动力学的速率理论正处在不断发展和完善之中。由于化学反应很复杂，其速率受到温度、浓度、催化剂等多种因素的影响，很难归纳出一个普遍适用的理论。研究基元反应的原子、分子如何发生反应，基元反应的速率常数如何计算，是反应速率理论的主要内容。对速率理论的研究，首先是提出模型，引入一些假设，进行统计平均，导出速率常数的计算公式，如果计算结果与实验值不符合，则要重新修正模型，引入一些校正因子，如此反复，使理论不断发展、完善。目前，比较有代表性的速率理论有碰撞理论和过渡态理论，这两个理论一般只适用于基元反应。

笔记

一、碰撞理论

1918 年,在气体分子运动论和阿仑尼乌斯活化能概念的基础上,路易斯(Lewis)提出了碰撞理论(collision theory)。

碰撞理论的基本假设为:

1. 要进行化学反应,普通分子必须吸收能量(活化能)变成活化分子,活化分子之间进行有效碰撞才能发生反应生成产物。

2. 单位时间单位体积内发生的有效碰撞次数就是反应的速率。

(一)碰撞频率

假设有一双分子基元反应

$$A+B \longrightarrow P$$

令单位时间单位体积内分子 A 和 B 的碰撞总次数为 Z_{AB},称为碰撞频率(collision frequency)。在单位体积中,有效碰撞分数等于活化分子数 N_i 在总分子数 N 中所占的比值 N_i/N。按照碰撞理论的基本假设,反应速率应为

$$-\frac{dN_A}{dt}=Z_{AB}\frac{N_i}{N} \tag{式(7-57)}$$

Z_{AB}和 N_i/N 与分子的形状和分子之间的相互作用情况有关。为简化计算,简单碰撞理论作了如下假设:

1. 分子为简单的刚性球体;

2. 除了在碰撞的瞬间以外,分子之间没有其他相互作用;

3. 在碰撞的瞬间,两个分子的中心距离为它们的半径之和。

这就是硬球分子模型(molecular model of hard sphere)。

根据气体分子运动论:假设分子为刚性球体,两种不同物质分子 A、B 之间的碰撞频率 Z_{AB} 为

$$Z_{AB}=(r_A+r_B)^2\left(\frac{8\pi RT}{\mu}\right)^{1/2}N_AN_B \tag{式(7-58)}$$

式中,r_A、r_B分别表示 A、B 分子的半径,μ 表示 A、B 分子的折合摩尔质量,$\mu=\frac{M_AM_B}{M_A+M_B}$(式中 M_A、M_B分别表示 A、B 分子的摩尔质量),N_A、N_B分别表示单位体积中 A、B 分子的个数(分子数/m^3)。

(二)有效碰撞分数

根据玻尔兹曼(Boltzmann)能量分布定律,有效碰撞分数为

$$\frac{N_i}{N}=\exp\left(-\frac{E_c}{RT}\right) \tag{式(7-59)}$$

式中,E_c为临界平动能,平动能超过此临界值的分子即为活化分子。

(三)速率方程和速率常数

将式(7-58)和式(7-59)代入式(7-57),得

$$-\frac{dN_A}{dt}=(r_A+r_B)^2\left(\frac{8\pi RT}{\mu}\right)^{1/2}N_AN_B\exp\left(-\frac{E_c}{RT}\right) \tag{式(7-60)}$$

笔记

将 N 换算为浓度 c,$c=N/L$($\mathrm{mol/m^3}$,L 为阿伏伽德罗常数),则

$$-\frac{\mathrm{d}c_A}{\mathrm{d}t}=(r_A+r_B)^2\left(\frac{8\pi RT}{\mu}\right)^{1/2}Lc_Ac_B\exp\left(-\frac{E_c}{RT}\right) \qquad 式(7\text{-}61)$$

此式就是按照碰撞理论推导出的双分子反应的速率方程。

对于一个特定的反应,恒温下,令

$$Z_{AB}^*=(r_A+r_B)^2\left(\frac{8\pi RT}{\mu}\right)^{1/2}L \qquad 式(7\text{-}62)$$

Z_{AB}^*称为频率因子,其物理意义是当反应物为单位浓度时,在单位时间单位体积内以物质的量表示的 A、B 分子相互碰撞次数。

则式(7-61)可写为

$$-\frac{\mathrm{d}c_A}{\mathrm{d}t}=Z_{AB}^*c_Ac_B\exp\left(-\frac{E_c}{RT}\right) \qquad 式(7\text{-}63)$$

按照质量作用定律,上述双分子反应的速率方程为

$$-\frac{\mathrm{d}c_A}{\mathrm{d}t}=kc_Ac_B \qquad 式(7\text{-}64)$$

式(7-63)与式(7-64)相比,可得

$$k=Z_{AB}^*\exp\left(-\frac{E_c}{RT}\right) \qquad 式(7\text{-}65)$$

此式即为碰撞理论计算反应速率常数的基本公式,和阿仑尼乌斯公式在形式上非常相似,E_c相当于阿仑尼乌斯公式中的活化能 E,Z_{AB}^*相当于阿仑尼乌斯公式中的指前因子 A。这样,碰撞理论赋予了阿仑尼乌斯公式中的经验常数 A 如下物理意义:A 也被看做当反应物为单位浓度时,在单位时间单位体积内以物质的量表示的 A、B 分子相互碰撞次数,故 A 也称为频率因子。

但是,E_c和 Z_{AB}^*与阿仑尼乌斯公式中的 E 和 A 只是在形式上相当,它们的物理意义并不相同。在阿仑尼乌斯公式中,A 是与温度无关的常数;在碰撞理论中,Z_{AB}^*正比于温度的平方根。

将式(7-62)改写为

$$Z_{AB}^*=(r_A+r_B)^2\left(\frac{8\pi RT}{\mu}\right)^{1/2}L=Z'T^{1/2} \qquad 式(7\text{-}66)$$

则式(7-65)可写为

$$k=Z'T^{1/2}\exp\left(-\frac{E_c}{RT}\right) \qquad 式(7\text{-}67)$$

此式两边取对数

$$\ln\frac{k}{T^{1/2}}=\ln Z'-\frac{E_c}{RT} \qquad 式(7\text{-}68)$$

再对 T 求微分,得

$$\frac{\mathrm{d}\ln k}{\mathrm{d}T}=\frac{E_c+\dfrac{RT}{2}}{RT^2} \qquad 式(7\text{-}69)$$

笔记

式(7-69)与式(7-53)对照,得

$$E=E_c+\frac{1}{2}RT \tag{式(7-70)}$$

式中,E_c为临界能。活化能 E 与 T 有关,但大多数反应在温度不太高时 $E_c \gg \frac{1}{2}RT$,则

$$E=E_c$$

所以一般认为 E 与 T 无关。

碰撞理论解释了 $\ln k$ 对 $1/T$ 作图(阿仑尼乌斯公式)或 $\ln(k/T^{1/2})$ 对 $1/T$ 作图[如式(7-68)所示]的直线关系。碰撞理论简明而直观,突出了反应过程必须经分子碰撞和需要足够能量以克服能峰的主要特点,因而能解释基元反应的速率方程和阿仑尼乌斯公式。对于一些分子结构简单的反应,理论上求算的 k 值与实验测得的 k 值较为符合。这些都是碰撞理论的成功之处。但碰撞理论也有不足之处,主要有两方面:

1. 必须知道活化能,才能求得反应速率常数。而碰撞理论本身不能算出活化能,活化能需通过实验求得,这就使该理论失去了从理论上预测 k 的意义,成为半经验性质的理论。

2. 简单碰撞理论假设分子是刚性球碰撞,不考虑分子结构,是一种粗略的近似。这种假设对于反应物分子结构比较简单的反应来说,指前因子的计算值与实验值较为符合,但大多数反应却偏差较大。因此有人提出在碰撞理论的速率公式前面乘一校正因子 P,即

$$k=PZ_{AB}^{*}\exp\left(-\frac{E_c}{RT}\right) \tag{式(7-71)}$$

式中,P 称为方位因子或概率因子、空间因子,P 的数值可在 $10^{-9}\sim1$ 之间大幅变化,另外,碰撞理论本身不能求算 P 值的大小,P 值只能从实验得到,所以 P 只是一个经验性的校正系数。

二、过渡态理论

过渡态理论(the transition state theory)又称为活化络合物理论(the activated-complex theory)、绝对反应速率理论(the theory of absolute reaction rate),是 1935 年艾林(Eyring)、波拉尼(Polanyi)等人提出来的。过渡态理论建立在统计力学和量子力学的理论基础上,采用势能面作为理论计算模型,原则上只需知道分子的某些基本参数,如振动频率、质量、核间距等,就可计算速率常数。

过渡态理论的基本假设为:

1. 反应系统的势能是原子间相对位置的函数。

2. 化学反应不是只通过分子之间的简单碰撞就能完成的,而是要经过一个价键重排的中间过渡状态,这个过渡状态称为活化络合物(activated complex),即反应物分子在互相接近的过程中,先形成活化络合物,再生成产物。

3. 活化络合物的势能高于反应物或生成物的势能。

4. 活化络合物与反应物分子可以建立热力学平衡,总反应速率取决于活化络合物的分解速率。

下面以双分子基元反应 A+B—C→A—B+C 为例,对过渡态理论作一简要介绍。

笔记

按照过渡态理论，有：

$$A+B—C \rightleftharpoons [A\cdots B\cdots C]_{\neq} \rightarrow A—B+C$$

（一）活化络合物

当单原子分子 A 接近双原子分子 B—C 时，B—C 键拉长、减弱，随着 A 与 B 逐渐靠近，A 与 B 之间将成键而未成键，B—C 键变得更长，B—C 键将断裂而未断裂，这样就形成了中间过渡态$[A\cdots B\cdots C]_{\neq}$，处于活化状态的过渡态称为活化络合物。这种活化络合物极不稳定，一方面它可能继续转化为产物 A—B 和 C，这一步是整个反应的速控步，可以用这一步反应的速率代表整个反应的速率。另一方面，活化络合物也可能向相反的方向转化回到反应物 A 和 B—C。

设反应物分子与活化络合物之间可以建立快速平衡。根据热力学理论，则有

$$K_{\neq}=\frac{c_{\neq}}{c_A c_{BC}} \qquad 式(7\text{-}72)$$

式中，$K_{\neq}$表示反应物和活化络合物之间的平衡常数；$c_{\neq}$、c_A 和 c_{BC} 分别表示活化络合物、反应物 A 和反应物 B—C 的浓度。

（二）势能面

过渡态理论以势能面作为理论计算模型。对于由 A、B、C 三个原子组成的反应系统，其势能 E 是三个原子间距离的函数

$$E=f(r_{AB},r_{BC},r_{AC}) \qquad 式(7\text{-}73)$$

或者把 E 看成 r_{AB}、r_{BC}及其夹角 θ 的函数

$$E=f(r_{AB},r_{BC},\theta)$$

如果以 E 与三个独立变量 r_{AB}、r_{BC}、r_{AC}或与 r_{AB}、r_{BC}、θ 之间的关系作图，则需要四维图形才能表示，这是很不容易画出的。如令 θ 为常数，则

$$E=f(r_{AB},r_{BC})$$

这样 E 与 r_{AB}、r_{BC}之间的关系就可以用一个三维立体图来表示。

对于上述双分子反应，单原子分子 A 沿双原子分子 B—C 连心线方向从 B 原子侧($\theta=\pi$)与 B—C 分子碰撞时，对反应最为有利。图 7-8 为此过程中系统的势能 E 与原子间距离 r_{AB}、r_{BC}之间的关系。系统处于 r_{AB}、r_{BC} 平面上的某一位置时所具有的势能，由这一点的高度表示。r_{AB}、r_{BC}平面上所有各点的高度汇集成一个马鞍形的曲面，称为势能面(potential energy surface)。图 7-9 中势能面上的各曲线，是曲面上高度相等(势

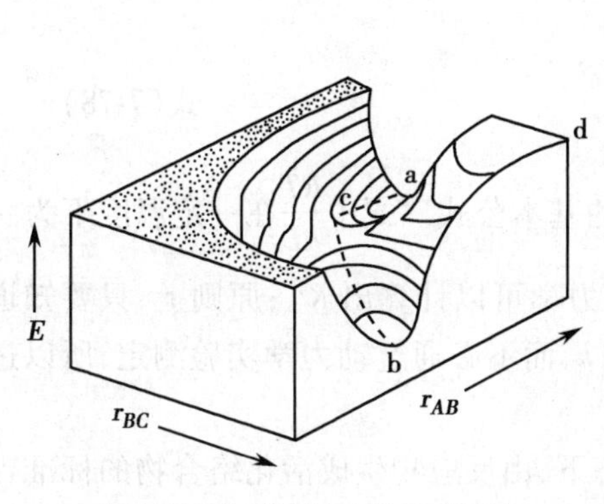

图 7-8　势能面的立体示意图*

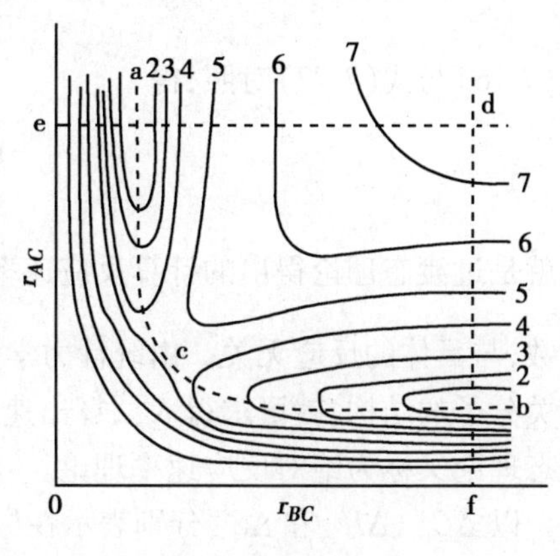

图 7-9　等势线图

能相等）各点的连线，称为等势线。曲线上的数字代表势能，数字越大，表示势能越高。c 点的势能最大，表示的是活化络合物的势能，c 点也称为马鞍点（saddle point），因为 c 点周围的势能面看起来就像是一个马鞍。途径 a→c→b 所需越过的势垒最低，所以它是可能性最大的反应途径，其他任何可能的途径所需克服的势垒都比这条途径高，因此把 a→c→b 称为反应坐标（reaction coordination）或反应途径（reaction path）。

（三）速率方程和速率常数

活化络合物很不稳定，一方面与反应物建立平衡，另一方面可以由于振动而分解生成产物，这一步是整个反应的慢步骤，反应总速率可以用这个慢步骤的速率表示，即

$$-\frac{\mathrm{d}c}{\mathrm{d}t}=kc_{\neq} \qquad \text{式(7-74)}$$

假定每秒振动 ν 次，则

$$k=\nu$$

上式化为

$$-\frac{\mathrm{d}c}{\mathrm{d}t}=\nu c_{\neq}$$

因反应物与活化络合物之间存在快速平衡，将式(7-72)代入上式，得

$$-\frac{\mathrm{d}c}{\mathrm{d}t}=\nu K_{\neq}c_{\mathrm{A}}c_{\mathrm{BC}} \qquad \text{式(7-75)}$$

根据量子理论，一个振动自由度的能量 $\varepsilon=h\nu$，h 为普朗克常数；又由于 ε=动能+势能=kT，k 为玻尔兹曼常数，因此，

$$h\nu=kT$$

$$\nu=\frac{kT}{h}$$

将此式代入式(7-75)得

$$-\frac{\mathrm{d}c}{\mathrm{d}t}=\frac{kT}{h}K_{\neq}c_{\mathrm{A}}c_{\mathrm{BC}}=\frac{RT}{hL}K_{\neq}c_{\mathrm{A}}c_{\mathrm{BC}} \qquad \text{式(7-76)}$$

根据质量作用定律，上述双分子反应的速率方程为

$$-\frac{\mathrm{d}c}{\mathrm{d}t}=kc_{\mathrm{A}}c_{\mathrm{BC}} \qquad \text{式(7-77)}$$

式(7-76)与式(7-77)对照，得

$$k=\frac{RT}{hL}K_{\neq} \qquad \text{式(7-78)}$$

这就是过渡态理论得出的计算反应速率常数的基本公式。式中$\frac{RT}{hL}$在一定温度下为一常数，与具体的反应无关。由统计力学和量子力学可以计算出 $K_{\neq}$；原则上，只要知道有关分子的结构，就可求得 $K_{\neq}$，算出速率常数 k，而不必通过动力学实验测定，所以过渡态理论又称为绝对反应速率理论。

以 $\Delta G_{\neq}$、$\Delta H_{\neq}$ 和 $\Delta S_{\neq}$ 分别表示在标准状态下，由反应物生成活化络合物的标准吉布斯自由能变、标准焓变和标准熵变。根据化学反应等温式

笔记

$$\Delta G_{\neq}=\Delta H_{\neq}-T\Delta S_{\neq}=-RT\ln K_{\neq}$$

或

$$K_{\neq}=\exp\left(-\frac{\Delta G_{\neq}}{RT}\right)=\exp\left(-\frac{\Delta H_{\neq}}{RT}\right)\exp\left(\frac{\Delta S_{\neq}}{R}\right)$$

$$k=\frac{RT}{hL}\exp\left(-\frac{\Delta H_{\neq}}{RT}\right)\exp\left(\frac{\Delta S_{\neq}}{R}\right) \qquad \text{式(7-79)}$$

此式与碰撞理论基本公式

$$k=Z_{\text{AB}}^{*}\exp\left(-\frac{E_{\text{c}}}{RT}\right)$$

及阿仑尼乌斯公式

$$k=A\text{e}^{-E/RT}$$

比较，可得出如下结论：

1. 在上述各式中，$\Delta H_{\neq}$、E_{c}、E 的地位相似，当温度不太高时，它们的数值也接近。可以证明它们与由量子力学理论得出的0K时的活化能（势垒）也是相似的，但它们的物理意义各不相同。

2. $\frac{RT}{Lh}\exp\left(\frac{\Delta S_{\neq}}{R}\right)$、$Z_{\text{AB}}^{*}$、$A$ 的地位也很相似，由此可以对阿仑尼乌斯公式中的经验常数作出解释。

除单分子反应外，在反应物形成活化络合物时，由几个分子变成一个分子，混乱程度减小，$\Delta S_{\neq}$应为负值，$\exp(\Delta S_{\neq}/R)$应小于1。对结构简单的分子来说，形成活化络合物时系统混乱程度下降不多；对结构复杂的分子来说，混乱程度下降较多。由于$\Delta S_{\neq}$处于指数项，所以$\Delta S_{\neq}$的数值只要有较小的改变，对k值就会有比较大的影响。另外，只要知道活化络合物的结构，原则上就可以根据统计力学来计算$\Delta S_{\neq}$，从键能数据计算$\Delta H_{\neq}$，从而计算出速率常数k。

第六节　溶液中的反应

与气相反应不同，在溶液中进行的反应有溶剂存在，溶剂有不同的作用，最简单的情况是溶剂仅起介质的作用，溶剂的存在并不影响溶质分子的碰撞，这种情况的溶液反应速率和在气相中相近。如N_2O_5、Cl_2O、CH_2I_2等的分解反应速率，在溶液中和在气相中反应速率相近。如表7-2所示，N_2O_5分解为N_2O_4和O_2，在气相中和在不同溶剂中的分解反应速率几乎相等。

表7-2　N_2O_5在不同溶剂中的分解（298K）

溶剂	$k(\times10^{-5}\text{s}^{-1})$	$\lg A$	E(kJ/mol)
气相	3.38	13.6	103.3
四氯化碳	4.69	13.6	101.3
三氯甲烷	3.72	13.6	102.5
溴	4.27	13.3	100.4

笔记

另外一种情况是溶剂对反应有明显的作用，对反应速率产生显著的影响，如 C_6H_5CHO 在溶液中的溴化反应，在 CCl_4 中进行比在 $CHCl_3$ 或 CS_2 中进行快 1000 倍。

溶剂对反应速率影响的原因比较复杂，至今还不完全清楚。1934 年弗兰克（Franck J）和拉宾诺维奇（Rabinowitch）提出了笼效应（cage effect），以解释溶剂对反应速率的影响。

溶液中每个分子的运动都受到相邻分子的阻碍，每个溶质分子都被周围的溶剂分子包围着，即被关在由周围溶剂分子构成的"笼子"中，冲出一个笼子后又很快进入另一个笼子中，这就是笼效应。

笼效应的存在，减少了不同笼子中反应物分子之间的碰撞机会。但是，当两个反应物分子偶然进入同一个笼子后，就被关在这个笼子中反复碰撞，这种连续反复碰撞一直持续到这些反应物分子从笼中被挤出，这种在笼中的连续反复碰撞称为"遭遇（encounter）"，一次遭遇相当于一批碰撞。有人做过这样的估算，在水溶液中，一对无相互作用的分子被关在同一个笼子中的持续时间为 10^{-12} ~ 10^{-11} 秒，在此期间进行 100~1000 次碰撞。溶剂分子的存在虽然减少了反应分子与远距离分子的碰撞机会，但是增加了近距离分子的遭遇，总的碰撞频率并未减少。就单位时间单位体积内反应物分子之间的总碰撞频率而言，溶液中的反应与气相反应大致相当。反应物分子穿过笼子所需的活化能（扩散活化能）一般小于 20kJ/mol，小于大多数化学反应的活化能（40~400kJ/mol），故扩散作用一般不影响反应速率。但对于活化能很小（速率很快）的反应，例如溶液中的某些离子反应、自由基复合反应等，则反应速率取决于分子的扩散速率。

在另外一些情况下，溶剂分子与反应物分子之间存在着某种相互作用，此时溶液中的反应与气相反应相比，动力学参数有显著变化，反应速率有明显改变。

本节简要讲述溶剂极性和溶剂化、溶剂介电常数、溶液离子强度等因素对反应速率的影响。

一、溶剂极性和溶剂化的影响

梭柏（Soper）研究了不同极性的溶剂对下列反应的影响，发现反应速率随溶剂极性的增大而减小：

$$(CH_3CO)_2O+C_2H_5OH \rightarrow CH_3COOC_2H_5+CH_3COOH$$

门叔特金（Menschutkin）研究了下列反应，发现反应速率随溶剂极性的增大而增大：

$$C_2H_5I+(C_2H_5)_3N \rightarrow (C_2H_5)_4NI$$

表 7-3　溶剂极性对反应速率的影响

溶剂	323K 醋酐和乙醇反应 $k(s^{-1})$	373K 三乙基胺和碘化乙烷反应 $k(s^{-1})$
正己烷	0.0119	0.000 18
苯	0.004 62	0.0058
氯苯	0.005 33	0.023
对甲氧基苯	0.002 93	0.04
硝基苯	0.002 45	70.1

溶剂极性对反应速率的影响如表 7-3 所示，溶剂的极性和溶剂化对反应速率的影响主要表现为：

1. 如果反应物的极性比产物的极性大，则在非极性溶剂中反应速率较大。如第一个反应就属于这种情况，这是因为反应物的极性大一些，在极性溶剂中，反应物的溶剂化作用强，溶剂化作用放出热量 ΔH，使反应物的能量降低，这样，要使反应物达到活化状态，必然要提供更多的能量，活化能增大，所以反应速率减慢，如图 7-10 所示。

2. 如果产物的极性比反应物的极性大，则在极性溶剂中反应速率较大。如第二个反应就属于这种情况，这是因为反应物极性小，不发生溶剂化作用，在极性溶剂中发生溶剂化作用的是过渡状态的活化络合物，溶剂化作用放出热量后，过渡态的能量降低了，也就是降低了反应所需的活化能，从而加快反应，如图 7-11 所示。

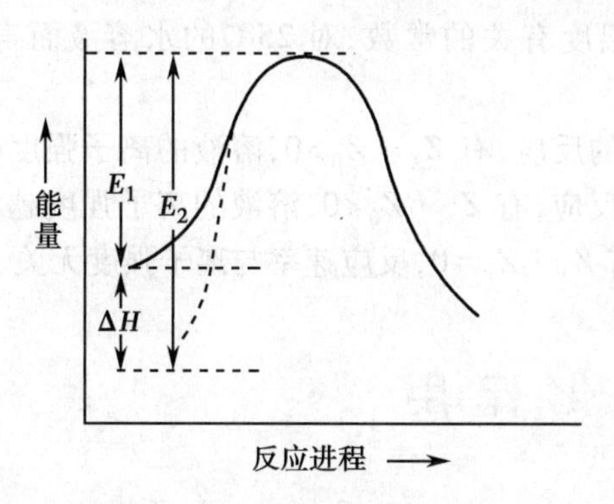

图 7-10　反应物溶剂化使活化能升高

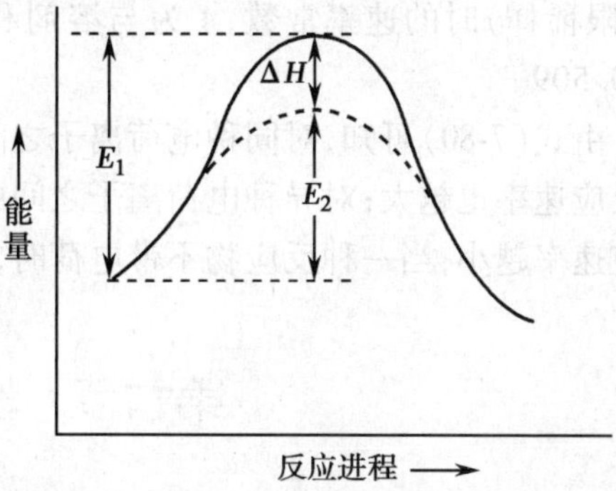

能量
ΔH
E_1
E_2
反应进程

图 7-11　活化络合物溶剂化使活化能降低

二、溶剂介电常数的影响

溶剂的介电常数（dielectric constant）反映了溶剂分子的极性大小。介电常数大的溶剂极性大，介电常数小的溶剂极性小。对于离子或极性分子之间的反应，溶剂的介电常数将影响离子或极性分子之间的引力或斥力，从而影响反应的速率。溶剂的介电常数越大，溶液中离子之间的相互作用力就越小。

1. 异种电荷离子之间的反应，溶剂的介电常数越小，反应速率越大。

例如，对于苄基溴的水解，OH^-有催化作用，这是一个正负离子间的反应：

$$C_6H_5CH_2^+Br^- + H_2O \xrightarrow{OH^-} C_6H_5CH_2OH + H^+ + Br^-$$

该反应在介电常数较小的溶剂中，异种电荷离子容易相互吸引，故反应速率较大。加入介电常数比水小的物质如甘油、乙醇、丙二醇等，能加快该反应的进行。

2. 同种电荷离子之间的反应，溶剂的介电常数越小，反应速率也越小。

例如，巴比妥类药物在水溶液中的水解，因其以阴离子形式存在，OH^-对水解起催化作用，这是一个同种电荷离子间的反应，加入甘油、乙醇等介电常数比水小的物质，使同种电荷离子之间的斥力加大，相互碰撞机会减小，将使反应速率减小。

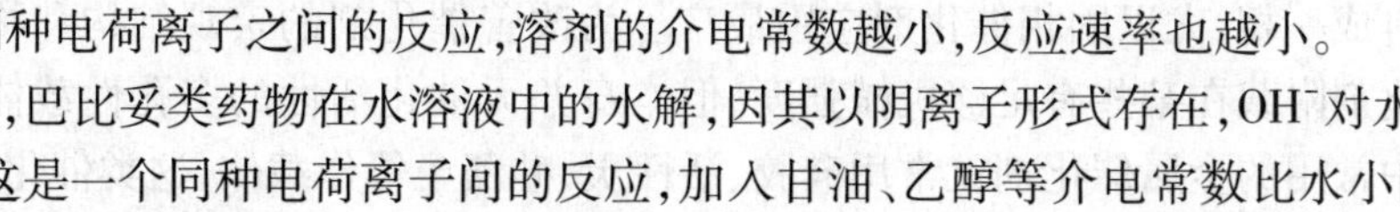

$$\underset{\text{比妥钠}}{\mathrm{RR'C(CONH)_2CO^-Na^+}} + H_2O \xrightarrow{OH^-} \underset{\text{乙酰脲}}{\mathrm{RR'CH(CONHCONH_2)}} + NaHCO_3$$

笔记

3. 离子和极性分子间的反应，在介电常数较小的溶剂中，反应速率较大。这是因为溶剂的介电常数小，有利于离子和极性分子间的相互碰撞，因此对反应有利。

三、离子强度的影响

溶液的离子强度（ionic strength）会影响离子之间的反应速率，这种作用也称为原盐效应（primary salt effect）。在稀溶液中，离子反应的速率与溶液离子强度之间的关系如下：

$$\lg\frac{k}{k_0}=2Z_AZ_BA\sqrt{I} \qquad 式(7\text{-}80)$$

式中，Z_A、Z_B分别为反应物 A、B 的离子电荷数，I 为离子强度，k_0为离子强度为零（无限稀释）时的速率常数，A 为与溶剂和温度有关的常数，对 25℃ 的水溶液而言，$A=0.509$。

由式(7-80)可知，对同种电荷离子之间的反应，有 $Z_A\cdot Z_B>0$，溶液的离子强度越大反应速率也越大；对异种电荷离子之间的反应，有 $Z_A\cdot Z_B<0$，溶液的离子强度越大反应速率越小；当一种反应物不带电荷时，有 $Z_A\cdot Z_B=0$，反应速率与离子强度无关。

第七节　催 化 作 用

一、催化反应中的基本概念

少量的某些物质，能使化学反应速率发生显著改变，而这些物质本身在反应前后的数量及化学性质均未发生改变，这种现象称为催化作用（catalysis），这类物质称为催化剂（catalyst）。能加快反应速率的物质称正催化剂，能减慢反应速率的物质称负催化剂。除非特别指明，一般都是指正催化作用。

催化剂可以是有目的加入反应系统的，也可以是在反应过程中产生的，后者是一种（或几种）反应产物或中间产物，称为自催化剂（autocatalyst），这种现象称为自催化作用（autocatalysis）。例如，$KMnO_4$和草酸反应时生成的 Mn^{2+}就是该反应的自催化剂。

按照催化剂与反应系统是否处于同一相，催化作用可分为两大类：①单相催化或称均相催化作用（homogeneous catalysis）：催化剂与反应系统处在同一个相中，如酸、碱溶液对液相反应的催化作用。②多相催化或称非均相催化作用（heterogeneous catalysis）：催化剂自成一相，尤以固相催化剂应用最广。为改善催化剂的宏观结构和物理性质，常把催化剂附载在某些有足够机械强度、但本身并无催化活性的多孔性载体上，如有机反应中常用的金属催化剂就常用硅胶、活性炭、硅藻土等作载体，这类催化也称为表面催化作用。

二、催化作用的基本特征

1. 催化剂参与了反应，但反应前后催化剂的组成、数量和化学性质均不变。催化剂的物理性质，如外观、晶型等可能发生改变。

笔记

2. 催化剂能改变反应机制，降低反应的活化能，从而显著加快反应速率，这是催化剂改变反应速率的根本原因，如图 7-12 所示。一般认为催化剂能与反应物作用，生成中间产物，从而改变反应机制。

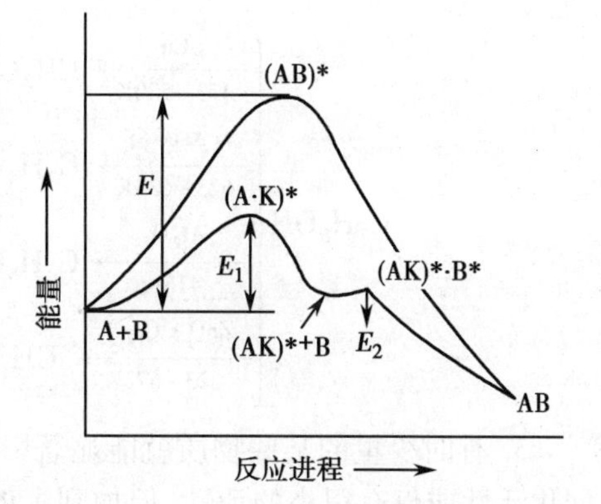

图 7-12 催化剂使活化能降低示意图

例如，某一反应

A+B ⟶AB　　活化能为 E

加入催化剂 K 后，与反应物发生相互作用，生成中间物$(A \cdot K)^*$，中间物进一步反应得到产物

A+K ⟶$(A \cdot K)^*$　　活化能为 $E_1<E$

$(A \cdot K)^*$+B ⟶AB+K　　活化能为 $E_2<E$，且$(E_1+E_2)<E$

催化作用的活化能小于没有催化剂时反应的活化能，加快了反应速率。

例如，下列反应在 503K 下进行

$$2HI \longrightarrow I_2+H_2$$

未使用催化剂时活化能为 184. 1kJ/mol，用 Au 作催化剂，活化能降到 104. 6kJ/mol，由于活化能下降使反应速率增加的倍数为

$$\frac{k_1}{k_2}=\frac{\exp\left(-\frac{104\ 600}{RT}\right)}{\exp\left(-\frac{184\ 100}{RT}\right)}=1.8\times10^8(\text{倍})$$

可见活化能下降对反应速率的影响比温度改变对反应速率的影响大得多。

3. 催化剂不能改变反应方向和平衡状态，催化剂不能启动反应。

从热力学可知，一个反应的平衡常数取决于该反应的标准摩尔吉布斯自由能变，即

$$\Delta_r G_m^{\ominus}=-RT\ln K^{\ominus}$$

催化剂的存在与否不会改变反应系统的始态和终态，所以反应的平衡常数 $K^{\ominus}$保持不变。因为 $K^{\ominus}=\frac{k_{正}}{k_{逆}}$，催化剂既然不能改变 $K^{\ominus}$的大小，所以它应同时改变正、逆反应的速率，而且改变倍数应相同。所以，催化剂只能缩短反应到达平衡的时间，不能改变平衡状态，不能使热力学认为不可能进行的反应进行。

也就是说，对正反应是良好的催化剂，对逆反应也是良好的催化剂。例如，使用 Pt、Pd、Ni 作苯加氢的催化剂，在 473~513K 条件下反应得环已烷：

$$C_6H_6+3H_2 \longrightarrow C_6H_{12}$$

对环已烷脱氢生成苯的反应，这些催化剂也适用，对加氢反应是有效的催化剂，对脱氢反应也一定有效。

4. 催化剂具有选择性，同一反应物选择不同的催化剂，可得到不同的产品，可以通过选择适当的催化剂使反应朝着需要的方向进行。

例如，乙醇的分解，选用不同的催化剂、在不同条件下可得到不同产物：

$$C_2H_5OH\begin{cases}\xrightarrow[473\sim520K]{Cu} CH_3CHO+H_2\\ \xrightarrow[623\sim633K]{Al_2O_3} C_2H_4+H_2O\\ \xrightarrow[413K]{Al_2O_3} C_2H_5OC_2H_5+H_2O\\ \xrightarrow[623\sim673K]{ZnO\cdot Cr_2O_3} CH_2{=}CH{-}CH{=}CH_2+H_2O+H_2\end{cases}$$

5. 有时少量的某些物质就能显著影响催化剂的作用。有些物质单独存在时没有催化活性或仅有很小的活性，但加到主催化剂中，能显著改善催化活性、选择性、稳定性等，这类物质称为助催化剂（catalytic accelerator），如合成氨反应中，Fe 是催化剂的主体，Al_2O_3、K_2O 是助催化剂。

有些物质使催化剂的活性降低，这类物质称为阻催化剂。

在多相催化反应中，少量杂质占据了催化剂的活性中心后，催化剂活性显著降低或完全失活，这种现象称为催化剂"中毒"，极微量的毒物就可能使催化剂中毒、失活。催化剂中毒可以用多位吸附学说解释。

多位吸附学说是巴朗琴（Balandin）提出来的，他认为：催化剂必须和反应物分子存在结构上和能量上的适应关系才具有催化效能。若一个反应分子被催化剂活性中心的两个、三个原子吸附，则称为二位、三位吸附，根据不同情况，可以有多位吸附。

催化剂的某些活性中心因被毒物占据而失去活性，另外一些活性中心虽然没有失去活性，但因原子彼此间距离相应增大，不再与分子键的长短相适应，即催化剂与反应物不存在结构上的适应关系，故催化作用不能进行。活性中心仅占催化剂总表面一小部分，故极微量的毒物就可使催化剂失效。

有时反应系统中一些偶然的杂质、尘埃或者反应容器等，也可能有催化作用。例如，在 200℃时，玻璃容器中进行的 Br_2 和 C_2H_4 的气相加成反应，玻璃容器壁就具有催化作用。

三、酸碱催化

有的反应在酸性条件下进行，有的反应需要在碱性条件下进行，溶液的酸碱性（pH 值）往往对反应速率产生很大影响。酸或碱可使溶液中某些反应加速，这种作用称为酸碱催化（acid-base catalysis）。液相中的酸碱催化是单相催化的重要内容之一。H^+ 和 OH^- 作为催化剂的催化作用称为专属酸碱催化（specific acid-base catalysis）。如蔗糖的水解反应被 H^+ 催化，葡萄糖的变旋、酯类的水解既可被 H^+ 催化，也可被 OH^- 催化。以质子酸碱作为催化剂的催化作用称为质子酸碱催化（proton acid-base catalysis）。

根据布朗斯特质子酸碱理论：凡能给出质子的物质都是酸，也称为质子酸（proton acid）；凡能与质子结合的物质都是碱，也称为质子碱（proton base）。例如

$$\underset{碱}{NH_3}+\underset{酸}{H_3O^+}\rightleftharpoons\underset{酸}{NH_4^+}+\underset{碱}{H_2O}$$

在质子酸催化反应中，催化剂是酸，能给出质子，反应物是碱，能接受质子。酸催化剂的催化能力取决于酸给出质子的能力。酸的酸性越强，催化能力也就越强。

在质子碱催化反应中，催化剂是碱，能接受质子，反应物是酸，能给出质子。碱催化剂的催化能力取决于碱接受质子的能力。碱的碱性越强，催化能力也就越强。

笔记

质子酸碱催化的一般特点是：以离子型机制进行，反应速率很快，不需要很长的活化时间，以"质子转移"为特征。酸催化反应是反应物 S 与酸 HA（催化剂）中的质子作用，生成质子化物 SH^+，然后质子从质子化物 SH^+ 转移，最后得到产物，同时催化剂酸复原：

$$S+HA \longrightarrow SH^+ +A^-$$

$$SH^+ +A^- \longrightarrow \text{产物}+HA$$

碱催化反应是反应物 HS 将质子给碱 B（催化剂），生成中间产物 S^-，然后进一步反应得产物，同时催化剂碱复原：

$$HS+B \longrightarrow S^- +HB^+$$

$$S^- +HB^+ \longrightarrow \text{产物}+B$$

质子转移很快，一方面是由于质子只有一个正电荷，没有电子，容易接近其他极性分子中带负电的一端形成化学键；另一方面，因质子半径很小，故呈现很强的电场强度，易极化接近它的分子，有利于新键的形成，使质子化物成为不稳定的中间络合物，显示较大的活性，这可能是质子酸碱催化加速反应进行的主要原因。若酸是催化剂，则反应物必须含有易于接受质子的原子或基团，如醇、醚、酮、酯、醣及一些含氮化合物；若碱是催化剂，则反应物必须易于给出质子而形成活化络合物，如含有酸性氢原子的化合物（如含 C=O、NO_2 等基团的分子）。

有的反应既可以为专属酸碱催化，也可为广义酸碱催化。例如硝基胺的水解既可为专属碱 OH^- 催化，也可为广义碱 CH_3COO^- 催化。

专属碱 OH^- 催化反应为

$$NH_2NO_2+OH^- \longrightarrow H_2O+NHNO_2^-$$

$$NHNO_2^- \longrightarrow N_2O+OH^-$$

广义碱 CH_3COO^-（Ac^-）催化反应为

$$NH_2NO_2+Ac^- \longrightarrow HAc+NHNO_2^-$$

$$NHNO_2^- \longrightarrow N_2O+OH^-$$

$$HAc+OH^- \longrightarrow H_2O+Ac^-$$

这两种碱催化作用结果相同，产物都是 N_2O 和 H_2O，催化剂 OH^- 或 Ac^- 复原。

有的反应，如许多药物水解反应，既可被酸催化又可被碱催化，其反应速率可表示为

$$v=k_0c_S+k_{H^+}c_{H^+}c_S+k_{OH^-}c_{OH^-}c_S$$

式中，k_0 表示反应自身的速率常数，k_{H^+} 和 k_{OH^-} 分别表示被酸、碱催化的速率常数，称为酸、碱催化常数，c_S 表示反应物的浓度，c_{H^+} 和 c_{OH^-} 分别表示酸、碱的浓度。

令总反应速率常数 k 为

$$k=\frac{v}{c_S}=k_0+k_{H^+}c_{H^+}+k_{OH^-}c_{OH^-} \qquad \text{式(7-81)}$$

在水溶液中

$$k=k_0+k_{H^+}c_{H^+}+k_{OH^-}\frac{K_w}{c_{H^+}} \qquad \text{式(7-82)}$$

当酸的浓度足够高、以酸催化为主时

$$k=k_{H^+}c_{H^+} \qquad \text{式(7-83)}$$

两边取对数

$$\lg k=\lg k_{H^+}+\lg c_{H^+}=\lg k_{H^+}-\text{pH} \qquad \text{式(7-84)}$$

即 $\lg k$ 与 pH 呈线性关系，且斜率为−1，即 $\lg k$ 随 pH 增加而直线下降。同理，当碱的浓

笔记

度足够高、以碱催化为主时，

$$k=k_{OH^-}\frac{K_w}{c_{H^+}} \quad 式(7\text{-}85)$$

$$\lg k=\lg k_{OH^-}+\lg K_w+pH \quad 式(7\text{-}86)$$

lg$k$ 与 pH 仍有线性关系，但斜率为+1，lg$k$ 随 pH 增加而直线增加。此外，还可以有这样一个区域，在这一区域内，酸和碱对反应速率影响都很小，k_0相对较大，k 与 pH 无关。

图 7-13 表示 pH 值影响反应速率的不同情况：a 线表示反应既可被酸催化又可被碱催化，也存在一个 pH 值改变对反应速率影响不大的区域；b 线表示反应既可被酸催化又可被碱催化；c 线表示反应速率随溶液中碱浓度的增加而加快，反应能被碱催化，也存在一个 pH 值改变对反应速率影响不大的区域；d 线表示反应速率随溶液中酸浓度的增加而加快，反应能被酸催化，也存在一个 pH 值改变对反应速率影响不大的区域。

图 7-14 中的曲线表示阿托品水解时 pH 值与 lg$k$ 的关系，在 pH=3.7 时 k 最小，此即为阿托品最稳定的 pH 值，以$(pH)_{st}$表示。

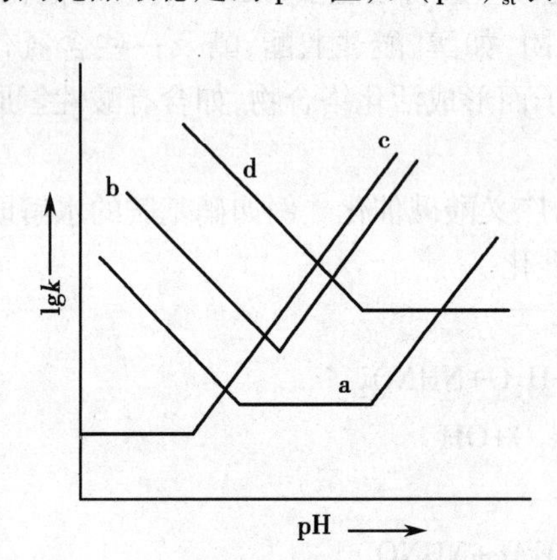

图 7-13 pH 与反应速率常数的关系

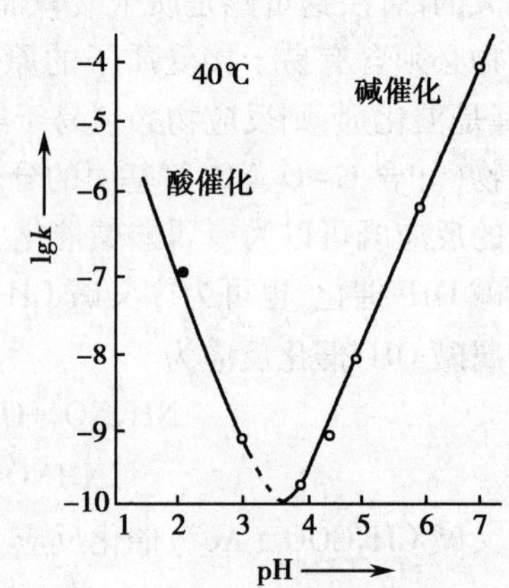

图 7-14 阿托品水解反应 lg$k$-pH 图

寻找药物$(pH)_{st}$有两种方法。一种是实验测定法，即配制各种不同 pH 值的药物溶液，测定其 k 值，然后以 k（或 lg$k$）对 pH 作图，从图中找出 k 最小时的 pH，即$(pH)_{st}$，如图 7-14 曲线的最低点。

另一种方法是计算法，按数学上求极值的方法，将式(7-82)对 c_{H^+}微分，得

$$\frac{dk}{dc_{H^+}}=k_{H^+}-\frac{k_{OH^-}K_w}{c_{H^+}^2}$$

在极值处有：$\frac{dk}{dc_{H^+}}=0$

$$k_{H^+}=\frac{k_{OH^-}K_w}{c_{H^+}^2}$$

$$(pH)_{st}=\frac{1}{2}[\lg k_{H^+}-\lg k_{OH^-}-\lg K_w] \quad 式(7\text{-}87)$$

由于 k_{H^+}、k_{OH^-}、K_w都与反应温度有关，所以$(pH)_{st}$值也与温度有关。

在酸碱催化反应中，酸、碱催化常数 k_{H^+}和 k_{OH^-}表征了催化剂的催化能力，主要取决于催化剂本身的性质，与酸或碱的电离常数 K_a、K_b有关

$$k_{H^+}=G_aK_a^{\alpha} \quad 式(7\text{-}88)$$

笔记

$$k_{OH^-} = G_b K_b^{\beta} \qquad 式(7-89)$$

式中，G_a、G_b、α 和 β 是与反应种类、溶剂种类、反应温度有关的经验常数，α 与 β 的值在 0~1 之间。上两式称为布朗斯特酸碱催化规则，适用于均相酸碱催化反应。

四、酶催化

酶（enzyme）是由生物或微生物产生的一种具有催化能力的特殊蛋白质，以酶为催化剂的反应称为酶催化反应（enzyme catalysis reaction），也称为酶促反应。有些酶的分子结构中，除蛋白质部分外，还含有称为辅基的非蛋白质部分，辅基有时候很容易和酶蛋白分离，这样的辅基称为辅酶。酶的分子大小为 10~100nm，因此酶催化反应可以认为介于单相和多相催化反应之间。

几乎所有在生物体内进行的化学反应都是在酶的催化下完成的，可以说，没有酶的催化作用就没有生命现象。酶催化反应在日常生活中和工业生产中都有广泛的应用，例如发酵、常温固氮、“三废”处理等★。

（一）酶催化反应的特点

酶催化具有极高的活性，极强的选择性，同时对温度及溶液的 pH 值等都有较高的要求，某些杂质会使酶失活。

1. 酶的催化活性极高，为一般酸碱催化剂的 10^8~10^{11} 倍，这是因为酶能使反应的活化能降低较多。

2. 酶催化具有极强的选择性，也称专一性。

有些酶具有绝对专一性，只能催化某一特定的反应，反应物分子有任何的改变都能被这些酶识别出来。如尿素酶在溶液中只含千万分之一，就能催化尿素$(NH_2)_2CO$水解，但不能催化尿素取代物水解，如甲脲$(NH_2)(CH_3NH)CO$。

有些酶具有较强专一性，只能催化具有同一官能团物质的同一类型的转化，如胃蛋白酶可水解某些肽键，但其要求之一是在肽键的一定位置上有一个芳香基。

有些酶具有反应专一性，可促进一定类型的反应，如酯酶可催化任何有机酯（包括脂类化合物）的水解。

有些酶具有立体化学专一性，只能对异构体中某一种起催化作用，如乳酸脱氢酶只能催化 L-乳酸氧化，而对 D-乳酸就没有作用。酶的这种专一性取决于肽键的精确构象。

酶的活性存在于酶分子中的较小区域，此区域称为活性中心。这种活性中心具有较复杂的结构，当酶的化学基团结构排列恰好与反应物的某些反应部位适应并能以氢键或其他形式与之相结合时，酶才表现出催化活性，所以酶的选择性特别强。

3. 酶催化反应有一个最适温度，在这个温度下反应速率最大。酶催化反应一般需在室温或稍高于室温的条件下进行，温度过高或过低对反应都不利。

4. 酶催化反应有一个最适 pH 值，在这个 pH 值下反应速率最大。pH 值对酶促反应的影响和温度的影响很相似。酶的催化作用只能在比较窄的 pH 范围内表现出来，超出这个范围，能使酶发生不可逆失活。如图 7-15 所示。

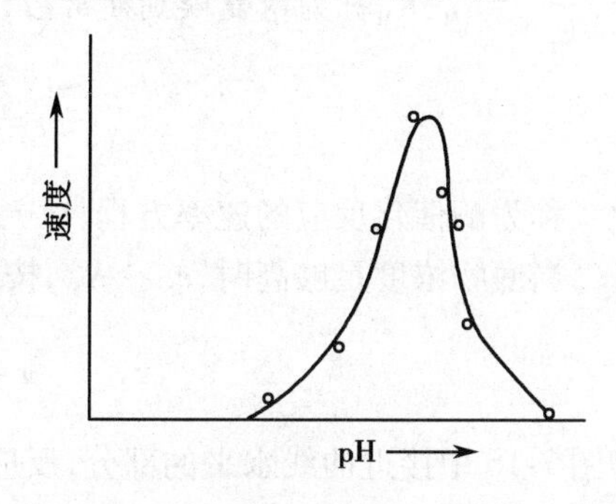

图 7-15　酶促反应速率与 pH 的关系图

笔记

5. 酶的催化作用可能会受到某些杂质的影响，如氰化物、砷化物等能使许多酶中毒。例如，CN^-可与酶分子中的过渡金属络合，使酶中毒，丧失催化活性，从而造成生物的死亡。

（二）酶促反应的速率方程——米夏埃利斯-门藤定律（Michaelis-Menten Law）

酶催化反应机制比较复杂，一般认为：酶 E 与被催化的反应物[在讨论催化作用时，常将其称为底物 S(substrate)]，结合形成一个中间络合物 ES，然后继续反应生成产物 P 并使酶复原。即

$$E+S \underset{k_2}{\overset{k_1}{\rightleftharpoons}} ES$$

$$ES \xrightarrow{k_3} E+P$$

第二步，即中间物 ES 继续反应生成产物 P 的速率较慢，是速控步骤，故反应速率为

$$r=\frac{dc_P}{dt}=k_3c_{ES} \qquad 式(7\text{-}90)$$

酶的催化活性很高，反应系统中酶的浓度很低，中间络合物 ES 的浓度也很低，按稳态近似法处理，可以认为

$$\frac{dc_{ES}}{dt}=k_1c_Ec_S-k_2c_{ES}-k_3c_{ES}=0 \qquad 式(7\text{-}91)$$

若 c_{E_0}为 E 的初始浓度，则 $c_E=c_{E_0}-c_{ES}$，代入上式得

$$k_1(c_{E_0}-c_{ES})c_S=(k_2+k_3)c_{ES}$$

展开整理后，得

$$c_{ES}=\frac{k_1c_{E_0}c_S}{k_1c_S+k_2+k_3}=\frac{c_{E_0}c_S}{c_S+\frac{k_2+k_3}{k_1}} \qquad 式(7\text{-}92)$$

将此式代入式(7-90)，得

$$r=\frac{dc_P}{dt}=\frac{k_3c_{E_0}c_S}{c_S+\frac{k_2+k_3}{k_1}} \qquad 式(7\text{-}93)$$

令$\frac{k_2+k_3}{k_1}=K_M$，K_M称为米夏埃利斯常数(常被简称为米氏常数)

$$r=\frac{dc_P}{dt}=\frac{k_3c_{E_0}c_S}{c_S+K_M} \qquad 式(7\text{-}94)$$

此式称为酶催化反应的速率方程，以 r 对 c_S 作图可得如图 7-16 所示的曲线。

当底物浓度足够高时，$c_S \gg K_M$，按式(7-94)则

$$r=\frac{dc_P}{dt}=k_3c_{E_0} \qquad 式(7\text{-}95)$$

即图 7-16 中接近曲线水平的部分，反应速率接近酶催化最大速率 $k_3c_{E_0}$，表示底物浓度足够大时，酶促反应速率与底物浓度无关，呈零级反应。

笔记

当底物浓度很小时，$K_M >> c_S$，则

$$r=\frac{dc_P}{dt}=\frac{k_3}{K_M}c_{E_0}c_S \qquad 式(7\text{-}96)$$

表示当底物浓度很小时，酶促反应速率与底物浓度的一次方成正比，表现为一级反应，即图 7-16 中反应物浓度很小，接近直线的部分。

对式(7-94)两边取倒数，得

$$\frac{dt}{dc_P}=\frac{1}{k_3c_{E_0}}+\frac{K_M}{k_3c_{E_0}c_S}$$

以$\frac{dt}{dc_P}$对$\frac{1}{c_S}$作图，可得一直线，如图 7-17 所示，由直线斜率和截距可求得 K_M。

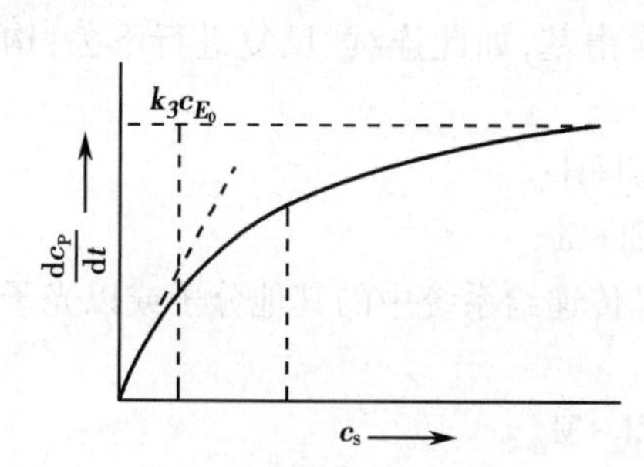

图 7-16　酶催化反应速率曲线

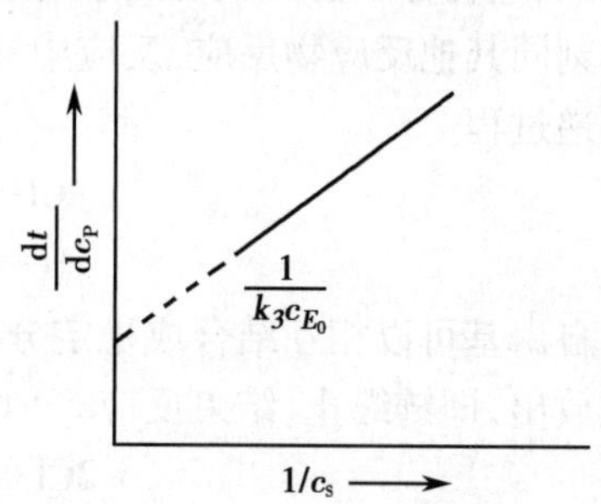

图 7-17　dt/dc_P与 $1/c_S$的关系

当$\frac{dc_P}{dt}=\frac{1}{2}k_3c_{E_0}$时，

$$\frac{1}{2}c_{E_0}k_3=\frac{k_3c_{E_0}c_S}{c_S+K_M}$$

整理后，得

$$K_M=c_S$$

由此可知，米夏埃利斯常数的物理意义是使反应速率达到酶最大催化速率一半时所需底物的浓度。米夏埃利斯常数是酶催化反应的特性常数，不同的酶 K_M 不同，同一种酶催化不同的反应时 K_M 也不同。大多数纯酶的 K_M 值在 $10^{-4}\sim10^{-1}$mol/L 之间，K_M 值的大小与酶的浓度无关。

第八节　光 化 反 应

按活化能来源的不同可以把化学反应分为热反应(thermal reaction)和光化反应(photochemical reaction)两大类。一般热反应(暗反应)的活化能来源于分子热运动，而光化反应的活化能来源于光的辐射(波长 100~1000nm)。光作为能量使反应进行的现象早已为人们所熟悉，例如，植物进行光合作用把 CO_2 和 H_2O 变成糖类化合物和氧气，卤化银的分解，染料在阳光下的褪色，药物在光照下的分解变质等都是光化反应★。

一、光化反应机制

光化反应一般分两个阶段进行，第一阶段叫初级反应(primary reaction)，第二阶

笔记

段叫次级反应(secondary reaction)。光化反应有链反应和非链反应两种机制，对链反应(chain reaction)来说，第一阶段即为链引发(chain initiation)，第二阶段为链传递(chain propagation)和链终止(chain termination)。

例如，下列反应在 λ<480nm 的光照下进行是一个链反应

$$H_2+Cl_2 \longrightarrow 2HCl$$

1918 年，能斯特(Nernst)提出如下机制：

在初级反应中，反应物 Cl_2吸收光子(photon)，成为自由基 Cl·

$$Cl_2+h\nu \longrightarrow 2Cl\cdot$$

这就是链引发阶段，链引发是链反应中最难进行的过程，这一过程需要的活化能较大，反应物分子需要获得足够的能量才能产生自由基。自由基非常活泼，一经形成就立刻同其他反应物反应，反应中又生成新的自由基，如此连续、反复进行下去，构成链传递过程

$$Cl\cdot+H_2 \longrightarrow HCl+H\cdot$$

$$H\cdot+Cl_2 \longrightarrow HCl+Cl\cdot$$

自由基可以相互结合成稳定分子，而将能量传递给系统中的其他分子或以光子的形式放出，即链终止，结束反应。

$$2Cl\cdot+M_{低能} \longrightarrow Cl_2+M_{高能}$$

M 为系统中存在的各种分子，也可以是容器壁、杂质等。

链终止反应的活化能很小或为零，反应速率常数很大，但因链终止反应多为三分子碰撞，且自由基在反应系统中的浓度很低，使得链终止反应的速率很小，链传递过程得以顺利进行。

光化反应与热反应有许多不同的地方。热反应只能沿着吉布斯自由能减小的方向进行，而光子往往能使一些反应沿着吉布斯自由能增大的方向进行，例如，在光的作用下氧转变为臭氧、氨分解、光合作用等。热反应的反应速率受温度的影响大，而光化反应的温度系数较小，这是因为光活化本身不依赖于温度，速率随温度的任何增大，都是由于光活化后又继续进行的热反应，即次级反应阶段对温度的敏感。热反应的反应速率大多数与反应物浓度有关，而光化反应的反应速率与反应物浓度无关，仅取决于光辐射能的强度，因此光化反应为零级反应。

二、光化学基本定律

(一) 光化学第一定律

1818 年，格罗杜斯(Grotthuss)和德拉波(Draper)提出了光化学第一定律，又称为格罗杜斯-德拉波定律：只有被反应物吸收的光子才能引发光化反应。光子的能量必须与反应物分子从基态变成激发态所需的能量相匹配，这样的光子才会被反应物分子吸收，处于激发态的受激分子才有可能发生光化反应。

(二) 光化学第二定律

光化学第二定律又称为光化当量定律(law of photochemical equivalence)，是爱因斯坦(Einstein)和斯塔克(Stark)在 1910 年左右提出来的：在初级反应中，反应物分子每吸收一个光子就能活化一个分子。即：被活化的分子或原子数等于被吸收的光子数。被活化的分子可能变成一个产物分子，也可能引发一个链反应，还可能与其他分

子碰撞而失去活性。所以该定律只适用于光化反应的初级阶段。

活化 1mol 分子或原子需要吸收 1mol 光子，1mol 光子的能量称为 1 爱因斯坦（E），其值与光的频率或波长有关。

$$E=Lh\nu=Lhc/\lambda$$
$$=6.022\times10^{23}\times6.626\times10^{-34}\times\frac{2.998\times10^{8}}{\lambda}$$
$$=\frac{0.1196}{\lambda}\mathrm{J/mol} \qquad 式(7\text{-}97)$$

式中，L 为阿伏伽德罗常数，λ 为波长，其单位为 m，h 为普朗克常数。

三、量子效率

在初级反应中，吸收一个光子，活化一个反应物分子，紧接着进行的次级反应中，这个活化分子可引起一个或多个分子发生反应，也可能不引发反应。

量子效率（quantum efficiency）Φ 定义为

$$\Phi=\frac{发生反应的分子数}{被吸收的光子数} \qquad 式(7\text{-}98)$$

Φ 可以大于 1、等于 1 或小于 1，见表 7-4。

表 7-4 一些光化反应的量子效率

反应	波长（nm）	量子效率
$2NH_3 \rightarrow N_2+3H_2$	~210	0.25
$SO_2+Cl_2 \rightarrow SO_2Cl_2$	420	1
$2HI \rightarrow H_2+I_2$	270~280	2
$H_2+Cl_2 \rightarrow 2HCl$	400~436	10^5

量子效率小于 1 的反应大致有下列几种情况：①活化分子分解或与其他分子化合之前，活化分子发生较低频率的辐射（荧光、磷光）或与普通分子碰撞，把一部分能量转移给普通分子，次级反应不再进行；②分子吸收光子后虽然形成了自由原子或自由基，但由于下一步反应不易立即进行，使自由原子或自由基又化合为原来的分子。

相反，量子效率大于 1 的反应大致是由于次级反应进行得很快，使初级反应中的活化分子有机会立即与反应物分子发生反应；或者是分子吸收光子后，离解成自由原子或自由基，后者又与其他分子作用，产生自由原子或自由基，这样连续下去，使得量子效率很大。

例 7-10 光化反应 $H_2+Cl_2 \rightarrow 2HCl$，波长为 480nm 的光使反应发生时量子效率为 10^6，计算每吸收 4.184J 光能将产生 HCl 多少 mol？

解：$E=\frac{0.1196}{\lambda}=\frac{0.1196}{480\times10^{-9}}=2.492\times10^{5}\mathrm{J/mol}$

吸收 4.184J 光能相当的光子数为：

$$\frac{4.184}{2.492\times10^{5}}=1.679\times10^{-5}\mathrm{mol}$$

笔记

所以，发生反应的 H_2或 Cl_2为：

$$10^6\times1.679\times10^{-5}=16.79\text{mol}$$

由反应方程式可知，产生的 HCl 为发生反应的 H_2或 Cl_2的 2 倍，故产生的 HCl 为：$2\times16.79=33.58\text{mol}$

学习小结

1. 学习内容

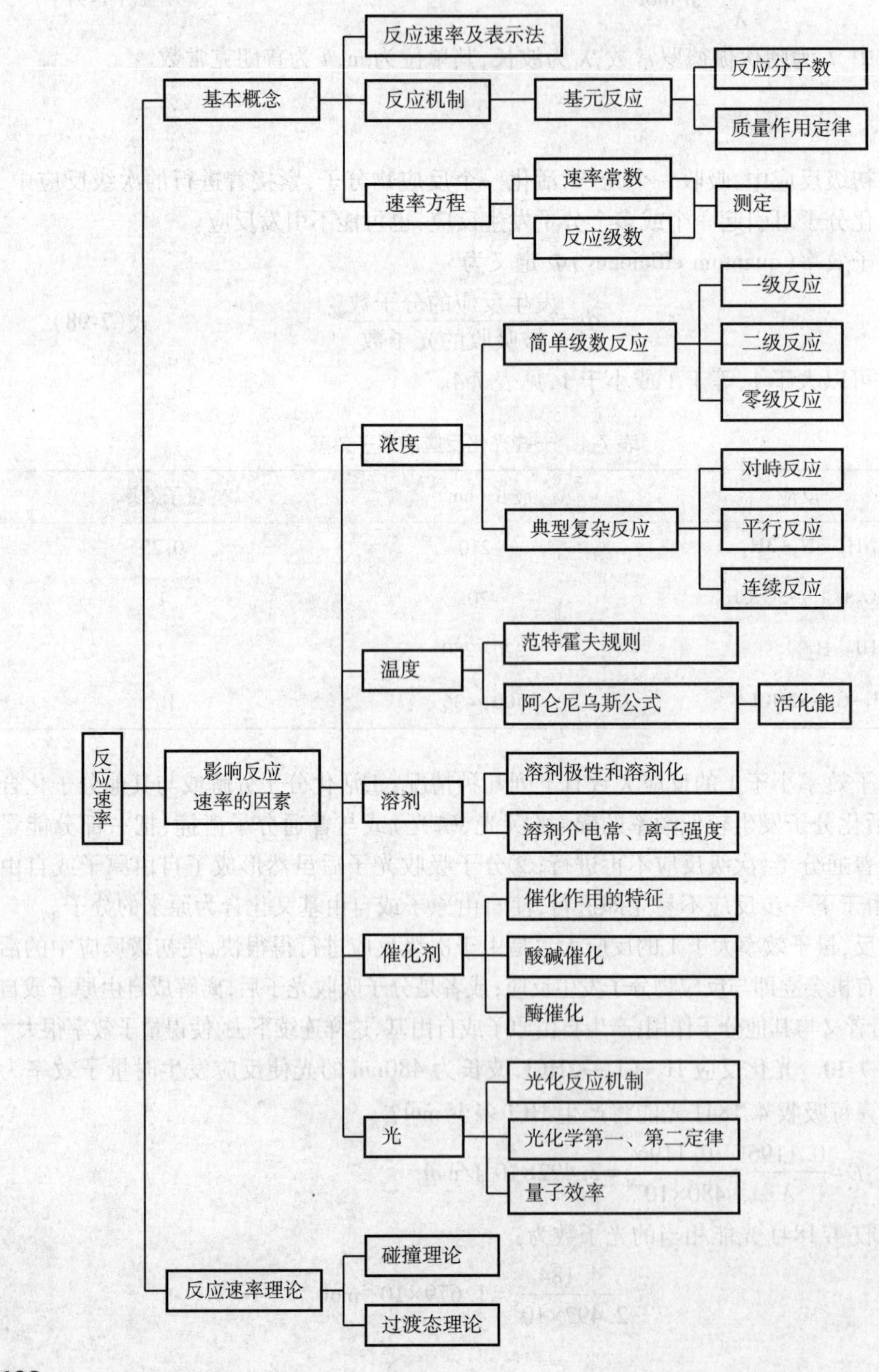

笔记

2. 学习方法

化学动力学的研究有宏观方法和微观方法,宏观动力学研究反应速率受不同反应条件、不同因素的影响,不同类型的反应遵循的不同规律等;微观动力学研究反应机制、反应速率理论等。我们学习化学动力学不但要掌握宏观动力学的结论,也要深入到微观动力学,探究反应的内在规律。动力学问题复杂多变,现在仍然是一个非常活跃的领域,学习中要学会举一反三,学以致用。在学习中还应注意化学反应的速率方程通常是通过实验确定的,只有基元反应或机制清楚的总包反应可以运用质量作用定律进行推导。

(李晓飞　赵晓娟)

习题

1. 某金属的同位素进行 β 放射(一级反应),经 20 天后,同位素的活性降低 8.25%,试求:(1) 此同位素的蜕变速率常数和半衰期;(2) 要分解 10%,需经多长时间?

2. 某药物溶液的原来浓度为 5.0mg/ml,20 个月后浓度变为 4.2mg/ml,假定此反应为一级反应,问:在标签上注明的有效期应为多少?此药物的半衰期是多少?

3. 已知某药物在体内排出的反应速率常数 $k=0.208\text{h}^{-1}$,进针后血液中浓度转化掉 70%达到 3.0×10^{-8}kg/0.1L 时需进第二针,问:

(1) 进针需间隔多长时间?

(2) 进针 n 次后,血液中最高和最低浓度各为多少?

(3) 假设,在 293K 时,$k=0.131\text{h}^{-1}$,则此反应的活化能是多少?

4. 由体内排出链霉素的作用符合一级反应,若注射后初浓度为 100.0μg/ml,8 小时后为 45.0μg/ml。试问每 8 小时注射一次,注射 n 次后链霉素在体内的最大浓度和最小浓度各为多少?

5. 593K 时,SO_2Cl_2 的分解反应

$$SO_2Cl_2 \rightarrow SO_2+Cl_2$$

$k=2.00\times10^{-5}\text{s}^{-1}$,在该温度下,加热 1 小时后,$SO_2Cl_2$ 分解的百分数为多少?SO_2Cl_2 的半衰期为多少?

6. 298K 时,N_2O_5(g)分解反应其半衰期 $t_{1/2}$ 为 5.7 小时,此值与 N_2O_5 的起始浓度无关,试求:(1) 该反应的速率常数;(2) N_2O_5 分解 10%时所需的时间。

7. 某元素的放射性蜕变半衰期为 5730 年(一级反应),今测得某一考古学样品的含量为 81%,请计算得出该样品距今多少年?

8. 有一连续一级反应:$A \xrightarrow{k_1} B \xrightarrow{k_2} C$

试证明:若 $k_1 \gg k_2$,则生成 C 的速率只与 k_2 有关;若 $k_2 \gg k_1$,则只与 k_1 有关。

9. 某物质的分解符合二级反应,起始浓度 $c_{A,0}=1.0\text{mol/L}$,某温度下反应进行到该物质剩余 2/3 所需要的时间是 2.0 分钟,求该物质消耗 2/3 所需要的时间。

10. 某物质 A 与等量的物质 B 混合,起始浓度 $c_{A,0}=c_{B,0}=1.0\text{mol/L}$,1 小时后,A 作用了 60%。问 2 小时后 A 还剩余多少没有作用?若该反应对 A 来说是:(1) 一级反应;(2) 二级反应;(3) 零级反应。

笔记

11. 某气相分解反应

$$A(g) \rightarrow B(g) + C(g)$$

为一级反应。在一定温度下的密闭容器中,初压力 p_0 为 21.3kPa,1000 秒后,容器中总压力 p 为 22.7kPa,求该反应的速率常数和半衰期。

12. 液相反应 2A→B,今在不同反应时间用光谱法测定产物的浓度,结果如下:

t(min)	0	10	20	30	40	∞
c_B(mol/L)	0	0.0890	0.153	0.200	0.230	0.310

求:该反应的级数、速率常数和半衰期。

13. 试证明:一级反应的转化率分别为 75%、87.5%时,所需要的时间分别为 $2t_{1/2}$、$3t_{1/2}$。

14. 二级反应 A+B→C 的活化能为 92.05kJ/mol,A、B 的初浓度均为 1.0mol/L。在 20℃下,反应半小时后,A、B 各剩余一半。求:(1) 在 20℃下,1 小时后,A、B 各剩余多少?(2) 在 50℃下的速率常数。

15. 对下列反应,增加溶液中的离子强度,反应速率常数将如何变化?

(1) $NH_4^+ + CNO^- \rightarrow CO(NH_2)_2$

(2) $S_2O_8^{2-} + 2I^- \rightarrow I_2 + 2SO_4^{2-}$

(3) $CH_3COOC_2H_5 + OH^- \rightarrow CH_3COO^- + C_2H_5OH$

16. 阿司匹林的水解反应,100℃下速率常数为 $7.92d^{-1}$,活化能为 56.484kJ/mol。求 37℃下水解 10%所需的时间。

17. 某平行反应

$$A \begin{cases} \rightarrow B & (k_1) \\ \rightarrow C & (k_2) \end{cases}$$

$k_1 = 2.53 \times 10^{-3} s^{-1}$, $k_2 = 3.12 \times 10^{-3} s^{-1}$,求:(1) 产物 B 和 C 的浓度比;(2) A 分解 90%所需时间。

18. C_2H_5Br 的分解是一级反应,活化能为 230.12kJ/mol,指前因子为 $3.802 \times 10^{33} s^{-1}$。求反应以每秒分解 10%的速率进行时的温度。

19. 某药物在一定温度下分解的速率常数与温度的关系为

$$\ln k = -\frac{8938}{T} + 20.40$$

k 的单位为 h^{-1}。求:(1) 25℃时一天(24 小时)的分解率;(2) 若此药物分解 10%即失效,25℃保存的有效期为多少?(3) 若要将此药物保存 1 年(365 天),最高保存温度为多少度?

20. 1-1 级对峙反应,$A \underset{k_{-1}}{\overset{k_1}{\rightleftharpoons}} B$ 已知在某温度下,$k_1 = 0.60 min^{-1}$, $k_{-1} = 0.20 min^{-1}$,若反应开始时只有 A 且其浓度为 1.0mol/L,求:(1) 反应达平衡后 A 和 B 的浓度;(2) 使 A 和 B 浓度相等所需的时间;(3) 反应进行 1 分钟时 A 和 B 的浓度。

21. 对峙反应,$A \underset{k_{-1}}{\overset{k_1}{\rightleftharpoons}} B$ 在 298K 时,$k_1 = 0.20 min^{-1}$, $k_{-1} = 5.0 \times 10^{-4} min^{-1}$,温度增加

笔记

到 310K 时，k_1、k_{-1}均增加为原来的 2 倍，计算：(1) 298K 时反应的平衡常数；(2) 正、逆反应的活化能 E_1、E_{-1}。

22. 某连续反应 $A \xrightarrow{k_1} B \xrightarrow{k_2} C$，其中 $k_1 = 0.10\text{min}^{-1}$，$k_2 = 0.20\text{min}^{-1}$，在 $t = 0$ 时，B 和 C 的浓度均为 0，$c_{A,0} = 1.0\text{mol/L}$，试求：(1) B 的浓度达到最大的时间为多少？(2) 该时刻 A、B、C 的浓度各为多少？

23. 某一级反应的半衰期在 300K 时是 5000 秒，在 310K 时是 1000 秒，求此反应的活化能。

24. 醋酸酐分解反应的活化能为 144.348kJ/mol，在 284℃ 时反应半衰期为 21 秒，且与反应物起始浓度无关。计算：(1) 300℃ 时的速率常数；(2) 若控制反应在 10 分钟内转化率达到 90%，反应温度应为多少？

25. 硝基异丙烷的水溶液与碱发生二级反应，其速率常数可用下式表示

$$\lg k = -\frac{3163.0}{T} + 11.890$$

时间单位为分钟(min)，浓度单位为 mol/L。

(1) 计算活化能；

(2) 298K 时，若反应物的起始浓度均为 $8.0000 \times 10^{-4}\text{mol/L}$，求反应的半衰期。

26. 普鲁卡因水溶液在 pH 为 2.3~9.0 范围内，主要以离子型存在，它既发生酸催化，又发生碱催化。在 50℃ 时，$k_{H^+} = 3.10 \times 10^{-6}\text{L/(mol·s)}$，$k_{OH^-} = 2.78\text{L/(mol·s)}$，$K_w = 1.40 \times 10^{-13}$。求普鲁卡因水溶液最稳定的 pH 值。

27. 某一反应物 S 在酶 E 的作用下，发生如下反应

$$E + S \underset{k_2}{\overset{k_1}{\rightleftharpoons}} ES$$

$$ES \xrightarrow{k_3} E + P$$

实验测得反应物不同初浓度时的初速率如下，求反应的 Michaelis 常数 K_M，并解释其物理意义。

$c_{S,0}$(mol/L)	0.0500	0.0170	0.0100	0.005 00	0.002 00
$r_0 \times 10^6$[mol/(L·min)]	16.6	12.4	10.1	6.60	3.30

28. 用波长为 253.7nm 的光来分解气体 HI

$$2HI \rightarrow H_2 + I_2$$

实验表明吸收 307.0J 的光能可分解 HI 1.300×10^{-3}mol，求量子效率。

笔记

第八章

表面现象

学习目的

研究表面现象在理论上和实践中都具有十分重要的意义。理论上,表面现象是胶体化学、电化学、纳米科学、生命科学、药学等学科的重要理论基础;实践上,表面现象对催化剂的制备、药物的制备和使用、金属的防锈、洗涤剂的合成等都具有指导意义。对中药而言,中药有效成分的提取分离中可能出现的增溶、吸附、发泡等过程,中药注射液澄明度的改善,混悬剂注射液的研制等均涉及表面现象。表面现象的内容十分丰富,本章主要介绍引起表面现象的本质、基本规律及一些基本应用。

学习要点

表面吉布斯自由能、表面张力的物理意义、润湿与铺展、弯曲表面、溶液的表面吸附、表面活性剂、固体的表面吸附。

在多相系统中,相与相之间存在着一个相当薄(约为几个分子厚度)的过渡区称之为界面(interface),如气-液、气-固、液-液、液-固、固-固等相间界面,当两相之中一相为气体时,其界面习惯上称为表面(surface)。表面现象(surface phenomena)指在表面上发生的物理化学变化,是在热力学平衡体系中普遍存在的界面现象之一。在药学领域应用广泛,从药物的合成、提取、分离、制剂到药物在体内的吸收、分布等过程均涉及相关的表面现象。

第一节　表面和表面吉布斯自由能

一、表面现象及其本质

表面现象在自然界中普遍存在,如水在毛细管中会自动上升,油滴在水面上自动呈薄膜状,活性炭对气体有吸附能力等等。产生这些现象的原因是物质表面层分子的受力情况与体相内部分子不同。以纯液体表面为例,如图 8-1 所示,处于液体内部的分子与上下、左右、前后相邻分子的作用力都是对称的,彼此可以抵消。而处于液体表面层的分子其上下分子间的作用力不等(因气体的密度远小于液体),受到的合力指向液体内部。对于单组分系统,这种不平衡力来源于该组分在两相中的密度差异;对于多组分系统,这种力来源于表面层的组成与任一相的组成差异。显然,对不同的物

笔记

质，不同的相界面，这种合力的大小是不同的。因此，不同相界面间存在着各种各样的表面现象，且当物质的量一定时，其表面积越大，表面现象越显著。

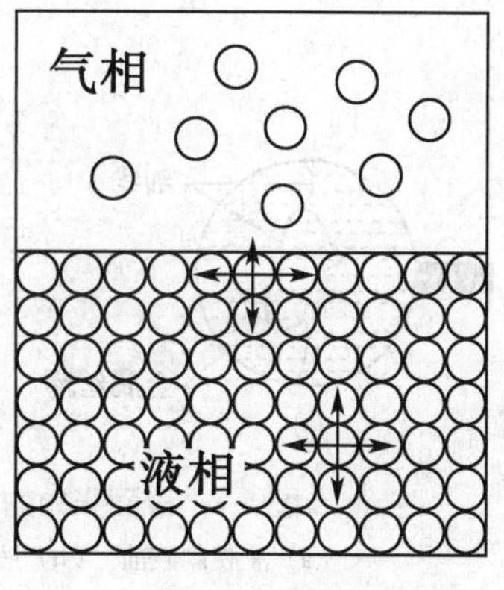

图 8-1 液体表面分子受力示意图

通常用分散度（degree of dispersion）或称比表面（specific surface area）来表示物质表面积的相对大小。其定义为：单位质量（或单位体积）的物质所具有的表面积，用符号 a_s（或 a_V）表示，即

$$a_s = \frac{A}{m} \qquad \text{式(8-1)}$$

$$a_V = \frac{A}{V} \qquad \text{式(8-2)}$$

一般情况下，当分散度较小时，表面在整个系统的性质中所占比重很小，可以忽略，但对于高分散度的系统，其表面性质在整个系统性质的表现尤为突出。纳米材料具有非常大的分散度，因而具有宏观物体所不具备的一些特殊性质。难溶性药物微粉化处理后，可提高其在胃肠液中的溶解度及溶出速度，增加药物的吸收。

二、表面吉布斯自由能

由于表面层分子受力的不均衡，将系统内部分子拉到表面，增加表面积，则必须克服这种不均衡的作用力而做功，这种非体积功称为表面功。显然，表面功与增加的表面积成正比。在等温、等压、组成不变的条件下，可逆增加表面积 dA，环境所做的表面功应为：

$$\delta W'_r = \sigma \mathrm{d}A \qquad \text{式(8-3)}$$

式中，σ 为比例系数，即在等温、等压、组成不变条件下可逆增加单位表面积对系统所做的表面功。

根据热力学第二定律 $\mathrm{d}G_{T,p,n_B} = \delta W'_r$，则

$$\sigma = \left(\frac{\partial G}{\partial A}\right)_{T,p,n_B} \qquad \text{式(8-4)}$$

由式(8-4)可知，σ 是在等温、等压、组成不变条件下，可逆改变单位表面积所引起的系统吉布斯自由能的变化值，故称为比表面吉布斯自由能简称表面吉布斯自由能（surface Gibbs free energy），单位 J/m^2。

三、表面张力

由于表面层分子受到指向液体内部合力的作用，表面具有收缩作用。比如，在系有棉质线圈的金属环上形成一个液膜，由于线圈周围都是相同液体，受力均衡，线圈可在液膜上自由移动，当将线圈内液膜刺破，线圈两边的受力不同，立即绷紧成圆形，见图 8-2。若要增加表面积，则需将系统内部分子拉到表面，需施加外力。如图 8-3 所示，金属框的 AB 边可以自由滑动，框内形成液膜。若在等温等压组成不变条件下，在 AB 边施加向右的力 f，使 AB 边可逆向右移动 dx。外力 f 对系统做功为：

$$\delta W'_r = f\mathrm{d}x$$

与式(8-3)比较，有

笔记

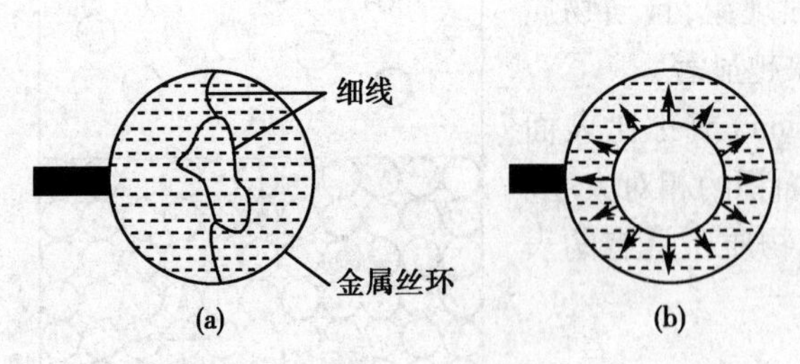

图 8-2 表面张力的作用*
（a）液膜刺破前 （b）液膜刺破后

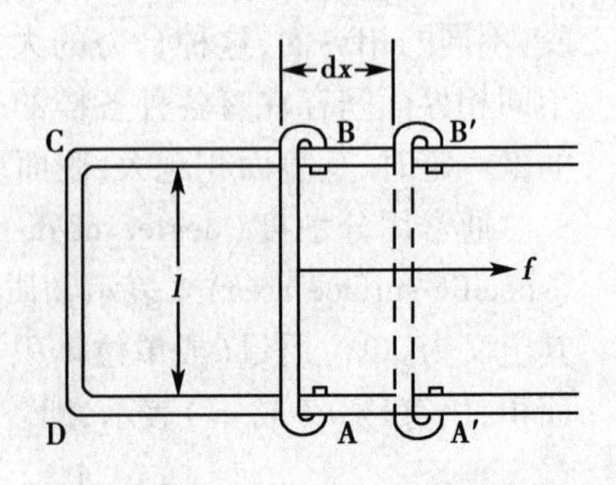

图 8-3 表面张力示意图*

$$\sigma dA = f dx$$

由于金属框液膜有正反两个面，$dA=2l dx$，则

$$\sigma = \frac{f}{2l} \qquad \text{式(8-5)}$$

因此，σ 也可理解为沿物质表面垂直作用于单位长度并指向表面中心的收缩力，故俗称为表面张力（surface tension）或界面张力（interfacial tension），单位 N/m。对平液面来说，表面张力的方向与表面平行；对曲液面来说，表面张力的方向与表面的切线方向一致。

可以看出，表面吉布斯自由能与表面张力虽然物理意义不同，但它们是完全等价的，具有相同的量纲和相同的数值。这是对同一现象从不同角度看问题的结果。研究界面相互作用时常用表面张力，研究界面的热力学性质时采用表面吉布斯自由能。

表面张力可以通过实验测定，液体表面张力的常用测定方法有毛细管上升法、最大气泡压力法、滴重（体积）法、吊片法等。

四、影响表面张力的因素

表面张力是系统的强度性质，产生于物质内部分子间的引力，因此表面张力的大小与物质的本性、共存的另一相的性质以及温度、压力等有关。表 8-1 列出了一些物质的表面张力。

表 8-1 一些物质的表（界）面张力

物质	T(K)	σ(N/m)	物质	T(K)	σ(N/m)
水(l)	303	0.071 40	汞(l)	303	0.4845
	298	0.072 14		298	0.4855
	293	0.072 88		293	0.4865
乙醇(l)	303	0.021 55	银(l)	1373	0.8785
	293	0.022 39	锡(l)	605	0.5433
甲醇(l)	293	0.022 50	硝酸钠(s)	581	0.1166
辛烷(l)	293	0.021 62	氯酸钾(s)	641	0.081

续表

物质	T(K)	σ(N/m)	物质	T(K)	σ(N/m)
乙醚(l)	298	0.020 14	氧化铝(s)	2123	0.905
氯仿(l)	298	0.026 67	氧化镁(s)	298	1.000
四氯化碳(l)	298	0.026 43	水-正丁醇(l)	293	0.0018
氮(l)	75	0.009 41	水-乙酸乙酯(l)	293	0.0068
氧(l)	77	0.016 48	汞-乙醇(l)	293	0.389

（一）表面张力与物质本性的关系

一般来说,固体物质的表面张力大于液体物质的表面张力,极性物质的表面张力大于非极性物质的表面张力。处于相同凝聚态下,物质表面张力与分子间力或化学键力的关系为:

$$\sigma(\text{金属键})>\sigma(\text{离子键})>\sigma(\text{极性共价键})>\sigma(\text{非极性共价键})$$

（二）表面张力与接触相的关系

在一定条件下,同一种物质与不同性质的其他物质接触时,由于两相之间密度的不同和两相分子间相互作用力不同,显然界(表)面张力也不同。

（三）表面张力与温度的关系

一般情况下,温度升高,物质的表面张力下降。温度升高分子热运动加剧,动能增加,分子间引力减弱,同时也会使两相之间的密度差减少,两种因素宏观上均表现为温度升高表面张力下降。例如,纯液体与其蒸气间的表面张力随温度升高而下降,当达到液体的临界温度时表面张力降为零,其定量关系可用经验公式表示为:

$$\sigma=\sigma_0\left(1-\frac{T}{T_c}\right)^n$$

式中,T_c为临界温度,σ 为液体在温度 T 时的表面张力,σ_0和 n 为常数,对于多数有机液体 n 等于 11/9。

此外,压力对表面张力也有影响,但影响较小。

五、表面热力学的基本关系式

在考虑系统做非体积功——表面功时,多组分系统的热力学基本关系式可相应表示为:

$$dU=TdS-pdV+\sigma dA+\sum_B \mu_B dn_B \quad \text{式(8-6)}$$

$$dH=TdS+Vdp+\sigma dA+\sum_B \mu_B dn_B \quad \text{式(8-7)}$$

$$dF=-SdT-pdV+\sigma dA+\sum_B \mu_B dn_B \quad \text{式(8-8)}$$

$$dG=-SdT+Vdp+\sigma dA+\sum_B \mu_B dn_B \quad \text{式(8-9)}$$

则:

$$\sigma=\left(\frac{\partial U}{\partial A}\right)_{S,V,n_B}=\left(\frac{\partial H}{\partial A}\right)_{S,p,n_B}=\left(\frac{\partial F}{\partial A}\right)_{T,V,n_B}=\left(\frac{\partial G}{\partial A}\right)_{T,p,n_B} \quad \text{式(8-10)}$$

笔记

可见,表面吉布斯自由能是在指定变量和组成不变的条件下,增加单位表面积时系统热力学能、焓、亥姆霍兹自由能、吉布斯自由能的增量。

对于等温、等压、组成不变系统,则 $dG=\sigma dA$,即

$$\Delta G=\sigma\Delta A \qquad \text{式(8-11)}$$

对于等压组成不变系统,式(8-9)可表示为:

$$(dG)_{p,n_B}=-SdT+\sigma dA$$

根据麦克斯韦关系式,有

$$-\left(\frac{\partial S}{\partial A}\right)_{T,p,n_B}=\left(\frac{\partial \sigma}{\partial T}\right)_{A,p,n_B} \qquad \text{式(8-12)}$$

即

$$\Delta S=-\left(\frac{\partial \sigma}{\partial T}\right)_{A,p,n_B}\Delta A \qquad \text{式(8-13)}$$

又因等压组成不变,则式(8-7)可表示为 $(dH)_{p,n_B}=TdS+\sigma dA$

即 $$\left(\frac{\partial H}{\partial A}\right)_{p,n_B}=\frac{(dH)_{p,n_B}}{dA}=T\left(\frac{dS}{dA}\right)_{T,p,n_B}+\sigma$$

将式(8-12)代入上式,有

$$\left(\frac{\partial H}{\partial A}\right)_{p,n_B}=\sigma-T\left(\frac{\partial \sigma}{\partial T}\right)_{A,p,n_B}$$

即

$$\Delta H=\left[\sigma-T\left(\frac{\partial \sigma}{\partial T}\right)_{A,p,n_B}\right]\Delta A \qquad \text{式(8-14)}$$

对于等温可逆表面过程,其可逆过程热为

$$Q_r=T\Delta S=-T\left(\frac{\partial \sigma}{\partial T}\right)_{A,p,n_B}\Delta A \qquad \text{式(8-15)}$$

可见,如果测定了表面张力及其随温度变化的关系,就能利用以上各式求出各热力学变量。一般情况下,物质的表面张力随温度升高而下降,依据式8-15可知,形成新的表面时系统将从环境吸热。

六、研究表面现象的热力学准则

对于等温、等压、组成不变的系统,则:$dG=\sigma dA$

如果系统的 σ 亦为定值,则表面吉布斯自由能为:$G=\sigma A$,则

$$dG_{T,p}=d(\sigma A)=\sigma dA+Ad\sigma \qquad \text{式(8-16)}$$

根据吉布斯自由能判据,等温、等压、非体积功为零时,$dG<0$ 过程才能自发进行。对于单组分系统,因 σ 为定值,自发进行的条件是 $dA<0$,即只能朝着缩小表面积的方向进行,常见液滴总是呈球状即是自动缩小表面积的结果。对于多组分系统,自发进行的方向总是朝着表面张力和表面积减少的方向进行。若表面积不变,则过程只能朝着表面张力减少的方向进行,如表面吉布斯自由能较高的固体吸附气体,溶液表面层浓度与体相不同(溶液吸附)来实现。

笔记

第二节 高分散度对物理性质的影响

一、弯曲液面的附加压力

将一粗大的玻璃管插入水中，玻璃管内外的液面高度相差无几，而将毛细管插入水中，管中液面上升到某一高度，且毛细管的内径越小，上升的高度越高，这是表面张力作用的结果。对于粗大玻璃管内的液面可视为水平面，由于表面张力处在同一平面上，大小相等方向相反，可互相抵消，其合力为零。而毛细管内液面呈弯曲状态，表面张力不在同一平面上，不能相互抵消，会形成指向曲面圆心的合力，使弯曲液面内外两侧的压力不等。毛细管中水面呈凹面，曲面圆心在液面之上，表面张力的合力朝上，故水面上升一定高度；毛细管中汞面则呈凸面，曲面圆心在液面之下，表面张力的合力朝下，故汞面下降一定高度。如图 8-4 所示。

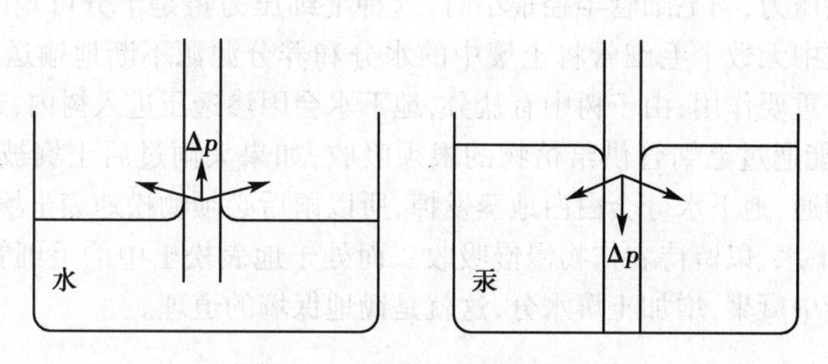

图 8-4 弯曲液面的附加压力

弯曲液面内外的压力差称为附加压力（excess pressure），用 Δp 表示。

$$\Delta p=p_1-p_g$$

设在毛细管下端悬有一半径为 r 的球形液滴，与管中液体呈平衡状态，如图 8-5 所示。此时液滴内的压力 p_1 等于外压 p_g 和附加压力 Δp 之和。在毛细管的上端施加少许压力，使液滴体积增加 $\mathrm{d}V$，同时液滴的表面积增加 $\mathrm{d}A$。系统所做的功是克服附加压力而使液滴体积变化的体积功 δW，也可看做是克服表面张力使液滴表面积增加的表面功 $\delta W'$，这两种功是等价的，即 $-\delta W=\delta W'$（加负号源于功的符号规定）。

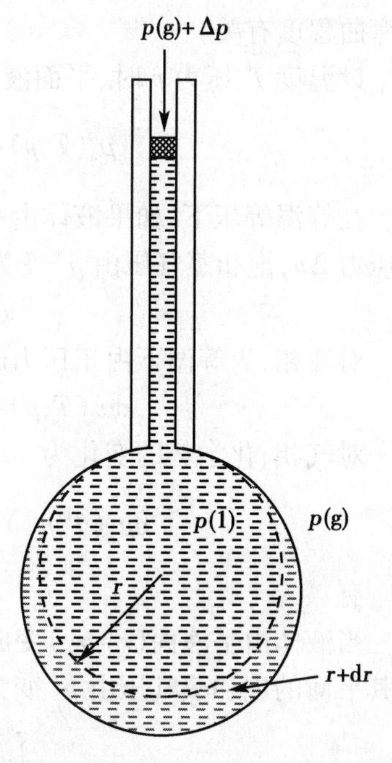

图 8-5 附加压力与曲率半径的关系

由于

$$\delta W=-\Delta p\mathrm{d}V,\quad \delta W'=\sigma\mathrm{d}A$$

而 $V=\dfrac{4}{3}\pi r^3$，则 $\mathrm{d}V=4\pi r^2\mathrm{d}r$；$A=4\pi r^2$，则 $\mathrm{d}A=8\pi r\mathrm{d}r$，因此

$$\Delta p=\frac{2\sigma}{r} \qquad \text{式(8-17)}$$

当液面不是球面，而是任意曲面时，则需用两

笔记

个曲率半径来描述。设其曲率半径分别为 r_1 和 r_2，可以证明，该曲面的附加压力为

$$\Delta p=\sigma\left(\frac{1}{r_1}+\frac{1}{r_2}\right) \qquad 式(8\text{-}18)$$

式(8-18)即杨-拉普拉斯公式(Young-Laplace equation)。该式表明，弯曲液面附加压力的大小与液面的曲率半径及液体表面张力有关：附加压力与曲率半径的大小成反比，与表面张力的大小成正比；凹液面下液体受到的压力比平液面下的液体受到的压力小，附加压力为负值，所以凹液面的曲率半径取负值。对于球形表面，$r_1=r_2=r$，则式(8-18)经处理后与式(8-17)相同。

对于平液面，$r_1=r_2=\infty$，则 $\Delta p=0$。

对于膜内气泡，如肥皂泡，由于液膜与内外气相有两个界面，而这两个曲面的曲率半径近似相等，则 $\Delta p=\dfrac{4\sigma}{r}$。

弯曲液面的附加压力在工农业生产中有着广泛应用。例如，毛细管中产生的附加压力称为毛细压力，当毛细管半径很小时，这种毛细压力将是十分可观的。参天大树就是依靠树皮中无数个毛细管将土壤中的水分和养分源源不断地输送到树冠(当然渗透压也起了重要作用，由于树中有盐分，地下水会因渗透压进入树内，通过毛细管上升)。地下水能通过毛细管供给植物的根须吸收，如果大雨过后土壤被压实了，使毛细管与地表相通，地下水分会白白地蒸发掉，所以雨后必须锄松地表土壤，切断地表毛细管，保护地下水，以留待农作物慢慢吸收。而处于地表松土中的毛细管又可使大气中的水汽在管中凝聚，增加土壤水分，这就是锄地保墒的道理。

二、高分散度对物理性质的影响

(一) 高分散度对蒸气压的影响

弯曲液面的饱和蒸气压不仅与物质的本性、温度及压力有关，而且还与弯曲液面的弯曲程度有关。

设温度 T、压力 p 时，平面液体的饱和蒸气压为 p^*，当气-液达平衡：

$$\mu_{\mathrm{l}}(T,p)=\mu_{\mathrm{g}}(T,p^*)=\mu_{\mathrm{g}}^{\ominus}(T)+RT\ln\frac{p^*}{p^{\ominus}}$$

在等温等压下，如果液体由平液面分散成半径为 r 的微小液滴，弯曲液面产生附加压力 Δp，饱和蒸气压由 p^* 变为 p_r^*，重新建立平衡时，有

$$\mathrm{d}\mu_{\mathrm{l}}(T,p)=\mathrm{d}\mu_{\mathrm{g}}(T,p^*)$$

对液相，为等温下由于压力改变而引起的化学势的变化。因是纯物质，则

$$\mathrm{d}\mu_{\mathrm{l}}(T,p)=\mathrm{d}G_{\mathrm{l,m}}^*=-S_{\mathrm{l,m}}^*\mathrm{d}T+V_{\mathrm{l,m}}^*\mathrm{d}p=V_{\mathrm{l,m}}^*\mathrm{d}p$$

对气相，化学势的变化为

$$\mathrm{d}\mu_{\mathrm{g}}(T,p^*)=\mathrm{d}\left[\mu_{\mathrm{g}}^{\ominus}(T)+RT\ln\frac{p^*}{p^{\ominus}}\right]=RT\mathrm{d}\ln p^*$$

有

$$V_{\mathrm{l,m}}^*\mathrm{d}p=RT\mathrm{d}\ln p^*$$

当液体由平液面($r=\infty$)变成半径为 r 的微小液滴，液滴所受压力由 p 变为 $p+\Delta p$，与其平衡的饱和蒸气压由 p^* 变为 p_r^*，积分

$$\int_p^{p+\Delta p}V_{\mathrm{l,m}}^*\mathrm{d}p=\int_{p^*}^{p_r^*}RT\mathrm{d}\ln p^*$$

$$V_{\mathrm{l,m}}^{*}\Delta p = RT\ln\frac{p_r^{*}}{p^{*}}$$

又因为纯液体摩尔体积 $V_{\mathrm{l,m}}^{*}=\dfrac{M}{\rho}$，小液滴的附加压力 $\Delta p=\dfrac{2\sigma}{r}$，代入，整理得

$$\ln\frac{p_r^{*}}{p^{*}}=\frac{2\sigma M}{RTr\rho} \qquad \text{式(8-19)}$$

式(8-19)称为开尔文公式(Kelvin equation)。

由此可见，对于凸液面，$r>0$，其蒸气压大于正常蒸气压(即 $r=\infty$ 时)，且曲率半径越小，分散程度越高，蒸气压越大；对于凹液面，$r<0$，其蒸气压小于正常蒸气压，且曲率半径越小，分散程度越高，蒸气压越小。

例 8-1　在 298.15K 时，水的饱和蒸气压为 2337.8Pa，密度为 998.2kg/m^3，表面张力为 72.75×10^{-3}N/m。试分别计算半径为 10^{-7}m 的小水滴和水中小气泡内的饱和蒸气压。已知水的摩尔质量为 18.015×10^{-3}kg/mol。

解：对于小水滴，为凸液面，$r>0$

$$\ln\frac{p_r^{*}}{p^{*}}=\frac{2\sigma M}{RTr\rho}=\frac{2\times72.75\times10^{-3}\times18.015\times10^{-3}}{8.314\times298.15\times998.2\times10^{-7}}=1.059\times10^{-2}$$

$$p_r^{*}=2363.5\mathrm{Pa}$$

对于水中小气泡，为凹液面，$r<0$

$$\ln\frac{p_r^{*}}{p^{*}}=\frac{2\sigma M}{RTr\rho}=\frac{2\times72.75\times10^{-3}\times18.015\times10^{-3}}{8.314\times298.15\times998.2\times(-10^{-7})}=-1.059\times10^{-2}$$

$$p_r^{*}=2313.7\mathrm{Pa}$$

298.15K 时，不同半径下的小水滴及水中小气泡的饱和蒸气压与平液面的饱和蒸气压之比$\left(\dfrac{p_r^{*}}{p^{*}}\right)$计算结果见表 8-2。由表中数据可见，一定温度下，液滴越小，其饱和蒸气压越大；气泡越小，泡内液体的饱和蒸气压越小。当半径减小至 10^{-9}m 时，液滴饱和蒸气压几乎为平液面的 3 倍，而水中小气泡内液体的饱和蒸气压仅为平液面的 1/3。制药工业中常用的喷雾干燥法就是利用了小液滴的饱和蒸气压较大这一原理，将药液喷成雾状加速蒸发。

表 8-2　液滴（气泡）半径与蒸气压之比$\dfrac{p_r^{*}}{p^{*}}$的关系

r(m)	10^{-5}	10^{-6}	10^{-7}	10^{-8}	10^{-9}
小水滴	1.0001	1.001	1.011	1.114	2.937
小气泡	0.9999	0.9989	0.9897	0.8977	0.3405

（二）高分散度对熔点的影响

开尔文公式同样也可用于微小晶粒饱和蒸气压的计算。计算表明，微小晶粒的饱和蒸气压大于同温度下一般晶体的饱和蒸气压。随着固体饱和蒸气压升高，与之对应的熔点温度相应降低，即微小晶粒的熔点低于一般晶体的熔点。例如，金的正常熔点为 1046℃，当直径为 4nm 时，熔点降至 727℃，当直径为 2nm 时，熔点仅为 327℃。

笔记

（三）高分散度对溶解度的影响

沉淀在母液陈化过程中，大小不同的晶体经过一定时间后，可以看到小晶粒溶解，而大晶粒却长大，表明粒径不同的晶体其溶解度是不相同的。开尔文公式可定量解释这一现象。

根据亨利定律，溶质的蒸气分压与溶解度的关系为

$$p_B = kx_B$$

代入开尔文公式，可得：

$$\ln\frac{x_r}{x} = \frac{2\sigma M}{RTr\rho} \qquad \text{式(8-20)}$$

式中，x_r 和 x 分别表示微小晶粒与普通晶粒（$r=\infty$）的溶解度，σ 为固液界面的表面张力，ρ 为晶体密度，M 为晶体的摩尔质量。

三、介稳状态

介稳状态（metastable state）是指过饱和蒸气、过饱和溶液、过热和过冷液体等所处的状态。为什么会出现这种过饱和现象而使新相难以形成呢？开尔文公式可对其进行定性解释。

（一）过热液体

在一定压力下，温度高于沸点而仍不沸腾的液体称为过热液体（super-heated liquid）。

液体沸腾过程为其内部首先产生微小气泡，小气泡由小变大，最终逸出表面。要使气泡生成，其蒸气压应等于与之对抗的外界气体的压力、气泡生成处液体的静压及小气泡的附加压力之和。由开尔文公式可知，小气泡的蒸气压小于平液面的蒸气压，更远小于与之对抗的三项压力之和。因此，只有继续加热液体，使小气泡的蒸气压大到与三项压力之和相等时，液体才会沸腾。

例 8-2 在 101.325kPa、373.15K 的纯水中，离液面 0.01m 处有一个半径为 10^{-5}m 的气泡。试计算：(1) 气泡内水的蒸气压；(2) 气泡受到的压力；(3) 若水在沸腾时形成的气泡半径为 10^{-5}m，试估计水的沸腾温度。已知水的密度为 958.4kg/m^3，表面张力为 58.9×10^{-3}N/m，汽化热为 40.66kJ/mol，摩尔质量为 18.015×10^{-3}kg/mol。

解：(1) 由于气泡为凹液面，$r<0$

根据开尔文公式 $\ln\frac{p_r^*}{p^*}=\frac{2\sigma M}{RTr\rho}$，代入数据，得

$$\ln\frac{p_r^*}{101.325} = \frac{2\times58.9\times10^{-3}\times18.015\times10^{-3}}{8.314\times373.15\times958.4\times(-10^{-5})} = 7.1374\times10^{-5}$$

$$p_r^* = 101.318\text{kPa}$$

(2) 气泡受到的压力 p 为大气压 p_{atm}、水的静压 p' 及凹液面的附加压力 Δp 之和。

$$\Delta p = \frac{2\sigma}{r} = \frac{2\times58.9\times10^{-3}}{10^{-5}} = 1.178\times10^4\text{Pa}$$

$$p' = \rho gh = 958.4\times9.81\times0.01 = 94\text{Pa}$$

$$p = p_{atm}+p'+\Delta p = 101.325+0.094+11.78 = 113.20\text{kPa}$$

笔记

(3) 根据克劳修斯-克拉珀龙方程 $\ln\frac{p_2}{p_1}=-\frac{\Delta_{vap}H}{R}\left(\frac{1}{T_2}-\frac{1}{T_1}\right)$，代入数据，得

$$\ln\frac{113.20}{101.325}=-\frac{40.66\times10^3}{8.314}\left(\frac{1}{T_2}-\frac{1}{373.15}\right)=0.1108$$

$$T_2=376.33\text{K}$$

可见在此条件下，水在 376.33K 即高于正常沸点 3.18K 才会沸腾。

过热液体所引起的暴沸是十分危险的。加入沸石、搅拌可破坏过热状态，防止暴沸。

（二）过饱和蒸气

在一定温度下，蒸气分压大于其饱和蒸气压仍不凝聚为液体或固体的气体称为过饱和蒸气(super-saturated vapor)。

蒸气凝聚为液体或固体，刚出现的新相必然是微小的凝聚相，根据开尔文公式，微小颗粒的蒸气压 p_r 远远大于其正常蒸气压 p^*。当蒸气的压力为 p 时，对平面凝聚相是饱和的，而对微小凝聚相却未饱和，凝聚相难以形成，故该蒸气能稳定存在，处于亚稳状态。夏天出现有云无雨的气象，就属这种情况★。灰尘、容器内表面粗糙都能成为饱和蒸气凝聚时的新相中心，使新生成的凝聚相从一开始就具有较大的曲率半径，在蒸气过饱和程度较小时蒸气就能凝聚。人工降雨(雪)就是根据这一原理，向云层中撒入固体颗粒，使已饱和的水蒸气聚结成雨(雪)。

（三）过冷液体

在一定压力下，温度低于凝固点而不析出固体的液体称为过冷液体(super-cooling liquid)。

液体凝固时刚析出的固体必定是微小晶体，根据开尔文公式，微小晶体的凝固点低于普通晶体的凝固点。故微小晶体不可能存在，凝固不能发生。加入"晶种"、剧烈搅拌或用玻棒摩擦器壁常可破坏过冷状态，使液体在过冷程度较小时即能凝固。

（四）过饱和溶液

在一定温度、压力下，当溶液中溶质的浓度已超过该温度、压力下溶质的溶解度，而溶质仍不结晶析出，该溶液称为过饱和溶液(super-saturated solution)。

根据开尔文公式可知，较小的晶体具有较大的溶解度，已达饱和浓度的溶液对于微小晶体来说并未达到饱和，也就不可能有结晶析出。如前所述，加入"晶种"、剧烈搅拌或用玻璃棒摩擦器壁等都能促进新相种子的生成，使晶体尽快析出。另外，得到的晶体也不要急于过滤，要有一"陈化"过程，即放置一定时间，使溶解度大的小颗粒不断溶解直至消失，大的颗粒变得更大，这样更有利于晶体的过滤和洗涤。

第三节　润湿与铺展

一、固体表面的润湿与接触角

固体表面的润湿(wetting)是固体表面的气体(或液体)被液体(或另一种液体)取代的过程。润湿可分为如图 8-6 所示的三类：沾湿(adhesional wetting)(图 8-6a)、浸湿(immersional wetting)(图 8-6b)和铺展润湿(spreading wetting)(图 8-6c)。

笔记

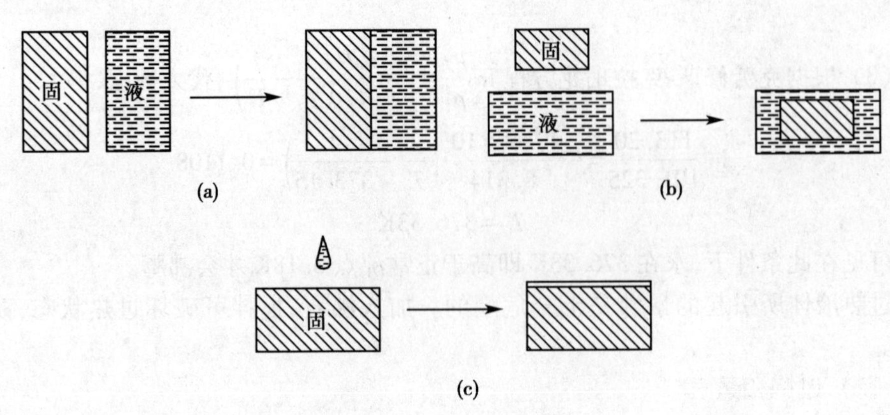

图 8-6　三类润湿示意图

（a）沾湿　（b）浸湿　（c）铺展润湿

在等温等压条件下，三类润湿的单位表面吉布斯自由能变化分别为：

$$\Delta G_{a}=\sigma_{s-l}-(\sigma_{s-g}+\sigma_{l-g}) \qquad 式(8\text{-}21)$$

$$\Delta G_{i}=\sigma_{s-l}-\sigma_{s-g} \qquad 式(8\text{-}22)$$

$$\Delta G_{s}=(\sigma_{s-l}+\sigma_{l-g})-\sigma_{s-g} \qquad 式(8\text{-}23)$$

式中，σ_{s-g}、σ_{s-l}和σ_{l-g}分别为固-气、固-液和液-气的表面张力。

当$\Delta G\leqslant 0$时，液体可以润湿固体表面。对于同一系统，有$\Delta G_{s}>\Delta G_{i}>\Delta G_{a}$，若$\Delta G_{s}\leqslant 0$，发生铺展润湿，必有$\Delta G_{i}<0$及$\Delta G_{a}<0$，必能进行浸湿，更易进行沾湿。

在实际应用中，由于除σ_{l-g}易于测定外，σ_{s-g}、σ_{s-l}均难于测定，故较少采用能量变化判断固体表面润湿的难易程度。

接触角（contact angel）又称润湿角，是指过三相接触点的气-液界面切线与固-液界面的夹角，用θ表示。如图 8-7 所示。

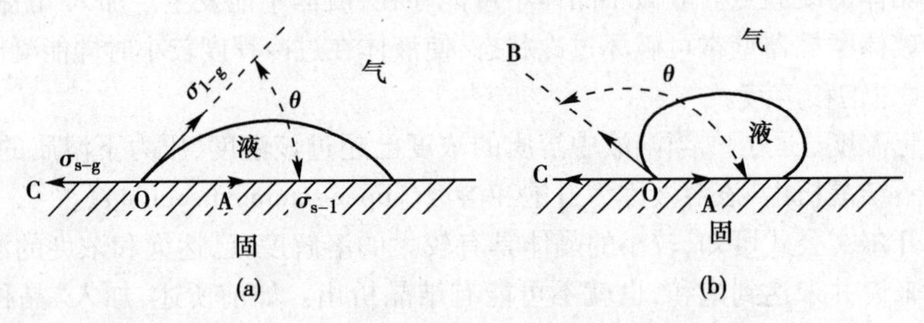

图 8-7　接触角示意图

（a）润湿　（b）不润湿

在等温等压条件下，当液体在固体表面达平衡时，有

$$\sigma_{s-g}-\sigma_{s-l}=\sigma_{l-g}\cos\theta \qquad 式(8\text{-}24)$$

式(8-24)称为杨氏方程（Young equation），也称润湿公式。该式表明，接触角大小与各界面的表面张力的相对大小有关。

将式(8-24)代入式(8-21)至式(8-23)，可得

$$\Delta G_{a}=\sigma_{s-l}-(\sigma_{s-g}+\sigma_{l-g})=-\sigma_{l-g}(1+\cos\theta)$$

$$\Delta G_{i}=\sigma_{s-l}-\sigma_{s-g}=-\sigma_{l-g}\cos\theta$$

$$\Delta G_{s}=(\sigma_{s-l}+\sigma_{l-g})-\sigma_{s-g}=-\sigma_{l-g}(\cos\theta-1)$$

当$90°<\theta<180°$时，上述三式中仅有$\Delta G_{a}<0$，自动发生沾湿过程；

笔记

当 $\theta<90°$ 时,上述三式中有 $\Delta G_a<0$ 及 $\Delta G_i<0$,自动发生浸湿过程;

当 $\theta\to0°$ 时,$\Delta G_a<0$ 及 $\Delta G_i<0$,$\Delta G_s=0$,自动发生铺展润湿过程★。

习惯上,常直接采用接触角作为是否润湿的标准。$\theta<90°$ 为润湿,$\theta\geqslant90°$ 为不润湿。润湿在生产实践中应用广泛,如药物制备、喷洒农药、矿物浮选、注水采油、防水布制造等皆涉及润湿理论。

二、液体的铺展与铺展系数

液体在另一种不互溶的液体表面自动展开成膜的过程称为铺展(spreading)。

在等温等压下,设将一滴液体 A 滴在不互溶的液体 B 表面上铺展成膜,则过程始态仅有一个液体 B 表面,终态为一个液体 A 表面和新形成的 A-B 界面,其单位面积的表面吉布斯自由能变化为:

$$\Delta G=(\sigma_A+\sigma_{A-B})-\sigma_B \quad \text{式(8-25)}$$

当 $\Delta G\leqslant0$ 时,液体 A 可在液体 B 表面铺展。

实际应用中,常用铺展系数 S(spreading coefficient)判断两液体能否铺展。

$$S_{A/B}=\sigma_B-\sigma_A-\sigma_{A-B} \quad \text{式(8-26)}$$

可见,当 $S_{A/B}\geqslant0$ 时,液体 A 可在液体 B 表面铺展。且 S 越大,铺展性能越好。

实际上两种不互溶液体接触一定时间后,自发进行部分互溶,形成相互饱和的共轭溶液,引起表面张力的变化,σ_A、σ_B 和 σ_{A-B} 变成 σ'_A、σ'_B 和 σ'_{A-B},相应地铺展系数 $S_{A/B}$ 变成终铺展系数 $S'_{A/B}$。

例如,将油酸滴在水面上,刚开始时由于水的表面张力较大,$S_{油酸/水}>0$,油酸在水面上自动铺展成膜;但随着相互溶解而饱和,水相表面张力减小,$S'_{油酸/水}<0$,油酸又缩成珠状,不能铺展。相反,将水滴在油酸上,由于油酸的表面张力较小,$S_{水/油酸}<0$,$S'_{水/油酸}<0$,可以肯定,水在油酸上始终呈珠状。

第四节 溶液表面的吸附

一、溶液表面的吸附现象

由研究表面现象的热力学准则可知,在等温等压下,溶液自发进行的方向为缩小表面积,降低表面张力。溶液降低表面张力的方式是通过改变表面层溶质的浓度来实现的。

例如,等温等压下,在纯水中加入不同溶质时溶液的表面张力与溶质种类及浓度的关系如图 8-8 所示。图中曲线Ⅰ为无机盐(如 NaCl)、不挥发性酸(如 H_2SO_4)和碱(如 KOH)、含有多个羟基的有机化合物(如蔗糖、甘油)等溶质的 $\sigma-c$ 曲线,该类曲线表明,随溶质浓度增加,水溶液表面张力略有升高。分别测定溶液表面层浓度和溶液本体浓度,发现溶液表面层浓度低于本体浓度。曲线Ⅱ为碳链较短的脂肪酸、醇、

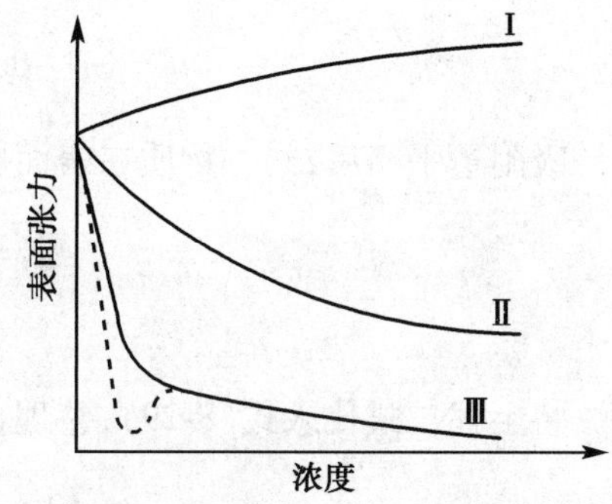

图 8-8 溶液表面张力与浓度的关系

醛、酮、胺等有机化合物溶质 $\sigma-c$ 曲线，该类曲线表明，随溶质浓度增加，水溶液表面张力略有降低，进一步研究证实其表面层浓度大于本体溶液浓度。曲线Ⅲ与曲线Ⅱ相似，只是该类溶质加入少量就能使溶液的表面张力显著下降，到达一定浓度后，表面张力基本不变，如肥皂、油酸钠等，此类溶质结构可表示为 RX，其中 R 代表含 10 个或 10 个以上碳原子的碳氢链，X 代表极性基团，如—OH、—COOH、—$CONH_2$、—COOR，也可是离子基团，如—SO_3^-、—NH_4^+、—COO^-等。由于此类物质能在极小的浓度就能显著减低水的表面张力，因此具有非常重要的意义（相关内容将在第五节介绍）。这类曲线有时会出现如图所示的虚线部分，这可能是某种杂质存在所致。

溶液自发降低表面张力的趋势，使溶液表面层与本体之间出现浓度差。浓度差又势必引起溶质向低浓度扩散，使溶液本体和表面层之间浓度趋向均匀一致。当这两种相反作用达到平衡时，溶质在表面层与本体中的浓度维持一个稳定差值。这种现象称为溶液的表面吸附（surface adsorption）。溶质在表面层浓度大于本体浓度称为正吸附，表面层浓度小于本体浓度称为负吸附。溶质吸附量的大小，可用吉布斯吸附等温式来计算。

二、吉布斯吸附等温式及其应用

19 世纪美国科学家吉布斯（Gibbs）应用热力学的方法导出了在一定温度下，溶液的浓度、表面张力的改变与表面吸附量之间的定量关系式。

设在等温等压下，某二组分溶液表面吸附达平衡后，溶剂在溶液本体和表面层的量分别为 n_1 和 n_1^s，溶质在溶液本体和表面层的量分别为 n_2 和 n_2^s，溶液的表面积为 A，表面张力为 σ，表面层中溶剂和溶质的化学势分别为 μ_1^s 和 μ_2^s。由式（8-9）可得：

$$dG=\sigma dA+\mu_1^s dn_1^s+\mu_2^s dn_2^s \qquad 式(8\text{-}27)$$

积分，则

$$G=\sigma A+\mu_1^s n_1^s+\mu_2^s n_2^s$$

G 为状态函数，具有全微分性质，有

$$dG=\sigma dA+Ad\sigma+\mu_1^s dn_1^s+n_1^s d\mu_1^s+\mu_2^s dn_2^s+n_2^s d\mu_2^s \qquad 式(8\text{-}28)$$

将式（8-28）与式（8-27）比较，可得用于表面层的吉布斯-杜亥姆方程：

$$Ad\sigma+n_1^s d\mu_1^s+n_2^s d\mu_2^s=0 \qquad 式(8\text{-}29)$$

同理，溶液本体的吉布斯-杜亥姆方程为

$$n_1 d\mu_1+n_2 d\mu_2=0$$

即

$$d\mu_1=-\left(\frac{n_2}{n_1}\right)d\mu_2$$

吸附达平衡后，同一物质在表面层与本体的化学势应相等，即

$$d\mu_1^s=d\mu_1=-\left(\frac{n_2}{n_1}\right)d\mu_2$$

$$d\mu_2^s=d\mu_2$$

将上述二式代入式（8-29），整理，则

$$Ad\sigma=-\left(n_2^s-\frac{n_1^s}{n_1}n_2\right)d\mu_2$$

笔记

令 $\Gamma_2=\dfrac{n_2^s-\dfrac{n_1^s}{n_1}n_2}{A}$，而 $d\mu_2=RT\mathrm{d}\ln a_2$，代入，则

$$\Gamma_2=-\frac{\alpha_2}{RT}\left(\frac{\partial\sigma}{\partial\alpha_2}\right)_T \qquad \text{式(8-30)}$$

式(8-30)称为吉布斯吸附等温式(Gibbs adsorption isotherm)。

对于理想液态混合物或稀溶液，可以用浓度 c 代替活度 a_2，略去下标，则吉布斯吸附等温式为：

$$\Gamma=-\frac{c}{RT}\left(\frac{\partial\sigma}{\partial c}\right)_T \qquad \text{式(8-31)}$$

注意，式中 c 为溶质在溶液本体中的平衡浓度(单位 mol/L)；$\left(\dfrac{\partial\sigma}{\partial c}\right)_T$ 为表面活度(surface activity)，即改变单位浓度所引起溶液表面张力的改变量；Γ 为表面超量(surface excess)，或溶质在表面层中的吸附量，其定义为：单位面积的表面层所含溶质的量与等量溶剂在溶液本体中所含溶质的量的差值，单位为 mol/m^2。Γ 是一个相对值，相对于溶剂在表面层的超量等于零。

当$\left(\dfrac{\partial\sigma}{\partial c}\right)_T<0$ 时，Γ 为正值，即在等温下随着溶质浓度的增加，溶液的表面张力下降，溶质的表面浓度大于本体浓度，表现为正吸附；

反之$\left(\dfrac{\partial\sigma}{\partial c}\right)_T>0$ 时，Γ 为负值，即在等温下随着溶质浓度的增加，溶液的表面张力升高，溶质的表面浓度小于本体浓度，表现为负吸附。

吉布斯吸附等温式是用热力学方法导出，没有规定是何种界面，因而对液-液、气-液、液-固、气-固表面皆能适用，又因未规定界面层厚度，所以无论是单分子层吸附还是多分子层吸附，无论是物理吸附还是化学吸附均能应用。

若用吉布斯吸附等温式计算溶质的吸附量，必须知道$\left(\dfrac{\partial\sigma}{\partial c}\right)_T$ 的值。为此可在等温条件下，先测定不同浓度 c 时的表面张力，作 $\sigma-c$ 图，再求出曲线上各指定浓度的斜率，该斜率即为该浓度时$\left(\dfrac{\partial\sigma}{\partial c}\right)_T$ 的值。

例 8-3　288K 时，0. 125mol/L 和 2. 25mol/L 丁酸溶液的表面张力分别为 5.71×10^{-2}N/m 和 3.91×10^{-2}N/m，求当丁酸平衡浓度为 1. 187mol/L 时溶液表面吸附丁酸的量。

解：因为 $\left(\dfrac{d\sigma}{dc}\right)_T=\dfrac{\sigma_2-\sigma_1}{c_2-c_1}$

代入吉布斯吸附等温式，得

$$\Gamma=-\frac{c}{RT}\left(\frac{d\sigma}{dc}\right)_T=-\frac{c}{RT}\frac{\sigma_2-\sigma_1}{c_2-c_1}=-\frac{1.187}{8.314\times288}\times\frac{(3.91-5.71)\times10^{-2}}{2.25-0.125}$$
$$=4.2\times10^{-6}\mathrm{mol/m^2}$$

例 8-4　291. 15K 时丁酸水溶液的表面张力可表示为 $\sigma=\sigma_0-a\ln(1+bc)$，式中 σ_0

笔记

为纯水的表面张力，a、b 为常数，c 为丁酸在水中的浓度。(1) 试求该溶液中丁酸的表面吸附量 Γ 与浓度 c 间的关系。(2) 若已知 $a=0.0131\text{N/m}$，$b=19.62\text{L/mol}$，试计算当 $c=0.20\text{mol/L}$ 时 Γ 的量。(3) 计算当浓度达到 $bc \gg 1$ 时的饱和吸附量 Γ_{∞}。设此时表面层上丁酸呈单分子层吸附，试计算液面上丁酸分子的截面积。

解：(1) 对 $\sigma=\sigma_0-a\ln(1+bc)$ 微分，有

$$\left(\frac{\mathrm{d}\sigma}{\mathrm{d}c}\right)_T=-\frac{ab}{1+bc}$$

代入吉布斯吸附等温式，则

$$\Gamma=\frac{abc}{RT(1+bc)}$$

(2) 将已知数据代入上式，则 $c=0.20\text{mol/L}$ 时吸附量为

$$\Gamma=\frac{0.0131\times19.62\times0.20}{8.314\times291.15\times(1+19.62\times0.20)}$$
$$=4.31\times10^{-6}\text{mol/m}^2$$

(3) $bc\gg1$ 时，则吸附量为最大吸附量 Γ_{∞}。

$$\Gamma_{\infty}=\frac{abc}{RT(1+bc)}=\frac{a}{RT}=\frac{0.0131}{8.314\times291.15}$$
$$=5.411\times10^{-6}\text{mol/m}^2$$

又因 Γ_{∞} 为吸附达饱和时单位面积上吸附溶质的量，即 1m^2 表面上吸附的分子数等于 $\Gamma_{\infty}L$，设液面上每个丁酸分子的截面积为 S，则

$$S=\frac{1}{\Gamma_{\infty}L}=\frac{1}{5.411\times10^{-6}\times6.023\times10^{23}}=3.07\times10^{-19}\text{m}^2$$

第五节 表面活性剂及其作用

一、表面活性剂的特点及分类

凡溶解少量就能显著减小溶液表面张力的物质称为表面活性剂(surfactant)。表面活性剂的分子具有“双亲结构”，即由极性的亲水基和非极性的亲油基两部分构成，通常用“○”表示亲水基，用“▭”表示亲油基，如图 8-9 所示。表面活性剂的亲油基部分结构变化主要是长链结构的不同，对表面活性剂性质影响不大，而它的极性部分变化较大，对其性质的影响也显著。

表面活性剂有多种分类方法，常用的一种是按分子的结构进行分类。根据表面活性剂分子溶于水后是否电离，将其分为离子型和非离子型两类。

(一) 离子型表面活性剂

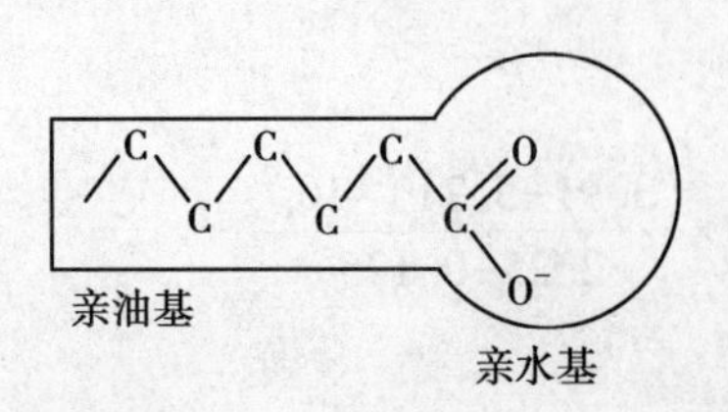

图 8-9 表面活性剂示意图

能在水中电离为大小不同、电性相反的两部分离子的表面活性剂称为离子型表面活性剂。根据电离后活性基团所带电荷的不同，又可分为阴离子型、阳离子型和两性离子型。

1. 阴离子型 活性基团为阴离子。主要有羧酸

盐、磺酸盐、硫酸酯盐和磷酸酯盐等。这类表面活性剂水溶性好,降低表面张力的能力强,多用作洗涤剂、乳化剂、润湿剂等。如肥皂($C_{17}H_{35}COONa$)、洗涤剂($C_{12}H_{25}SO_3Na$)。

2. 阳离子型　活性基团为阳离子。大部分为含氮化合物,最常用的为季铵盐。这类化合物易吸附于固体表面,并且多有毒性,常用作矿物浮选剂、抗静电剂、杀虫剂等。如苯扎溴铵、杜米芬等。

3. 两性型　活性基团由电性相反的基团构成。如氨基酸型 $R—NHCH_2—CH_2COOH$ 和甜菜碱型 $R—N^+(CH_3)_2—CH_2COO^-$。两性型表面活性剂的性质随 pH 的变化而改变,作用比较柔和。

离子型表面活性剂室温下在水中溶解度较小,随温度升高,其溶解度缓慢增大,达到某一温度后急剧增大,该突变点的温度称为克拉夫特点(Krafft point)。形成此现象的原因是在克拉夫特点之前,表面活性剂以单个离子的形式存在于溶液中,故随温度升高,溶解缓慢增加,在克拉夫特点之后,溶液中的表面活性剂离子自发形成聚集体,因而大大增加了其在水中的溶解度。

(二)非离子型表面活性剂

在水中不能电离为离子的表面活性剂称为非离子型表面活性剂,因在溶液中不呈离子状态,故稳定性高,不怕硬水,也不受 pH 值、电解质的影响,可与离子型表面活性剂混合使用,不易在一般固体上强烈吸附,此外毒性又较小,所以非离子型表面活性剂在某些方面比离子型表面活性剂性能优越,能与各种物质配合,在食品和医药中应用广泛。如吐温类和司盘类等非离子型表面活性剂就常用于中药液体制剂中。

非离子型表面活性剂的亲水基部分是由一定数量的含氧基团组成,一般为聚氧乙烯基或多元醇基,前者水溶性较好,后者大多不溶于水。含氧基团中的氧原子与水中的氢结合形成氢键,这种结合力对温度极为敏感,温度升高氢键即被拆开,故非离子型表面活性剂溶液会随温度升高而出现混浊或沉淀。这种由澄清变混浊的现象称为“起昙现象”,出现混浊时的温度称为浊点(cloud point),又称为昙点。起昙现象一般来说是可逆的,当温度降低后,仍可恢复澄清。

二、胶束与临界胶束浓度

表面活性剂加入水中,由于其分子具有双亲结构的特点,大多数定向吸附在界面上,极少数散落在溶液中,因此在很小的浓度就可显著降低溶液的表面张力。当达到一定浓度时,表面吸附已达到饱和,表面层成为紧密的单分子膜,因此增加浓度将不再引起表面张力的继续降低。此时,多余的分子只能进入溶液中,为了减少疏水基团与水的接触面积,疏水基团相互靠拢形成聚集体,称为胶束(micelle)或胶团,如图 8-10 所示。形成胶束所需表面活性剂的最低浓度称为临界胶束浓度(critical micelle concentration,CMC)。再继续加入表面活性剂,表面层基本不发生变化,只是排得更紧密,加入的表面活性剂只能增加溶液中胶束的数量和大小,形成更多、结构更完整、更大的胶束,如球状、棒状、层状等,见图 8-11。排列紧密的层状胶束具有液晶的性质。液晶既具有液体的流动性,又具有各向异性,生物体内的某些器官、皮肤、肌肉等都具有液晶态的有序结构。

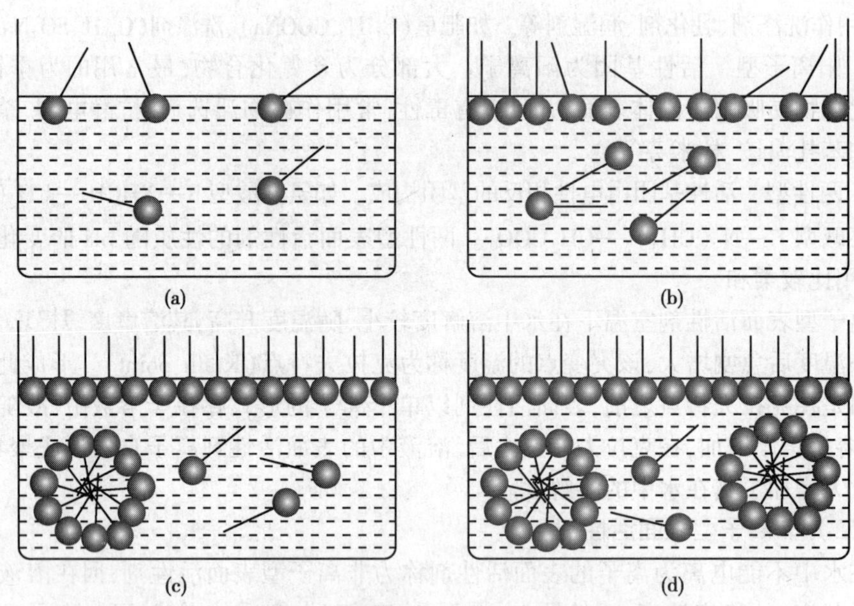

图 8-10 表面活性剂分子在溶液中的状态

（a）CMC 之前的极稀溶液 （b）CMC 之前的稀溶液

（c）达 CMC 时的溶液 （d）大于 CMC 时的溶液

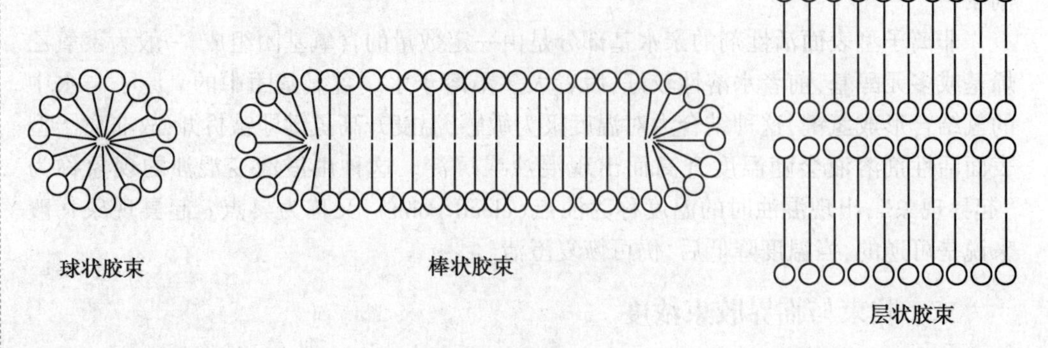

图 8-11 胶束的形状

在临界胶束浓度附近，由于胶束形成前后水中的双亲分子排列情况以及总粒子数目发生激烈变化，宏观上就出现了表面活性剂溶液的理化性质如表面张力、电导率、渗透压、蒸气压、光学性质、溶解度、去污能力等都有明显变化，见图 8-12。因此，测定表面活性剂溶液的某些理化性质的突跃，就可得知表面活性剂的 CMC。常用测定 CMC 的方法主要有电导法、表面张力法、染料吸收光度法、荧光分光光度法等。

临界胶束浓度是表面活性剂的一个重要性质参数，它与表面活性剂的性能与作用直接相关。CMC 与表面活性剂的种类有关。若亲油基的碳氢链长而直，CMC 较低；碳氢链短而支链多，CMC 就较高。离子型表面活性剂的 CMC 一般为 0.001~0.02mol/L，相当于 0.02%~0.4%，非离子型表面活性剂的 CMC 更小一些，可低至 10^{-6}mol/L。此外，CMC 还受外界条件影响，如温度、添加剂等。

笔记

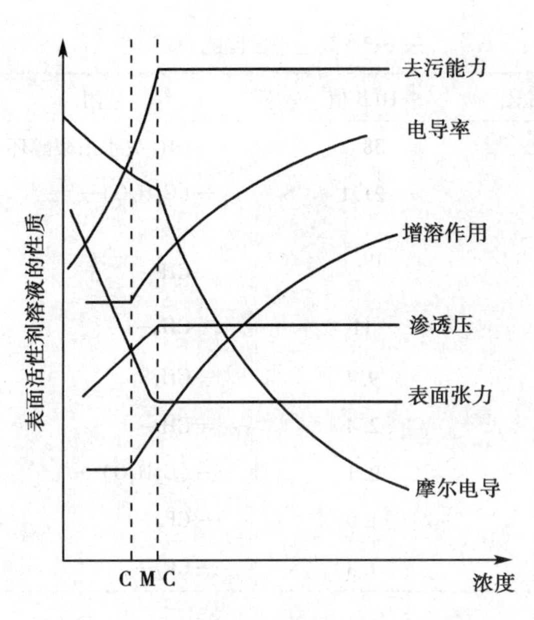

图 8-12 胶束形成前后溶液性质的变化

三、亲水-亲油平衡值

表面活性剂具有“双亲”结构，分子中亲水基团的亲水性可表示溶于水的能力，亲油基团的亲油性则表示溶于油的能力，这两类基团的相对强弱在表面活性剂发生作用时既相互联系又相互制约。1949 年，格里芬(Griffin)提出用亲水亲油平衡值(hydrophile and lipophile balance values)即 HLB 值衡量非离子型表面活性剂分子亲水性和亲油性的相对强弱。以完全疏水的碳氢化合物石蜡的 HLB=0、完全亲水的聚乙二醇的 HLB=20 作为标准，按亲水性强弱确定其他表面活性剂的 HLB 值。此后，又将这一方法扩展至离子型表面活性剂，并增加一个标准，规定十二烷基硫酸钠的 HLB=40。

HLB 值可采用算式计算得出，但必须经实验测定加以验证。测定 HLB 值的方法很多，如表面张力法、乳化法、铺展系数法、气相色谱法、核磁共振法等。

对于聚乙二醇型和多元醇型非离子表面活性剂的 HLB 值计算式为：

$$\text{HLB 值}=\frac{\text{亲水基质量}}{\text{亲水基质量}+\text{亲油基质量}}\times\frac{100}{5} \qquad \text{式(8-32)}$$

对于大多数多元醇脂肪酸酯的 HLB 值则用下式计算：

$$\text{HLB 值}=20(1-S/A) \qquad \text{式(8-33)}$$

式中，S 为酯的皂化价——1g 油脂完全皂化时所需 KOH 的毫克数，A 为脂肪酸的酸价——中和 1g 有机物的酸性成分所需 KOH 的毫克数。

对于离子型表面活性剂，由于其亲水基单位质量的亲水性比非离子要大得多，且随种类不同而不同，故 HLB 值不能用上述方法计算，必须借助其他方法确定。戴维斯(Davies)提出可采用官能团 HLB 法进行计算。他认为可把表面活性剂分子分解成一些基团，HLB 值是这些基团各自作用的总和，而每一基团对 HLB 值的贡献是确定的(表 8-3)。官能团法计算 HLB 值公式为：

$$\text{HLB 值}=7+\sum(\text{亲水基的 HLB 值})-\sum(\text{亲油基的 HLB 值}) \qquad \text{式(8-34)}$$

笔记

表 8-3 某些官能团的 HLB 值

基团	HLB 值	基团	HLB 值
$—SO_4Na$	38.7	—OH(失水山梨醇环)	0.5
—COOK	21.1	$—(C_2H_4O)—$	0.33
—COONa	19.1	$\overset{\mid}{—CH—}$	0.475
$—SO_3Na$	11	$—CH_2—$	0.475
—N(叔胺)	9.4	$—CH_3$	0.475
酯(游离)	2.4	═CH—	0.475
—COOH	2.1	$—(C_3H_6O)—$	0.15
—OH(游离)	1.9	$—CF_3$	0.87
—O—	1.3	$—CF_2—$	0.87

对于混合表面活性剂的 HLB 值,有:

$$\text{HLB 值}=\frac{\text{HLB}_A \cdot m_A+\text{HLB}_B \cdot m_B}{m_A+m_B} \qquad \text{式(8-35)}$$

式中,HLB_A 和 HLB_B 分别为表面活性剂 A 和 B 的 HLB 值,m_A 和 m_B 分别为表面活性剂 A 和 B 的质量。

HLB 值是反映表面活性剂性能的一个重要参数,不同的 HLB 值具有不同的用途。HLB 值与表面活性剂在水中的溶解性及用途的关系见表 8-4 及表 8-5。

表 8-4 HLB 值与表面活性剂在水中的溶解性的关系

HLB 值	在水中的溶解性	HLB 值	在水中的溶解性
1~3	不分散	8~10	稳定乳状分散体
3~6	分散不好	10~13	半透明至透明分散体
6~8	不稳定乳状分散体	>13	透明溶液

表 8-5 HLB 值与表面活性剂用途的关系

HLB 值	应用	HLB 值	应用
1~3	消沫剂	13~15	洗涤剂
3~6	W/O 乳化剂	15~18	增溶剂
7~9	润湿剂	8~18	O/W 乳化剂

四、表面活性剂的几种重要作用

表面活性剂具有增溶、乳化与破乳、润湿、助磨、助悬、发泡与消沫、洗涤、杀菌、消除静电等作用,在工农业生产、科研和日常生活中应用十分广泛。现简要介绍与药物

笔记

生产相关的一些作用。

（一）增溶作用

达到临界胶束浓度的表面活性剂溶液能使不溶或微溶于水的有机化合物溶解度显著增加的现象称为增溶作用（solubilization）。如室温下氯霉素在水中溶解度约为0.25%，加入20%吐温-80后，溶解度增加至5%。

增溶作用与表面活性剂在水溶液中形成胶束有关，只有当它的浓度达到或超过CMC时，才具有增溶作用。通过对不同性质的被增溶物的研究，增溶作用机制可分为：①非极性分子如苯、甲苯等，“溶解”在胶束的内部；②弱极性分子如水杨酸、脂肪酸等，“溶解”时在胶束中定向排列，分子的非极性部分插入胶束内部，极性部分则混合于表面活性剂分子的极性基之间；③强极性分子如对羟基苯甲酸、苯二甲酸二甲酯等，“溶解”时则吸附在胶束表面，如图8-13所示。由此可见，不溶物分子首先被吸附或“溶解”在胶束中，然后再分散到水中，从不溶解的聚集状态变为胶体分散状态而“溶解”。

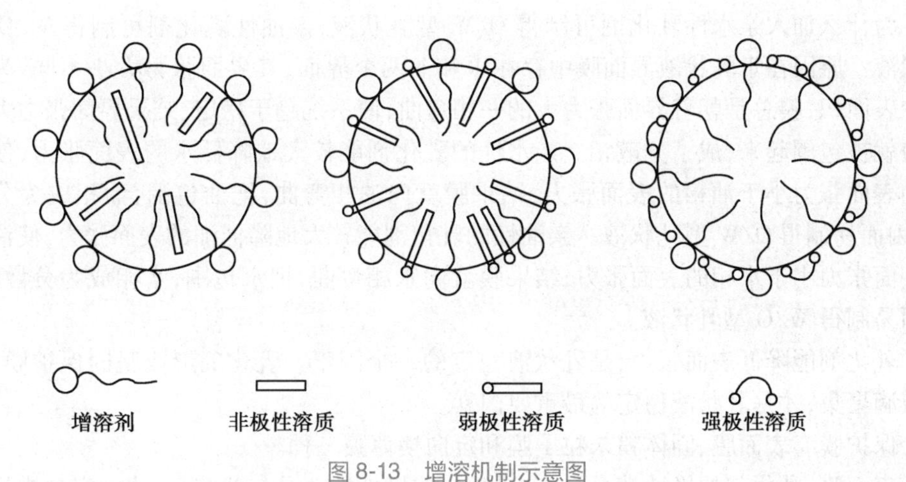

图8-13　增溶机制示意图

表面活性剂的增溶作用既不同于溶解作用，又不同于乳化作用。溶解是使溶质分散成分子或离子，溶液的依数性（如沸点升高、渗透压等）有较大变化；增溶后的溶液依数性无明显变化，被增溶物并不是以单个分子的形式存在，而是以分子聚集体进入胶束，不能增加分散相质点数。乳化是借助乳化剂使一种液体分散到另一种与之不互溶的液体中，形成的是热力学不稳定的多相系统；增溶过程系统的吉布斯自由能降低，形成的溶液是热力学稳定系统。

（二）乳化作用

一种或几种液体高度分散（一般分散相液滴大小在1~50μm之间）在另一种不互溶（或部分互溶）液体里的过程称为乳化作用（emulsification）。所形成的多相分散系统称为乳状液（emulsion）。乳状液可分为两类：一类是油（O，泛指不溶于水的液态有机化合物）分散在水（W）中，称为水包油型，用O/W表示；另一类是水分散在油中，称为油包水型，用W/O表示。

乳状液的制备一般采用机械分散法，如机械搅拌法、超声分散法等。由于乳状液中液滴高度分散，相界面很大，具有很高的表面吉布自由能，为热力学不稳定系统。因此，要制得较稳定的乳状液，必须加入乳化剂（emulsifier），其用量一般为

笔记

1%～10%。

制备乳状液时先将适量乳化剂加入分散介质中，然后将分散相少量而缓慢地加入到介质中，同时不断地强烈搅拌，即可得到乳状液。

制得的乳状液属何种类型，可采用稀释法、染色法、电导法等鉴别。

稀释法：将乳状液加入水中，如不分层，说明可被水稀释，为 O/W 型乳状液；如分层，说明不被水稀释，则为 W/O 型乳状液。

染色法：将亲水染料（如亚甲蓝等）加入到乳状液中，如果色素分布是连续的，则为 O/W 型，如不连续，则是 W/O 型；如将亲油染料（如朱红等）加入到乳状液中，如果色素分布是连续的，则为 W/O 型，如不连续，则是 O/W 型。

电导法：在乳状液中插入两根电极，导电性大的为 O/W 型，导电性小的为 W/O 型。

乳化剂可分为两类，一类是亲水性乳化剂，HLB 值在 8～18 之间，可使 O/W 型乳状液稳定。另一类是亲油性乳化剂，HLB 值在 3～6 之间，可使 W/O 型乳状液稳定。

为什么加入亲水性乳化剂可制得 O/W 型乳状液，亲油性乳化剂可制得 W/O 型乳状液？原因在于乳状液界面膜中存在水和油两个界面，其界面张力大小不同，为了减少表面积，膜总是朝着界面张力大的一相弯曲，使系统趋于稳定，结果界面张力大的一边就被包围起来，成了分散相。亲水性的乳化剂能较大地降低水的表面张力，使水相的表面张力小于油相的表面张力，结果膜就向油相弯曲，把油包围，油相成为分散相，因而易制得 O/W 型乳状液。亲油性的乳化剂能较大地降低油的表面张力，使油相的表面张力小于水相的表面张力，结果膜就向水相弯曲，把水包围，水相成为分散相，因而易制得 W/O 型乳状液。

乳化剂能降低表面张力，是乳状液稳定的一个因素。乳化剂形成坚固保护膜，阻碍液滴聚集，才是乳状液稳定的最重要因素。

保护膜有表面膜、固体粉末粒子膜和定向楔薄膜三种。

表面膜：乳化剂的极性端总是与水接触，非极性端总是与油接触，故能定向排列在油水界面上形成单分子膜。乳化剂足够时，排列紧密，形成的表面膜也较牢固。如图 8-14 所示。

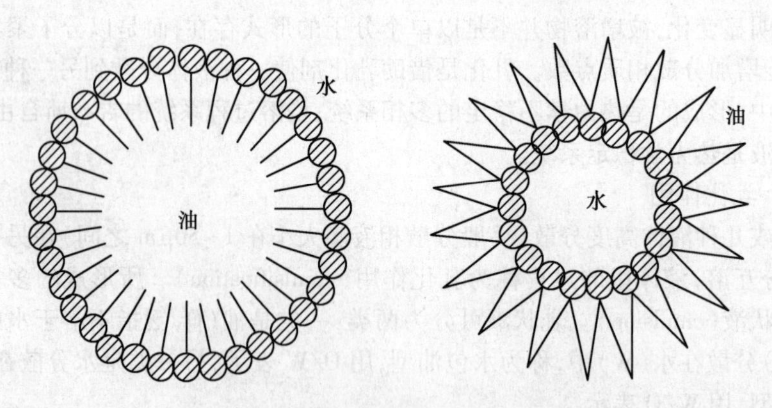

图 8-14　一价金属皂膜和高价金属皂膜

固体粉末粒子膜：非表面活性物质，如固体粉末等，由于形成了如图 8-15 所示的薄膜，也能使乳状液稳定，且主要与膜的机械强度有关。能稳定何种乳状液决定于固

笔记

体粉末的润湿作用,如能被水润湿就能稳定 O/W 型乳状液,如能被油润湿就能稳定 W/O 型乳状液。

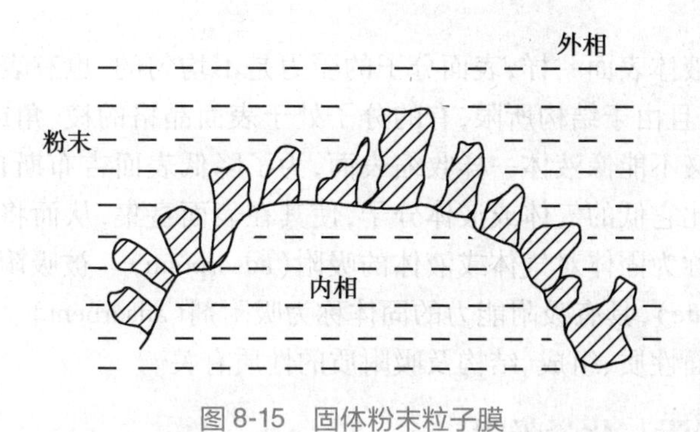

图 8-15　固体粉末粒子膜

定向楔薄膜:Cs、K、Na 等一价金属皂,朝向水的是金属离子,朝向油的是碳氢链,金属离子亲水性强,易水化生成水化层,增大了这一端占有的空间,这样极性基部分的横切面积比非极性基部分的横切面积大,较大的极性基被拉入水层将油滴包住,形成 O/W 型乳状液;这类分子的外形像楔子,故称为定向楔。如图 8-14 所示。而 Ca、Mg、Al、Zn 等高价金属皂,分子形状呈“V”形,两个碳氢链同在一侧,互相排斥形成空间角,占有的空间较大,分子大部分进入油层将水滴包住,形成了 W/O 型乳状液,见图 8-14。

此外,乳状液的稳定还与相界面上形成双电层面使液滴带相同电荷有关。由于乳状液中分散相与分散介质的介电常数不同,根据柯恩(Coehn)经验规则,当两物体接触并相对运动时,介电常数较高的物质带正电,水的介电常数比常见有机化合物大,故在 W/O 型乳状液中,水滴带正电,在 O/W 型乳状液中,油滴带负电。分散相带相同电荷,液滴彼此排斥,从而增加了乳状液的稳定性。

有时人们希望破坏乳状液,以达到两相分离的目的,这就是破乳(emulsion breaking)。破坏乳状液主要是破坏乳化剂的保护作用。常用的方法有物理法和化学法。物理法包括加热、加压、离心、电破乳等方法。化学法是加入破坏乳化剂的试剂,或加入起相反作用的乳化剂破乳等。

（三）起泡作用

泡沫(foam)是气相高度分散在液相中形成的分散系统,是热力学不稳定系统。要得到稳定的泡沫必须加入起泡剂(foaming agent)。表面活性剂是最常用的起泡剂,其 HLB 值一般为 8~18,碳氢链长而直,一般含 12~16 个碳原子。表面活性剂可降低气-液界面张力,长链分子间引力大,有利于在包围气体的液膜上形成一定机械强度的吸附膜,且亲水基在液膜内溶剂化,使液相黏度升高。

在医药工业中,消泡较起泡更为重要。特别是发酵、中草药提取、蒸发过程中产生大量泡沫,给生产带来很大危害,故需加入消泡剂(antifoaming agent)破坏泡沫。常用的消泡剂大多是一些表面活性强、溶解度较小、分子链较短或有支链的表面活性剂。

笔记

第六节 固体表面上的吸附

固体表面与液体表面一样，表面分子的受力是不均匀的，也有表面吉布斯自由能和表面张力存在，且由于结构所限，有的分子处于表面晶格的棱、角或缺陷上，受力就更不均匀。固体又不能像液体一样收缩表面，为了降低表面吉布斯自由能，只能自发地捕获表面张力比它低的气体或液体分子，使其在表面富集，从而将自身的表面掩盖起来。这种现象称为固体对气体或液体的吸附(adsorption)。被吸附的气体或液体称为吸附质(adsorbate)，具有吸附能力的固体称为吸附剂(adsorbent)。固体表面吸附能力与吸附剂的表面性质、组成、结构及吸附质的性质有关。

一、物理吸附与化学吸附

吸附按作用力性质可分为物理吸附(physical adsorption)和化学吸附(chemical adsorption)两类。

物理吸附的作用力为分子间引力，它存在于所有分子之间，且与气体凝结成液体的力相同，故物理吸附无选择性，吸附热与气体液化热相近，被吸附的分子可形成单分子层，也可形成多分子层，吸附和解吸速度快，易达平衡，并且是可逆的。在低温下进行的吸附主要是物理吸附。

化学吸附的作用力是吸附剂与吸附质分子之间形成化学键，存在着电子的转移、原子的重排、化学键的破坏与形成等，因此化学吸附有选择性，吸附热与化学反应热相近，被吸附的分子只能形成单分子层，不易吸附和解吸，平衡慢。在高温下进行的吸附主要是化学吸附。

在一定条件下，物理吸附和化学吸附往往可同时发生，较难将两类吸附截然分开。例如氧在金属钨上的吸附有三种情况：有的以原子状态被吸附(化学吸附)，有的以分子状态被吸附(物理吸附)，还有一些氧分子被吸附在氧原子上。

二、固-气表面吸附等温线

描述吸附系统中吸附能力的大小，常用吸附平衡时的吸附量(Γ)表示。吸附量是指在吸附达平衡时，单位质量固体吸附剂所吸附气体的物质的量(mol)或体积，即

$$\Gamma=\frac{x}{m} \quad \text{或} \quad \Gamma=\frac{V}{m} \qquad \text{式(8-36)}$$

实验表明，吸附量与吸附剂的性质、吸附平衡时的温度及气体的压力有关。对于确定的吸附系统，其吸附量则仅是温度和气体的压力函数，即 $\Gamma=f(T,p)$。在等压下测定不同温度下的吸附量称为吸附等压线(adsorption isobar)；在等温下测定不同压力下的吸附量称为吸附等温线(adsorption isotherm)。如图 8-16 所示即为氨在木炭上的吸附等温线，由图可知，在低压部分，压力的影响很显著，吸附量与气体压力呈直线关系，当压力升高时，吸附量的增加渐趋缓慢，当压力足够高时，曲线接近于一条平行于横轴的直线(-23.5℃最为明显)。由图还可知，当压力一定时，温度升高吸附量下降。

大量实验结果表明，吸附等温线大致可归纳为五种类型，如图 8-17 所示。

笔记

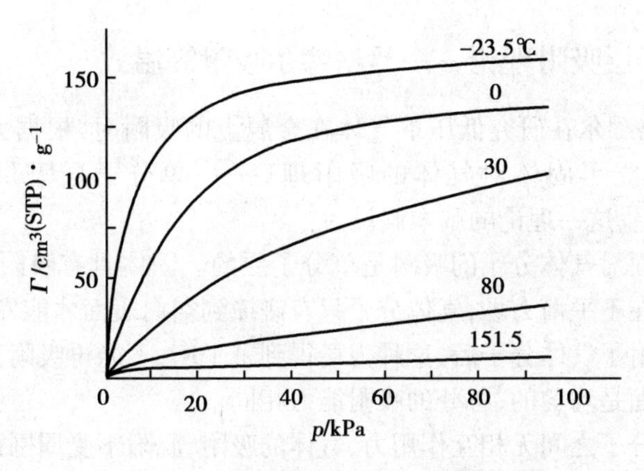

图 8-16 氨在木炭上的吸附等温线

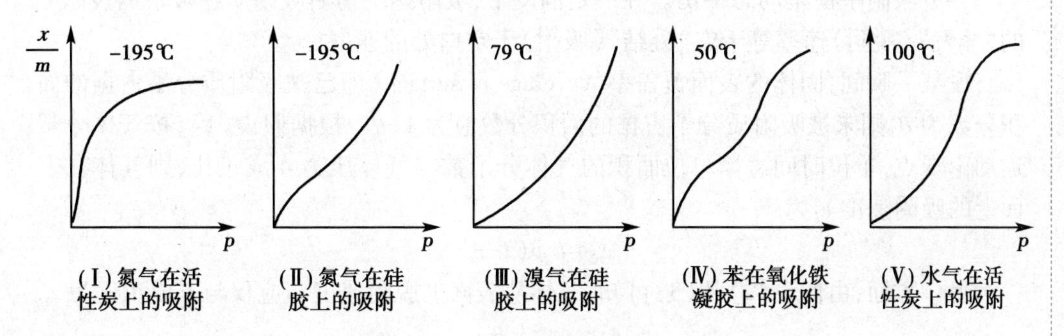

图 8-17 五种类型的吸附等温线

三、弗仑因德立希经验式

由于固体表面情况复杂,因此在处理固体表面吸附时多使用经验公式。下面介绍比较常用的弗仑因德立希(Freundlish)经验式:

$$\frac{x}{m}=kp^{1/n} \qquad 式(8\text{-}37)$$

式中,$\frac{x}{m}$为平衡压力 p(以 Pa 为单位)时气体的吸附量,k 和 n 是与吸附剂、吸附质种类以及温度等有关的经验常数,k 值可看做是单位压力($p=101\ 325$Pa)时的吸附量,k 值随温度升高而减小,$n>1$。

将上式取对数,得

$$\lg\frac{x}{m}=\lg k+\frac{1}{n}\lg p$$

以 $\lg\frac{x}{m}$ 对 $\lg p$ 作图应得一直线,由直线的截距与斜率可求出 k 和 n 的值。

弗仑因德立希经验式可应用于中等压力范围的物理吸附或化学吸附,所得结果能很好地与实验数据相符。但当应用于高压或低压范围则有较大的偏差。

弗仑因德立希等温式开始是以经验式得出的,后来才给予理论上的说明,并根据理论模型可以推导该式。

笔记

四、单分子层吸附理论——兰格缪尔吸附等温式

1916年,兰格缪尔在研究低压下气体在金属上的吸附时,根据大量实验事实,应用动力学理论建立了固体对气体的吸附理论——单分子层吸附理论(monolayer adsorption theory)。这一理论的基本假设为:

(1) 固体表面对气体分子的吸附是单分子层的。固体具有吸附能力是因为吸附剂表面的分子存在不平衡力场,气体分子只有碰撞到空白表面才能发生吸附作用。当固体表面上已吸附了气体分子后,这种力场得到了平衡,不能再吸附其他气体分子。

(2) 固体表面是均匀的,各处的吸附能力相同。

(3) 吸附的分子之间无相互作用力,气体的吸附、脱附不受周围被吸附分子影响,吸附热与表面覆盖程度无关。

(4) 吸附平衡是动态平衡。在一定温度下,吸附达平衡后吸附质在吸附剂表面上的“蒸发”(脱附)速率等于它“凝结”(吸附)于空白处的速率。

设某一瞬间,固体的表面覆盖率(coverage of surface)即已被吸附质分子占据的面积分数为θ,则未被吸附质分子占据的面积分数应为$1-\theta$。根据假设(1),按气体分子运动论观点,单位时间碰撞单位面积的气体分子数与气体压力p成正比,则气体在表面上的吸附速度v_2为

$$v_2=k_2p(1-\theta)$$

另一方面,由假设(2)和(3)可知,气体从表面上脱附速度v_1应仅与θ成正比为

$$v_1=k_1\theta$$

式中,k_1、k_2皆为比例常数。当吸附达动态平衡时,

$$k_2p(1-\theta)=k_1\theta$$

$$\theta=\frac{k_2p}{k_1+k_2p}$$

令$b=\frac{k_2}{k_1}$,上式变为

$$\theta=\frac{bp}{1+bp} \qquad 式(8\text{-}38)$$

式中,b称为吸附系数(adsorption coefficient),其值与吸附剂、吸附质的本性及温度的高低有关。b值越大,表示吸附能力越强。式(8-38)称为兰格缪尔吸附等温式(Langmuir adsorption isotherm)。

显然在较低的压力下,θ应随平衡压力的上升而增加,在压力足够大后,θ应趋于1,这时吸附量不再随压力的增加而增加。在一定温度下,对于一定量吸附剂,若以Γ_∞表示吸附剂表面全部被一层吸附质分子覆盖满时的饱和吸附量,即最大吸附量,而以Γ表示压力p时吸附量,则任意时刻$\theta=\frac{\Gamma}{\Gamma_\infty}$,代入式(8-38),有

$$\frac{\Gamma}{\Gamma_\infty}=\frac{bp}{1+bp} \qquad 式(8\text{-}39)$$

由上式可见,在压力较低情况下,$bp \ll 1$,$1+bp\approx 1$,$\Gamma=\Gamma_\infty bp$,因$\Gamma_\infty b$为常数,故Γ与p成正比。在压力较高情况下,$bp \gg 1$,$1+bp\approx$ bp,则$\Gamma=\Gamma_\infty$,相当于吸附剂表面

笔记

已全部被单分子层的吸附质分子覆盖,所以压力增加,吸附量不再增加。在中压范围则为$\Gamma=\Gamma_{\infty}\frac{bp}{1+bp}$,保持曲线形式。如图 8-18 所示。

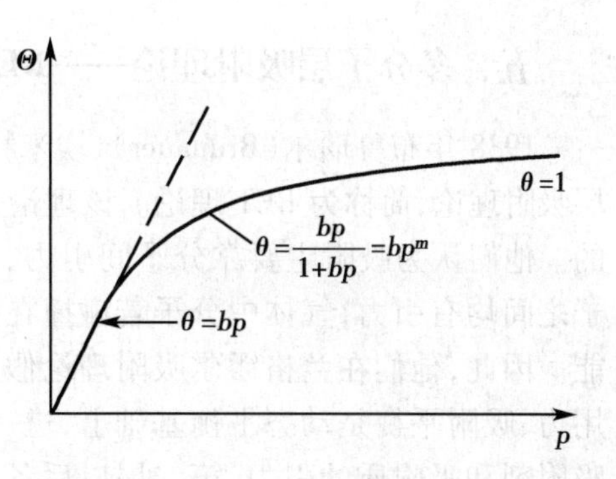

图 8-18 兰格缪尔吸附等温式示意图

实际应用时,将式(8-39)两边除以 Γb,整理后得:

$$\frac{p}{\Gamma}=\frac{1}{\Gamma_{\infty}b}+\frac{p}{\Gamma_{\infty}}$$

以$\frac{p}{\Gamma}$对 p 作图应得一条直线,斜率为$\frac{1}{\Gamma_{\infty}}$,截距为$\frac{1}{\Gamma_{\infty}b}$,故可由斜率及截距求得 Γ_{∞} 及 b。

兰格缪尔吸附等温式较好地解释了图 8-17 中第Ⅰ类型吸附等温线,在推导过程中对气固吸附机制进行了形象的描述。但由于假设过于理想化,与实际偏差较大,对多分子层吸附或吸附分子间作用力较强的单分子层吸附,如图 8-17 中第Ⅱ~Ⅴ类型吸附等温线则不能解释,但它仍不失为吸附理论中一个重要的基本公式。

知识链接

诺贝尔奖获得者——兰格缪尔

兰格缪尔(Irving Langmuir,1881—1957) 1881 年出生于纽约一个贫民家庭,1903 年毕业于哥伦比亚大学矿业学院,获冶金工程学士学位,1906 年在能斯特(Nernst)的指导下获德国格丁根大学博士学位,1932 年因表面化学和热离子发射方面的研究成果获得诺贝尔化学奖。1957 年 8 月 16 日在马萨诸塞州的法尔默斯逝世,享年 76 岁。

兰格缪尔对物质的表面和单分子膜进行了系统深入研究。1916 年提出固体吸附气体分子的单分子吸附层理论,1917 年设计出测量水面上不溶物产生的表面压的“表面天平”(后来称为 Langmuir 天平),1947 年他和助手第一次成功进行了人工降雨的试验。与其学生布洛杰特(Blodgett)首创有一定排列次序的多层单分子膜(称为 L-B 膜),这种膜具有各向异性,并且可以人为控制和组装,成为高新科技的研究热点。

此外,兰格缪尔在 1912 年研制成功高真空电子管,使电子管进入实用阶段。1913 年研制成功充氮、充氩白炽灯,1923 年首先提出“等离子体”这个词,1924—1927 年发明氢原子焊枪。他还研制出高真空泵和探测潜艇用的声学器件。他在电子发射、空间电荷现象、气体放电、原子结构和表面化学等学科的研究方面也作出了很大贡献。

兰格缪尔获得的荣誉和奖章无数,为了纪念他,美国将阿拉斯加州的一座山命名为 Langmuir 山,纽约大学的一个学院命名为 Langmuir 学院。

笔记

五、多分子层吸附理论——BET 公式

1938 年布鲁瑙尔(Brunauer)、埃米特(Emmett)和特勒(Teller)三人提出了多分子层吸附理论,简称为 BET 理论。该理论是在兰格缪尔吸附理论基础上加以改进得到的。他们认为吸附主要靠分子间引力,不仅是吸附剂与气体分子之间,而且气体分子之间均有引力,气体中分子若碰撞在一个已被吸附的气体分子上也有被吸附的可能。因此,他们在兰格缪尔吸附理论假定固体表面均匀、吸附的分子之间无相互作用力、吸附平衡是动态平衡基础上,进一步假定吸附为多分子层的,第一层作用力为吸附剂和吸附质的引力,第二层以后各层的作用力为吸附质间的引力,由于两者作用力不同,第一层和其他各层的吸附热不同,吸附和脱附均发生在最外层,第一层吸附未饱和前也可进行多分子层吸附,吸附达平衡时吸附量为各层吸附量的总和,如图 8-19 所示。

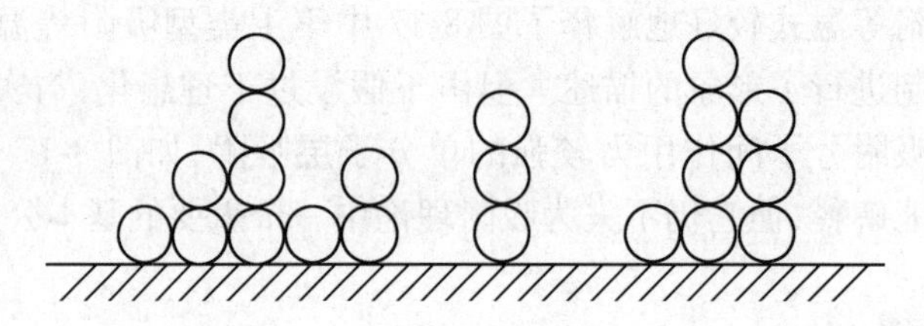

图 8-19 BET 多分子层吸附模型

在上述假定基础上,经数学处理后可得到如下的 BET 吸附等温式(BET adsorption isotherm):

$$\frac{p}{\Gamma(p^*-p)}=\frac{1}{\Gamma_\infty C}+\frac{C-1}{\Gamma_\infty C}\cdot\frac{p}{p^*} \qquad 式(8\text{-}40)$$

式中,p 表示被吸附气体的气相平衡分压;p^* 表示被吸附气体在该温度下的饱和蒸气压;C 表示与吸附热有关的常数;Γ_∞ 表示每 kg 固体吸附剂表面全部被一单分子层吸附质分子覆盖满时的吸附量。

由上式可知,以 $p/\Gamma(p^*-p)$ 对 p/p^* 作图,可得一直线,其斜率为 $(C-1)/\Gamma_\infty C$,截距为 $1/\Gamma_\infty C$。从斜率和截距的值可求出,即 $\Gamma_\infty=1/$(斜率+截距)。

上式中有两个常数 C 和 Γ_∞,所以称为二常数式。它仅适用于相对压力 p/p^* 在 0.05~0.35 之间。当 $p/p^*<0.05$ 时,因压力太小,不能建立多层吸附平衡,甚至连单分子层吸附也未能完全形成,这样,表面的不均匀性就显得突出。当 $p/p^*>0.35$ 时,往往会发生毛细管凝结现象。偏差的主要原因在于 BET 理论忽视表面的不均匀性、同一层上被吸附分子之间的相互作用力。

六、固-液界面上的吸附

固体自溶液中的吸附是最常见的吸附现象之一。固体在溶液中除了吸附溶质外,还会吸附溶剂,因此固-液界面的吸附规律比较复杂,至今还未得出像固-气吸附那样较完整的溶液吸附理论,仍处于研究阶段。

固-液界面上的吸附作用不同于固-气吸附。首先,吸附剂既可吸附溶质也可吸附溶剂,是溶质和溶剂分子争夺固体表面的净结果。其次,固体在溶液中的吸附速率一

笔记

般较在气体中的吸附速率慢,这是由于吸附质分子在溶液中的扩散速率较慢。在溶液中,固体表面总有一层液膜,溶质分子必须通过这层液膜才能被吸附。多孔性固体会使吸附速率降得更低,达到吸附平衡所需时间更长。再次,被吸附的物质可以是中性分子,也可以是离子,故固-液界面上的吸附,可以是分子吸附,也可以是离子吸附。

虽然溶液吸附比气体吸附复杂得多,但吸附量的测定则较简单。常用方法是:在一定温度下,将一定量的固体(吸附剂)放入一定量的已知浓度的溶液中,充分振摇达吸附平衡后,测定溶液的浓度,即可计算固体吸附溶质的吸附量$\Gamma_{表观}$:

$$\Gamma_{表观}=\frac{x}{m}=\frac{(C_0-C)V}{m} \qquad 式(8\text{-}41)$$

式中,C_0和C分别表示吸附前后溶液的浓度,V是溶液的体积,m是固体的质量。由于用式(8-41)计算吸附量时没有考虑溶剂的吸附,因此式(8-41)表示的吸附量是假定溶剂的吸附量为零时溶质的吸附量,通常称为表观吸附量(apparent adsorption quantity)。在稀溶液中,由于溶剂被吸附而引起的浓度变化很小,可以忽略,式(8-41)计算结果可以近似代表固体对溶质的吸附情况,因此式(8-41)仅适用于稀溶液。在浓溶液中,由于溶剂被吸附所引起的浓度变化明显,表观吸附量的物理意义很难明确解释。

(一）分子吸附

分子吸附就是非电解质及弱电解质溶液中的吸附。

固体自稀溶液中吸附非电解质,吸附等温线有四种主要类型,如图8-20所示,最常见的是L型(即兰格缪尔型)和S型,Ln型(直线型)和HA型(强吸附型)则比较少见。S型等温线表示溶质在低浓度时不易吸附,到一定浓度后就明显地易于进行。L型吸附等温线表明溶质被吸附的能力较强,并易于取代吸附剂表面上所吸附的溶剂。如对溶质的吸附能力很强而对溶剂的吸附能力很弱,即便在稀溶液中溶质也能被完全吸附,则为HA型吸附。当溶质进入吸附剂结构,并使之肿胀时发生的吸附属于Ln型。

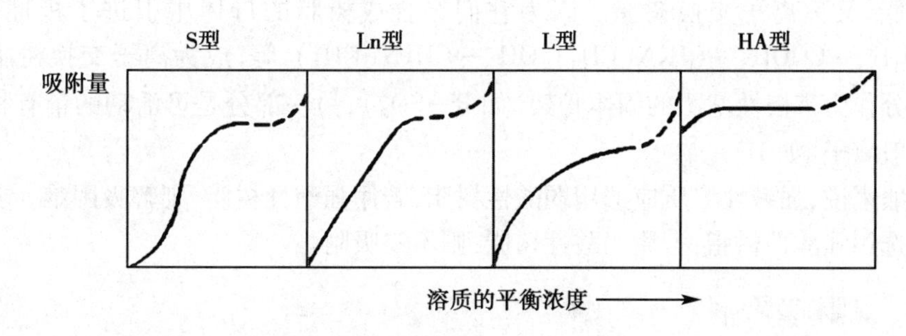

图8-20　固体在稀溶液中的吸附

由于固-液吸附等温线的形状和固-气吸附等温线很相似,因此固-气吸附公式也可应用于固-液吸附,只要以溶液的浓度代替原来公式中的压力即可。例如活性炭从水中吸附低级脂肪酸、从苯中吸附苯甲酸等符合弗仑因德立希等温式,高岭土从水溶液中吸附番木鳖碱、阿托品则符合兰格缪尔等温式。

常用的弗仑因德立希等温式、兰格缪尔等温式分别表示为:

笔记

$$\frac{x}{m}=kc^{1/n}$$ 式(8-42)

$$\frac{x}{m}=\Gamma_{\infty}\frac{bc}{1+bc}$$ 式(8-43)

式中,k 和 n 都是经验常数;c 是吸附平衡时溶液的浓度;b 是与溶质和溶剂的吸附热有关的常数;Γ_{∞} 是单分子层的饱和吸附量。

但应指出,这是纯经验性的,各项常数并无明确的含义。

由于固-液吸附比较复杂,影响因素较多,其理论尚未能完全阐明。下面介绍一些固-液吸附的经验规律:

(1) 使固体表面吉布斯自由能降低最多的溶质吸附量最大。

(2) 极性吸附剂容易吸附极性的溶质,非极性吸附剂容易吸附非极性的溶质。例如:活性炭是非极性的,硅胶是极性的,前者吸水能力差,后者吸水能力强。故在水溶液中活性炭是吸附有机物的良好吸附剂,而硅胶适宜于吸附有机溶剂中的极性溶质。

(3) 溶解度愈小的溶质愈易被吸附。

(4) 温度的影响:吸附为放热反应,温度越高,吸附量越低。

(二) 离子吸附

离子吸附是指强电解质溶液中的吸附,包括专属吸附和离子交换吸附。

1. 专属吸附　离子吸附有选择性,吸附剂往往能优先吸附其中某种正离子或负离子,被吸附的离子因静电引力的作用,吸引一部分带异性电荷的离子,形成了紧密层,这部分带异性电荷的离子以扩散的形式包围在紧密层的周围,形成了扩散层,这种吸附现象称为专属吸附。

2. 离子交换吸附　如果吸附剂吸附一种离子的同时,吸附剂本身又释放出另一种带相同符号电荷的离子到溶液中去,进行了同号离子的交换,这种现象称为离子交换吸附。进行离子交换的吸附剂称为离子交换剂,常用的离子交换剂是人工合成的树脂,又称离子交换树脂。因为它们在合成树脂的母体中引进了极性基团,如$—SO_3H$、$—COOH$、$—CH_2N(CH_3)_2OH$、$—CH_2N(CH_3)_2$等,成为离子交换树脂结构的一部分作为带极性基团的固体骨架(如$R—SO_3^-$),另一部分是可活动的带有相反电荷的一般离子(如H^+)。

一般来说,强碱性溶质应选用弱酸性树脂,若用强酸性树脂,则解吸困难。弱碱性溶质应选用强酸性树脂,若用弱酸性树脂,则不易吸附。

七、固体吸附剂

在药剂制备和中药制剂研究中,经常要用到吸附剂。下面扼要介绍几种常用的固体吸附剂。

(一) 活性炭

活性炭(activated carbon)是一种多孔性含碳物质,具有很强的吸附能力。几乎所有含炭物质都可制成活性炭,其中有植物炭、动物炭和矿物炭三类。药用以植物炭为主,一般以木屑、竹屑、稻壳在600℃左右高温炭化,即可制得活性炭。必要时在炭化之前加入少量二氧化硅或氧化锌等无机物作为炭粉沉积的多孔骨架。无论何种炭都

笔记

需经过活化才能成为活性炭，活化的目的在于净化表面，去除杂质，畅通孔隙，增加比表面积，使固体表面晶格发生缺陷、错位，以增加晶格不完整性。活化的最常用方法是加热活化，温度一般控制在500~1000℃。1kg木炭经活化后，297.15K吸附CCl_4的量可从0.011kg增加到1.48kg。此外，活性炭在使用前也需活化，脱除它已吸附的空气或水蒸气等杂质，才能充分发挥它的吸附能力。

活性炭是非极性吸附剂，它能优先从水溶液中吸附非极性溶质。一般来说，溶解度小的溶质容易吸附。活性炭的含水量增加，则吸附能力下降。

活性炭在药物生产中常用于脱色、精制及某些活性成分的提取。例如，中药注射液的脱色，硫酸阿托品及辅酶A提取等。

（二）硅胶

硅胶（silica gel）又称硅胶凝胶，分子式$xSiO_2 \cdot yH_2O$，含水分3%~7%，吸湿量可达40%左右。硅胶是多孔性极性吸附剂，为透明或乳白色固体，表面上有很多硅羟基。制备时通常以水玻璃（Na_2SiO_3）和硫酸溶液为原料，经化合→胶凝→老化→洗涤→氨水浸泡→干燥→活化即得。使用时，再于120℃加热24小时进行活化。

硅胶的吸附能力随含水量的增加而下降。硅胶按含水量的多少分为五级，即含水0%为Ⅰ级，5%为Ⅱ级，15%为Ⅲ级，25%为Ⅳ级，35%为Ⅴ级。

在一般工业中，硅胶主要作为干燥剂，性能较氯化钙为优；在色谱分析中常作吸附剂或载体；在催化领域中它是常用的催化剂载体。在中药研究中常用于提取分离强心苷、生物碱、甾体类等药物。

（三）氧化铝

氧化铝（alumina）也称活性矾土，是多孔性、吸附能力较强的吸附剂。制备时先制得氢氧化铝，再将氢氧化铝直接加热至400℃脱水即可得碱性氧化铝。用二倍量5% HCl处理碱性氧化铝，煮沸，用水洗至中性，加热活化可得中性氧化铝。中性氧化铝用醋酸处理后，加热活化即得酸性氧化铝。

氧化铝和硅胶一样是极性吸附剂，随着含水量增加，吸附活性不断下降。按含水量的不同可将氧化铝的活性分为Ⅰ~Ⅴ级。含水0%为Ⅰ级，3%为Ⅱ级，6%为Ⅲ级，10%为Ⅳ级，15%为Ⅴ级。饱和吸附后，可经275~315℃加热去水复活。

氧化铝常用作干燥剂、催化剂或催化剂的载体、色谱分析中的吸附剂，适用于层析分离中药的某些有效成分。

（四）分子筛

分子筛（molecular sieves）是一种天然或人工合成的沸石型硅铝酸盐，具有蜂窝状微孔结构，孔穴占总体积50%以上，为极性吸附剂。它是世界上最小的“筛子”，具有筛分不同大小的分子的能力，故称“分子筛”。

分子筛和其他吸附剂比较，有下面几个显著的优点：

1. 选择性好　分子筛能把比筛孔小的物质分子吸附到空穴内部，而把比筛孔大的物质的分子排斥在外面从而使分子大小不同的混合物分开，起到筛分各种分子的作用。例如用型号5A的分子筛（孔径约0.5nm）来分离正丁烷、异丁烷和苯的混合液，其中正丁烷分子的直径小于0.5nm，而异丁烷和苯分子的直径都大于0.5nm，故用此分子筛只能吸附正丁烷而不能吸附异丁烷和苯。由于分子筛具有按分子大小选择吸附的优点，所以常用它来分离混合物。

笔记

2. 在低浓度下仍然保持较高的吸附能力 普通的吸附剂在吸附质浓度很低时，吸附能力显著下降。而分子筛不同，只要吸附质分子的直径小于分子筛的孔径，仍然具有较高吸附能力。

3. 在高温度下仍具有较高的吸附能力 普通吸附剂随着温度的升高，吸附量迅速下降，而分子筛在较高温度下仍然保持较高的吸附能力，在800℃高温下仍很稳定。

（五）大孔吸附树脂

大孔吸附树脂（macroreticular resin）是一类不含交换基团的大孔结构的高分子吸附剂，主要是以苯乙烯、二乙烯苯为原料，在0.5%的明胶水混悬液中，加入一定比例的致孔剂聚合而成；一般为白色球形颗粒，粒度多为20~60目，孔径5~300nm，具有良好的网状结构和很高的比表面积，且理化性质稳定，不溶于酸、碱及有机溶剂，是继离子交换树脂之后发展起来的一类新型的树脂类分离介质。大孔吸附树脂结构多为苯乙烯型、2-甲基丙烯酸酯型、丙烯腈及二乙烯苯型等，由于骨架的不同，且带有不同功能基团，能制成非极性、弱极性与极性吸附树脂，制备时还可控制孔径、孔度、比表面积等，故应用时必须根据具体情况进行筛选。

大孔吸附树脂本身具有吸附性和筛选性，其吸附性是由于范德华引力或产生氢键的结果，筛选性是由于树脂本身具有多孔性结构所决定的，因而它能选择性地从水溶液中吸附有机化合物，从而达到分离纯化的目的。尤其对于分子量较大或水溶性较好的化合物，经典方法分离较难，而采用大孔吸附树脂分离纯化这些物质则可大大简化。大孔吸附树脂分离技术具有快速、高效、方便、灵敏、选择性好等优点，近年来由于大孔吸附树脂新技术的引进，使中药及其复方的有效成分或有效部位指标得到较大提高，因而发展较快。

纳米技术与纳米材料

纳米技术作为21世纪的主导科学技术，将给人类带来一场前所未有的新工业革命。近年来，纳米技术正向各个学科领域全面渗透，形成了许多新的学科增长点，如纳米物理学、纳米化学、纳米电子学、纳米材料学、纳米生物学、纳米医学、纳米药学等。

纳米技术研究的颗粒尺寸在0.1~100nm间，是由单个原子或数个原子组成的小分子到由几百个原子甚至上千个原子组成的微粒，由于它们在原子和分子水平上独特的组合方式和形成的结构特点，因而具有多种神奇特性。纳米技术最终目标是要在原子、分子基础上对自然界中的物质的本质进行研究，期望人类能按照自己的意愿操纵单个原子和分子，在这个基础上设计和制造全新的物质。

纳米技术是现代科学（如量子力学、分子生物学等）与现代技术（如微电子技术、计算机技术、高分辨显微技术、核分析技术等）相互结合的产物。

纳米材料是指纳米粒子组成的材料，根据物质的三维、二维还是一维处于纳米级，可分为纳米粒子、纳米膜和纳米丝或纳米管等。

笔记

学习小结

1. 学习内容

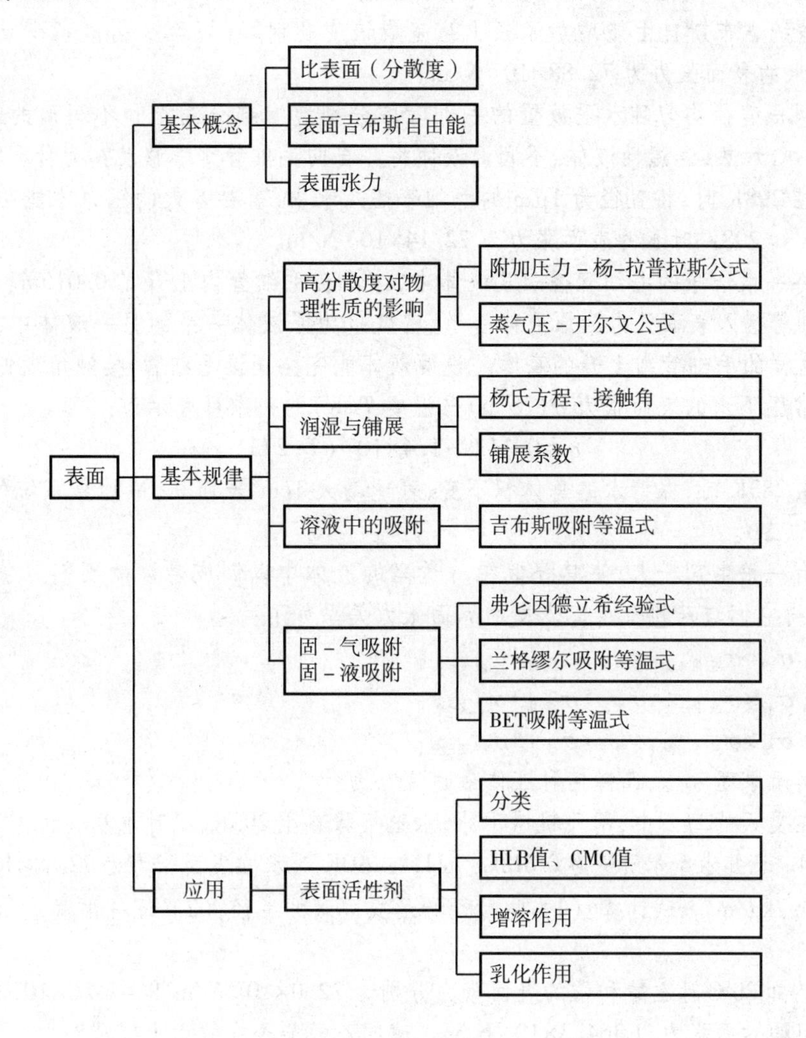

2. 学习方法

在学习中我们要注意在任何两相接触的界面上都存在着表面现象，表面吉布斯自由能和表面张力是从不同角度描述表面层分子所处的状态。杨氏方程是利用表面张力与接触角来判断润湿程度的关系式。表面张力引起弯曲液面下的附加压力，其定量关系可用杨-拉普拉斯公式描述。附加压力使得处于高度分散的微小液滴或微小晶体比一般物质的饱和蒸气压或溶解度均较大，其定量关系可用开尔文公式描述。吸附是重要的表面现象，固-气表面吸附（或固-液表面吸附）与溶液表面吸附的吸附等温式是吸附的定量关系式。通过对乳化、增溶等吉布斯自由能变、表面张力的分析可认识其作用原理。表面活性物质在各种界面现象中起了重要作用，对表面活性剂性质、类型、HLB 值、胶束形成、CMC 等含义的认识，有利于理解表面活性剂在表面现象中所起作用的实质。

（张彩云 冯 玉）

笔记

习题

1. 在293K时，把半径为10^{-3}m的水滴分散成10^{-6}m的小水滴，问比表面增加了多少倍？系统吉布斯自由能增加了多少？完成该变化时，环境至少需做多少功？已知293K时水的表面张力为72.88×10^{-3}N/m。

2. 两根管径均匀且水平放置的毛细管中分别装有部分润湿和不润湿的液体，将其一端小心加热，润湿性液体、不润湿液体将各自向毛细管哪端移动？为什么？

3. 在298K时，将直径为1μm的毛细管插入水中，需要多大的压力才能防止水面上升？已知298K时水的表面张力为72.14×10^{-3}N/m。

4. 将一根洁净的毛细管插入某液体中，液体在毛细管内上升了0.015m。如果将这根毛细管插入表面张力为原液体一半、密度也为原液体一半的另一液体中，试计算液面在这样的毛细管内上升的高度。设两液体能完全润湿毛细管，接触角近似为0。

5. 常压下水的表面张力σ(N/m)与温度T(K)的关系可表示为：

$$\sigma = 0.1139 - 1.4 \times 10^{-4}(T - 273)$$

若在283K时，保持水的总体积不变，可逆增大1cm^{2}表面积，试计算系统的W、Q、ΔS、ΔG和ΔH。

6. 有一杀虫剂粉末，使其分散在一适当的液体中以制成悬浮喷洒剂。今有三种液体，测得它们与药粉及虫体表皮的界面张力关系如下：

(1) $\sigma_{粉} > \sigma_{液Ⅲ-粉}$，$\sigma_{表皮} > \sigma_{液Ⅲ} + \sigma_{表皮-液Ⅲ}$

(2) $\sigma_{粉} < \sigma_{液Ⅱ-粉}$，$\sigma_{表皮} > \sigma_{液Ⅱ} + \sigma_{表皮-液Ⅱ}$

(3) $\sigma_{粉} > \sigma_{液Ⅰ-粉}$，$\sigma_{表皮} < \sigma_{液Ⅰ} + \sigma_{表皮-液Ⅰ}$

从润湿原理考虑，选择何种液体最适宜？为什么？

7. 在夏天的乌云中，用飞机撒干冰，水蒸气骤冷至293K，此时水蒸气过饱和度(即p_r/p)为4。已知水摩尔质量为0.018kg/mol，在293K时水的表面张力为72.88×10^{-3}N/m、密度为997kg/m^3。试计算：(1) 此时开始形成雨滴的半径；(2) 每一雨滴中所含水分子数。

8. 已知20℃时乙醇和汞的表面张力分别为22.0×10^{-3}N/m和471.6×10^{-3}N/m，汞与乙醇间的界面张力为364.3×10^{-3}N/m。试问乙醇能否在汞面上铺展？

9. 298K时，有关的界面张力的数据为：$\sigma_{水} = 72.8 \times 10^{-3}$N/m、$\sigma_{苯} = 28.9 \times 10^{-3}$N/m，$\sigma_{汞} = 471.6 \times 10^{-3}$N/m和$\sigma_{汞-水} = 375 \times 10^{-3}$N/m，$\sigma_{汞-苯} = 362 \times 10^{-3}$N/m及$\sigma_{水-苯} = 32.6 \times 10^{-3}$N/m。(1) 若将一滴水滴在苯和汞之间的界面上，其接触角为多少？(2) 苯能否在汞的表面或水的表面上铺展？

10. 25℃时，乙醇水溶液的表面张力σ(N/m)与浓度c(mol/L)的关系式为：

$$\sigma \times 10^3 = 72 - 0.5c + 0.2c^2$$

试计算乙醇浓度为0.5mol/L时的表面吸附量。

11. 19℃时，丁醇水溶液的表面张力可表示为$\sigma = \sigma^* - a\ln(1 + bc)$，式中$\sigma^*$为纯水的表面张力，$a$、$b$为常数。(1) 试求丁醇表面吸附量与浓度的关系；(2) 若已知$a = 0.0131$N/m、$b = 19.62$L/mol，试计算$c = 0.20$mol/L时丁醇的表面吸附量。

12. 298.15K时，将少量的某表面活性物质溶解在水中，当溶液的表面吸附达到平衡后，实验测得该溶液的浓度为0.20mol/L。用很薄的刀片快速地刮去已知面积的该

笔记

溶液的表面层,测得在表面层中活性物质的吸附量为 3×10^{-6}mol/m^2。已知 298.15K 时纯水的表面张力为 72×10^{-3}N/m。假设在很稀的浓度范围内,溶液的表面张力呈线性关系,试计算上述溶液的表面张力。

13. 用活性炭吸附 $CHCl_3$ 符合兰格缪尔吸附等温式,在 273K 时的饱和吸附量为 93.8L/kg,已知的 $CHCl_3$ 分压为 13.4kPa 时的平衡吸附量为 82.5L/kg。试计算:(1) 兰格缪尔吸附等温式中的常数 b。(2) $CHCl_3$ 的分压为 6.67kPa 时的平衡吸附量。

笔记

第九章

溶 胶

学习目的

胶体化学是紧密联系实际，并与其他学科息息相关的科学，它涉及范围广，研究内容丰富。胶体化学的基本原理已广泛应用于化学、医药、纺织、冶金、电子、食品、塑料等工业领域。它也与生物科学和医学密切相关，如人体血液、细胞、软骨等就是典型的胶体系统，生物体的许多生理、病理变化以及药物疗效都与胶体系统的性质密切相关。制药、中药成分提取、药物鉴定等工作都离不开胶体化学的理论支撑，因此掌握胶体化学的基本概念、基本理论与技术，对药学工作者来说是十分重要的。本章主要介绍胶体分散系中的一类——溶胶，以及它的制备、净化、性质和相关应用。

学习要点

溶胶的光学性质、动力性质、电学性质及影响溶胶稳定性的因素；胶团结构式。

“胶体”这个名词最早是由英国化学家格雷厄姆(Graham)在1861年提出来的。他比较不同物质在水中的扩散速率时发现，有些物质如蔗糖、食盐等在水中扩散很快，能透过半透膜；而另一类物质如明胶、蛋白质和氢氧化铝等在水中扩散很慢，不能透过半透膜。前者在溶剂蒸发后形成晶体析出，后者则不成晶体而成黏稠的胶状物质。因此，当时格雷厄姆根据这些现象，将物质分为两类，前者称为晶体(crystal)，后者称为胶体(colloid)。

格雷厄姆虽然首次认识到物质的胶体性质，但他把物质分为晶体和胶体是不科学的。后来的研究发现，任何典型的晶体物质都可以通过降低其溶解度或选用适当分散介质而制成胶体。例如，NaCl可以形成晶体，但在有机溶剂(如乙醇或苯)中却能成胶体。由此人们才进一步认识到胶体只是物质以一定分散程度而存在的一种状态，就像气态、液态和固态，而不是一类特殊类型的物质。尽管“胶体”作为物质的分类方法并不科学，但把具有上述特征的分散系统理解为“胶体”这一概念被延续下来。

1903年，超显微镜的发明肯定了溶胶的多相性，使胶体化学真正为人们所重视并获得较大的发展。1907年，德国化学家奥斯特瓦尔德(Ostwald)创办了第一个胶体化学的刊物——《胶体化学和工业杂志》，标志着胶体化学成为一门独立的学科。近几十年来，随着实验技术的不断发展(像超离心机、光散射、X射线以及多种电子显微镜及能谱仪的应用)，胶体化学的研究得到了迅速发展。瑞典科学家斯威德伯格(Svedberg)因发明了超速离心机并将其应用于高分散胶体物质的研究，1926年获得了诺贝尔化学奖。

胶体化学与许多科学领域以及日常生活紧密相关。目前，胶体化学已逐渐从物理

笔记

化学中分离出来，成为自然科学中一门重要的科学分支，具有独特的理论和研究方法，并与其他学科息息相关，相互渗透，共同发展。

第一节　分散系的分类和溶胶的基本特征

一、分散系的分类

一种或几种物质分散在另一种物质中所形成的系统称为分散系(dispersion system)。在分散系统中，以非连续形式存在的被分散的物质称为分散相(disperse phase)，承载分散相的连续物质称为分散介质(disperse medium)。分散相颗粒基本一致的分散系称为单级分散系，也称为均分散系。分散相颗粒很不一致的分散系称为多级分散系。

（一）按分散相粒子大小分类

按分散相粒子大小，常把分散系分成三类：分子分散系、胶体分散系和粗分散系，其性质特征和实例见表 9-1。

表 9-1　按分散相粒子大小对分散系的分类

分散系类型	分散相粒径	特性	实例
分子分散系（小分子溶液）	<1nm	能透过滤纸和半透膜，扩散快，超显微镜下不可见	氯化钠、蔗糖等水溶液
胶体分散系	1~100nm	能透过滤纸但不能透过半透膜，扩散慢，超显微镜下可见	氢氧化铁溶胶、蛋白质溶液
粗分散系	>100nm	不能透过滤纸和半透膜，扩散慢或不扩散，普通显微镜下可见	泥沙、石油

（二）按聚集状态分类

按分散相与分散介质的聚集状态，分散系统可分为八类，如表 9-2 所示。这种分类是一种广义的胶体概念，并不反映胶体的基本特征。药物中常见的不同剂型，分属于不同的分散系统。

表 9-2　按分散相和分散介质的聚集状态对分散系的分类

分散介质	分散相	名称	实例
气	液	气溶胶	雾
气	固	气溶胶	烟、尘
液	气	泡沫	泡沫
液	液	乳状液	牛奶
液	固	液溶胶或悬浮液	泥浆、溶胶
固	气	固溶胶	沸石
固	液	固溶胶	珍珠
固	固	固溶胶	合金

笔记

二、胶体分散系

通过对胶体分散系稳定性和胶体粒子(colloid particle)结构的研究,人们发现胶体系统至少包含了性质颇不相同的两大类:①由难溶物以1~100nm大小分散在液体介质中所形成的憎液胶体(lyophobic colloid),简称溶胶(sol)。如氢氧化铁溶胶、硫化砷溶胶等。溶胶具有很大的相界面,因此称为憎液胶体,是热力学不稳定的多相系统,无稳定剂时易聚集沉淀,一旦析出沉淀将不能重新分散得到溶胶,因此又称为不可逆胶体;②大分子化合物(例如琼脂、明胶等)的溶液,其分子大小已经到达胶体的范围,具有胶体的一些特性(诸如扩散慢,不透过半透膜等)。但大分子化合物是以分子形式自发溶解在溶剂中,与溶剂有很好的亲和力,没有相界面,因此称为亲液胶体(lyophilic colloid)。显然,对于这种分散系使用"大分子溶液"这个名称更能反映其实际情况,故亲液胶体一词已被大分子溶液所代替。由于大分子化合物在实用上和理论上具有重要的意义,近几十年逐步形成了独立的学科,有关大分子溶液的性质将在第十章讨论,本章所阐述的内容主要是憎液胶体,即溶胶。

三、溶胶的基本特征

1. 高度分散性　溶胶分散相粒子大小在1~100nm之间,具有高度的分散性,这是溶胶的根本特征。溶胶的许多性质,如不能透过半透膜、渗透压低等都与其高度分散性有关。

2. 多相性　形成溶胶的先决条件是分散相难溶于分散介质,每个分散相粒子自成一相,分散相粒子与分散介质之间存在明显的相界面,是多相系统。与溶胶相比,小分子溶液中的分散相粒子是单个的小分子和小离子,分散相和分散介质之间具有很好的亲和性,属均相系统。大分子溶液的分散相粒子与溶胶的分散相粒子大小相当,因而具有一些相同的性质,如扩散慢、不能透过半透膜,但仍属均相系统。

3. 聚结不稳定性　溶胶的高度分散性和多相性使其具有很大的比表面积(例如,粒径为5nm的物质其比表面积达到$180m^2/g$)和巨大的表面吉布斯自由能,是热力学不稳定系统,分散相粒子能自发聚集而减小表面积以使系统能量降低,因此溶胶又具有聚结不稳定性。在制备溶胶时常需一定的稳定剂(stabilizing agent)以防止其聚结。

溶胶的许多性质可从以上的三个基本特征得到解释,确定一个分散系是否为溶胶,也要从这三个基本特征综合考虑。

第二节　溶胶的制备和净化

一、溶胶的制备

(一)制备溶胶的必要条件

溶胶的分散相粒子尺寸处在纳米层次上,介于宏观和微观之间,因此制备溶胶可有两种途径。一是将大块固体粉碎成胶体粒子,称为分散法(dispersion method);二是将小分子或离子凝聚成胶体粒子,称为凝聚法(condensation method)。从制备溶胶的手段上看又分为物理法和化学法。制备理想的溶胶必须满足两个条件:

1. 分散相难溶于分散介质　如三氯化铁在水中溶解度较大,形成溶液,但水解后

笔记

生成难溶于水的氢氧化铁而成溶胶，因而用三氯化铁水解可制得溶胶。再如，NaCl 在水中不能形成溶胶，但可在苯等有机溶剂中形成溶胶。因此，分散相难溶于分散介质是形成溶胶的先决条件。此外，还应具备生成分散相的反应物浓度很稀、生成的难溶物晶粒很小而又无长大的条件时才可以得到溶胶。如果浓度很大，细小的难溶物颗粒突然生成很多，则可能生成凝胶。

2. 必须有稳定剂存在　溶胶是高度分散的多相系统，是热力学的不稳定系统。因此，要制备稳定的溶胶必须有稳定剂存在。稳定剂可以是溶胶制备过程中生成的，也可以是额外加入的，通常是适量的电解质或表面活性剂。

（二）分散法制备溶胶

分散法制备溶胶即采用机械设备将大块物质或粗分散物质在有稳定剂存在的情况下分散成溶胶。通常采用以下几种方法：

1. 机械法

（1）球磨法：球型研磨体在随旋转筒体转动时，因重力作用而下落，利用其下落的冲击动能使被研磨的物质破碎。球磨机仅能使粒子粉碎至 2μm，且有可能使研磨球体的碎屑也混入成品中。

（2）胶体磨法：即用胶体磨将固体物质研磨成胶体大小的粒度制备溶胶。胶体磨的形式很多，其分散能力因构造和转速的不同而不同。图 9-1 是盘式胶体磨的示意图。磨盘转速为 10 000~20 000r/min，两磨盘的间隙一般可调整到 5μm。将分散相、分散介质以及稳定剂从物料入口注入磨盘间隙，在磨盘间隙中受到冲击和研磨而被粉碎，物料可被磨细到 1μm 左右。为防止被粉碎的颗粒因极高的表面能而聚集，常加少量表面活性剂。胶体磨适用于脆性物质的粉碎，例如对活性炭进行研磨，可得到 100nm 以下的超细微粒。对于柔韧性的物质必须先作硬化（如用液态空气处理）再进行研磨。

（3）气流粉碎法：这是利用高速气流粉碎物料的方法。气流粉碎机的每个粉碎室边缘有两个成一定角度的高压喷嘴，压缩空气流和物料以接近或超过音速的速率分别从两个喷嘴喷入粉碎室，形成强旋转气流，在气流作用下，物料因物料间以及物料与器壁间的碰撞和摩擦作用被粉碎。这种方法可使被粉碎的物料粒径达微米量级，且可连续生产。与其他机械分散法相比，其优点是成品粒子几乎不被污染。

2. 电弧法　电弧法主要用于制备金属溶胶。如图 9-2 所示，将欲制备溶胶的金属（如金、银、铂、钯等）作为电极，浸在不断冷却的水中，外加 20~100V 的直流电源，使

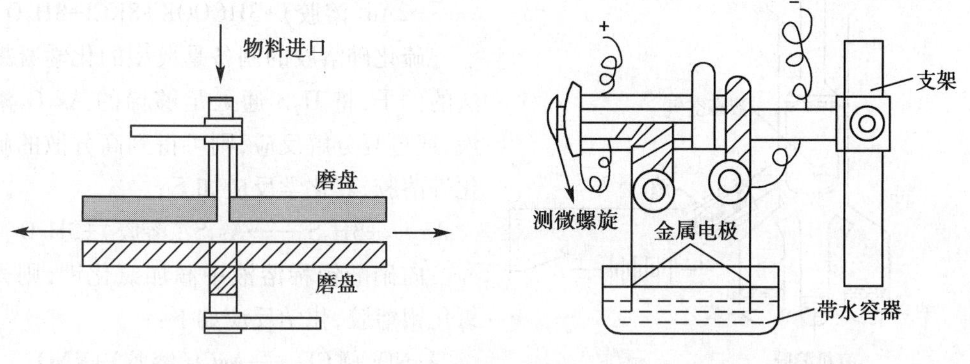

图 9-1　盘式胶体磨示意图　　　图 9-2　电弧法制备溶胶示意图

两极在介质中接近，以形成电弧。在电弧的高温加热下金属发生汽化，随后立即被水冷却而凝聚成胶体大小的粒子。

3. 超声波法 把10^6Hz的高频电流通过电极，石英片可以产生相同频率的机械振荡，产生高频的机械波传入试管，对分散相产生很大的撕碎力，从而达到分散效果。该法目前多用于乳状液的制备。

4. 胶溶法 向新鲜沉淀中加入适量胶溶剂或洗去体系中过多的电解质，沉淀可自动分散变成溶胶，该法称为胶溶法。胶溶法是把暂时聚集在一起的胶粒重新分散而成溶胶。许多新鲜的沉淀皆因制备时缺少稳定剂，故使胶粒聚集而成的，因此若加入少量电解质，胶粒因吸附离子带电而变得稳定，在搅拌作用下沉淀会重新分散形成溶胶。有时因制备过程中电解质过多也会形成沉淀，若设法除去过量电解质也可促使沉淀转成溶胶。胶溶作用只发生于新鲜的沉淀，若沉淀久置，出现粒子间的连接或小粒子变成大粒子，则不能利用胶溶法重新分散。例：氢氧化铝的新鲜沉淀洗涤后加适量蒸馏水煮沸，然后加稀盐酸数滴即可形成氢氧化铝溶胶。

（三）凝聚法制备溶胶

凝聚法是使单个分子、原子或离子相互凝聚成胶体粒子的方法。该法一般是先制成难溶物的分子（或离子）的过饱和溶液，再使之互相结合成胶体粒子而得到溶胶。通常可分成两种：

1. 物理凝聚法 利用适当的物理过程（如蒸气骤冷、改换溶剂等）将小分子凝聚成胶体粒子的大小。例如，将汞的蒸气通入冷水中就可得到汞溶胶，此时高温下的汞蒸气与水接触时生成的少量氧化物起稳定作用。又如，钠的苯溶胶制备，将钠和苯在特定的仪器中蒸发（图9-3），两者在冷却管壁共同凝结，将冷却管升温时，形成钠的苯溶胶，收集于接收管中。

2. 化学凝聚法 通过化学反应（如氧化或还原反应、复分解反应、水解反应等）使生成物呈过饱和状态，控制析晶过程，使粒子达到胶粒大小，从而制备溶胶的方法，称为化学凝聚法。原则上，凡是能生成新相的化学反应都可以制成溶胶。较大的过饱和度、较低的操作温度有利于得到理想的溶胶。

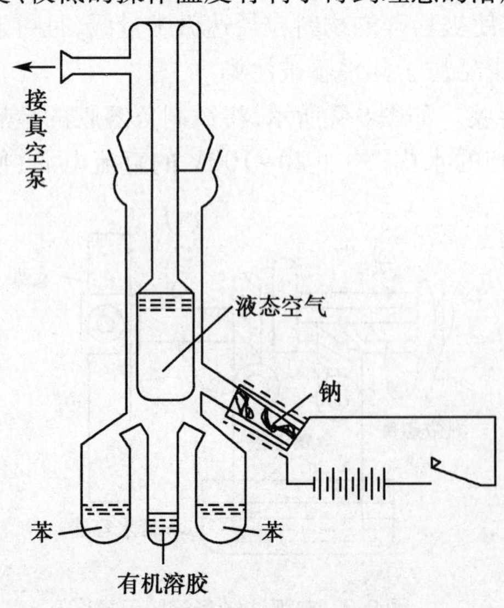

图9-3 物理凝聚法仪器示意图

贵金属溶胶的制备可以通过还原反应来实现。制备金溶胶的反应如下：

$$2HAuCl_4(\text{稀溶液})+3HCHO(\text{少量})+11KOH \xrightarrow{\Delta} 2Au(\text{溶胶})+3HCOOK+8KCl+8H_2O$$

硫化砷溶胶的制备是典型的化学凝聚法的例子，将H_2S通入足够稀的As_2O_3溶液，通过复分解反应，则可得到高分散的硫化砷溶胶，其化学反应如下：

$$As_2O_3+3H_2S \longrightarrow As_2S_3(\text{溶胶})+3H_2O$$

向硝酸银稀溶液中滴加氯化钾，则得氯化银溶胶，化学反应如下：

$$AgNO_3+KCl \longrightarrow AgCl(\text{溶胶})+KNO_3$$

水解法适用于制备各种重金属氢氧化

笔记

物的水溶胶。例如,向沸水中滴加三氯化铁稀溶液,即水解成红棕色氢氧化铁溶胶,反应式为:

$$FeCl_3+3H_2O(热)\longrightarrow Fe(OH)_3(溶胶)+3HCl$$

以上这些制备溶胶的例子中,都没有外加稳定剂。事实上,胶粒的表面吸附了过量的具有溶剂化层的反应物离子,它们起了稳定剂的作用,因而溶胶变得稳定。

二、溶胶的净化

在制得的溶胶中(尤其是用化学方法制备的溶胶)常含有一些电解质,通常除了形成胶团所需要的电解质以外,过多的电解质反而会破坏溶胶的稳定性,因此必须将溶胶净化,除去过量的电解质。通常有以下两种方法:

1. 渗析法　半透膜能够阻止溶胶的胶体粒子和大分子通过,而允许小分子和小离子通过,因此可利用半透膜对溶胶进行净化,这种方法称为渗析法(dialysis method)。渗析时,通常把溶胶放到半透膜内,膜外放置纯溶剂,因膜内外浓度的差异,膜内的小分子和小离子会向半透膜外迁移,所以只要不断更换膜外溶剂,就可以使溶胶净化。在工业上为加快渗析速率,可在渗析器两侧加上电场,使被渗析离子迅速透过半透膜向两极移动,此法称电渗析(electrodialysis),如图 9-4 所示。

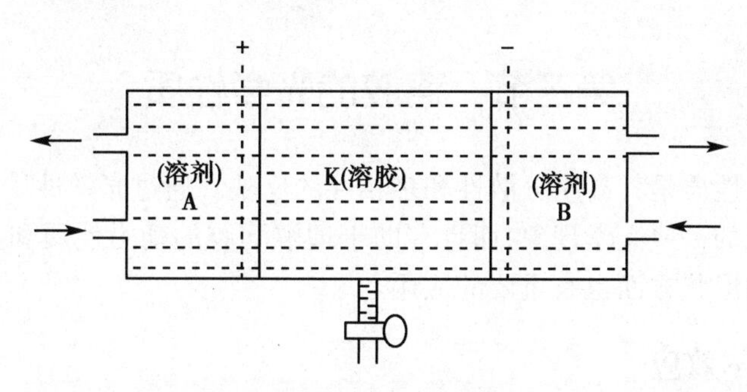

图 9-4　电渗析净化示意图

2. 超过滤法　用不同孔径的半透膜粘贴在布氏漏斗支架上,在加压或抽吸的情况下将胶粒和分散介质分开,这种方法称为超过滤法(ultrafiltration method)。可溶性杂质能透过滤膜而被除去,经超过滤得到的胶粒重新分散到合适的介质中,就得到净化的溶胶。

渗析和超过滤均是膜分离技术,具有简单、高效、绿色、节能等优点,在生物化学和医药学等方面得到广泛的应用。在生物化学中,常用超过滤法测定蛋白质和酶分子的大小,根据能阻拦粒子通过的微孔直径来判断粒子的大小。中草药的提取液中往往有很多诸如植物蛋白、淀粉、树胶、多糖等大分子杂质,就是利用它们不能透过半透膜的性质而被除去。用中草药的提取液做成的注射液往往由于存在微量大分子杂质或胶态杂质而变混浊,也常用渗析法和超过滤法改善其透明度。医院中治疗肾衰竭的血透仪(人工肾)就是一种渗透仪,可清除血液中的小分子有害代谢产物。电渗法在工业上还广泛用于污水处理、海水淡化和纯水制备等。

知识拓展

均分散胶体

通常条件下制备的胶体粒子，其形状和尺寸都是不均匀的，尺寸分布范围较广。但如果严格控制条件，则有可能制备出形状相同、尺寸相差不大的胶体粒子，由此形成的胶体称为均分散胶体（monodispersed colloid）。

自然界中存在一些均分散胶体，如烟草斑纹病毒就是由100~200nm长的杆状体构成的均分散胶体。人工制备的均分散胶体始于1906年，齐格蒙代（Zsigmondy）成功制备了直径约6nm的球形颗粒的金溶胶。制备均分散胶体的方法多种多样，诸如沉淀法、相转变法、微乳液法等。无论采用何种方法，均需控制晶核形成和晶粒生长分开进行，即短时间内迅速形成大量晶核，然后控制所有晶核同步生长，这是制备均分散胶体的必备条件。

均分散胶体这种在形状和尺寸上均匀的新材料有极广泛的应用前景，如：验证基本理论、标准材料、催化剂性能的改进、制造特种陶瓷等。

第三节 溶胶的光学性质

溶胶的光学性质是其高度分散性和多相性的反映。通过光学性质的研究，不仅可以解释溶胶系统的一些光学现象，而且有助于理解溶胶的动力性质和电学性质，在研究它们的大小和形状方面也有重要的应用。

一、丁达尔效应

当一束经聚集的光通过溶胶时，在与入射光垂直的方向上观察，可以看到一个发光的圆锥体，如图9-5所示。这种现象在1869年被英国的物理学家丁达尔（Tyndall）首先发现，因此称为丁达尔效应或丁达尔现象（Tyndall phenomenon）。丁达尔现象在日常生活中经常见到。例如，夜晚我们见到的探照灯所射出的光柱就是由于光线在通过空气中的灰尘微粒时所产生的丁达尔现象。

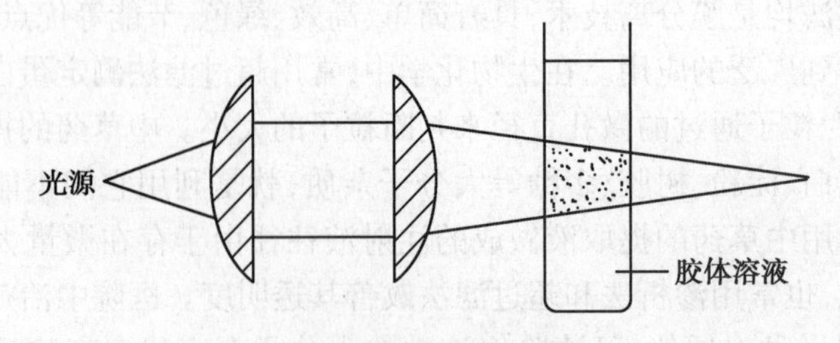

图9-5 丁达尔现象

当光束投射到分散系统上时，可能发生三种情况，即发生光的反射或折射、光的吸收以及光的散射。若分散相粒径大于入射光的波长，则主要发生光的反射或折射，粗分散系统就属于这种情况；若分散相的粒径小于入射光的波长，则主要发生光的散射，

笔记

此时光波绕过粒子而向各个方向散射出去（波长不发生变化），散射出来的光称为散射光或乳光。可见光的波长为400~750nm，而溶胶粒子的粒径一般在1~100nm，小于可见光的波长，发生光散射作用而呈现丁达尔现象。其他分散系统也会产生丁达尔现象，但远不如溶胶显著，因此丁达尔现象就成为判别溶胶与真溶液的最简便方法。

二、瑞利散射公式

1871年英国科学家瑞利（Rayleigh）从光的电磁理论出发，发现溶胶所表现的散射光强度与溶胶粒子的体积、单位体积中粒子数目、入射光波长以及分散相与分散介质的折射率等因素有关，得出了胶体系统散射光强度I的计算公式：

$$I=\frac{24\pi^2A^2\nu V^2}{\lambda^4}\left(\frac{n_2^2-n_1^2}{n_2^2+2n_1^2}\right)^2 \qquad \text{式(9-1)}$$

式中，A为入射光的振幅；λ为入射光波长；ν为单位体积内的粒子数，即粒子浓度；V是单个粒子的体积；n_1和n_2分别为分散介质和分散相的折射率。从该公式可得出如下结论：

1. 散射光的强度与入射光波长的四次方成反比　入射光波长越短，散射光越强。例如入射光为白光，其中蓝色光和紫色光散射最强，红色光散射最弱。由此可以想到，如果要观察散射光，则选择短波长光源为宜，如果要观察透射光，则选用长波光源为好。这可以解释为什么警示信号采用红光，旋光仪中的光源用黄色的钠光。同样道理，因为波长较长的红外线和无线电短波具有很弱的散射作用，而穿透能力很强，所以在通信及探测中用于定位和跟踪。晴朗的天空呈蓝色，这是散射光的贡献；朝霞和落日的余晖呈橙红色，则是观察到的透射光。

2. 分散相和分散介质的折射率相差越大，散射光越强。因此散射光是系统光学不均匀性的体现。折射率的差异也是产生散射的必要条件，当均相系统由于浓度的局部涨落而产生折射率的局部变化时，也会产生散射，这是用光散射法测定大分子摩尔质量的主要原理。海洋呈蔚蓝色，也是由于这种局部涨落引起的。

3. 散射光的强度与粒子体积的平方成正比，即与分散度有关。分子分散系的分子体积很小，散射光很微弱。粗分散系的粒径大于可见光波长，不产生散射光。因此，丁达尔现象是鉴别溶胶、分子分散系和粗分散系的简便方法。由于散射光强度与粒子体积有关，因此可通过测定散射光强度求算粒子半径。

4. 散射光强度与粒子浓度成正比，因此可通过散射光强度求算溶胶的浓度。在相同条件下，测量两个不同浓度溶胶的散射光强度，若已知其中一个的浓度，即可计算出另一个的浓度。浊度计就是根据这一原理设计的。

瑞利公式对非金属溶胶比较适用，而对于金属溶胶，由于它不仅有散射作用，还有光的吸收作用，因此关系较复杂。

三、超显微镜

溶胶的胶体粒子直径在1~100nm之间，用普通的光学显微镜无法分辨，要对其进行观察则要用超显微镜。超显微镜是德国化学家齐格蒙代（Zsigmondy）于1903年发明的，其原理是用普通显微镜来观察丁达尔现象，图9-6是其结构示意图。

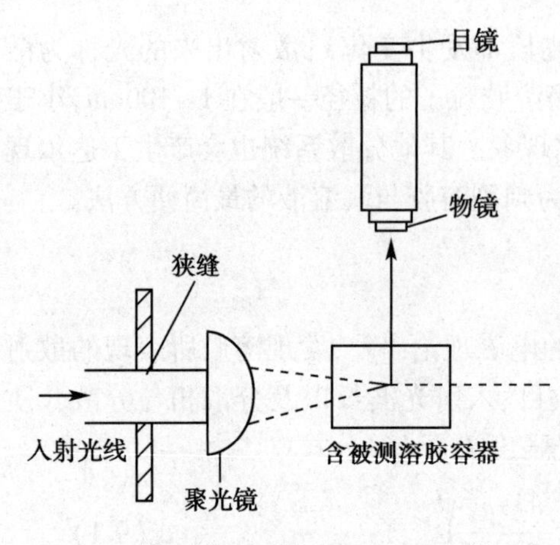

图 9-6　超显微镜示意图

超显微镜与普通显微镜的放大倍数相差不大，它是在普通显微镜的基础上，采用了特殊的聚光器制成的。在黑暗的背景下沿与入射光垂直的方向观察胶体粒子的运动情况，可观察到胶体粒子因光散射而呈现的闪烁亮点（犹如黑夜的星星），这些光点只是粒子散射的影子而不是粒子本身，通常要比粒子本身大很多倍。虽然它们不代表粒子的真实大小和形状，直接分辨率也没有提高，但是根据观测到的信息可以估算粒子的大小和形状。

溶胶粒子大小可以通过对发光点的计数来计算。若测得的粒子数目为 n，粒子总质量为 m，密度为 ρ，则对于体积为 V 的球形粒子很容易通过下式计算其粒子半径 r：

$$m=n\rho V=\frac{4}{3}\pi r^3\rho n \qquad 式(9\text{-}2)$$

此外，可以根据超显微镜视野中光点亮度的强弱差别，来估计溶胶粒子的大小是否均匀；根据光点闪烁的特点，推测粒子的形状；若粒子形状不对称（如棒状、片状等），当大的一面向光时，光点就亮，当小的一面向光时，光点变暗，这就是闪光现象（flash phenomenon），若粒子形状是对称的（如球形、正四面体等），闪光现象不明显。

超显微镜在胶体化学的发展史上具有重要的作用，在研究胶体分散系统的性质方面是十分有用的工具。

知识链接

诺贝尔奖获得者——齐格蒙代

R. A. 齐格蒙代（Richard Adolf Zsigmondy，1865—1929）

R. A. 齐格蒙代（Richard Adolf Zsigmondy，1865—1929）　奥地利-德国化学家，1865 年生于奥地利维也纳，1929 年卒于德国格廷根。1890 年齐格蒙代获得了慕尼黑大学有机化学哲学博士学位。在科学研究中，他逐渐对用于陶瓷的金的有机溶液的颜色发生了兴趣。这引起了他对胶体化学这门科学的兴趣。1897 年至 1900 年他受雇于耶拿玻璃厂。他在那里特别热衷于研究胶体金。但令胶体化学家们感到沮丧的是，形成胶体的微粒太小了，用普通的显微镜是看不到它们的。因受到光线本身性质的局限，物体只要小于可见光的波长（胶体微粒就属此列），显微镜就无能为力。不过，胶体能够显示出丁达尔效应，使光产生散射。齐格蒙代认为这一点很可以利用。1903 年，他研制出了超显微镜，并用于观察胶体金。1908 年，齐格蒙代被聘为格廷根大学教授，他在那里建立了一个出色的胶体研究中心。由于他在胶体研究方面的成就，1925 年被授予诺贝尔化学奖。

笔记

第四节 溶胶的动力性质

本节讨论溶胶粒子在分散介质中的热运动和在重力场或离心力场作用下的运动。粒子的热运动在微观上表现为布朗运动，而在宏观上表现为扩散和渗透，两者有密切的联系且与粒子的性质有关。重力和离心力是粒子沉降中的推动力。通过对溶胶系统动力性质的研究，可以说明胶粒为什么不会因重力作用而聚沉，也可以计算胶粒的大小和形状。

一、布朗运动

1827 年，英国植物学家布朗(Brown)用显微镜观察到悬浮在液面上的花粉不停地作不规则的折线运动，后来发现许多其他物质如煤、金属、矿石等的粉末也有类似的现象，人们把微粒的这种运动称为布朗运动(Brownian motion)。布朗运动是周围介质分子热运动对微粒冲击的必然结果。在分散系统中，对于很小但又远远大于液体介质分子的微粒来说，由于不断受到不同方向、不同速度的液体分子的冲击，受到的力不平衡(图 9-7)，所以时刻以不同速度，朝不同的方向作不规则的运动，这就是布朗运动的本质。1903 年，超显微镜的出现，使粒子布朗运动的轨迹可被直观地观测到，图 9-8 是超显微镜下每隔相同时间观测到的粒子位置在平面上的投影。

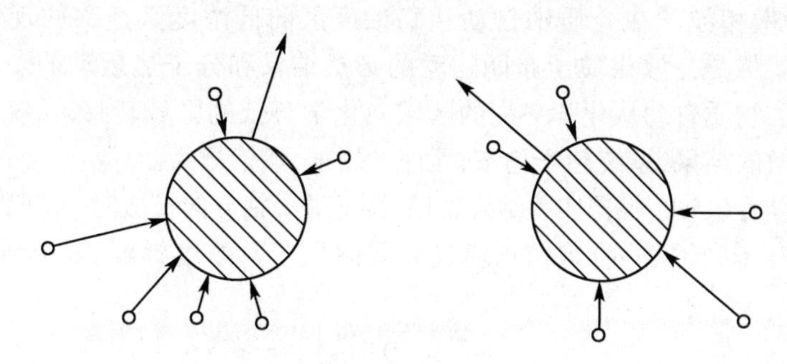

图 9-7 胶粒受介质冲击示意图

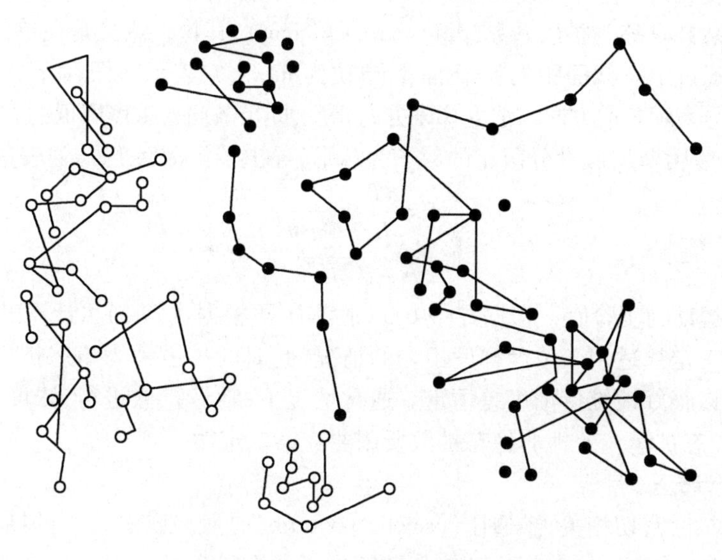

图 9-8 布朗运动轨迹

笔记

实验表明,粒子越小,温度越高,且介质黏度越小,布朗运动越剧烈。据此,1905年,爱因斯坦(Einstein)运用分子运动论的基本观点,导出了布朗运动公式。

$$\bar{x}=\sqrt{\frac{RT}{L}\cdot\frac{t}{3\pi\eta r}} \quad 式(9\text{-}3)$$

式中,$\bar{x}$ 是在观察时间 t 内粒子沿 x 轴方向的平均位移,r 为微粒半径,η 为介质的黏度,L 为阿伏伽德罗常数。

这个公式把粒子的位移与粒子的大小、介质的黏度、温度以及观察时间等联系起来。许多实验都证实了该公式的正确性,也使分子运动论得到直接的实验证明。此后,分子运动论就成为被普遍接受的理论,这在科学发展史上具有重大意义。

此外,布朗运动还表达了自然界普遍存在的一类无规则曲线,如山峰、海浪、脑电波、粉体空隙等。数学上的分维理论可以对这类无规则曲线加以定量描述。通过对物质无规结构的定量描述来表达物质的整体特性是一种新的思维方式。中药材各部位中各种药效成分的含量也能构筑一种无规结构,并可计算出其分维值,以此表征药材的特征,这是中药材客观化、指标化的新途径。

二、扩散与渗透压

(一)扩散

溶胶的分散相粒子在介质中自动从高浓度区向低浓度区迁移的现象称为扩散(diffusion)。扩散是分散相粒子布朗运动的必然结果和分子热运动的宏观体现。扩散是自发过程,物质自动从化学势高的区域向化学势低的区域转移,系统的吉布斯自由能降低;扩散的结果,系统趋于均态,无序性增加,熵值增大。

1885年,斐克(Fick)根据实验结果发现,粒子沿 x 轴方向扩散时,其扩散速率 $\mathrm{d}n/\mathrm{d}t$(单位时间内粒子的扩散量)与粒子通过的截面积 A 及浓度梯度 $\mathrm{d}c/\mathrm{d}x$ 成正比,其关系式为:

$$\frac{\mathrm{d}n}{\mathrm{d}t}=-DA\frac{\mathrm{d}c}{\mathrm{d}x} \quad 式(9\text{-}4)$$

这就是斐克第一定律(Fick's first law),它表明浓度梯度的存在是扩散发生的内在推动力。比例系数 D 称为扩散系数(diffusion coefficient),其物理意义是在单位浓度梯度、单位时间内通过单位截面积的粒子的量,单位为 $\mathrm{m^2/s}$,它表示粒子在介质中的扩散能力。式中负号表示扩散方向与浓度梯度方向相反,即扩散向着浓度降低的方向进行。

1905年爱因斯坦假设分散相的粒子为球形,导出了扩散系数 D 的表达式:

$$D=\frac{RT}{L}\cdot\frac{1}{6\pi\eta r} \quad 式(9\text{-}5)$$

并有:

$$\bar{x}=\sqrt{2Dt} \quad 式(9\text{-}6)$$

从布朗运动的实验值 $\bar{x}$ 根据式(9-6)可求得 D,再根据式(9-5)可计算出胶粒半径 r。

斐克第一定律适用于浓度梯度不变的情况,此时的扩散称为稳态扩散,例如某些控释制剂可以很好地维持浓度差恒定。通常情况下,随着扩散进行,浓度梯度不断减小,这是非稳态扩散。处理非稳态扩散要用斐克第二定律。

(二)渗透压

渗透与扩散密切相关,渗透压(osmotic pressure)是胶粒扩散作用的结果。通过前面的讨论可知,溶胶中的布朗运动使分散相粒子具有扩散性。对分散介质而言,当被

笔记

半透膜隔开的溶胶两部分有浓度差存在时,介质分子可从较稀的一侧透过半透膜进入较浓的一侧,产生渗透压,从而使溶胶浓度趋于均匀。渗透压的计算可以借用稀溶液依数性中的渗透压计算公式,即

$$\Pi=\frac{n}{V}RT \quad 或 \quad \Pi=cRT \qquad 式(9\text{-}7)$$

但对于溶胶来说,一个胶体粒子产生的渗透压大小只相当于一个普通分子。一定浓度的溶液,当溶质分子凝聚成胶体粒子后,粒子浓度要比原来分子浓度小几千至几百万倍,因此,溶胶的渗透压至多只是原来溶液的几千分之一。例如,一定温度下,0.001g/L金溶胶的渗透压只有4.9Pa,而相同浓度蔗糖溶液在同一温度下的渗透压为6862Pa。这么低的数值实际上很难测出,加之溶胶中杂质对依数性的干扰,致使溶胶的蒸气压下降、沸点升高和凝固点降低值均难以测准。

三、沉降与沉降平衡

在外力场作用下,分散相与分散介质发生相对分离的现象称为沉降(sedimentation)。悬浮液及胶体中的胶粒、大分子溶液中的分子,因具有一定的大小,在外力场的作用下,会产生沉降现象,利用此现象可研究系统的某些性质。沉降包括重力场中的沉降和离心力场中的沉降。

(一)重力场中的沉降作用

对高度分散的溶胶系统来讲,一方面胶体粒子受到重力作用而下降;另一方面由于布朗运动而引起的扩散作用与沉降方向相反,所以扩散成了阻碍沉降的因素。质点越小,这种影响越显著。当沉降速率与扩散速率相等时,胶体粒子的分布达到平衡,形成了一定的浓度梯度,这种状态称为沉降平衡(sedimentation equilibrium)。溶胶系统达到沉降平衡时,一定高度上的粒子浓度不再随时间而变化。这是一种稳定状态而非热力学平衡态,达到沉降平衡后,溶胶浓度随高度分布的情况如图9-9所示,并遵守高度分度定律:

$$n_2=n_1\exp\left[-\frac{4L\pi r^3}{3RT}(\rho-\rho^0)(x_2-x_1)g\right] \qquad 式(9\text{-}8)$$

式中,n_1、n_2 分别为高度 x_1、x_2 处相同体积溶胶的粒子浓度;ρ、ρ^0 分别为胶粒和分散介质的密度;r 是粒子半径;L 为阿伏伽德罗常数;T 为绝对温度;g 为重力加速度常数。由上式可见,粒子愈大,质量愈大,其浓度梯度也愈明显。此式也适用于空气中不同高度处微粒的分布。

溶胶系统达到沉降平衡时,胶体粒子始终保持着分散状态而不向下沉降的稳定性,称为动力稳定性,它是胶体粒子的扩散作用和重力作用相互抗衡的结果。分散相粒子大小是分散系统动力稳定性的决定性因素,粒子越小,建立沉降平衡所需的时间越长,动力稳定性越强。粗分散系统,沉降作用强烈,扩散完全不起作用,是动力不稳定系统。溶胶系统,粒子的扩散作用可以抗衡沉降,形成一定的平衡分布,当粒度很小时,沉降完全消失,系统是均匀分散的。事实上,在温度变化引起的对流、机械振荡引起的混合等因素的干扰下,沉降不易发生,很多溶胶甚至可以维持几年都不沉降,因此高分散的溶胶具有动力稳定性。

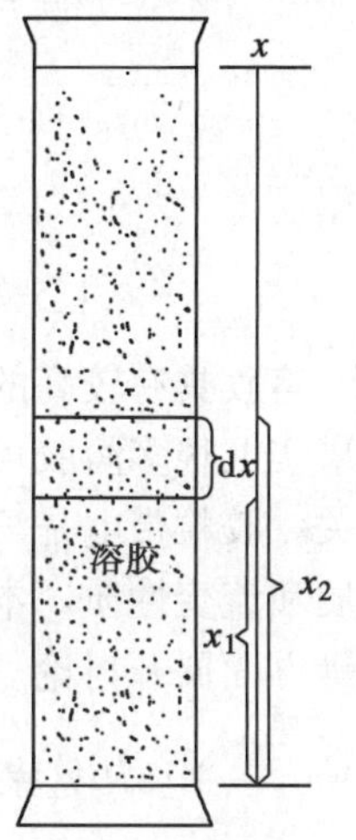

图9-9 沉降平衡

（二）离心力场中的沉降作用

依靠惯性离心力的作用而实现的沉降过程称为离心力场中的沉降。重力场中的沉降只能用来研究粒子较大的粗分散系统，对于溶胶或大分子溶液因分散相的粒径较小，在重力场中沉降的速率极为缓慢，实际上无法观测其沉降速率，但在离心力场的作用下，这些系统仍能发生沉降现象。1923 年瑞典科学家斯威德伯格（Svedberg）发明了离心机，把离心力提高到地心引力的 5000 倍。现在的高速离心机离心力已可达地心引力的 10^6 倍，这样就大大扩大了所能测定的范围，应用超离心机不仅可以测定溶胶胶团的摩尔质量或大分子物质的摩尔质量，还可以研究相对分子质量的分布。

诺贝尔奖获得者——斯威德伯格

T. 斯威德伯格（Theodor Svedberg，1884—1971）

T. 斯威德伯格（Theodor Svedberg，1884—1971）　瑞典物理化学家，1884 年出生在斯德哥尔摩附近的一座叫耶夫勒的美丽港口城市。他家祖孙几代都在这里开办造纸厂。斯威德伯格有着广泛的兴趣和爱好，酷爱绘画和植物。1904 年入乌普萨拉大学学习，1905 年获理学士学位，1907 年获博士学位。

他一生主要致力于胶体化学的研究。他用超显微镜研究了胶体微粒的布朗运动。观察了温度、黏度和溶剂对这种运动的影响，从实验的角度肯定了爱因斯坦关于布朗运动的理论。1923 年他和尼科尔斯研制出了第一台光学离心机，拍摄了在沉降过程中的胶体微粒。1924 年研制出超速离心机，用于蛋白质胶体研究，第一次测定了蛋白质的分子量。到 1940 年，斯威德伯格发明的超速离心机可产生 30 万倍于重力加速度 g 的加速度，可直接测定从几万到几百万那样大小的分子量，并可测出分子量的分布。大分子化合物分子量测定方法的出现，对大分子化学和胶体化学是一个很大的推动。斯威德伯格在亲液胶体方面取得很大的成就，为蛋白质及大分子溶液的深入研究提供了可靠的手段。他在大分子合成和同位素方面也有贡献。斯威德伯格因在分散系统方面的卓越贡献而获得了 1926 年的诺贝尔化学奖。

第五节　溶胶的电学性质

溶胶具有较高的表面能，是热力学不稳定系统，胶体粒子有自动聚结变大的趋势。但事实上很多溶胶可以在相当长的时间内稳定存在而不聚沉，这与胶体粒子带电直接相关。胶粒带电是溶胶稳定的主要原因，胶粒带电同时影响着溶胶的动力性质、光学性质和流变性质。本节将从胶粒带电的原因、双电层理论、胶团结构及电学性质的应用等方面展开讨论。

一、电动现象

电动现象是指溶胶粒子因带电所表现出来的下列四种行为。

笔记

1. 电泳 在外电场作用下，分散相粒子在分散介质中的定向迁移称为电泳(electrophoresis)。电泳现象的存在说明胶体粒子是带电的。研究电泳的实验方法很多，根据溶胶的量和性质的不同，可以采用不同的电泳仪，常用的界面移动电泳仪如图9-10所示。电泳仪由一U形管构成，底部有一活塞，顶部装有电极。将待测溶胶由漏斗经一带活塞的细管自底部注入U形管，直至样品液面恰与两臂上的活塞上口持平。关闭活塞，并在U形管的两活塞以上的部分注入水或其他辅助电解质，两管中液面的高度应彼此持平。将电极插入辅助液中，接通电源，然后打开U形管上的两个活塞，开始观测溶胶与辅助电解质之间界面的移动方向和相对速度，以确定溶胶胶体粒子的带电情况。若胶粒带正电，界面向负极移动，反之则向正极移动。胶体粒子的电泳速度与粒子荷电量、外加电场的电势梯度成正比，与分散介质的黏度、粒子的大小成反比。

实验证明，$Fe(OH)_3$、$Al(OH)_3$等碱性溶胶带正电，而金、银、铝、As_2S_3、硅酸等溶胶以及淀粉颗粒、微生物等带负电。介质的pH值以及溶胶的制备条件等常常会影响溶胶的电性。

研究溶胶电泳有助于了解溶胶粒子的结构和带电性质。此外，电泳技术在生产和科研中也有非常重要的应用，如：可以利用不同物质在电场中的不同速度进行分离，鉴定。在科学研究中，电泳已经成为常用的测试手段，电泳仪也不断更新，是研究胶体、大分子溶液及生命科学的必备手段*。

2. 电渗 在外电场作用下，分散介质通过多孔膜或极细的毛细管而移动，即固相不动而液相移动，这种现象称为电渗(electroosmosis)，如图9-11所示。电渗现象在工业上也有应用。例如，在电沉积法涂漆操作中，使漆膜内所含水分排到膜外以形成致密的漆膜，工业及工程中泥土或泥炭的脱水，都可借助电渗来实现。

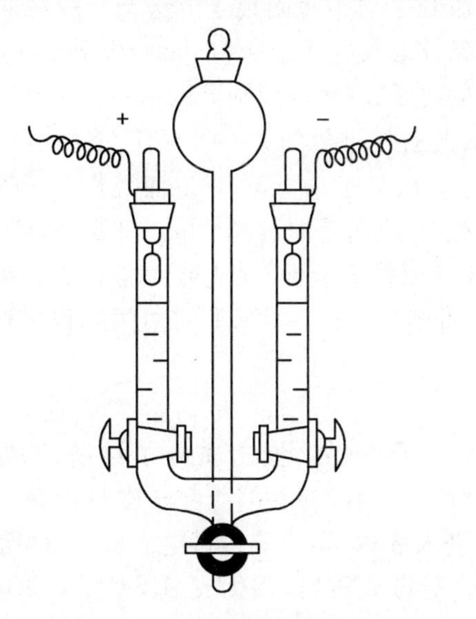

图9-10 一种界面移动电泳仪

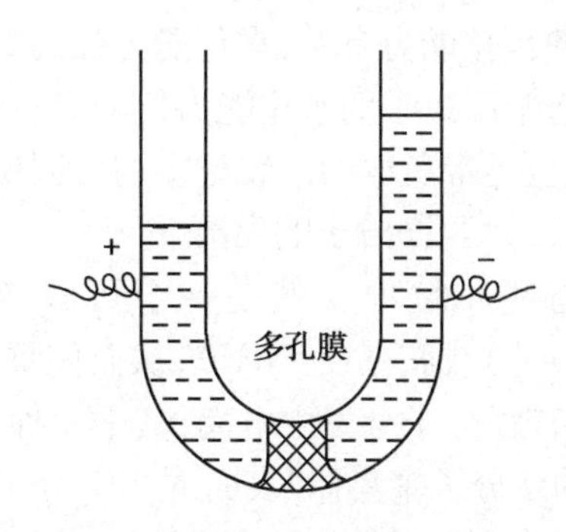

图9-11 电渗现象

3. 流动电势 在外力作用下，使液体流经毛细管或多孔膜时，在膜的两侧产生的电势差，称为流动电势(streaming potential)，它是电渗作用的逆过程。在生产实际中要考虑到流动电势的存在。例如，当用油箱或输油管道运送液体燃料时，燃料沿管壁流动会产生很大的流动电势，这常常是引起火灾或爆炸的原因。为此常使油箱或输油

笔记

管道接地以消除之,人们熟悉的运油车常带一接地铁链就是为此目的而设计。加入少量油溶性电解质,增加介质的电导,也可达此目的。

4. 沉降电势 在外力作用下(主要是重力),若使分散相粒子在分散介质中迅速沉降,则在液体的表面层与底层之间会产生电势差,称为沉降电势(sedimentation potential),它是电泳作用的逆过程。储油罐中的油内常含有部分呈分散状态的水滴,这种水滴的表面带一定的电荷,在重力场作用下,水滴发生沉降会产生很高的沉降电势,给安全带来隐患。所以常在储油罐中加入有机电解质,增加其导电性能加以防范。天空中雷电现象也与沉降电势有关。

溶胶的电泳、电渗、流动电势和沉降电势统称为电动现象(electrokinetic phenomena)。电泳、电渗是由外加电势差而引起固、液相之间的相对移动。流动电势、沉降电势是由固、液相之间的相对移动而产生的电势差。它们都证明溶胶粒子是带电的,对于了解胶体粒子结构及外加电解质对溶胶稳定性影响有很大作用。电动现象产生的原因直到双电层理论建立后才得到解释。

二、胶粒带电的原因

胶粒带电的原因通常有四种情况,即胶核界面的吸附、表面分子的电离、晶格取代和摩擦带电。

(一) 胶核界面的吸附

溶胶粒子(胶核)是多分子聚集体,有很大的比表面和表面能,很容易吸附作为稳定剂的离子到界面上来。若吸附了阳离子,胶粒就带正电;若吸附了阴离子,胶粒则带负电,大多数溶胶带电属于这类情况。故被吸附的离子又称为决定电性的离子。吸附机制分为选择性吸附和非选择性吸附。溶胶粒子对被吸附离子的选择与胶粒的表面结构和被吸附粒子的性质以及溶胶形成的条件有关。法金斯(Fajans)经验规则表明,溶胶粒子会优先吸附和其组成相同或类似的离子,利用该规则可以判断胶粒所带的电性。例如,由 $AgNO_3$ 和 KCl 制备 AgCl 溶胶,若有稍过量的 $AgNO_3$ 存在,溶胶粒子选择吸附 Ag^+ 而带正电;若有稍过量的 KCl 存在,溶胶粒子选择吸附 Cl^- 而带负电。若介质中没有与溶胶粒子组成相同或类似的离子存在,吸附是非选择性的。非选择性吸附与离子的水化能力有关,水化能力强的离子往往留在溶液中,水化能力弱的离子易被吸附。通常阳离子的水化能力比阴离子强,因此通过非选择性吸附带电的溶胶一般带负电,这也是带负电的溶胶居多的原因所在。

(二) 表面分子的电离

有些胶粒本身就是一个可解离的大分子,例如,蛋白质分子可解离成羧基($—COO^-$)或胺基($—NH_3^+$),从而使整个大分子带电。有些溶胶粒子本身含有可电离基团,表面分子会发生电离,其中一种离子进入液相,而使胶粒带电。例如,硅溶胶为 SiO_2 的多分子聚集体,表面的 SiO_2 分子与水(分散介质)作用生成 H_2SiO_3,H_2SiO_3 是弱酸,电离可使硅溶胶粒子带电。

$$H_2SiO_3 \xrightarrow{H^+} HSiO_2^+ + OH^- \xrightarrow{H^+} HSiO_2^+ + H_2O \quad \text{酸性条件带正电}$$

$$H_2SiO_3 \xrightarrow{OH^-} HSiO_3^- + H^+ \xrightarrow{OH^-} HSiO_3^- + H_2O \quad \text{碱性条件带负电}$$

(三) 晶格取代

晶格取代可使黏土带电。黏土晶格中的 Al^{3+} 有一部分若被 Mg^{2+} 或 Ca^{2+} 取代,可以

笔记

使黏土晶格带负电。土壤因晶格取代获得电荷,其电量和电性不受pH、电解质浓度等因素的影响。为了维持电中性,带电的黏土表面吸附阳离子作为反离子而形成双电层。

(四)摩擦带电

在非水介质中,溶胶粒子电荷来源于粒子与介质间的摩擦。通常来讲,在两种非导体构成的分散系统中,介电常数较大的一相带正电,另一相带负电。例如苯($\varepsilon=2$)和水($\varepsilon=81$)的分散系统,苯分散在水中形成O/W型微乳时,苯带负电,水带正电。

三、双电层理论

溶胶是电中性的。当胶粒表面带有电荷时,分散介质必然带电性相反的电荷。与电极-溶液界面相似,在胶粒周围形成了双电层。对于双电层结构的认识,曾提出过不少模型,以下简要介绍亥姆霍兹平板双电层模型、古埃-查普曼扩散双电层模型和斯特恩吸附扩散双电层模型。

(一)亥姆霍兹平板双电层模型

1879年亥姆霍兹(Helmholiz)首先提出了简单的平板双电层模型。他认为在固体与溶液接触的界面上存在双电层:带电的粒子表面是一个层面,反离子(counter ions)(即溶液中与带电粒子所带电性相反的离子)平行排列在介质中构成另一个层面,两层之间的距离δ约等于一个离子的大小,如图9-12所示。粒子表面与本体溶液之间的电势差称为表面电势(surface potential)或热力学电势(thermodynamic potential),用符号φ_0表示,在双电层内电势从φ_0直线下降至零。平板双电层模型对于早期的电动现象给予了一定的解释。但该模型忽略了介质中反离子由于热运动而产生的扩散,与溶胶真实情况相差较大。

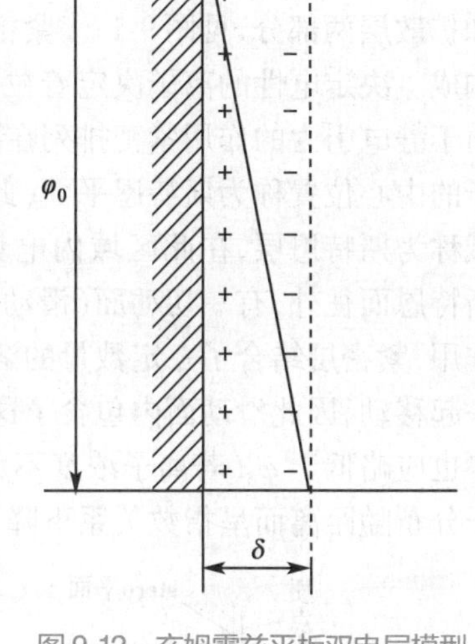

图9-12 亥姆霍兹平板双电层模型

(二)古埃-查普曼扩散双电层模型

1910—1913年,古埃(Gouy)和查普曼(Chapmen)提出了扩散双电层模型。该模型认为,由于静电引力作用和热运动两种效应的结果,溶液中的反离子只有一部分紧密地排列在固体表面上,而另一部分反离子与固体表面的距离则可从紧密层一直分散到本体溶液中,见图9-13。因此双电层实际上包括了紧密层与扩散层两部分。扩散层中离子的分布可用玻尔兹曼(Boltzmann)分布公式表示。在电场作用下,固液之间发生电动现象时,移动的切动面(或称为滑动面)为AB面,相对运动边界处与溶液本体之间的电势差称为电动电势(electrokinetic potential)或称为ζ电势(Zeta-potential)。理解电动电势很重要,溶胶粒子在静态时,不显现滑动面,只有在它运动时,才出现粒子与介质之间的电学界面,因此体现粒子有效电荷的是电动电势,而不是热力学电势,电动电势的大小是溶胶稳定性的主要因素。扩散双电层的优点在于:①提出了与实际相符的反离子扩散状分布;②区分了热力学电势φ_0和电动电势ζ。热力学电势往往是个定值,与介质中电解质浓度无关,电动电势则随电解质浓度增加而减小。古埃-查普曼扩散双电层模型的不足在于:未能给出电动电势ζ更为明确的物理意义,还不能解释有些实验事实,如电动电势有时会随着电解质浓度增加而增大,甚至超过热力学电势或与热力学电势反号的现象。

笔记

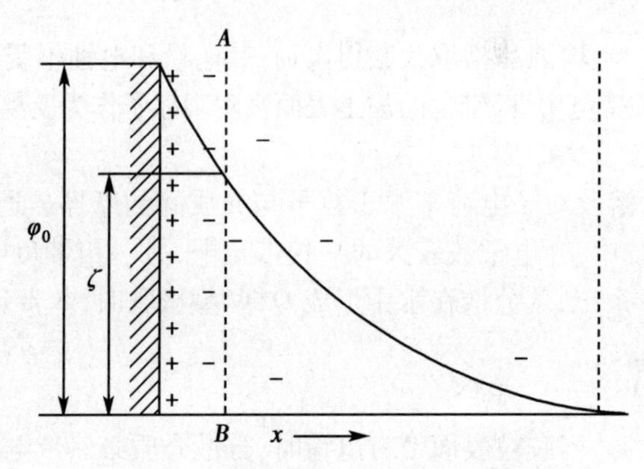

图 9-13 古埃-查普曼扩散双电层模型

（三）斯特恩吸附扩散双电层模型

1924 年，斯特恩（Stem）在亥姆霍兹平板双电层模型和古埃-查普曼扩散双电层模型的基础上提出了吸附扩散双电层模型。他认为整个双电层也分为吸附层（紧密层）和扩散层两部分，见图 9-14。紧密层由吸附在粒子表面上的决定电性的离子和反离子构成。决定电性的离子决定着粒子表面电荷的符号和热力学电势 φ_0 的大小。反离子由于静电引力的作用紧密排列在决定电性的离子附近，为 1~2 个分子厚度，这些反离子的中心位置称为斯特恩平面（此处电势为 φ_δ）。从斯特恩平面到粒子表面之间的区域称为斯特恩层，在此区域内电势由 φ_0 直线下降至 φ_δ，如同亥姆霍兹平板双电层。斯特恩面往外，有一切动面（滑动面），切动面处的电势即为 ζ 电势。因离子的溶剂化作用，紧密层结合了一定数量的溶剂分子，在电场作用下它们将与粒子作为一个整体一起移动，因此滑动面内包含了这些溶剂分子，滑动面的位置略靠斯特恩层外侧，ζ 电势也应略低于 φ_δ（若离子浓度不太高，则可以认为两者是相等的）。扩散层中的反离子分布随距离而呈指数关系下降，可用玻尔兹曼公式表示。

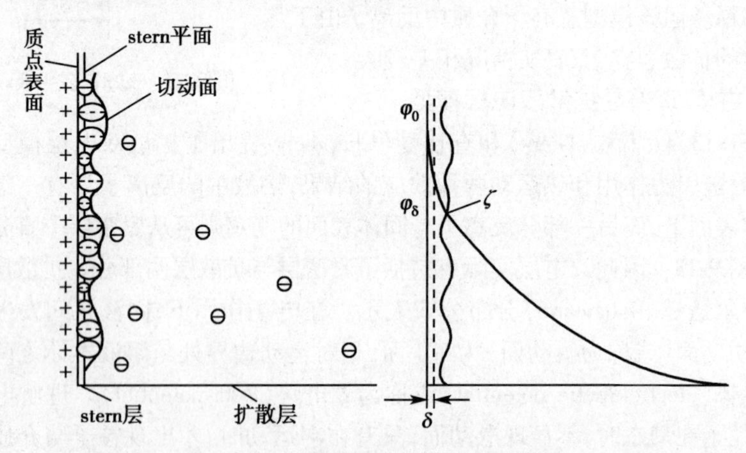

图 9-14 斯特恩吸附扩散双电层模型

综上所述，斯特恩理论不仅区分了热力学电势 φ_0 和电动电势 ζ，而且赋予电动电势 ζ 明确的物理意义。显然，胶粒的电动电势 ζ 越大，表明胶粒带电越多，其电泳速度也越快，溶胶的稳定性也越好。对于古埃-查普曼理论不能解释的其他现象，也能由斯特恩模型作出合理的说明。但由于定量计算困难，其扩散部分仍按古埃-查普曼理论处理，只是将 φ_0 换成 φ_δ 而已。另外，斯特恩理论仍有许多问题尚待解决。例如，吸附

笔记

层的详细结构，介质的介电常数随离子浓度和双电层电场的变化，离子大小对溶液中离子分布的影响以及表面电荷的不均匀分布等。但该理论至今仍是双电层理论中比较完善的一个基础理论。它的适应性较强，应用也较多。双电层理论还在不断发展和完善中，许多问题仍在争论中。

四、胶团的结构

溶胶的电动现象和双电层理论可以帮助我们了解溶胶的胶团结构。

在胶体粒子的最内层由多个（数千个左右）分子、原子或离子组成的聚集体称为胶核（colloidal nucleus），它是胶体颗粒的核心。胶核通常具有晶体结构，有很大的比表面和表面能。胶核周围由吸附在胶核表面上的决定电性的离子、部分反离子及溶剂分子组成吸附层（紧密层）。胶核和吸附层组成胶粒（colloid particle）。胶粒相对于本体溶液的电势差即为 ζ 电势。吸附层以外的剩余反离子称为扩散层，扩散层外缘的电势为零。胶核、吸附层和扩散层组成的整体称为胶团（micelle）。整个胶团是电中性的，胶粒是溶液中的独立移动单位。通常所说溶胶带电是指胶粒带电，胶粒所带电性取决于胶核吸附的决定电性的离子，而带电多少则由决定电性的离子与吸附层中反离子所带电荷之差决定。在外加电场中，胶粒移动的方向与扩散层的移动方向相反。以 $AgNO_3$ 和 KI 溶液混合制备 AgI 溶胶为例，在 KI 稍过量的情况下，胶团结构可表示为图 9-15（a），其中，m 是胶核中 AgI 的分子数；n 是胶核吸附 I^- 的数目（$n<m$），m 和 n 对各个胶粒来说是不同的；x 是扩散层中 K^+ 的数目；$(n-x)$ 是包含在吸附层中的反离子数。胶团结构式只是对胶团结构的近似描述。胶团结构还可用图 9-15（b）表示。

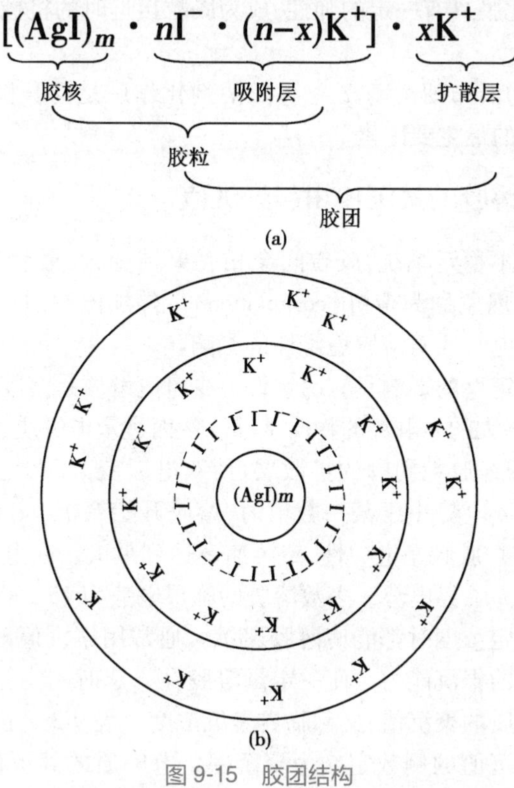

图 9-15 胶团结构

（a）胶团结构式 （b）胶团结构示意图

第六节 溶胶的稳定性和聚沉作用

一、溶胶的稳定性

溶胶是热力学上的不稳定系统,粒子间有相互聚结而降低其表面能的趋势,即具有易于聚沉的不稳定性,但经过净化后的溶胶在一定条件下能够稳定存在相当长的时间,这主要依赖于以下三个因素:

1. 布朗运动 由于胶粒特有的分散程度,粒径 1~100nm,在介质分子的作用下,有比较剧烈的布朗运动,因此在重力场中不易沉降,具有一定的动力稳定性。也正由于剧烈的布朗运动增加了粒子相互碰撞的机会,粒子一旦合并变大,就会抵抗不了重力作用而下沉,因此布朗运动不足以维持溶胶的稳定性。

2. ζ 电势 由于胶粒带电,有一定的 ζ 电势,当两个胶粒相互靠近到一定程度使双电层部分重叠时,发生静电斥力,阻碍了胶粒间的聚集,保持了溶胶的稳定性。ζ 电势越大,溶胶的稳定性越强。因此,胶粒具有一定的 ζ 电势值是溶胶稳定的主要因素。

3. 溶剂化的稳定作用 溶剂分子通过它们与离子的相互作用,而聚积在离子周围的过程称为溶剂化(solvation)。该过程形成离子与溶剂分子的络合物,并放出大量的热。溶剂化作用改变了溶剂和离子的结构。溶剂若为水,则称为水化。溶胶粒子吸附层和扩散层的离子都是溶剂化的,结果在胶粒周围形成了水化膜,因此降低了胶粒的比表面能,而且水化膜具有一定的弹性,成为胶粒接近时的机械阻力,防止了溶胶的聚沉。

通过上述讨论可知,布朗运动、ζ 电势及溶剂化作用是溶胶稳定存在的原因。其中 ζ 电势是溶胶稳定的最主要因素。

二、电解质对溶胶的聚沉作用与聚沉值

溶胶是热力学的不稳定系统,胶粒间会相互聚结变大,最后从介质中沉降下来。溶胶的这种聚结沉降现象称为聚沉(coagulation)。外加电解质是引起溶胶聚沉的主要因素。下面将讨论电解质对溶胶稳定性的影响。

电解质对溶胶稳定性的影响具有两重性。少量电解质是溶胶稳定的必要条件,它是溶胶带电、形成足够大的 ζ 电势的物质基础。然而过量电解质又是引起溶胶不稳定的主要原因,它可以压缩胶粒周围的扩散层,使双电层变薄,水化膜弹性变差,ζ 电势降低,稳定性变差,当 ζ 电势小于某一数值时,溶胶开始聚沉。ζ 电势越小,聚沉速率越快。ζ 电势等于零时,胶粒呈电中性,聚沉速率达到最大。在电解质作用下,溶胶开始聚沉时的 ζ 电势称为临界电势。多数溶胶的临界电势为 25~30mV。

当电解质达到一定浓度时都能使溶胶聚沉。通常用聚沉值(coagulation value)衡量不同电解质对溶胶的聚沉能力。使一定量溶胶在一定时间内完全聚沉所需电解质的最低浓度称为电解质的聚沉值,又称临界聚沉浓度。表 9-3 列出了不同电解质对某些溶胶的聚沉值。聚沉值的倒数定义为聚沉率。电解质的聚沉值越小,聚沉率就越大,其聚沉能力越强。

笔记

表 9-3 不同电解质对溶胶的聚沉值（mol/m^3）

As_2S_3（负溶胶）		AgI（负溶胶）		Al_2O_3（正溶胶）	
电解质	聚沉值	电解质	聚沉值	电解质	聚沉值
LiCl	58	$LiNO_3$	165	NaCl	43.5
NaCl	51	$NaNO_3$	140	KCl	46
KCl	49.5	KNO_3	136	KNO_3	60
KNO_3	50	$RbNO_3$	126	KSCN	67
KAc	110				
$CaCl_2$	0.65	$Ca(NO_3)_2$	2.4	K_2SO_4	0.30
$MgCl_2$	0.72	$Mg(NO_3)_2$	2.6	$K_2Cr_2O_7$	0.63
$MgSO_4$	0.81	$Pb(NO_3)_2$	2.3	$K_2C_2O_4$	0.69
$AlCl_3$	0.093	$La(NO_3)_3$	0.069	$K_3[Fe(CN)_6]$	0.08
$Al(NO_3)_3$	0.095	$Al(NO_3)_3$	0.067	$K_4[Fe(CN)_6]$	0.05

电解质对溶胶的聚沉作用有以下几点经验规则：

（1）聚沉能力主要取决于反离子的价数：反离子的价数越高，其聚沉值越小，聚沉能力越强。这就是舒尔茨-哈代（Schulze-Hardy）规则。当反离子的价数分别为 1、2、3 价时，它们的聚沉值的比例为 100∶1.6∶0.14，相当于：$\left(\frac{1}{1}\right)^6:\left(\frac{1}{2}\right)^6:\left(\frac{1}{3}\right)^6$，这表示聚沉值与反离子价数的六次方成反比。反离子的价数对聚沉影响极大，远远超过其他因素的影响，因此在判断电解质聚沉能力时，反离子价数是首要考虑的因素。

（2）价数相同的反离子的聚沉能力依赖于反离子的大小：将同价离子按对溶胶的聚沉能力由大到小排成的序列称为感胶离子序（lyotropic series）。同族阳离子对负电性溶胶的聚沉能力随原子量或离子半径的增大而增强；同族阴离子对正电性溶胶的聚沉能力则随原子量或离子半径的增大而减弱。例如，同价阳离子对带负电的溶胶的聚沉能力顺序如下：

$$H^+>Cs^+>Rb^+>K^+>Na^+>Li^+$$
$$Ba^{2+}>Sr^{2+}>Ca^{2+}>Mg^{2+}$$

其中 H^+ 具有较强的聚沉能力是一例外。同价阴离子对带正电的溶胶的聚沉能力顺序如下：$F^->Cl^->Br^->NO_3^->I^-$。

（3）在相同反离子的情况下，与溶胶具有同种电荷离子的价数越高，则电解质的聚沉能力越弱，聚沉值越大，这可能与它更难在胶粒上吸附有关。例如，胶粒带正电，反离子为 SO_4^{2-}，则聚沉能力为 $Na_2SO_4>MgSO_4$。

（4）不规则聚沉：在逐渐增加电解质浓度的过程中，溶胶发生聚沉、分散、再聚沉的现象称为不规则聚沉（irregular coagulation），见图 9-16。不规则聚沉往往是胶粒对高价反离子强烈吸附的结果。少量电解质使溶胶聚沉，但吸附过多高价反离子后，胶粒改变电荷符号，形成带相反电荷的新双电层，溶胶又重新分散。再加入电解质，压缩新的双电层，重新发生聚沉。

笔记

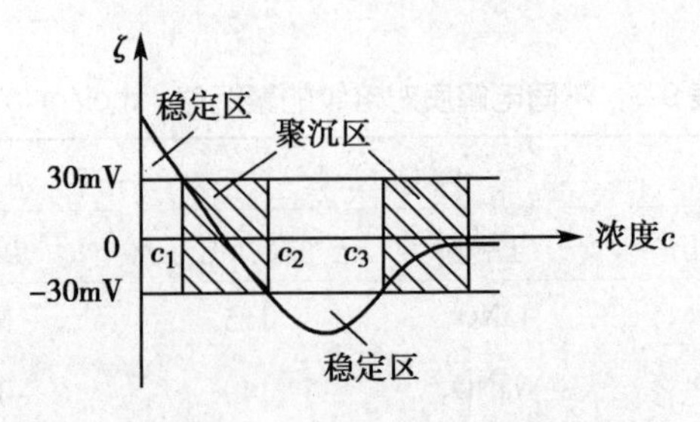

图 9-16 不规则聚沉示意图

三、影响溶胶聚沉的其他因素

影响溶胶聚沉的因素很多,除了电解质的影响以外,还有其他一些因素,现分述如下:

1. 物理因素 浓度、温度、外力场等因素都可影响溶胶的稳定性。如果增加溶胶的浓度,会使胶粒相互碰撞的机会增加。如果升高溶胶的温度,会使每次碰撞的强度增加,这都有可能促使溶胶聚沉。如果将溶胶置于高速离心机中,利用胶粒与介质的密度不同,所产生的离心力也不同,将胶粒与介质分开。

2. 溶胶间的相互聚沉 带相反电荷的溶胶相互混合,也会发生聚沉。相互聚沉的程度与两者的相对量有关。当两种胶粒所带电荷全部中和时才会完全聚沉,否则可能聚沉不完全,甚至不聚沉。溶胶的相互聚沉作用有很多实际应用。例如,自来水厂或污水处理工程经常用明矾净水,因水中的悬浮物通常带负电,而明矾的水解产物 $Al(OH)_3$ 溶胶则带正电,两者相互作用能促使泥沙等悬浮粒子聚沉,并且 $Al(OH)_3$ 絮状物有吸附作用,所以能很快地将水中的杂质除净,达到净水的目的。

3. 大分子化合物的影响 大分子化合物对溶胶稳定性的影响在第十章有详细阐述,简单来讲可分为两个方面。在溶胶中加入少量大分子化合物,有时会降低溶胶的稳定性,甚至发生聚沉,这种现象称为敏化作用(sensitization)。敏化作用产生的原因可能是在同一个大分子上吸附了许多胶粒,局部密度变大,在重力作用下发生沉降,见图 9-17(a)。在溶胶中加入足够量的大分子化合物,使溶胶的稳定性增加,称为大分子化合物对溶胶的保护作用。这是由于多个大分子吸附在同一个溶胶粒子的表面,或环绕在粒子的周围,形成溶剂化保护膜,对溶胶起保护作用,见图 9-17(b)。大分子化合物对溶胶的保护作用在实际中有着重要的应用,例如墨汁用动物胶保护,颜料用酪素保护,照相乳剂用明胶保护,杀菌剂蛋白银(银溶胶)用蛋白质保护等。

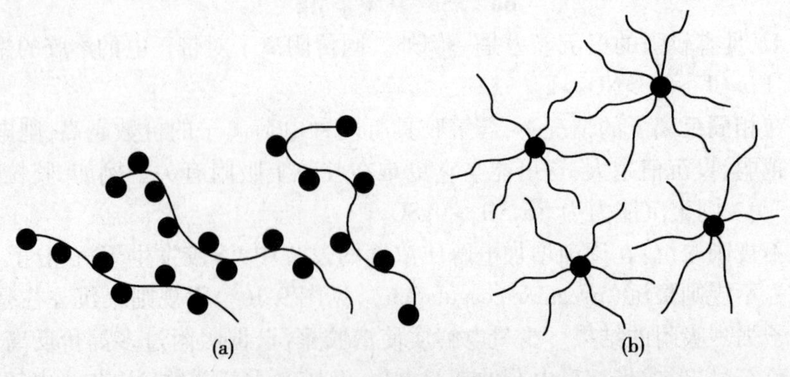

图 9-17 大分子化合物的敏化作用和保护作用
(a) 敏化作用 (b) 保护作用

学习小结

1. 学习内容

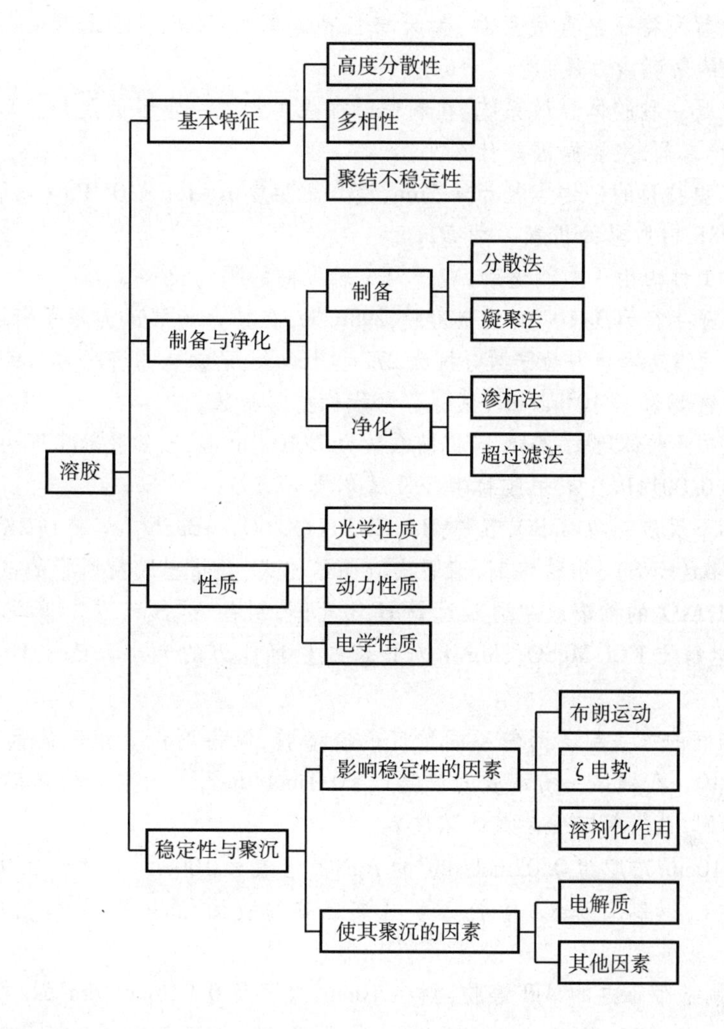

2. 学习方法

在本章的学习中要从溶胶的基本特征入手,理解溶胶的制备、性质及其稳定性与聚沉。溶胶特有的分散程度决定了溶胶制备的两类方法(分散法和凝聚法);特有的分散程度使其呈现丁达尔现象和布朗运动现象。溶胶的高度分散性和多相性决定了溶胶的聚结不稳定性,因此制备稳定的溶胶必须有稳定剂的存在,若系统中存在过多电解质,要进行净化处理。稳定剂使胶粒带上了电荷,因此溶胶具有电泳、电渗、流动电势、沉降电势等电动现象,但整个胶团呈现电中性。布朗运动、胶粒带电及溶剂化作用是溶胶稳定的原因所在。溶胶的稳定性是相对的,一旦破坏了影响溶胶稳定的因素,即会导致溶胶的聚沉。过多电解质的存在是溶胶聚沉的主要因素,同时大分子化合物、带相反电荷的溶胶及温度、浓度等物理因素也会引起溶胶的聚沉。

(王华瑜　曹姣仙)

笔记

习题

1. 为什么晴朗的天空呈蓝色？为什么雾天行驶的车辆尾灯一般采用黄色？

2. 用电解质将豆浆点成豆腐，如果有三种电解质：$NaCl$、$MgCl_2$和 $CaSO_4 \cdot 2H_2O$，哪种电解质的聚沉能力最强？

3. 墨汁是一种胶体分散系统，在制作时往往要加入一定量的阿拉伯胶（一种大分子物质）作稳定剂，主要原因是什么？

4. 某溶胶胶粒的平均直径为4.2nm，设介质黏度 $\eta=1.0\times10^{-3}$Pa·s，试计算：

（1）298K时胶粒的扩散系数 D；

（2）在1秒内由于布朗运动，粒子沿 x 轴方向的平均位移 $\bar{x}$。

5. 某粒子半径为 3×10^{-8}m 的金溶胶，298K时，在重力场中达沉降平衡后，在高度差为 1×10^{-4}m 的指定容积内粒子数分别为277和166个，已知金的密度为 1.93×10^{4}kg/m^3，分散介质的密度为 1×10^{3}kg/m^3，试计算阿伏伽德罗常数。

6. 某一球形胶体粒子，293K时扩散系数为 7×10^{-11}m^2/s，已知胶粒密度为1334kg/m^3，水的黏度为0.0011Pa·s，求胶粒半径及摩尔质量。

7. 用如下反应制备$BaSO_4$溶胶：$Ba(CNS)_2+K_2SO_4 \rightarrow BaSO_4$（溶胶）$+2KCNS$ 用略过量的反应物$Ba(CNS)_2$ 作稳定剂，请写出胶团结构式，并指出胶粒所带的电性。

8. 在H_3AsO_3的稀溶液中通入过量H_2S 气体，制备As_2S_3溶胶。请写出胶团结构式，并比较电解质 KCl、$MgSO_4$、$MgCl_2$ 对该溶胶聚沉能力的大小。已知H_2S 能电离成H^+和HS^-。

9. 用相同的方法制备两份不同浓度的金溶胶，测得两份金溶胶的散射光强度之比为 $I_1/I_2=10$。已知第一份溶胶的浓度 $c_1=0.1$mol/dm^3，若入射光的频率和强度等实验条件都相同，试求第二份溶胶的浓度 c_2。

10. 将10cm^{3}浓度为0.02mol/dm^{3}的$AgNO_3$溶液和100cm^{3}浓度为0.05mol/dm^{3}的 KCl 溶液混合，以制备 $AgCl$ 溶胶。写出该溶胶的胶团结构式，并指出胶粒的电泳方向。

11. 欲制备带正电的AgI溶胶，则在10cm^{3}浓度为0.016mol/dm^{3}的$AgNO_3$溶液中最多加入多少0.005mol/dm^{3}的KI溶液？若有$MgSO_4$和$K_3Fe(CN)_6$两种电解质，哪一种电解质更容易使此溶胶聚沉？

12. 在热水中水解$FeCl_3$制备$Fe(OH)_3$溶胶。请写出该胶团的结构式，指明胶粒的电泳方向，比较电解质Na_3PO_4、$NaSO_4$、$NaCl$ 对该溶胶聚沉能力的大小。

第十章

大分子溶液

学习目的

大分子化合物在医药上应用广泛，尤其是生物大分子，与生命活动关系极为密切，人体中起重要作用的血液、体液等都是大分子溶液。另外血浆代用液、脏器制剂、疫苗等也是大分子溶液，药物制剂中许多常用的增稠剂、增溶剂、乳化剂及胶囊剂等都是大分子溶液，中药制剂的研究和开发及提高药物的生物利用度等均涉及大分子溶液的相关知识，因此本章的学习对药物研究有重要的指导作用。本章主要介绍有关大分子溶液的基本性质及其基本规律与一些基本应用。

学习要点

大分子溶液的结构特征、溶解规律和基本性质如渗透压、黏度、超离心沉降等和应用。

大分子化合物(macromolecular compound)是指那些由众多原子或原子团主要以共价键结合而成的相对摩尔质量在1万以上的化合物，它包括天然大分子化合物和合成大分子化合物，有机大分子化合物和无机大分子化合物。天然大分子与生物以及人的生命现象有密切关系，如淀粉、蛋白质、纤维素和核酸等，它们的摩尔质量很大，有的甚至达到几百万。

许多大分子化合物能溶解于适当的溶剂中而形成大分子溶液，在溶液中也有形成凝胶的物质。大分子溶液的溶质分子大小在1~100nm，达到胶体颗粒大小的范围，因此表现出一些与胶体相似的性质，故研究大分子化合物的许多方法也和研究溶胶的许多方法相同。在溶液中，大分子化合物以单个分子存在，其结构与溶胶颗粒不同，所以它的性质又有与溶胶不同的特殊性，大分子化合物是真溶液，是热力学稳定系统。

大分子化合物在医药上应用广泛。人体中的起重要作用的血液、体液等都是大分子溶液。血浆代用液、脏器制剂、疫苗等也是大分子溶液，它们可以直接用作药用物。另外，药物制剂中许多常用的增稠剂、增溶剂、乳化剂等都是大分子化合物。

第一节　大分子化合物的特点

一、大分子化合物的结构特性

（一）大分子化合物的结构

大分子化合物大多由许多重复的结构单元聚合而成，聚合物按不同角度有多种分类方法：按来源分类，有天然的、半天然的和合成的；按聚合反应的机制和反应类别分，

笔记

有连锁聚合（加聚）和逐步聚合（缩聚）两大类；按大分子主链结构分，有碳链、杂链和元素有机大分子等；按聚合物性能和用途分，有塑料、橡胶、纤维和黏合剂等；按大分子形状分，有线型、支链型、交联型等。其结构如图 10-1 所示。天然橡胶和纤维素属于线型结构；支链淀粉大分子和糖原大分子属支链型结构。

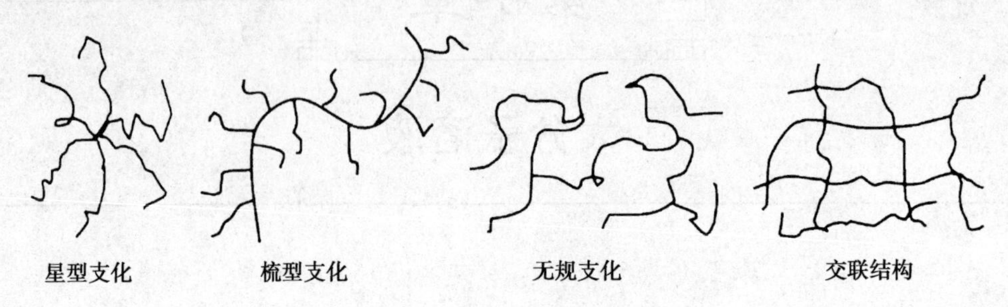

图 10-1　大分子化合物结构示意图

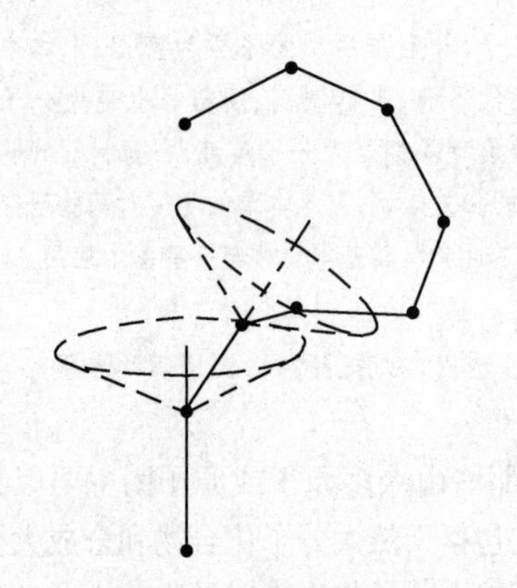

图 10-2　键角固定的大分子链的内旋

溶液中的大分子主要为线型，其分子链通常呈卷曲状态，分子的结构特点为：分子长链由许多个 C—Cσ 单键组成，在键角不变的情况下，这些单键时刻都围绕其相邻的单键在空间作不同程度的圆锥形转动，这种转动称为分子的内旋转。这种内旋转导致大分子在空间的排布方式不断变更而出现许多不同的构象，如图 10-2 所示。

（二）链节和链段

大分子化合物往往由简单的结构单元重复连接而成。例如某聚合物其化学式可写为 X_n，表示它由 n 个相同的结构单元 X 组成，其结构单元 X 称为链节（chain unit），n 称为大分子化合物的聚合度（degree of polymerization）。当聚合物由相同的结构单元组成，称之为均聚物（homopolymer），若是由两种不同结构单元结合而成，其化学式可写为 X_nY_m，则称之为共聚物（copolymer）。通常将生成大分子的那些小分子原料称为单体（monomer）。聚乙烯分子就是由许多个乙烯单体聚合而成，为均聚物，其结构式为：

$$R—[CH_2—CH_2]_n—R$$

其中重复出现的结构单元—C_2H_4—称为链节，链节数“n”称聚合度。

大分子碳链中某一个链节发生内旋转时，会影响到距它较近的链节，使它们随着一起运动，而这些受到相互影响的链节的集合体称作链段（segment）。链段是由一定数量相互影响的链节所组成的活动单元，而大分子就是由很多链段组成的活动整体。大分子本身的整体运动与其中链段的独立运动单元形成了大分子所特有的运动单元的多重性，并导致了大分子溶液的某些特殊的理化性质。

大分子在溶液中是以链段而不是整个长链为单元来起作用的，一个大分子长链含若干个链段，因此，一个大分子在稀溶液依数性方面能起相当于若干个小分子的作用。

（三）大分子的柔顺性

大分子长链上链节的内旋转和链段的热运动，促使其具有明显的柔顺性（flexibility）。

笔记

大分子链的柔顺性一般与链段的长短、取代基的大小及溶剂的性质和温度等因素有关。

1. 主链结构　链段越短，大分子链上的独立运动单元越多，分子卷曲越厉害，大分子的柔顺性越佳；反之，链段愈长，主链上能独立运动的单元少，分子的刚性就愈大。

只有碳氢的链柔性较好，原子间的作用力较小，不阻碍 C—C 键的内旋转；大分子主链上有侧链或其他基团时将会对大分子链的内旋转造成阻碍，柔性变差；链上存在极性的取代基（如—Cl、—OH、—CN、—COOH 等），彼此间作用力比较强，C—C 键的内旋转受到阻碍，分子链就显出较强的刚性。

2. 溶剂的影响　若溶剂与大分子间作用力较大，大分子链段间相互作用弱，大分子在溶液中松弛舒张，柔性较好。这种能使大分子链舒展的溶剂称为良溶剂（good solvent）；反之，使大分子链卷曲的溶剂称为不良溶剂（poor solvent）。

3. 温度的影响　温度较低时，由于能量不足，也会使内旋转受阻，柔性变差。

此外制备大分子材料时添加剂也会影响大分子链的柔顺性。许多添加剂如增塑剂能够改善大分子链的柔顺性，主要是因为它能深入到大分子链或链段之间，增大了分子链、链段或基团之间的距离，减弱了它们之间的作用力，从而使大分子链的柔顺性增加。

二、大分子化合物的相对摩尔质量

大分子化合物是不同聚合度的同系物的混合物，它的聚合度和相对摩尔质量指的都是统计平均值，测定方法不同，统计处理方式不同，获得的平均值也不同。常用的平均摩尔质量表示方法有：

1. 数均摩尔质量（number average molar weight，M_n）　设某大分子溶液，各组分的分子数分别为 n_1、n_2、…、n_i，其对应的摩尔质量为 M_1、M_2、…、M_i，则数均相对摩尔质量的定义为：

$$M_n=\frac{n_1M_1+n_2M_2+\cdots+n_iM_i}{n_1+n_2+\cdots+n_i}=\frac{\sum n_iM_i}{\sum n_i}=\frac{\sum N_iM_i}{\sum N_i}=\frac{\sum c_iM_i}{\sum c_i}=\sum x_iM_i \qquad 式(10\text{-}1)$$

式中，N_i、c_i 和 x_i 分别为第 i 种物质的数量、物质的量浓度和摩尔分数。

利用冰点下降法、渗透压法或电子显微镜法等可测得数均摩尔质量。

2. 质均摩尔质量（mass average molar weight，M_m）　假设大分子化合物中含有摩尔质量为 M_1、M_2…M_i 的分子，其相应质量分别为 $m_1=N_1M_1$、$m_2=N_2M_2$、…、$m_i=N_iM_i$，则

$$M_m=\frac{m_1M_1+m_2M_2+\cdots+m_iM_i}{m_1+m_2+\cdots+m_i}=\frac{\sum m_iM_i}{\sum m_i}=\frac{\sum N_iM_i^2}{\sum N_iM_i} \qquad 式(10\text{-}2)$$

式中，m_i 的单位为 g。

用光散射法测得的平均相对摩尔质量为质均摩尔质量。

3. Z 均摩尔质量（Z-average molar weight，M_z）　大分子化合物的摩尔质量按 m_iM_i 进行统计平均，其定义为：

$$M_z=\frac{\sum(m_iM_i)M_i}{\sum(m_iM_i)}=\frac{\sum N_iM_i^3}{\sum N_iM_i^2} \qquad 式(10\text{-}3)$$

用超离心沉降法测得的平均相对摩尔质量为 Z 均摩尔质量。

4. 黏均摩尔质量(viscosity average molar weight, M_η)用黏度法测得的平均摩尔质量叫做黏均摩尔质量，其定义式为：

$$M_\eta=\left(\frac{\sum N_iM_i^{(\alpha+1)}}{\sum N_iM_i}\right)^{1/\alpha} \qquad 式(10\text{-}4)$$

式中，α 为经验常数，一般在 0.5~1.0。

一般情况下，对同一种样品，若是均一系统，则 $M_n=M_\eta=M_m=M_Z$；对于非均一系统则 $M_n<M_\eta<M_m<M_Z$。通常用 M_m/M_n 的比值来估计大分子化合物摩尔质量的分布情况。$M_m/M_n=1$ 是单分散系统，M_m/M_n 值越大，表明摩尔质量分布范围越宽，分子大小愈不均匀。

知识拓展

大分子化合物相对摩尔质量的测定方法

方法名称	原理	实验方法
端基分析	$\bar{M}=\frac{W}{N_e}$	测定 N_e 但需已知其结构
沸点升高	$\frac{\Delta T_b}{C}=K_b\left(\frac{1}{M_n}+A_2C\right)$	测定 ΔT_b 但需标定 K_b
冰点下降	$\frac{\Delta T_f}{C}=K_f\left(\frac{1}{M_n}+A_2C\right)$	测定 ΔT_e 但需标定 K_f
蒸汽压渗透	$\frac{\Delta G}{C}=K_s\left(\frac{1}{M_n}+A_2C\right)$	测定 ΔG 但需标定 K_s
膜渗透	$\frac{\pi}{C}=RT\left(\frac{1}{M_n}+A_2C\right)$	测定 π 即可
光散射	$\frac{K_c}{R_\theta}=\left(\frac{1}{\overline{M_w}}+2A_2C\right)$	标定 $R_\theta=R_{90(苯)}\cdot\frac{I_\theta}{I_{90(苯)}}$($R_\theta$ 为瑞利散射强度)
超速离心沉降速度	$M=RT\frac{S}{D(1-\bar{\nu}\rho)}$	(S 为沉降系数)
超速离心沉降平衡	$M=\frac{2RT\ln\left(\frac{C_2}{C_1}\right)}{1-\bar{\nu}\rho\omega^2(r_2^2-r_1^1)}$	测定 C 及 r 即可
稀溶液黏度	$[\eta]=K\cdot M^\alpha$	测定$[\eta]$，但要标定 K、a
凝胶渗透色谱(凝胶电泳法)	$\log M=A-BVe$	测定 V_e 和 H_i，但要进行通用校正(V_e 为电泳淌度)
电子显微镜	$\overline{M_n}=\frac{4}{3}\pi\rho N_A\left(\frac{\sum r_in_i}{\sum n_i}\right)$	测定 r_i 及 n_i 即可

笔记

第二节 大分子溶液

一、大分子溶液的基本性质

大分子化合物在适当的溶剂中，可自动分散形成大分子溶液（macromolecular solution）。大分子溶液中溶质分子的大小为 $10^{-9}\sim10^{-7}$m，与胶体粒子大小差不多，因此在与粒子大小有关的性质显示出了与胶体溶液相似的特性，如扩散慢、不能透过半透膜等。但在热力学性质、分散相存在单元及外加电解质的影响等方面与溶胶有着明显的差异，在这些方面与小分子溶液有着十分相似的特性。它们的性质差异见表 10-1。

表 10-1 大分子溶液和溶胶及小分子溶液性质的比较

项目	大分子溶液	胶体溶液	小分子溶液
分散相的尺寸	大分子 $10^{-9}\sim10^{-7}$m	胶团 $10^{-9}\sim10^{-7}$m	小分子$<10^{-9}$m
扩散与渗透性质	扩散慢，不能透过半透膜	扩散慢，不能透过半透膜	扩散快，可以透过半透膜
热力学性质	热力学稳定系统，服从相律	热力学不稳定系统	热力学稳定系统，服从相律
溶液依数性	有，但偏高	无规律	有，正常
光学现象	丁达尔效应较弱	丁达尔效应明显	无丁达尔效应
溶解度	有	无	有
溶液黏度	很大	小	很小
分散相存在单元	单分子	多分子组成的胶粒	单分子
对外加电解质	不太敏感	敏感	不敏感

二、大分子化合物的溶解规律

大分子化合物的溶解是一个缓慢过程，一般要经历溶胀（swelling）和溶解两个阶段。

大分子化合物的溶胀是指由于大分子化合物与溶剂分子大小相差悬殊，溶剂分子向聚合物渗透快，而大分子化合物分子向溶剂扩散慢，导致溶剂分子向大分子化合物分子链间的空隙渗入，引起大分子化合物体积增大，但缠结着的大分子仍能在相当长时间内保持联系以至其外形保持不变的现象，如图 10-3 所示。溶胀所形成的系统就是凝胶。若溶胀进行到一定程度就不再继续进行下去，则称之为有限溶胀。若溶胀不断地进行下去直至其完全溶解成大分子溶液，这种溶胀称为无限溶胀。所以溶解也可看成是大分子化合物无限溶胀的结果。溶解一定经过溶胀，但溶胀不一定溶解。随着溶剂分子的不断渗入，大分子化合物分子链间的空隙增大，加之渗入的溶剂分子还能使大分子链溶剂化，从而削弱了大分子链间的相互作用，使链段得以运动，直至脱离其他链段的作用，转入溶解。当所有的大分子都进入溶液，均匀分散到溶剂中，形成完全溶解的分子分散的均相系统，溶解过程方告完成。不少大分子化合物与水分子有极强的亲和力，分子周围形成一层水合膜，这是大分子化合物溶液具有稳定性的主要原因。因此大分子溶液是稳定系统。

笔记

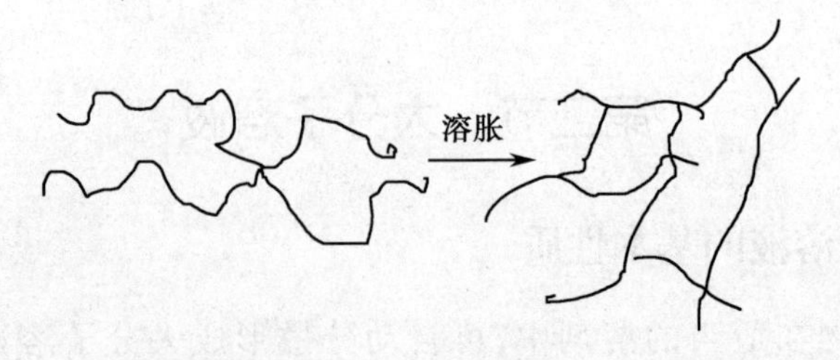

图 10-3　大分子化合物的溶胀示意图

大分子化合物在适当溶剂中的溶解同样遵从"相似相溶"的规则，若大分子与溶剂分子在化学组成和结构上相似，则有利于溶解，即极性大分子化合物溶于极性溶剂中（如聚乙烯醇能溶于水，不溶于汽油），非极性大分子化合物溶于非极性溶剂中（如天然橡胶溶于汽油而不溶于甲醇、乙醇中）。

三、大分子溶液的黏度

（一）流体的黏度

1. 黏度的意义及牛顿黏度定律　流体都具有流动性。流体在流动时将产生内摩擦阻力，这种性质称为流体的黏性。流体黏性越大，其流动性越小。例如水容易流动，油则不易流动。它们在流动能力上的差别在于它们内部对流动起阻碍作用的内摩擦力大小不同。

如图 10-4 所示，设两液层的接触面积为 A，相距 $\mathrm{d}x$，速率差为 $\mathrm{d}v$，研究表明，对层流流体，两液层之间单位面积上的切力 f 与切速率 $\mathrm{d}v/\mathrm{d}x$（rate of shear）成正比，即

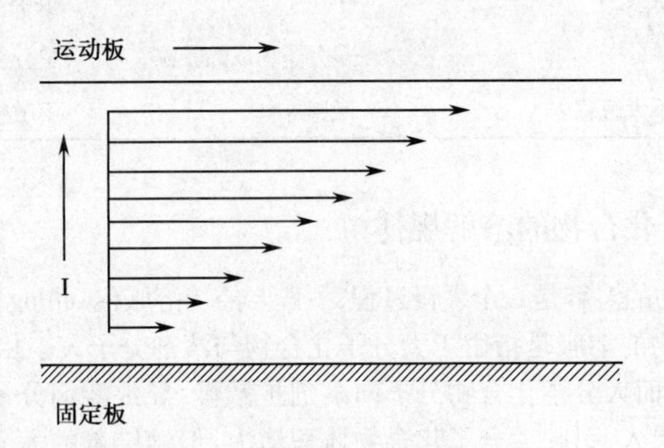

图 10-4　流体在两平行板间的流动示意图

$$f=\frac{F}{A}=\eta\frac{\mathrm{d}v}{\mathrm{d}x} \qquad 式(10\text{-}5)$$

式中，η 为比例常数，称为黏度系数（viscosity coefficient），简称黏度。SI 制单位为 kg/(m · s)，称帕斯卡 · 秒，符号 Pa · s。

黏度的物理意义为：当速度梯度为 1 时，单位面积上所产生的切力的大小。此式所示的关系，称为牛顿黏度定律。

根据式(10-5)，以 $\mathrm{d}v/\mathrm{d}x$ 对 f 作图，可得一条通过原点的直线，这表明液体黏度与切力无关。这种不受切力影响的黏度称为牛顿黏度。对于纯液体，黏度的大小决定于物质的本性、温度；对于溶液来说，它还与溶液的浓度、pH 值和其他电解质的存在

笔记

有关。

凡符合牛顿黏度定律的液体均称为牛顿型流体(Newtonian fluid)。大多数纯液体(如水、汽油、乙醇等)以及低分子物质的稀溶液,都属于牛顿型流体。凡不符合牛顿黏度定律的液体均称为非牛顿型流体(non-Newtonian fluid),如浓的大分子溶液。

2. 黏度的几种表示方法

(1) 相对黏度 η_r(relative viscosity):用溶液黏度与溶剂黏度的比值表示,为无量纲量。

$$\eta_r=\frac{\eta_{溶液}}{\eta_{溶剂}} \qquad 式(10\text{-}6)$$

(2) 增比黏度 η_{sp}(specific viscosity):它是溶液黏度比溶剂黏度增加的相对值,即

$$\eta_{sp}=\frac{\eta_{溶液}-\eta_{溶剂}}{\eta_{溶剂}} \qquad 式(10\text{-}7)$$

增比黏度反映了溶质对溶液黏度的贡献,为无量纲量。

(3) 比浓黏度 η_c(reduced viscosity):其定义为

$$\eta_c=\frac{\eta_{sp}}{c} \qquad 式(10\text{-}8)$$

其量纲为(浓度)$^{-1}$,表示单位浓度的溶质对黏度的贡献。

(4) 特性黏度[η](intrinsic viscosity):特性黏度又称结构黏度,用大分子溶液无限稀释时的比浓黏度来表示。其数值不随浓度而改变,只与大分子化合物在溶液中的结构、形态及相对摩尔质量大小有关,其定义为

$$[\eta]=\lim_{c\to 0}\frac{\eta_{sp}}{c}=\lim_{c\to 0}\frac{\ln\eta_r}{c} \qquad 式(10\text{-}9)$$

[η]的这两种表示法是等效的,因为

$$\frac{\ln\eta_r}{c}=\frac{\ln(1+\eta_{sp})}{c}=\frac{\eta_{sp}}{c}\left(1-\frac{1}{2}\eta_{sp}+\frac{1}{3}\eta_{sp}^2+\cdots\right)$$

当 $c\to 0$ 时,η_{sp}的高次项也趋于0,则

$$[\eta]=\lim_{c\to 0}\frac{\eta_{sp}}{c}=\lim_{c\to 0}\frac{\ln\eta_r}{c}$$

(二) 大分子溶液的黏度

大分子溶液的黏度一般比小分子溶液的黏度大很多,例如,1%橡胶-苯溶液的黏度约为纯苯黏度的十几倍,而且它不遵守牛顿黏度定律,在一定范围内,其黏度随切力的改变而改变,如图10-5和图10-6所示。产生这种现象的原因,主要是在溶液中形成了大分子长链的网状结构。溶液浓度越大,大分子链越长,则越容易形成网状结构,黏度也就越大。对大分子溶液施加切力,使之网状结构逐步被破坏,黏度也就随之逐渐减小。当切力增加到一定程度,网状结构完全被破坏,黏度不再受切力大小的影响,此时的黏度符合牛顿黏度定律。这种由于在溶液中形成某种结构而产生的黏度称为结构黏度,其数值大小与大分子形状、溶液浓度、所用溶剂及温度等因素有关。

笔记

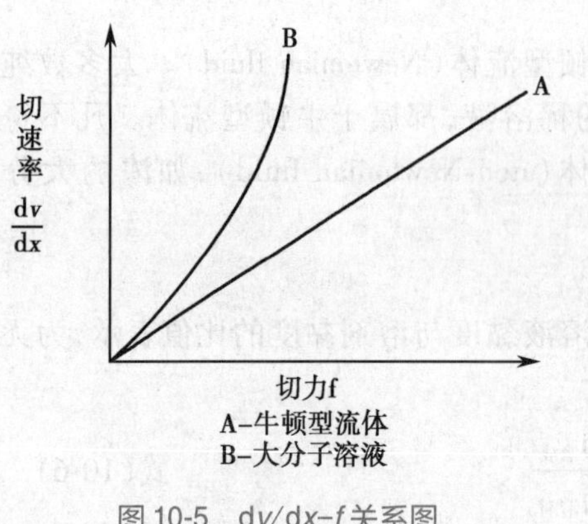

图 10-5　$dv/dx-f$ 关系图

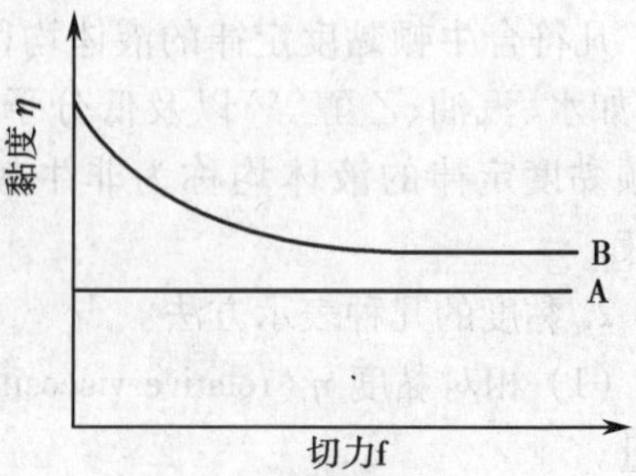

黏度 η
B
A
切力f
A–牛顿型流体
B–大分子溶液

图 10-6　$\eta-f$ 关系图

（三）黏度法测定大分子的黏均摩尔质量

线型大分子稀溶液的黏度与浓度的关系符合 Huggins 和 Kraemer 经验式

$$\eta_{sp}/c=[\eta]+k'[\eta]^2c \qquad 式(10\text{-}10)$$

$$\ln\eta_r/c=[\eta]-\beta[\eta]^2\cdot c \qquad 式(10\text{-}11)$$

式中，k' 和 β 均为常数。以上两式表明，测定不同浓度大分子溶液的黏度，作 $\eta_{sp}/c-c$ 或 $\ln\eta_r/c-c$ 图，可得两条直线，截距均为特性黏度$[\eta]$，如图 10-7 所示。

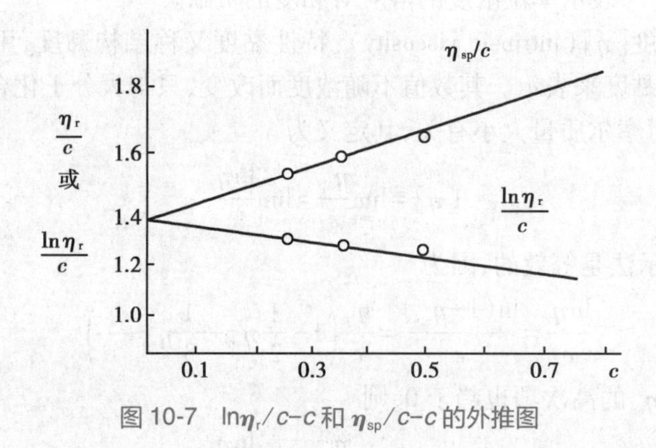

图 10-7　$\ln\eta_r/c-c$ 和 $\eta_{sp}/c-c$ 的外推图

斯坦丁格尔（Standinger）等经过研究，提出了一定温度下大分子溶液的特性黏度与其黏均摩尔质量（M）间的经验关系式：

$$[\eta]=K\cdot M^{\alpha} \qquad 式(10\text{-}12)$$

式中，K 或 α 为与溶剂、大分子化合物及温度有关的经验常数。K 的数值受温度影响较大，而与溶液系统的性质关系不大；α 在等温下主要取决于大分子化合物在溶剂中的形态，其值一般在 0.5~1 之间。K 和 α 的具体数据可在相关手册中查到。

黏度法测定大分子的黏均摩尔质量是一种经验方法，还需借助渗透压、超离心沉降等方法测出摩尔质量后，再确定 K 和 α 的值。

四、大分子溶液的渗透压

当半透膜两侧有不同浓度的溶液时，两侧溶液有趋于浓度相同的趋势。大分子溶液通过半透膜与水接触，溶质分子较大无法通过半透膜，溶剂水可以自由透过，产生渗

笔记

透压(osmotic pressure)。

在大分子稀溶液中溶质的分子数虽然较少,但是由于每个大分子中含有多个链段,因此,与相同浓度的小分子溶液相比,大分子溶液的渗透压要大得多。

非电解质大分子溶液对理想溶液偏差较大,其渗透压要用维利(Virial)公式来描述:

$$\Pi/c=RT(1/M_n+A_2c+A_3c^2+\cdots\cdots) \quad 式(10\text{-}13)$$

式中,A_2、A_3为维利系数,表示溶液的非理想程度;c为浓度;M_n为数均摩尔质量。

在稀溶液中,上式可简化为:

$$\Pi/c=RT/M_n+A_2RTc \quad 式(10\text{-}14)$$

式中,A_2为第二维利系数,其值与溶液中大分子的形态及大分子与溶剂间的相互作用有关。$A_2>0$时,溶剂为良溶剂;$A_2<0$时为不良溶剂;$A_2=0$时大分子溶液表现为理想溶液。

由10-14式可知,在一定温度下,通过实验测出不同浓度c时溶液的渗透压Π,然后以Π/c对c作图可得一直线,由直线的截距可求出数均摩尔质量M_n,由直线的斜率可求出第二维利系数A_2,用这种方法可测定大分子的摩尔质量。

从10-14式还可看出,M_n越大,渗透压越小,实验误差就越大,所以只有大分子的相对摩尔质量在$1\times10^4\sim5\times10^5$范围内时,才能采用上述方法进行测定。

五、大分子溶液的超速离心沉降

大分子溶液中的分子在远大于重力的离心力作用下会发生沉降,其沉降速率与大分子化合物的相对摩尔质量有关。大分子化合物的相对摩尔质量越高,其沉降速率越大。因此,可利用超速离心(ultracentrifugation)技术分离提纯不同相对摩尔质量的大分子化合物。超速离心分离技术常用于天然大分子化合物的分离、提纯和测定其他理化性质。超速离心技术还可用于测定大分子化合物相对摩尔质量。

六、大分子化合物对溶胶稳定性的影响

(一)大分子溶液在固液界面上的吸附

在溶胶中加入某些大分子溶液,大分子溶液与胶粒之间会发生相互作用,即有发生吸附的可能性,如图10-8所示。

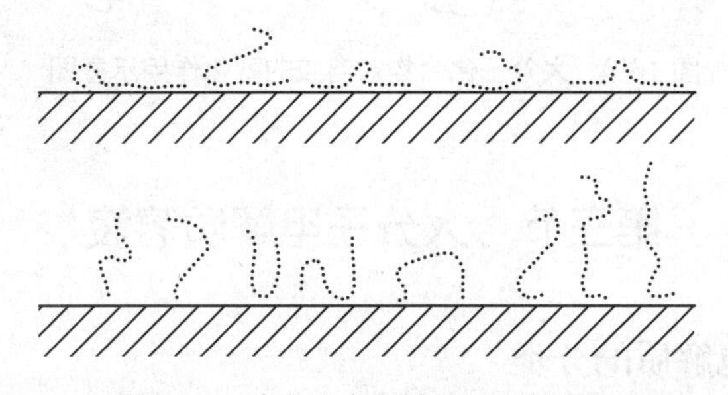

图10-8　大分子在固液界面上的吸附

大分子化合物在固液界面上的吸附形态主要取决于:①固体表面的活化位点数;②大分子中可被吸附的官能团数;③大分子在溶液中的柔性;④溶剂分子的吸附能力;⑤大分子中吸附基团的位置等。

笔记

（二）大分子化合物对溶胶的稳定作用

在溶胶中加入一定量的大分子化合物或缔合胶体,能显著提高溶胶对电解质的稳定性,这种现象称为保护作用,又称之为空间稳定性。例如医药上所用的蛋白银溶胶,在制备过程中,加入蛋白质所得的胶体银(称为蛋白银),较普通银溶胶稳定。将所得蛋白银蒸干后能还能重新分散于水中。蛋白银比普通银溶胶浓度更高,银粒更细,它含胶体银8.5%~20%,是极强的防腐剂。另外血液中的碳酸钙等难溶盐也是因为受到血浆蛋白等大分子的保护作用而得以存在的,当保护蛋白质减少时,这些微溶性盐就要沉淀,从而形成结石。

大分子化合物对溶胶的稳定作用,是由于溶剂化了的线状大分子被吸附在胶粒表面,使胶粒表面多出一层溶剂化保护膜,从而提高了溶胶的稳定性。因此,只有足量的大分子包围在所有溶胶粒子的表面上,才能使溶胶分散相粒子受到完全的、有效的保护。溶胶被保护以后,其电泳、对电解质的敏感性等会产生显著的变化,显示出一些亲液溶胶的性质,具有抗电解质影响、抗老化、抗温等优良性质。

大分子化合物对溶胶的保护作用与大分子自身的结构、相对摩尔质量及其浓度均有关系。

（三）大分子对溶胶的敏化作用

在溶胶中加入少量的大分子化合物,反而使溶胶对电解质的敏感性大大增加,显著降低其稳定性,这种现象称为大分子的敏化作用。

由电解质所引起的溶胶聚沉过程比较缓慢,所得到的沉淀颗粒紧密、体积小,这是由于电解质压缩了溶胶粒子的扩散双电层所引起的。

大分子的敏化作用是因加入的大分子化合物量太少,不足以包住胶粒,反而使大量的胶粒吸附在大分子的表面,大分子化合物本身的链段旋转和运动,使胶粒间可以互相“桥联”变大而易于聚沉,如图10-9所示。敏化作用具有迅速、彻底、沉淀疏松、过滤快、絮凝剂用量少等优点,对于颗粒较大的悬浮体尤为有效。这对于污水处理、钻井泥浆、选择性选矿以及化工生产流程的沉淀、过滤、洗涤等操作都有极重要的作用。

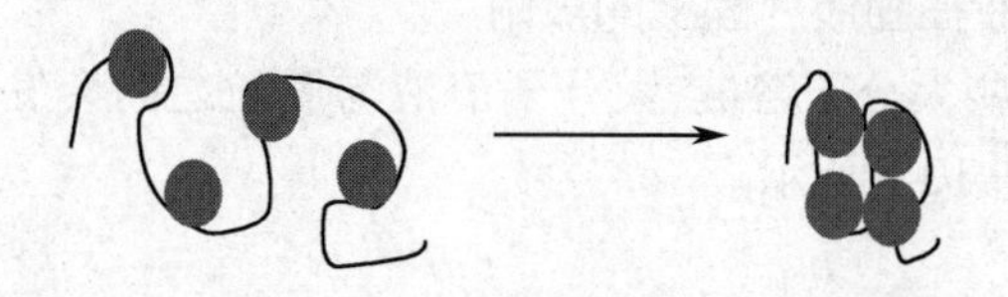

图10-9　大分子化合物对溶胶的敏化作用示意图

第三节　大分子电解质溶液

一、大分子电解质的分类

大分子电解质(macromolecular electrolyte)是指在溶液中能电离出大离子的大分子化合物,这种大离子是一种带电基团的聚合体,在它的每个链节上都有带电基团。根据电离后大离子的带电情况,大分子电解质可以分为三种类型:阳离子型、阴离子型及两性型。一些常见大分子电解质见表10-2。

笔记

表 10-2　某些常见大分子电解质

阳离子型	阴离子型	两性型
聚乙烯胺	果胶	明胶
聚 4-乙烯-正丁基-吡啶溴	阿拉伯胶	乳清蛋白
血红素	羧甲基纤维素钠	卵清蛋白
	肝素	鱼精蛋白
	聚丙烯酸钠	γ-球蛋白
	褐藻糖硫酸酯	胃蛋白酶
	西黄蓍胶	血纤维蛋白原

大分子电解质能溶于适当的溶剂中形成大分子电解质溶液。大分子电解质溶液中除了有大离子外，还有与大离子带相反电荷的普通小离子，如 H^+、OH^-、Br^-、Na^+等，称为反离子。这些反离子在溶液中均匀分布在大离子的周围，或被包围于大离子长链的网状结构中。由于大离子及反离子的存在，大分子电解质溶液除具有酸、碱、盐的性质外，还表现出电导和电泳等电学性质。

二、大分子电解质溶液的电学性质

（一）大分子电解质溶液的导电性

大分子电解质的导电性主要与介质中大分子离子的形状和大小及特殊的结构都有关，主要表现为以下几点：

1. 大分子电解质溶液的导电性较弱　如平均摩尔质量在 20 000 以下的大分子电解质，在介质中能较好地伸展，电荷均匀分布在整个分子的周围，电导稍大些。而平均摩尔质量在 20 000 以上的大分子电解质，在介质中易卷曲，使一部分反离子陷入其中，失去原来的活动性，加之大离子本身运动速率较慢，故其导电性质与弱电解质溶液相似。

2. 大分子电解质溶液具有高电荷密度　在溶液中，大分子电解质电离出大离子，其链节上带有相同电荷，故电荷密度较高，致使分子链上带电基团之间具有相互排斥作用。

3. 大分子电解质在水溶液中，长链上荷电的极性基团通过静电作用吸引水分子，使水分子紧密排列在基团周围，形成特殊的“电缩”水化层，加上部分疏水链结合水形成的疏水基水化层，使其具有高度水化性。

4. 大分子电解质水溶液的高电荷密度和高度水化使大分子电解质在水溶液中分子链相互排斥，易于伸展，稳定性增加。但同时对外加小分子电解质也相当敏感，若加入酸、碱或盐，均可使大分子电解质分子长链上电性相互抵消，显示出非电解质大分子化合物的性质。

（二）蛋白质水溶液的电泳

在电场作用下，大分子电解质溶液将产生电泳现象。大分子电解质溶液的电泳对

笔记

医药实践具有极其重要的指导意义。下面将以蛋白质为例来探讨大分子电解质溶液的电泳现象。

1. pH 值对水溶液中蛋白质荷电的影响 蛋白质在水中的溶解度及蛋白质荷电的情况与溶液 pH 有关。以—COOH 和—NH_2分别代表蛋白质分子结构式中的全部羧基和氨基，R 代表除羧基和氨基外的其他部分，则蛋白质分子可简单表示为：

$$R\begin{matrix}\diagup COOH\\ \diagdown NH_2\end{matrix}$$

由于蛋白质是两性型大分子电解质，因此，在蛋白质溶液中，羧基可以作为有机弱酸电离，发生下述反应：

$$R\begin{matrix}\diagup COOH\\ \diagdown NH_2\end{matrix} \rightleftharpoons R\begin{matrix}\diagup COO^-\\ \diagdown NH_2\end{matrix} + H^+$$

此时大离子带负电荷，溶液呈酸性。同时，氨基可以作为有机弱碱，发生下述反应：

$$R\begin{matrix}\diagup COOH\\ \diagdown NH_2\end{matrix} + H^+ \rightleftharpoons R\begin{matrix}\diagup COOH\\ \diagdown NH_3^+\end{matrix}$$

此时大离子带正电荷，溶液显碱性。蛋白质分子链上—NH_3^+与—COO^-数目的多少受溶液 pH 值的影响。当溶液 pH 值高时因发生下述反应而使—COO^-数目增加：

$$R\begin{matrix}\diagup COOH\\ \diagdown NH_2\end{matrix} + OH^- \rightleftharpoons R\begin{matrix}\diagup COO^-\\ \diagdown NH_2\end{matrix} + H_2O$$

当溶液 pH 值低时，由于发生下述反应而使—NH_3^+数目增加：

$$R\begin{matrix}\diagup COOH\\ \diagdown NH_2\end{matrix} + H^+ \rightleftharpoons R\begin{matrix}\diagup COOH\\ \diagdown NH_3^+\end{matrix}$$

若将溶液 pH 值调至某一数值，使大分子蛋白质链上的—NH_3^+基与—COO^-基数目相等，这样，蛋白质将以电中性的两性离子存在，蛋白质处于等电状态，此时溶液的 pH 值称为蛋白质的等电点(isoelectric point)，以 pI 表示。

当溶液的 pH>pI 时，蛋白质分子上—COO^-基数目多于—NH_3^+基数目，蛋白质带负电；当溶液的 pH<pI 时，蛋白质分子上—NH_3^+基数目多于—COO^-基数目，蛋白质带正电。只有把蛋白质保持在 pH=pI 的缓冲溶液中，才能使蛋白质处于等电状态。蛋白质的等电点与结构有关。

当溶液的 pH=pI 时，溶液中蛋白质分子所带净电荷为零，与水分子间的作用力最弱，水化程度最差，溶解度最小。当溶液 pH 值偏离 pI 时，蛋白质分子上净电荷数量增加，水化作用增强，其溶解度增大。

溶液中线型蛋白质分子的形态也与溶液 pH 有关。在 pH=pI 时，蛋白质分子上等数目的正、负电荷相互吸引，无规则线团紧缩，柔性最差；当溶液 pH 偏离 pI 时，蛋白质

笔记

分子上同号电荷间的静电斥力使得其分子线团舒展伸张，柔性较好。

另外在等电点时，蛋白质溶液的性质会发生明显变化，其黏度、电导、渗透压以及稳定性都降到最低。pH 值对蛋白质溶液性质的影响如图 10-10 所示。

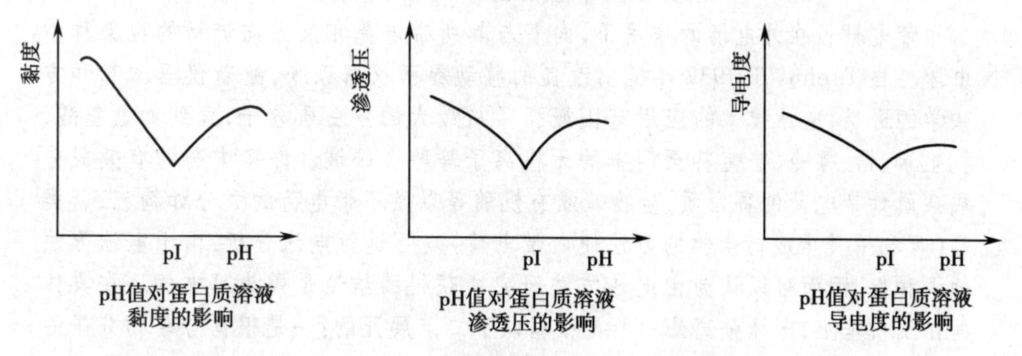

图 10-10　pH 值对蛋白质溶液性质的影响

2. 电泳　在电场中，大分子电解质溶液中的大离子朝电性相反的电极定向迁移的现象，称为大分子电解质的电泳。电泳速度主要取决于大离子所带电荷多少、大离子的大小及结构等因素，因此，不同的大分子电解质一般具有不同的电泳速率。利用这一原理，可将混合大分子电解质分离开来。例如人的血清蛋白中含有白蛋白，α_1-球蛋白、α_2-球蛋白、β-球蛋白和 γ-球蛋白，让其在一定 pH 的缓冲溶液中和一定电场下进行电泳，利用各种蛋白电泳速度不同（表 10-3），将样品中各组分蛋白质分离出来。

表 10-3　人的血清蛋白质中各组分的相对摩尔质量和电泳淌度

组分名	平均相对摩尔质量	电泳淌度（cm^2/(s · v)）
白蛋白	6.9×10^4	5.9×10^{-5}
α_1-球蛋白	2×10^5	5.1×10^{-5}
α_2-球蛋白	3×10^5	4.1×10^{-5}
β-球蛋白	$(1.5\sim90)\times10^5$	2.8×10^{-5}
γ-球蛋白	$(1.56\sim3)\times10^5$	1.0×10^{-5}

蛋白质电泳是在一定的缓冲溶液中进行的，所选用的缓冲溶液的 pH 值应小于或大于所有组分的蛋白质等电点，这样才能使各组分蛋白质都带同种电荷，以保证电泳时各组分蛋白质朝同一方向移动，并使各种大离子有较大差距，以便获得较好的分离效果。

蛋白质分离的常用方法为区域电泳法（regional electrophoresis method），即将惰性的固态载体（如纸、凝胶薄膜等）作为支持物，两端接正、负电极，把蛋白质样品点在载体上，进行电泳，从而将电泳速度不同的各组分分离。近年来，人们将蛋白质电泳与等电点特性结合起来，发展了等电聚焦电泳方法。此法基本原理是利用蛋白质分子或其他两性大分子等电点的不同，样品会在电场作用下，分别自动向它们各自的等电点 pH 区集中，最终达到分离提纯的目的。

笔记

高效电泳技术及其在药学中的应用

带电颗粒在外电场的作用下，向着与其所带电荷相反方向流动的现象称为电泳。自 Tiselins 于 1937 年提出改良的移动界面仪器以来，随着仪器本身和方法学的进展，电泳技术的应用范围概括了从最大的蛋白质分子，直到如氨基酸、抗生素、糖、嘌呤、嘧啶甚至简单的无机离子等整个领域。许多中药的有效成分或杂质如带电荷的蛋白质、生物碱或有机酸等以及不带电荷的成分如糖、三萜类等(可利用其生成衍生物的方法使之带电荷)均可进行电泳分析，由于电泳方法的温和性，因而可以认为由电泳方法研究所获得的结论是最为可靠的。在具体的作用机理上，电泳分离法一般是根据以下二点展开的：一是根据与药物分子的大小和净电荷数有关的泳动率；二是依据电荷而与药物分子的大小无关的电泳分离法。为减小或避免电泳过程中“对流动状和扩散作用”对电泳分离效果的影响，最大限度地提高分辨率，同时缩短电泳分离的时间，采用某些特殊的电泳技术是必须的，例如：以凝胶作电泳分离的支持介质，可大大地扩大电泳技术的使用范围，尤其是聚丙烯酰胺一类凝胶的孔径可以根据不同的样品进行选择，以促使带有相同电荷，但具有不同大小和形状的分子的分离；而等电聚焦和等速电泳由于能得到很高的分辨率，并且在分离结束后能回收被分离的样品物质，同时由于采用高压电泳法，分离样品物质所需时间最短，分子扩散作用较小，故在中药成分分析及中药材真伪鉴别上有着广泛而良好的应用前途★。

三、大分子电解质溶液的稳定性

大分子电解质溶液中的大离子带电并能形成溶剂化膜，使得大分子电解质溶液具有较大的稳定性，一般不会自动絮凝。其中大离子形成溶剂化膜是其稳定性的主要来源。因此，要使大分子电解质溶液絮凝，不仅要加入少量电解质中和大离子的电性，而且要加入去水剂以去除溶剂化膜。例如，对大分子电解质琼胶的水溶液，应先加乙醇等去水剂以去除水化膜，再加少量电解质，即可使琼胶絮凝。

(一) 电解质对大分子电解质溶液的影响

加入大量电解质也能使大分子电解质溶液絮凝，这种现象称为盐析(salting out)。盐析时所加入的电解质必须是大量的，它兼具去水化膜及中和电性两种作用。盐析是可逆的，当加入大量水以后，沉淀将溶解。盐析所需电解质的最小量称为盐析浓度。盐析浓度越小，电解质的盐析能力越强。电解质离子的水化程度越大，则盐析浓度越小，电解质的盐析能力越强。研究表明，对盐析起主要作用的是负离子。负离子在弱碱性(指 pH>pI)介质中对蛋白质的盐析能力从大到小排成的序列，即感胶离子序，为：

$$(1/2)SO_4^{2-}>Ac^->Cl^->NO_3^->ClO_3^->Br^->I^->CNS^-$$

在碱性介质中正离子对蛋白质的盐析能力的感胶离子序为：

$$Li^+>K^+>Na^+>NH_4^+>(1/2)Mg^{2+}$$

实验发现，在几种蛋白质的混合溶液中，用同一种电解质使蛋白质盐析时，用较少

笔记

量的电解质就能使相对摩尔质量较大的蛋白质首先析出，而增加电解质的用量后，才能使相对摩尔质量较小的蛋白质随后析出。这说明大分子溶液的抗盐析能力与溶质的相对摩尔质量有关，当溶质的化学组成相似时，相对摩尔质量较小的大分子抗盐析能力强。这种用同一种电解质使各种蛋白质从混合溶液中盐析的过程，叫做分段盐析。

蛋白质分段盐析时最常用的电解质是硫酸铵，因为这种电解质中的正、负两种离子都有很强的盐析能力，而且它在水溶液中的 pH 符合大多数蛋白质的等电点。例如，分离血清中的清蛋白和球蛋白时，当硫酸铵的浓度加到 2.0mol/L 时，球蛋白首先析出；滤去球蛋白，再加入硫酸铵至 3~3.5mol/L，清蛋白即可析出。

（二）非溶剂对大分子电解质溶液的影响

适当的非溶剂（non-solvent）（指大分子化合物不能溶解于其中的液体）也可使大分子化合物絮凝出来。例如，乙醇对蛋白质溶液就具有很强的絮凝作用。于大分子溶液中分步加入非溶剂，由于大分子溶液具有多分散性，而相对摩尔质量不同组分的溶解度不同，使得各组分即按相对摩尔质量由大到小的顺序先后絮凝，达到把大分子化合物分级的目的。

四、大分子电解质溶液的黏度

大分子电解质溶液的黏度特点是存在电黏效应。当大分子电解质溶液的浓度逐渐变稀时，电解质溶质在水中的电离度相应增加，大分子链上电荷密度增大，链段间的斥力增加，分子链更加舒张伸展，使得溶液黏度迅速上升，这种现象称为电黏效应（electric-viscous effect）。反之，随着溶液浓度增加，电黏效应减弱，溶液黏度下降。如图 10-11 中 a 线表示的果胶酸钠水溶液的 η_{sp}/c-c 的关系，就属于这种情况。如果往大分子电解质溶液中加入一定量的无机盐类（例如往果胶酸钠溶液中加入大量 NaCl），使大分子链周围有足够离子强度的小分子电解质存在，大分子的电离度就会降低，使分子链卷曲程度增大，电黏效应消除，黏度迅速下降，最终可使 η_{sp}/c 与 c 之间呈线性关系，如图 10-11 中 b 线。

pH 值对两性蛋白质溶液的黏度的影响也很明显。图 10-12 表示的是 0.2%蛋白胨溶液的黏度与 pH 值间的关系。在 pH=3 和 pH=11 左右电黏效应最明显，因此出现两个高峰。当 pH 值达到 4.8 左右，即接近其等电点时，分子链上正负电荷数目相等，分子链因斥力减小而高度卷曲，溶液黏度出现极小值。

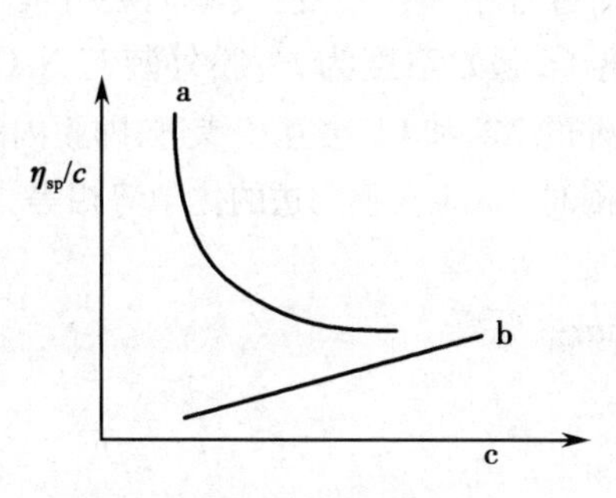

图 10-11　大分子电解质溶液的黏度特点示意图

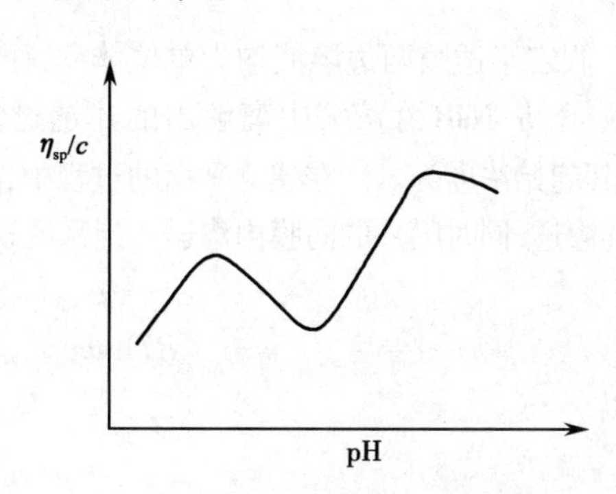

图 10-12　pH 值对两性蛋白质溶液的黏度影响示意图

五、唐南平衡与渗透压

（一）唐南平衡

唐南平衡(Donnan equilibrium)是指因大分子离子的存在而导致在达到渗透平衡时小分子离子在半透膜两边分布不均匀的现象。唐南平衡一般有以下三种情况：

1. 不电离的大分子溶液　由于大分子不能透过半透膜，而水分子可以自由透过半透膜，所以在膜两边会产生渗透压。如前所述，非电解质大分子溶液对理想溶液偏差较大，其渗透压要用维利(Virial)公式(10-13)来描述，即：

$$\Pi/c=RT(1/M_n+A_2c+A_3c^2+\cdots\cdots)$$

但因大分子溶液的浓度不能配制得太高，否则易发生凝聚，所以产生的渗透压很小，用这种方法测定大分子的摩尔质量误差较大。

2. 能电离的大分子溶液　以蛋白质的钠盐为例，它在水中可发生离解，在大分子电解质中通常含有少量电解质杂质，即使杂质含量很低，但按离子数目计还是很可观的。在半透膜两边，一边放大分子电解质，一边放纯水。大分子离子不能透过半透膜，而离解出的小离子和杂质电解质离子可以自由通过。

由于离子分布的不平衡会造成额外的渗透压，影响大分子摩尔质量的测定，要设法消除。消除的方法就是在另一侧加入一定浓度的小分子电解质。

3. 外加电解质时的大分子溶液　1911 年英国科学家唐南(Donnan)曾做过这样的实验。用半透膜把一种大分子电解质溶液(如刚果红 Na^+R^-)和另一种具有一个相同离子的小分子电解质稀溶液(如 Na^+Cl^-)隔开，平衡后发现，小分子电解质(如 NaCl)在膜两边溶液中的浓度并不相同。图 10-13 为唐南平衡示意图。

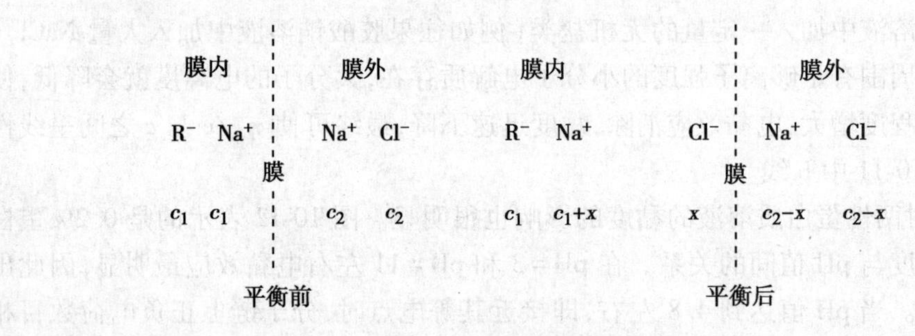

图 10-13　唐南平衡示意图

假定半透膜两边溶液均为单位体积，而且平衡过程中体积不变，设膜内装有大分子溶液，R^- 是 NaR 在溶液中离解出的非透过性大离子，起始浓度为 c_1；膜外装有 NaCl 溶液，其起始浓度为 c_2。在建立平衡的过程中，膜内、外的 Na^+ 和 Cl^- 会互相渗透，即膜内的向膜外渗透，同时膜外的向膜内渗透。当系统达到平衡时，NaCl 在膜两边的化学势相等，即

$$\mu_{NaCl,内}=\mu_{NaCl,外}$$

$$RT\ln a_{NaCl,内}=RT\ln a_{NaCl,外}$$

所以

$$a_{NaCl,内}=a_{NaCl,外}$$

$$a_{Na^+,内}\cdot a_{Cl^-,内}=a_{Na^+,外}\cdot a_{Cl^-,外}$$

在稀溶液中，有

$$c_{Na^+,内} \cdot c_{Cl^-,内} = c_{Na^+,外} \cdot c_{Cl^-,外} \qquad 式(10\text{-}15)$$

由此得出唐南平衡的条件是：组成小分子电解质的离子在膜两边浓度的乘积相等。

设平衡后从膜外进入膜内的 Cl^- 是 $x$mol，为了保持电中性，必然有 $x$mol 的 Na^+ 从膜外进入膜内。将平衡后各离子的浓度代入式(10-15)，有

$$(c_1+x) \cdot x = (c_2-x)^2$$

$$x = c_2^{\ 2}/(c_1+2c_2) \qquad 式(10\text{-}16)$$

平衡时膜两边 NaCl 浓度之比为：

$$c_{NaCl,外}/c_{NaCl,内} = (c_2-x)/x = (c_2+c_1)/c_2 = 1+c_1/c_2 \qquad 式(10\text{-}17)$$

式(10-16)表明，膜外小分子电解质(如 NaCl)进入膜内的数量，决定于膜内大分子电解质和膜外小分子电解质的初始浓度，如果开始时膜外 NaCl 浓度远小于膜内大分子电解质的浓度，$c_2 \ll c_1$，则 c_2 可略去不计，$x \approx 0$，说明达平衡时膜外小分子电解质(如 NaCl)基本上不能进入膜内；如果开始时 $c_2 \gg c_1$，则 c_1 可略去不计，x 约等于 $(1/2) \cdot c_2$，说明当膜外小分子电解质(如 NaCl)浓度远大于膜内大分子电解质的浓度时，小分子电解质几乎均等地分布在膜两边。表 10-4 列出的数据表明了大分子电解质溶液浓度和小分子电解质溶液浓度不同时，进入膜内的小分子电解质 NaCl 数量占其原始数量的质量分数(即 x/c_2)。

表 10-4　Na^+R^- 和 Na^+Cl^- 在各种原始浓度下的膜平衡数据

原始浓度(mol/L)			平衡时 NaCl 浓度(mol/L)			x/c_2
c_1	c_2	c_1/c_2	膜内	膜外	膜外/膜内	
0	1.00	—	0.500	0.500	1.00	0.500
0.01	1.00	0.01	0.497	0.503	1.01	0.497
0.10	1.00	0.10	0.476	0.524	1.10	0.476
1.00	2.00	0.50	0.80	1.20	1.50	0.400
1.00	1.00	1.00	0.333	0.667	2.00	0.333
1.00	0.10	10.00	0.0083	0.0917	11.00	0.083
1.00	0.01	100.00	0.0001	0.0099	99.00	0.010

唐南平衡是生物体内的常见现象。生物细胞膜相当于半透膜，细胞内的大分子电解质与细胞外的体液处于平衡状态。保证了一些有重要生理功能的金属离子在细胞膜内外保持一定的浓度。当细胞膜外的小分子浓度变化时，唐南平衡能确保细胞膜内的组成相对不变。

(二)大分子电解质溶液的渗透压

对于大分子电解质溶液，唐南平衡的存在会影响溶液渗透压的准确测定，进而影响大分子摩尔质量的测定。

如图 10-13 所示，当大分子电解质与小分子离子在膜两边达到唐南平衡时，膜内外渗透压 $\Pi_{内}$、$\Pi_{外}$ 分别为：

$$\Pi_{内} = 2RT(c_1+x)$$

$$\Pi_{外} = 2RT(c_2-x)$$

膜两侧的渗透压作用方向相反，故系统总的渗透压 $\pi_{测}$ 为：

笔记

$$\Pi_{测}=\Pi_{内}-\Pi_{外}=2RT(c_1-c_2+2x)$$

因为

$$x=c_2^{\ 2}/(c_1+2c_2)$$

所以

$$\Pi_{测}=2RTc_1\times(c_1+c_2)/(c_1+2c_2) \qquad 式(10\text{-}18)$$

式 10-18 是具有唐南平衡的大分子电解质溶液的渗透压公式，其中 $\Pi_{测}$ 是平衡时大分子电解质溶液相对于膜外 NaCl 溶液的渗透压，而不是对纯水的渗透压。当 $c_1 \gg c_2$ 时，$\Pi_{测}\approx 2c_1RT$，表明当膜内大分子电解质溶液的浓度远大于膜外 NaCl 溶液的浓度时，测得的渗透压相当于大分子电解质完全离解时溶液的渗透压，这时溶液的渗透压比大分子化合物本身所产生的渗透压大，这样求得的摩尔质量偏低。当 $c_2 \gg c_1$ 时，$c_{NaCl,外}/c_{NaCl,内}\approx 1$，$\Pi_{测}\approx RTc_1$，说明当膜外 NaCl 溶液的浓度远大于大分子电解质溶液的浓度时，膜内外 NaCl 浓度趋于相等，这时测得的渗透压相当于大分子电解质完全未离解时的数据，由渗透压法计算出的摩尔质量才比较准确。因此，在测定大分子电解质溶液的渗透压时，为了消除唐南效应的影响，应把装有大分子电解质溶液的半透膜袋置于一定浓度的小分子电解质（如 NaCl）溶液而不是纯水中。

第四节　凝　　胶

凝胶（gel）是由两种或两种以上组分所形成的半固态物质，是交联聚合物的溶胀体。凝胶能显示出某些固体的特征，如无流动性，有一定的几何外形，有强度和屈服值等；凝胶也具有某些液体的特点，如离子的扩散速率在以水为介质的凝胶（水凝胶）中与水溶液中相差不多。自然界的生物体都是凝胶。

一、凝胶的类型

凝胶的类型按分散颗粒的性质或形态分类，可分为弹性凝胶（elastic gel）和刚性凝胶（rigid gel）（又称非弹性凝胶）两类。

弹性凝胶是由柔性的线型大分子所形成的，这类凝胶烘干到一定程度，体积缩小，但仍保持弹性，属于弹性凝胶。在适当条件下，弹性凝胶和大分子溶液之间可以相互逆转，故又称为可逆凝胶。如果组成弹性凝胶骨架的大分子的形状很不对称，骨架中所含液体的量远超骨架的量（一般含液量高于 90%），这类凝胶比较柔软，富有弹性，容易变形，也称为软胶。肉浆、琼脂凝胶、凝固的血液、果酱、豆腐等都属于弹性凝胶。

刚性凝胶（非弹性凝胶）是由一些“刚性结构”的分散颗粒所构成，这类凝胶在脱水后不能重新成为凝胶，属于不可逆凝胶。不可逆凝胶烘干后，体积缩小不多，但丧失弹性，增加了脆性，容易研碎，故又称为脆性凝胶。硅胶、氢氧化铝、五氧化二钒等都是非弹性凝胶。

二、凝胶的制备

制备凝胶主要有两种方法。一种是大分子溶液胶凝法，即取一定量的大分子化合物置于适当的溶剂中并进行加热溶解、静置、冷却，使其自动胶凝的方法。另一种方法是干燥大分子化合物溶胀法，它是利用大分子化合物在适当溶剂中溶解时，控制溶剂的用量，使其停留在溶胀阶段，生成凝胶或冻胶的方法。

笔记

由溶液或溶胶制备凝胶的基本条件一是降低被分散物质在溶剂中的溶解度,以便分散相的析出;再是析出的分散颗粒相连成连续的网络结构,而不是聚结成大颗粒沉降下来。对于不同的系统要采用不同的方法来创造形成凝胶的基本条件,主要方法有改变温度、转换溶剂、加入电解质和进行化学反应等。

三、凝胶的胶凝作用和影响因素

胶凝作用是指大分子溶液在适当条件下,可以失去流动性,整个系统变为弹性半固体状态。这是因为系统中大量的大分子化合物好似许多弯曲的细线,互相联结形成立体网状结构,网架间充满的溶剂不能自由流动,而构成网状结构的大分子仍具有一定柔顺性,所以表现出弹性半固体状态,如明胶、琼脂、血液、肉汁等溶液在冷却时可以形成凝胶。分散相质点形状不对称、降低温度、加入胶凝剂(如电解质)、提高分散相物质的浓度,有时放置一定时间都能促进凝胶的形成。

影响胶凝过程的因素主要有:

1. 分散相分子的形状　大分子形状的对称性越差,越有利于胶凝。线型大分子如明胶、淀粉、橡胶、果胶、琼胶等,易胶凝成凝胶;而对称的球形大分子如果浓度不大,则不会胶凝。血液中的蛋白质分子呈球形,不易发生胶凝作用,故能在血管中畅通地流动。

2. 浓度　分散相的浓度愈大,颗粒间距离愈小,颗粒间就愈容易相互联结形成网状结构而发生胶凝。浓度愈大,胶凝的速率愈大。

3. 温度　温度对胶凝有显著影响,温度升高时,大分子因热运动加剧而不容易交联成网状结构,不能发生胶凝作用,故低温有利于胶凝的发生。

4. 电解质　加入电解质,能使大分子溶液发生沉淀。

四、凝胶的溶胀和影响因素

凝胶的溶胀作用(swelling)是指干凝胶吸收溶剂或蒸汽,使自身的体积、重量明显增大的现象。凝胶的溶胀也可分为有限溶胀和无限溶胀。溶胀的程度主要与凝胶内部结构的连接强度、环境的温度、介质的组成及 pH 值等有关。

1. 环境温度的影响　增加温度有可能使有限溶胀转化为无限溶胀,即产生溶解。

2. 介质 pH 值的影响　介质的 pH 值对蛋白质的溶胀作用影响很大,当介质的 pH 相当于蛋白质的等点电时,其溶胀程度最小,pH 值一旦偏离等电点,其溶胀程度就会增大。

3. 介质中负离子的影响　电解质中的负离子对凝胶的溶胀作用也具有影响。各种负离子对溶胀作用的影响由大到小的次序恰好与表示盐析作用强弱的感胶离子序相反,即:

$$CNS^- > I^- > Br^- > NO_3^- > Cl^- > Ac^- > (1/2)SO_4^{2-}$$

Cl^- 以前的各种离子能促进溶胀,Cl^- 以后的各种离子却抑制溶胀。

4. 内部结构的影响　凝胶的溶胀程度还取决于大分子化合物的链与链之间的交联度,交联度越大,溶胀程度越差,若大分子化合物(如含硫 0.30 质量分数的硬橡胶)的分子链是以大量共价键交联起来的,则在液体中根本不发生溶胀作用。

单位质量干凝胶吸收液体的量称为溶胀度。溶胀时除溶胀物的体积增大外,还伴随热效应,这种热效应称为溶胀热,除个别情况外,溶胀都是放热的。

在溶胀时,凝胶自身产生的阻止其在介质中溶胀的压强称为溶胀压。溶胀压比渗透压大得多。例如:饱和氯化锂溶液的渗透压可达 10^5kPa,当将干燥的麦粒置于其中

笔记

时，麦粒仍能发生显著的溶胀，这表明溶胀压大于溶液的渗透压。

利用溶胀压可解释很多现象。如古埃及人用它来开采石块，先将干木头塞入石头已有的缝隙中，再往木头上浇水，靠木头产生的巨大的溶胀压使石头崩裂开来；我国古代就有利用黄豆的溶胀压堵塞河堤决口；有些生长在盐碱地中的植物，能很好地生长，是因为其植物组织的溶胀压大于盐碱地中溶液的渗透压。

五、凝胶的离浆和触变

离浆(syneresis)和触变(thixotropy phenomena)都是凝胶不稳定性的表现。

1. 凝胶的离浆现象　离浆现象是凝胶老化的重要表现形式，也称脱液收缩现象。因胶凝作用并非凝聚过程的终点，在许多情况下，如将凝胶放置时，就开始渗出微小的液滴，这些液滴逐渐合并而形成一个液相，与此同时凝胶本身体积将缩小。

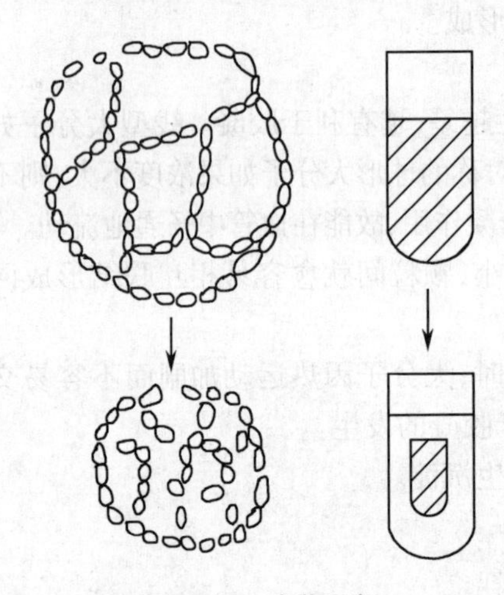

图 10-14　离浆现象

发生离浆现象时，凝胶基本保持原形地收缩并析出一部分液体，凝胶和液体的总体积不变，这些液体是稀的溶胶或大分子稀溶液。离浆后，凝胶体积虽变小，但仍能保持最初的几何形状，如图 10-14 所示。离浆的原因是随着时间的延长，构成凝胶网状结构的粒子定向靠近，促使网孔收缩变小，骨架变粗，这种变化过程又称作凝胶的陈化，可看做是溶解度降低的过程。一般凝胶的浓度越大，网架上粒子间的距离就越短，凝胶的离浆速率越大，离浆出的液体量也就越多。

离浆现象十分普遍，如浆糊、血液、果酱放置时都会出现离浆。细胞老化失水，老人皮肤变皱等都属于离浆现象。

2. 凝胶的触变作用　许多凝胶都有明显的触变现象。如低浓度的明胶、生物细胞中的原形质等，它们的网状结构不稳定，可因机械力(如摇动或振动等)变成有较大流动性的溶液状态，外力消失，静止后又恢复成凝胶状态(重新稠化)，这种现象就叫做触变。凝胶的触变性被广泛应用于药物生产方面，具有触变性的凝胶药物，使用时只要震摇几下，立即就由凝胶变成液体，携带服用都很方便，如一些滴眼液，抗生素油注射液等就是采用的这种剂型。

触变现象的特点是凝胶结构的拆散与恢复是可逆的，是恒温过程。由形状不对称的分散相粒子之间靠范德华力联系而形成的具有疏松结构的凝胶一般都具有触变性。但如果凝胶所含的粒子接近球形或立方形，或者粒子间彼此是靠共价键结合起来的，这样的凝胶就不具有触变性。

六、凝胶在医药中的应用

凝胶剂(gels)是指药物与能形成凝胶的辅料制成的均一、混悬或乳剂型的乳胶稠厚液体或半固体制剂。由于凝胶剂局部给药后患处表面皮肤吸收良好，避免了口服给药存在的肝脏首过效应及胃肠道的破坏，降低了药物的副作用。同时，凝胶给药后皮肤表面无油腻感，不粘衣服，也使患者乐于接受*。

笔记

诺贝尔奖获得者——弗洛里

P. J. 弗洛里(Paul John Flory,1910—1985)　P. J. 弗洛里1910年6月19日生于伊利诺伊州斯特灵,1985年9月9日逝世。1931年毕业于印第安纳州Manchester学院化工系,1934年在俄亥俄州州立大学获物理化学博士学位,后任职于杜邦公司,进行高分子基础理论研究。1948年在康奈尔大学任教授。1957年任梅隆科学研究所执行所长。1961年任斯坦福大学化学系教授,1975年退休。1953年当选为美国科学院院士。

P. J. 弗洛里在高分子物理化学方面的贡献,几乎遍及各个领域。他既是实验家又是理论家,是高分子科学理论的主要开拓者和奠基人之一。著有《高分子化学原理》和《长链分子的统计力学》等。由于他在大分子物理化学实验和理论两方面做出了根本性的贡献而荣获1974年度诺贝尔化学奖。

P. J. 弗洛里在半个多世纪里的研究范围广泛、硕果累累。主要有:①缩聚反应过程中的相对分子质量分布理论;②自由基聚合反应的链转移理论;③体型缩聚反应的凝胶化理论;④橡胶弹性理论;⑤高分子溶液热力学理论;⑥溶液或熔体黏度与分子结构关系;⑦非晶态聚合物本体构象概念;⑧半结晶高聚物的分子形态、液晶高聚物理论等。

学习小结

1. 学习内容

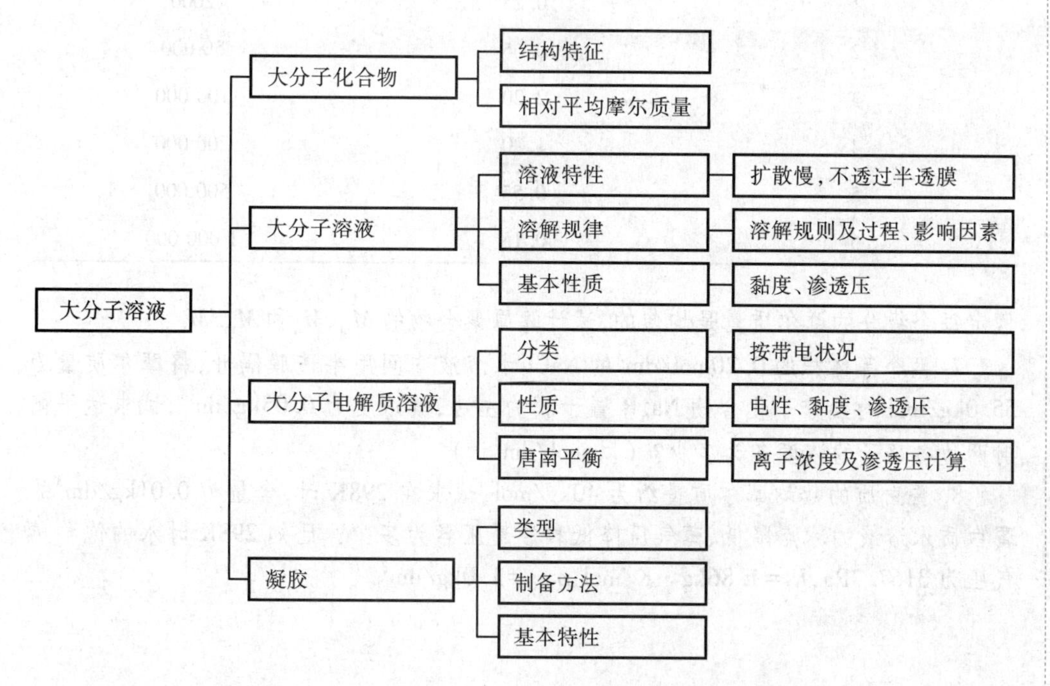

笔记

2. 学习方法

在本章的学习中要从大分子化合物的摩尔质量与独特的结构着手，理解由此产生的一些特有的性质和规律，同时对基本概念的认识可加深对大分子化合物性质和规律的了解，如链节和链段概念可解释其特有的柔顺性、黏度、渗透压等相关性质。

在本章学习中应注意：①大分子溶液是高度分散的，因此，在某些方面它们与溶胶有相似的性质，如扩散速率慢，不能透过半透膜等，但又是均相的、是热力学的稳定系统；这点与溶胶有本质上的不同。②唐南平衡的实质是当有大分子离子存在时，易于扩散的小离子的分布规律。掌握唐南平衡有助于更好地理解生物平衡系统中的膜平衡现象。③凝胶是介于固体和液体之间的一种特殊状态，自然界的生物体都是凝胶。

（陈振江　韩晓燕）

习题

1. 名词解释

溶胀；溶解度参数；唐南平衡；盐析；离浆；链段；触变；第二维利系数；特性黏度

2. 大分子溶液的形成与一般溶液有什么不同？大分子溶液为什么没有固定的溶解度？

3. 产生大分子溶液高黏度现象的主要原因为何？

4. 蛋白质在等电点时性质为什么会发生突变？此时性质变化有什么规律？

5. 溶液、溶胶和大分子溶液三者的异同点是什么？如何鉴别它们？

6. 将5.00g大分子化合物样品分级，用渗透压计测定各级分的摩尔质量。所得结果为：

级分	重量(g)	M_n
1	0.25	2000
2	0.65	50 000
3	2.20	100 000
4	1.20	200 000
5	0.55	500 000
6	0.15	1 000 000

假定每个级分的摩尔质量是均匀的，试计算原聚合物的 M_m、M_n 和 M_m/M_n。

7. 两个等体积的0.20mol/dm^{3}的NaCl水溶液中间用半透膜隔开，将摩尔质量为55.0kg/mol的大分子化合物 Na_6R 置于膜的左边，其浓度为0.05kg/dm^3，试求达平衡时两边各离子的浓度各为多少？（以mol/dm^{3}计）

8. 蛋白质的数均摩尔质量约为40kg/mol，试求在298K时，含量为0.01kg/dm^{3}的蛋白质水溶液的冰点降低、蒸气压降低和渗透压各为多少？已知298K时水的饱和蒸气压为3167.7Pa，K_f=1.86kg·K/mol，ρ_{H_2O}=1.0kg/dm^3。

附　　录

附录一　国际单位制(SI)

SI 基本单位

量的名称	量的符号	单位名称	单位符号
长度	l	米	m
质量	M	千克(公斤)	kg
时间	t	秒	s
电流	I	安[培]	A
热力学温度	T	开[尔文]	K
物质的量	n	摩[尔]	mol
发光强度	I_v	坎[德垃]	cd

常用 SI 导出单位

量的名称	量的符号	单位名称	单位符号	定义式
频率	ν	赫[兹]	Hz	s^{-1}
能量	E	焦[尔]	J	$kg \cdot m^2/s^2$
力	F	牛[顿]	N	$kg \cdot m/s$
压力	p	帕[斯卡]	Pa	$kg/(m \cdot s^2)$
功率	P	瓦[特]	W	$kg \cdot m^2/s^3$
电荷量	Q	库[仑]	C	$A \cdot s$
电位,电压,电动势	U	伏[特]	V	$kg \cdot m^2/(s^3 \cdot A)$
电阻	R	欧[姆]	Ω	$kg \cdot m^2/(s^3 \cdot A^2)$
电导	G	西[门子]	S	$kg \cdot m^2/(s^2 \cdot A^2)$
电容	C	法[拉]	F	$kg \cdot m^2/(s^3 \cdot A^2)$
磁通量	Φ	韦[伯]	Wb	$kg \cdot m^2/(s^2 \cdot A)$
电感	L	亨[利]	H	$kg \cdot m^2/(s^2 \cdot A^2)$
磁通量密度(磁感应强度)	B	特[斯拉]	T	$kg/(s^2 \cdot A)$

附录二　部分气体摩尔等压热容与温度的关系

$C_{p,m}=a+bT+cT^2$ 或 $C_{p,m}=a+bT+c'T^{-2}$（J/（K·mol））

物质	a	$b\times10^3$	$c\times10^6$	$c'\times10^{-5}$	温度范围（K）
H_2	29.09	0.836	−0.3265		273～3800
Cl_2	31.696	10.144	−4.038		300～1500
Br_2	35.241	4.075	−1.487		300～1500
O_2	36.16	0.845	−0.7494		273～3800
N_2	27.32	6.226	−0.9502		273～3800
HCl	28.17	1.810	1.547		300～1500
HBr	26.15	5.858		1.088	298～1600
H_2O	30.00	10.7	−2.022		273～3800
CO	26.537	7.6831	−1.172		300～1500
CO_2	26.75	42.258	−14.25		300～1500
H_2S	29.288	15.69			273～1300
NH_3	29.79	25.481		1.665	273～1400
NO_2	42.928	8.535		−6.736	273～1500
SO_2	47.698	7.171		−8.535	298～1800
SO_3	57.321	26.861		−13.054	273～900
CH_4	14.15	75.496	−17.99		298～1500
C_2H_6	9.401	159.83	−46.229		298～1500
$CH_2{=}CH_2$	11.84	119.67	−36.51		298～1500
$CH_3CH{=}CH_2$	9.427	188.77	−57.488		298～1500
$CH{\equiv}CH$	30.67	52.810	−16.27		298～1500
$CH_3C{\equiv}CH$	26.50	120.66	−39.57		298～1500
C_6H_6	−1.71	324.77	−110.58		298～1500
$C_6H_5CH_3$	2.41	391.17	−130.65		298～1500
CH_3OH	18.40	101.56	−28.68		273～1000
C_2H_5OH	29.25	166.28	−48.898		298～1500
$(C_2H_5)_2O$	−103.9	1417	−248		300～400
HCHO	18.82	58.379	−15.61		291～1500
CH_3CHO	31.05	121.46	−36.58		298～1500
$(CH_3)_2CO$	22.47	205.97	−63.521		298～1500
HCOOH	30.7	89.20	−34.54		300～700
$CHCl_3$	29.51	148.94	−90.734		273～773

附录三　部分单质和化合物的标准摩尔生成焓、标准摩尔生成吉氏自由能、标准摩尔熵及热容(100kPa,298K)

物质	$\Delta_f H_m^\ominus$ kJ/mol	$S_m^\ominus$ J/(K·mol)	$\Delta_f G_m^\ominus$ kJ/mol	$C_{p,m}^\ominus$ J/(K·mol)
Ag(s)	0	42.55	0	25.351
AgBr(s)	-100.37	107.1	-96.90	52.38
AgCl(s)	-127.068	96.2	-109.789	50.79
AgI(s)	-61.84	115.5	-66.19	56.82
$AgNO_3$(s)	-124.39	140.92	-33.41	93.05
Al_2O_3(s,刚玉)	-1675.7	50.92	-1582.3	79.04
Br_2(l)	0	152.231	0	75.689
Br_2(g)	30.907	245.463	3.110	36.02
C(s,石墨)	0	5.740	0	8.527
C(s,金刚石)	1.895	2.377	2.900	6.113
CO(g)	-110.525	197.674	-137.168	29.142
CO_2(g)	-393.509	213.74	-394.359	37.00
$CaCO_3$(s,方解石)	-1206.92	92.9	-1128.79	81.88
CaO(s)	-635.09	39.75	-604.03	42.80
Cl_2(g)	0	223.066	0	33.907
F_2(g)	0	202.78	0	31.30
Fe_2O_3(s)	-824.2	87.40	-742.2	103.85
Fe_3O_4(s)	-1118.4	146.4	-1015.4	146.43
H_2(g)	0	130.684	0	28.824
HBr(g)	-36.40	198.695	-53.45	29.142
HCl(g)	-92.307	186.908	-95.299	29.12
HF(g)	-271.1	173.779	-273.2	29.12
HI(g)	26.48	206.594	1.70	29.158
HNO_3(l)	-174.10	155.60	-80.71	109.87
HNO_3(g)	-135.06	266.38	-74.72	53.35
H_2O(l)	-285.830	69.91	-237.129	75.291

续表

物质	$\Delta_f H_m^\ominus$ kJ/mol	$S_m^\ominus$ J/(K·mol)	$\Delta_f G_m^\ominus$ kJ/mol	$C_{p,m}^\ominus$ J/(K·mol)
$H_2O(g)$	-241.818	188.825	-228.572	33.577
$H_2O_2(l)$	-187.78	109.6	120.35	89.1
$H_2O_2(g)$	-136.31	232.7	-105.57	43.1
$H_2S(g)$	-20.63	205.79	-33.56	34.23
$H_2SO_4(l)$	-813.989	156.904	-690.003	138.91
$HgCl_2(s)$	-224.3	146.0	-178.6	
HgO(s,正交)	-90.83	70.29	-58.539	44.06
$Hg_2SO_4(s)$	-743.12	200.66	-625.815	131.96
$H_3PO_4(s)$	-1279.0	110.50	-1119.1	106.06
$I_2(s)$	0	116.135	0	54.438
$I_2(g)$	62.438	260.69	19.327	36.90
KCl(s)	-436.747	82.56	-409.14	51.30
KI(s)	-327.90	106.32	-324.892	52.93
$KNO_3(s)$	-494.63	133.05	-394.86	96.40
$K_2SO_4(s)$	-1437.79	175.56	-1321.37	130.46
Mg(s)	0	32.68	0	24.89
MgO(s)	-601.6	27.0	-569.3	37.2
$Mg(OH)_2(s)$	-924.54	63.18	-833.51	77.03
$N_2(g)$	0	191.61	0	29.12
$NH_3(g)$	-46.11	192.45	-16.45	35.06
$NH_4Cl(s)$	-314.43	94.6	-202.87	84.1
$(NH_4)_2SO_4(s)$	-1180.85	220.1	-901.67	187.49
NO(g)	90.25	210.761	86.55	29.83
$NO_2(g)$	33.18	240.06	51.31	37.07
$N_2O_4(g)$	9.16	304.29	97.89	77.28
Na(s)	0	51.21	0	28.24
NaCl(s)	-411.153	72.13	-384.138	50.50
$NaNO_3(s)$	-467.85	116.52	-367.00	92.88
NaOH(s)	-425.609	64.455	-379.494	59.54
$Na_2CO_3(s)$	-1130.68	134.98	-1044.44	112.30

续表

物质	$\Delta_f H_m^{\ominus}$ kJ/mol	$S_m^{\ominus}$ J/(K·mol)	$\Delta_f G_m^{\ominus}$ kJ/mol	$C_{p,m}^{\ominus}$ J/(K·mol)
$NaHCO_3$(s)	-950.81	101.7	-851.0	87.61
Na_2SO_4(s,正交)	-1387.08	149.58	-1270.16	128.20
O_2(g)	0	205.138	0	29.355
O_3(g)	142.7	238.93	163.2	39.20
PCl_3(g)	-287.0	311.78	-267.8	71.84
PCl_5(g)	-374.9	364.58	-305.0	112.80
S(s,正交)	0	31.80	0	22.64
SO_2(g)	-296.830	248.22	-300.194	39.87
SO_3(g)	-395.72	256.76	-371.06	50.67
SiO_2(s,α-石英)	-910.94	41.84	-856.64	44.43
ZnO(s)	-348.28	43.64	-318.30	40.25
CH_4(g)甲烷	-74.81	186.264	-50.72	35.309
C_2H_6(g)乙烷	-84.68	229.60	-32.82	52.63
C_3H_8(g)丙烷	-103.85	270.02	-23.37	73.51
C_4H_{10}(g)正丁烷	-126.15	310.23	-17.02	97.45
C_4H_{10}(g)异丁烷	-134.52	294.75	20.75	96.75
C_5H_{12}(g)正戊烷	-146.44	349.06	-8.21	120.21
C_2H_4(g)乙烯	-52.26	219.56	68.15	43.56
C_4H_8(g)1-丁烯	-0.13	305.71	71.40	85.65
C_6H_6(l)苯	49.04	173.26	124.45	
C_6H_6(g)苯	82.93	269.31	129.73	81.22
C_7H_8(l)甲苯	12.01	220.96	113.89	
$C_{10}H_8$(s)萘	78.07	166.90	201.17	
CH_4O(l)甲醇	-238.66	126.8	-166.27	81.6
C_2H_6O(l)乙醇	277.69	160.7	-174.78	111.46
C_2H_4O(l)乙醛	-192.30	160.2	-128.12	
C_3H_6O(l)丙酮	-248.1	200.4	-133.28	
CH_2O_2(l)甲酸	-424.72	128.95	-361.35	99.04
$C_2H_4O_2$(l)乙酸	-484.5	159.5	-389.9	124.3
C_6H_6O(s)苯酚	-165.02	144.01	-50.31	

附录四　部分单质和化合物的标准摩尔燃烧焓(100kPa,298K)

物质	$-\Delta_c H_m^{\ominus}$ kJ/mol	物质	$-\Delta_c H_m^{\ominus}$ kJ/mol
C(s,石墨)	393.5	$C_4H_{10}O$(l)乙醚	2751.1
CO(g)	283.0	C_3H_6O(l)丙酮	1790.4
H_2(g)	285.8	$C_3H_6O_3$(l)乙酸酐	1806.2
CH_4(g)甲烷	890.3	$C_4H_6O_4$(s)丁二酸	1491.0
C_2H_6(g)乙烷	1559.8	C_6H_5N(l)吡啶	2782.4
C_3H_8(g)丙烷	2219.9	$C_8H_6O_4$(s)邻苯二甲酸	3223.5
C_2H_4(g)乙烯	1411.0	C_4H_8O(l)四氢呋喃	2501.2
C_2H_2(g)乙炔	1299.6	CH_4ON_2(s)尿素	631.66
CH_4O 甲醇	726.1	C_6H_7N(l)苯胺	3396.2
C_2H_6O(l)乙醇	1366.8	$C_2H_5O_2N$(l)硝基乙烷	1357.7
CH_2O_2(l)甲酸	254.6	C_6H_6O(s)苯酚	3053.5
$C_2H_4O_2$(l)乙酸	874.2	$C_{10}H_8$(s)萘	5153.9
C_6H_6(l)苯	3267.5	$C_6H_{12}O_6$(s)α-D 葡萄糖	2802
C_7H_8(l)甲苯	3910.0	$C_6H_{12}O_6$(s)β-D 葡萄糖	2808
CH_2O(g)甲醛	570.8	$C_{12}H_{22}O_{11}$(s)蔗糖	5640.9
C_2H_4O(l)乙醛	1166.4	$C_7H_6O_2$(s)苯甲酸	322.9

主要参考书目

[1] 傅献彩,沈殿霞,姚天扬,等.物理化学.第5版.北京:高等教育出版社,2005.
[2] 天津大学物理化学教研室.物理化学.第5版.北京:高等教育出版社,2009.
[3] 杨俊林,高飞雪,田中群.物理化学学科前沿与展望.北京:科学出版社,2011.
[4] 李三鸣.物理化学.第8版.北京:人民卫生出版社,2016.
[5] 刘幸平,刘雄.物理化学.新世纪第四版.北京:中国中医药出版社,2016.
[6] 李荻.电化学原理(修订版).北京:北京航空航天大学出版社,2003.
[7] 沈文霞.物理化学核心教程.第2版.北京:科学出版社,2009.
[8] 陈宗淇.胶体与界面化学.北京:高等教育出版社,2010.
[9] 朱志昂,阮文娟.近代物理化学.第4版.北京:科学出版社,2008.
[10] 朱文涛.物理化学.北京:清华大学出版社,1995.

中英文名词索引

全国中医药高等教育教学辅导用书推荐书目

一、中医经典白话解系列

黄帝内经素问白话解（第2版） 王洪图 贺娟
黄帝内经灵枢白话解（第2版） 王洪图 贺娟
汤头歌诀白话解（第6版） 李庆业 高琳等
药性歌括四百味白话解（第7版） 高学敏等
药性赋白话解（第4版） 高学敏等
长沙方歌括白话解（第3版） 聂惠民 傅延龄等
医学三字经白话解（第4版） 高学敏等
濒湖脉学白话解（第5版） 刘文龙等
金匮方歌括白话解（第3版） 尉中民等
针灸经络腧穴歌诀白话解（第3版） 谷世喆等
温病条辨白话解 浙江中医药大学
医宗金鉴·外科心法要诀白话解 陈培丰
医宗金鉴·杂病心法要诀白话解 史亦谦
医宗金鉴·妇科心法要诀白话解 钱俊华
医宗金鉴·四诊心法要诀白话解 何任等
医宗金鉴·幼科心法要诀白话解 刘弼臣
医宗金鉴·伤寒心法要诀白话解 郝万山

二、中医基础临床学科图表解丛书

中医基础理论图表解（第3版） 周学胜
中医诊断学图表解（第2版） 陈家旭
中药学图表解（第2版） 钟赣生
方剂学图表解（第2版） 李庆业等
针灸学图表解（第2版） 赵吉平
伤寒论图表解（第2版） 李心机
温病学图表解（第2版） 杨进
内经选读图表解（第2版） 孙桐等
中医儿科学图表解 郁晓微
中医伤科学图表解 周临东
中医妇科学图表解 谈勇
中医内科学图表解 汪悦

三、中医名家名师讲稿系列

张伯讷中医学基础讲稿 李其忠
印会河中医学基础讲稿 印会河
李德新中医基础理论讲稿 李德新
程士德中医基础学讲稿 郭霞珍
刘燕池中医基础理论讲稿 刘燕池
任应秋《内经》研习拓导讲稿 任廷革
王洪图内经讲稿 王洪图
凌耀星内经讲稿 凌耀星
孟景春内经讲稿 吴颢昕
王庆其内经讲稿 王庆其
刘渡舟伤寒论讲稿 王庆国
陈亦人伤寒论讲稿 王兴华等
李培生伤寒论讲稿 李家庚
郝万山伤寒论讲稿 郝万山
张家礼金匮要略讲稿 张家礼
连建伟金匮要略方论讲稿 连建伟
李今庸金匮要略讲稿 李今庸
金寿山温病学讲稿 李其忠
孟澍江温病学讲稿 杨进
张之文温病学讲稿 张之文
王灿晖温病学讲稿 王灿晖
刘景源温病学讲稿 刘景源
颜正华中药学讲稿 颜正华 张济中
张廷模临床中药学讲稿 张廷模
常章富临床中药学讲稿 常章富
邓中甲方剂学讲稿 邓中甲
费兆馥中医诊断学讲稿 费兆馥
杨长森针灸学讲稿 杨长森
罗元恺妇科学讲稿 罗颂平
任应秋中医各家学说讲稿 任廷革

四、中医药学高级丛书

中医药学高级丛书——中药学（上下）（第2版） 高学敏 钟赣生
中医药学高级丛书——中医急诊学 姜良铎
中医药学高级丛书——金匮要略（第2版） 陈纪藩
中医药学高级丛书——医古文（第2版） 段逸山
中医药学高级丛书——针灸治疗学（第2版） 石学敏
中医药学高级丛书——温病学（第2版） 彭胜权等
中医药学高级丛书——中医妇产科学（上下）（第2版） 刘敏如等
中医药学高级丛书——伤寒论（第2版） 熊曼琪
中医药学高级丛书——针灸学（第2版） 孙国杰
中医药学高级丛书——中医外科学（第2版） 谭新华
中医药学高级丛书——内经（第2版） 王洪图
中医药学高级丛书——方剂学（上下）（第2版） 李飞
中医药学高级丛书——中医基础理论（第2版） 李德新 刘燕池
中医药学高级丛书——中医眼科学（第2版） 李传课
中医药学高级丛书——中医诊断学（第2版） 朱文锋等
中医药学高级丛书——中医儿科学（第2版） 汪受传
中医药学高级丛书——中药炮制学（第2版） 叶定江等
中医药学高级丛书——中药药理学（第2版） 沈映君
中医药学高级丛书——中医耳鼻咽喉口腔科学（第2版） 王永钦
中医药学高级丛书——中医内科学（第2版） 王永炎等